C# 2012程序设计实践教程

◎ 张冬旭 马春兴 编著

清华大学出版社
北 京

内 容 简 介

C#在编程语言排行中始终处于领先位置，从 4.5 版本开始运用新的架构和模块，使 C#的编写更加灵活和智能化。本书主要讲述 C#的理论和应用。全书共分为 17 章，内容包括：.NET Framework，C# 5.0 功能、数据类型、变量、常量、类型转换、运算符和控制语句，类、对象、结构、枚举和接口，数组、集合、自定义集合和泛型，String 类、StringBuilder 类、DateTime 结构、TimeSpan 结构、Math 类、Random 类和 Regex 类，委托、事件和异常，LINQ 简单查询和 LINQ to SQL 查询，WPF 的发展历史、WPF 4.5 新增功能、WPF 体系结构、XAML 和 Application 类，WPF 的常用控件、依赖项属性、附加属性、路由事件和附加事件，绘制基本图形、画刷、动画、图像和多媒体，以及 WPF 中的数据绑定技术等。本书最后综合所学的 C#知识制作了简单的文件资源管理器。

本书可作为在校大学生学习使用 C#进行课程设计的参考资料，也适合作为高等院校相关专业的教学参考书，还可以作为非计算机专业学生学习 C#语言的参考书。

图书在版编目（CIP）数据

C# 2012 程序设计实践教程/张冬旭，马春兴编著. —北京：清华大学出版社，2016
（清华电脑学堂）
ISBN 978-7-302-41848-1

Ⅰ. ①C…　Ⅱ. ①张…　②马…　Ⅲ. ①C 语言-程序设计-教材　Ⅳ. ①TP312

中国版本图书馆 CIP 数据核字（2015）第 252088 号

责任编辑：夏兆彦
封面设计：张　阳
责任校对：徐俊伟
责任印制：沈　露

出版发行：清华大学出版社
　　网　　址：http://www.tup.com.cn, http://www.wqbook.com
　　地　　址：北京清华大学学研大厦 A 座　　邮　　编：100084
　　社 总 机：010-62770175　　邮　　购：010-62786544
　　投稿与读者服务：010-62776969，c-service@tup.tsinghua.edu.cn
　　质量反馈：010-62772015，zhiliang@tup.tsinghua.edu.cn
印 装 者：清华大学印刷厂
经　　销：全国新华书店
开　　本：185mm×260mm　　印　张：25.75　　字　数：611 千字
版　　次：2016 年 6 月第 1 版　　印　次：2016 年 6 月第 1 次印刷
印　　数：1～2000
定　　价：49.00 元

产品编号：060062-01

前 言

FOREWORD

C#自面世以来，以其易学易用、功能强大的优势被广泛应用。它是微软公司为 Visual Studio 开发平台推出的一种简洁、类型安全的面向对象编程语言，开发者通过 C#可以编写在.NET Framework 上运行的各种安全可靠的应用程序。C#目前是主流的编程开发语言之一，Web 开发者通过使用 C#语言，不仅可以开发集声音、动画、视频为一体的多媒体应用程序和网络应用程序，而且可以和数据库结合开发出功能强大的管理系统。

目前最新的 C#版本是 5.0，支持.NET 4.5 框架，最新的开发工具是 Visual Studio 2012。本书向读者详细介绍了 C# 5.0 的基础知识，还将介绍基于.NET 4.5 框架之上的 4 种开发技术，即 LINQ、WPF、WCF 和 WF。

1. 本书内容

本书以目前主流的 C# 5.0 及 Visual Studio 2012 为例进行介绍。全书共分为 17 章，主要内容如下。

第 1 章　搭建 C# 2012 的开发框架。本章详细介绍了.NET Framework、C#语言和 Visual Studio 2012 这三部分内容。

第 2 章　C#入门语法。本章详细介绍了 C#的入门语法，包括数据类型、变量、常量、类型转换、运算符和控制语句等相关内容。

第 3 章　C#面向对象基础。本章重点介绍了面向对象编程的类，包括类、类的对象、构造函数、析构函数、类的成员变量、面向对象编程的三大特性以及常用的一些可选修饰符等内容。

第 4 章　C#面向对象的其他知识。本章详细介绍了 C#中的常用结构、枚举和接口，具体内容包括它们的定义、结构成员、与类的区别以及具体实现等。

第 5 章　数组、集合和泛型。本章介绍了数组、集合和泛型的概念及其使用，主要内容包括一维数组、二维数组、静态数组、动态数组、常用的内置集合类、自定义集合类以及常用的泛型等。

第 6 章　C#中常用的处理类。本章介绍了 C#中经常使用到的一些内置操作类，例如操作字符串的 String 和 StringBuilder 类，操作日期和时间的 DateTime 和 TimeSpan 结构，与数学工具相关的 Math 和 Random 类，以及正则表达式的匹配和常用的 Regex 类。

第 7 章　委托和异常。本章从 C#中的委托开始介绍，然后介绍 C#中的事件，最后介绍 C#中如何处理异常。

第 8 章　LINQ 简单查询。本章详细介绍了 LINQ 的组成部分、各子句的应用以及一些常规查询的实现。

第 9 章　LINQ to SQL。本章详细介绍了 LINQ 查询数据库数据的方法，即 LINQ to SQL。主要内容包括 LINQ 对象关系设计器、DateContext 类以及如何插入数据、更新数据和删除数据等。

第 10 章　WPF 基础入门。本章从 WPF 的诞生开始，详细地向读者介绍了 WPF 开发所需的基础知识，包括 WPF 的体系结构、WPF 项目的创建、XAML 标记基础以及 Application 类的介绍。

第 11 章　WPF 控件布局。本章从 WPF 布局控件开始介绍，然后又详细介绍了 WPF 中提供的内容控件和标准控件。

第 12 章　WPF 的属性和事件。本章着重介绍了 WPF 中的属性和事件，包括依赖项属性、附加属性、路由事件和附加事件等内容。

第 13 章　WPF 图形和多媒体。本章详细介绍了 WPF 中图形和多媒体的使用，包括图形的绘制、颜色的控制、动画的制作、图像的处理和多媒体的使用等。

第 14 章　WPF 数据绑定技术。本章详细讨论了 WPF 中有关数据绑定的内容，包括如何绑定到单个属性、更改绑定模型、绑定到多个属性、绑定不可见的元素，以及绑定数据库中的数据。

第 15 章　WCF 概述。本章简单介绍了 WCF 的基础知识，包括 WCF 的概念、使用优势、技术要素和应用场景等。

第 16 章　WF 框架。本章简单 WF 的基础知识，包括工作流介绍、数据模型、活动以及工作流的创建和使用等。

第 17 章　WPF 制作文件资源管理器。本章将以 Visual Studio 2012 作为开发工具，Microsoft SQL Server 2012 作为开发数据库，C# 5.0 作为开发语言，利用 WPF 制作简单的文件资源管理器。实现功能包括目录和文件的查看、搜索、复制、剪切、粘贴、排序、创建以及根据日期分类等。

2. 本书特色

本书是针对初、中级读者量身订做，由浅入深地讲解了 C#语言的应用。书中采用大量的范例进行讲解，力求通过实际操作帮助读者更容易地使用 C#开发应用程序。

1）知识点全面

本书紧紧围绕 C# 5.0 的基础知识开发展开讲解，具有很强的逻辑性和系统性。另外，还介绍了基于 C# 5.0 开发的 LINQ、WPF、WCF 和 WF 技术。

2）基于理论，注重实践

本书不仅介绍了理论知识，而且还介绍了开发过程。在章节的合适位置安排了综合应用实例或者小型应用程序，将理论应用到实践当中，以加强读者实际应用能力，巩固开发基础和知识。

3）随书光盘

本书为每一章的范例和综合案例配备了视频教学文件，读者可以通过视频文件更加直观地学习 C# 5.0 的知识。

4）网站技术支持

读者在学习或者工作的过程中，如果遇到实际问题，可以直接登录 www.ztydata.com.cn 与作者取得联系，作者会在第一时间内给予帮助。

3. 读者对象

本书可作为在校大学生学习使用C#进行课程设计的参考资料，也适合作为高等院校相关专业的教学参考书，还可以作为非计算机专业学生学习C#语言的参考书。

（1）想学习C# 5.0开发技术的人员。

（2）C# 5.0的初级和中级开发人员。

（3）想使用WPF进行应用程序开发的人员。

（4）准备从事与C#语言开发有关的人员。

（5）各大中专院校的在校学生和相关授课老师。

除了封面署名人员之外，参与本书编写的人员还有李海庆、王咏梅、康显丽、王黎、汤莉、倪宝童、赵俊昌、方宁、郭晓俊、杨宁宁、王健、连彩霞、丁国庆、牛红惠、石磊、王慧、李卫平、张丽莉、王丹花、王超英、王新伟等。书中难免存在疏漏及不足之处，欢迎读者通过清华大学出版社网站 www.tup.tsinghua.edu.cn 与作者联系，帮助我们改正提高。

目录

CONTENTS

第 1 章　搭建 C# 2012 的开发框架…… 1

1.1　.NET Framework 概述…… 1

1.1.1　.NET Framework 组件…… 1

1.1.2　公共语言运行时…… 2

1.1.3　.NET Framework 类库…… 4

1.2　C#语言概述…… 5

1.2.1　C#语言的特点…… 5

1.2.2　C# 5.0 新增功能…… 5

1.2.3　C# 5.0 修改功能…… 7

1.3　Visual Studio 2012 开发工具…… 8

1.3.1　安装 Visual Studio 2012…… 8

1.3.2　认识 Visual Studio 2012…… 11

1.4　实验指导——创建 C#控制台应用程序…… 15

1.5　引用命名空间…… 17

思考与练习…… 18

第 2 章　C#入门语法…… 20

2.1　C#语句…… 20

2.2　数据类型…… 22

2.2.1　常用数据类型…… 22

2.2.2　数据格式…… 25

2.3　变量与常量…… 27

2.3.1　变量的声明…… 27

2.3.2　变量的使用…… 28

2.3.3　常量…… 30

2.4　类型转换…… 31

2.4.1　隐式转换和显式转换…… 31

2.4.2　字符串类型转换…… 32

2.4.3　装箱和拆箱…… 33

2.5　运算符…… 34

2.5.1　常用运算符…… 35

2.5.2　运算符的使用…… 38

2.6　控制语句…… 39

2.6.1　选择语句…… 39

2.6.2　循环语句…… 42

2.6.3　跳转语句…… 44

2.6.4　语句嵌套…… 46

2.6.5　实验指导——日历输出…… 46

2.6.6　预处理指令…… 47

思考与练习…… 48

第 3 章　C#面向对象基础…… 50

3.1　类和对象…… 50

3.1.1　类…… 50

3.1.2　类的对象…… 51

3.2　类的函数…… 52

3.2.1　构造函数…… 52

3.2.2　析构函数…… 54

3.3　常见成员…… 55

3.3.1　字段…… 56

3.3.2　常量…… 57

3.3.3　属性…… 58

3.3.4　方法…… 59

3.4　三大特性…… 61

3.4.1　封装…… 61

3.4.2　继承…… 62

3.4.3　多态…… 64

3.5　常用的可选修饰符…… 65

3.5.1　base 修饰符…… 65

3.5.2　sealed 修饰符…… 66

3.5.3　abstract 修饰符…… 68

3.5.4　static 修饰符…… 69

3.5.5　实验指导——摄氏温度和华氏温度的转换…… 70

3.6　实验指导——模拟实现简单的计

算器 ………………………………… 72
思考与练习 ………………………………… 75

第 4 章　C#面向对象的其他知识 ……… 77
4.1　结构 ………………………………… 77
4.1.1　定义结构 ………………………… 77
4.1.2　结构成员 ………………………… 78
4.1.3　结构和类 ………………………… 80
4.2　枚举 ………………………………… 80
4.2.1　定义枚举 ………………………… 81
4.2.2　使用枚举 ………………………… 82
4.2.3　Enum 实现转换 ………………… 83
4.3　接口 ………………………………… 85
4.3.1　定义接口 ………………………… 85
4.3.2　接口和抽象类 …………………… 86
4.3.3　接口成员 ………………………… 86
4.3.4　实验指导——在同一个类中实现多个接口 ………………… 88
4.3.5　内置接口 ………………………… 90
4.4　实验指导——模拟实现会员登录 … 91
思考与练习 ………………………………… 93

第 5 章　数组、集合和泛型 ……………… 95
5.1　一维数组 …………………………… 95
5.1.1　一维数组概述 …………………… 95
5.1.2　数组的应用 ……………………… 97
5.2　其他常用数组 ……………………… 100
5.2.1　二维数组 ………………………… 100
5.2.2　交错数组 ………………………… 102
5.2.3　静态数组 ………………………… 103
5.3　集合类 ……………………………… 105
5.3.1　集合类概述 ……………………… 105
5.3.2　ArrayList 类 ……………………… 106
5.3.3　Stack 集合类 …………………… 108
5.3.4　Queue 集合类 …………………… 109
5.3.5　BitArray 集合类 ………………… 110
5.3.6　SortedList 集合类 ……………… 111
5.3.7　Hashtable 集合类 ……………… 113
5.4　自定义集合类 ……………………… 114
5.4.1　自定义集合类概述 ……………… 114
5.4.2　实验指导——家电信息管理 …… 115
5.5　泛型 ………………………………… 117
5.5.1　泛型概述 ………………………… 117
5.5.2　泛型类 …………………………… 118
5.5.3　泛型方法和参数 ………………… 119
5.5.4　类型参数的约束 ………………… 121
思考与练习 ………………………………… 121

第 6 章　C#中常用的处理类 …………… 123
6.1　操作字符串 ………………………… 123
6.1.1　String 类 ………………………… 123
6.1.2　String 类操作字符串 …………… 125
6.1.3　StringBuilder 类 ………………… 131
6.1.4　StringBuilder 类操作字符串 …… 133
6.2　操作日期和时间 …………………… 134
6.2.1　DateTime 结构 ………………… 135
6.2.2　TimeSpan 结构 ………………… 137
6.3　数学工具类 ………………………… 139
6.3.1　Math 类 ………………………… 139
6.3.2　使用 Random 类 ……………… 140
6.4　正则表达式 ………………………… 141
6.4.1　匹配规则 ………………………… 141
6.4.2　Regex 类 ………………………… 142
6.5　实验指导——通过 Thread 类处理线程 ………………………………… 144
思考与练习 ………………………………… 146

第 7 章　委托和异常 ……………………… 147
7.1　委托 ………………………………… 147
7.1.1　委托概述 ………………………… 147
7.1.2　声明委托 ………………………… 148
7.1.3　使用委托 ………………………… 148
7.1.4　匿名委托 ………………………… 150
7.1.5　Lambda 表达式 ………………… 151
7.1.6　多重委托 ………………………… 152
7.2　事件 ………………………………… 153

7.2.1 事件概述 ··· 154
7.2.2 事件操作 ··· 154
7.3 实验指导——委托和事件的综合使用 ··· 156
7.4 异常 ··· 157
7.4.1 异常概述 ··· 158
7.4.2 try…catch…finally 语句 ··· 158
7.4.3 常用异常类 ··· 159
7.4.4 throw 关键字 ··· 162
7.4.5 自定义异常类 ··· 163
思考与练习 ··· 164

第 8 章 LINQ 简单查询 ··· 166
8.1 LINQ 简介 ··· 166
8.2 查询简单应用 ··· 168
8.2.1 认识 LINQ 查询 ··· 168
8.2.2 LINQ 查询表达式 ··· 169
8.2.3 from 子句 ··· 170
8.2.4 select 子句 ··· 171
8.2.5 where 子句 ··· 173
8.2.6 orderby 子句 ··· 174
8.2.7 group 子句 ··· 175
8.3 join 子句 ··· 176
8.3.1 创建示例数据源 ··· 176
8.3.2 内联接 ··· 177
8.3.3 分组联接 ··· 178
8.3.4 左外联接 ··· 179
8.4 查询方法 ··· 181
8.4.1 认识查询方法 ··· 181
8.4.2 筛选数据 ··· 182
8.4.3 排序 ··· 183
8.4.4 分组 ··· 184
8.4.5 取消重复 ··· 184
8.4.6 聚合 ··· 185
8.4.7 联接 ··· 187
8.5 实验指导——LINQ 查询的“延迟”问题 ··· 188
思考与练习 ··· 190

第 9 章 LINQ to SQL ··· 192
9.1 认识 LINQ 对象关系设计器 ··· 192
9.2 DataContext 类 ··· 194
9.3 实验指导——手动映射数据库 ··· 196
9.4 实验指导——操作数据 ··· 198
9.4.1 插入数据 ··· 199
9.4.2 更新数据 ··· 200
9.4.3 删除数据 ··· 201
9.5 多表查询 ··· 202
思考与练习 ··· 204

第 10 章 WPF 基础入门 ··· 206
10.1 了解 WPF ··· 206
10.1.1 WPF 的诞生 ··· 206
10.1.2 WPF 的概念 ··· 208
10.1.3 WPF 4.5 新增功能 ··· 209
10.1.4 WPF 与 Silverlight 的关系 ··· 210
10.1.5 学习 WPF 的必要性 ··· 211
10.2 WPF 体系结构 ··· 212
10.2.1 了解 WPF 体系结构 ··· 212
10.2.2 类层次结构 ··· 213
10.3 实验指导——创建第一个 WPF 程序 ··· 215
10.4 认识 XAML ··· 220
10.4.1 XAML 简介 ··· 220
10.4.2 XAML 语法规则 ··· 220
10.4.3 XAML 根元素 ··· 221
10.4.4 XAML 命名空间 ··· 222
10.4.5 XAML 后台文件 ··· 224
10.4.6 子元素 ··· 225
10.5 认识 Application 类 ··· 226
10.5.1 创建 Application 对象 ··· 226
10.5.2 创建自定义 Application 类 ··· 228
10.5.3 定义应用程序关闭模式 ··· 230
10.5.4 应用程序事件 ··· 231
10.5.5 处理命令行参数 ··· 232
10.5.6 处理子窗口 ··· 233
思考与练习 ··· 236

第 11 章　WPF 控件布局 ………… 238
11.1　WPF 布局 ………… 238
11.1.1　WPF 布局原理 ………… 238
11.1.2　StackPanel 布局 ………… 239
11.1.3　WrapPanel 和 DockPanel 布局 ………… 240
11.1.4　Grid 布局 ………… 243
11.1.5　Canvas 布局 ………… 245
11.2　WPF 控件简介 ………… 246
11.2.1　WPF 控件概述 ………… 246
11.2.2　WPF 控件类型 ………… 247
11.3　WPF 内容控件 ………… 248
11.3.1　ContentControl 类 ………… 248
11.3.2　HeaderedContentControl 类 ·· 250
11.3.3　ItemsControl 类 ………… 253
11.3.4　HeaderedItemsControl 类 ·· 254
11.4　标准控件 ………… 254
11.4.1　文本输入控件 ………… 254
11.4.2　文本显示控件 ………… 255
11.4.3　外观控件 ………… 259
11.4.4　设置文本格式的类 ………… 260
11.5　实验指导——在 C#中添加 WPF 控件 ………… 261
思考与练习 ………… 262

第 12 章　WPF 的属性和事件 ………… 264
12.1　依赖项属性 ………… 264
12.1.1　依赖项属性概述 ………… 264
12.1.2　属性值继承特性 ………… 266
12.1.3　自定义依赖项属性 ………… 268
12.2　实验指导——定义和使用完整的依赖项属性 ………… 270
12.3　附加属性 ………… 273
12.3.1　附加属性概述 ………… 273
12.3.2　自定义附加属性 ………… 275
12.4　实验指导——定义和使用完整的附加属性 ………… 276
12.5　路由事件 ………… 278
12.5.1　路由事件概述 ………… 278
12.5.2　路由策略 ………… 279
12.5.3　自定义路由事件 ………… 281
12.6　附加事件 ………… 284
思考与练习 ………… 286

第 13 章　WPF 图形和多媒体 ………… 288
13.1　WPF 图形 ………… 288
13.1.1　WPF 图形对象 ………… 288
13.1.2　形状拉伸 ………… 290
13.1.3　形状变换 ………… 292
13.2　画刷 ………… 296
13.2.1　纯色和渐变色 ………… 296
13.2.2　线性渐变 ………… 297
13.2.3　径向渐变 ………… 299
13.3　动画 ………… 301
13.3.1　动画概述 ………… 302
13.3.2　WPF 属性动画 ………… 302
13.3.3　动画类型 ………… 303
13.3.4　对属性应用动画 ………… 306
13.4　图像 ………… 307
13.4.1　WPF 图像处理 ………… 307
13.4.2　WPF 图像格式 ………… 307
13.4.3　图像显示 ………… 309
13.5　多媒体 ………… 309
13.5.1　多媒体概述 ………… 309
13.5.2　MediaElement 类 ………… 310
13.6　实验指导——自定义播放器 ………… 312
思考与练习 ………… 314

第 14 章　WPF 数据绑定技术 ………… 316
14.1　数据绑定的概念 ………… 316
14.2　简单绑定 ………… 317
14.2.1　绑定到属性 ………… 318
14.2.2　绑定模式 ………… 319
14.2.3　使用代码实现绑定 ………… 320
14.2.4　绑定到多个属性 ………… 321
14.2.5　设置绑定更新模式 ………… 323
14.2.6　绑定不可见元素 ………… 324
14.3　实验指导——数据库绑定 ………… 328

14.3.1 创建数据访问代码………… 329
14.3.2 查看学生信息列表………… 330
14.3.3 查找学生信息 ………………… 331
14.3.4 更新学生信息 ………………… 333
思考与练习 ………………………………… 334

第 15 章 WCF 概述……………………… 336
15.1 了解 WCF………………………………… 336
15.1.1 WCF 概念………………………… 336
15.1.2 WCF 优势………………………… 337
15.2 WCF 技术要素……………………… 338
15.2.1 组成元素 ………………………… 338
15.2.2 契约 ……………………………… 340
15.2.3 服务 ……………………………… 342
15.2.4 宿主程序 ………………………… 343
15.2.5 实现客户端 ……………………… 348
15.3 应用场景……………………………… 349
15.4 实验指导——WCF 实现购票系统的基本功能 ………………………………… 350
思考与练习 ………………………………… 355

第 16 章 WF 框架 ……………………… 356
16.1 WF 基础……………………………… 356
16.1.1 工作流简介 ……………………… 356
16.1.2 数据模型 ………………………… 357
16.2 活动 …………………………………… 358
16.2.1 程序流活动 ……………………… 359
16.2.2 流程图活动 ……………………… 359
16.2.3 状态机活动 ……………………… 360
16.2.4 消息传递活动 …………………… 360
16.2.5 自定义活动 ……………………… 362
16.3 创建工作流 …………………………… 363
16.3.1 工作流类型 ……………………… 363
16.3.2 流程图工作流 …………………… 364
16.3.3 程序工作流 ……………………… 366
16.3.4 状态机工作流 …………………… 367
16.3.5 使用命令性代码创作工作流……………………………… 369
16.4 实验指导——创建生成随机数的工作流 ………………………………………… 370
思考与练习 ………………………………… 370

第 17 章 WPF 制作文件资源管理器…372
17.1 资源管理器概述 ……………………… 372
17.2 数据库设计 …………………………… 373
17.3 准备工作 ……………………………… 374
17.3.1 搭建框架 ………………………… 374
17.3.2 创建类…………………………… 375
17.3.3 App.xaml 文件 ………………… 378
17.4 功能实现 ……………………………… 382
17.4.1 前台界面 ………………………… 382
17.4.2 后台代码 ………………………… 387
17.5 功能测试 ……………………………… 392

附录 思考与练习答案……………………395

第 1 章　搭建 C# 2012 的开发框架

C#的全称是 Microsoft Visual C#，它是 Microsoft 提供的一种强大的、面向对象的开发语言。C#在.NET Framework 中扮演着重要角色，一些人甚至将它与 C 在 UNIX 开发中的地位相提并论。C#也是目前最流行的开发语言之一，由于 C#语言的类库全部封装在.NET 框架中，因此本章在介绍 C#语言之前，会简单介绍.NET 框架。

本章主要包括三部分内容：.NET Framework、C#语言和 Visual Studio 2012 开发工具。通过本章的学习，读者可以了解和熟悉.NET 框架和 C#语言的知识，也可以熟练地通过 Visual Studio 2012 开发工具创建控制台应用程序。

本章学习要点：

- ❑ 了解.NET 框架的实现目标
- ❑ 熟悉公共语言运行时和类库
- ❑ 了解 C#语言的特色优势
- ❑ 熟悉 C# 5.0 的增强功能和修改功能
- ❑ 掌握 Visual Studio 2012 的安装
- ❑ 掌握 Visual Studio 2012 的使用
- ❑ 掌握如何创建控制台应用程序
- ❑ 熟悉如何引用命名空间

1.1　.NET Framework 概述

.NET Framework 即 Microsoft .NET Framework，又被称为.NET 框架。它是支持生成和运行下一代应用程序与 Web 服务内容的 Windows 组件。.NET Framework 提供了托管执行环境、简化开发和部署以及与各种编程语言的集成。

简单来说，如果想要开发和运行.NET 运行程序，就必须首先安装.NET Framework。

1.1.1　.NET Framework 组件

.NET Framework 是一种技术，该技术支持生成和运行下一代应用程序与 XML Web 服务。.NET Framework 旨在实现以下几个目标。

（1）提供一个一致的面向对象的编程环境，而无论对象代码是在本地存储和执行，还是在本地执行但在 Internet 上分布，或者是在远程执行的。

（2）提供一个将软件部署和版本控制冲突最小化的代码执行环境。

（3）提供一个可提高代码（包括由未知的或不完全受信任的第三方创建的代码）执行安全性的代码执行环境。

（4）提供一个可消除脚本环境或解释环境的性能问题的代码执行环境。

（5）使开发者的经验在面对类型大不相同的应用程序（如基于 Windows 的应用程序和基于 Web 的应用程序）时保持一致。

（6）按照工业标准生成所有通信，以确保基于.NET Framework 的代码可与任何其他代码集成。

.NET Framework 包含两个组件：公共语言运行时和.NET Framework 类库。公共语言运行时是.NET Framework 的基础。.NET Framework 类库是一个综合性的面向对象的可重用类型集合。如图 1-1 所示为公共语言运行时、.NET Framework 类库与应用程序以及整个系统之间的关系。

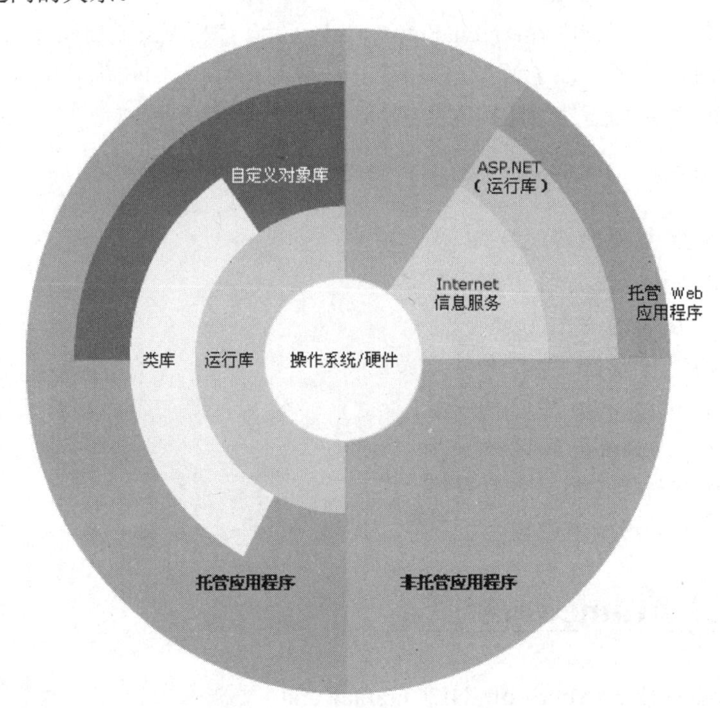

图 1-1　公共语言运行时、类库和应用程序以及整个系统的关系

目前，.NET Framework 4.5 是相当稳定的版本。.NET Framework 4.5 在之前版本（如.NET Framework 4.0）的基础上新增了多个功能，并且改进了之前版本的部分功能。如实现程序集的自动绑定重定向、可以在垃圾回收过程中显式压缩大对象堆、支持对区域性字符串排序以及比较数据进行版本控制。除这些基本功能外，还对 WPF、WCF 和 WF 等应用程序的功能进行了添加和更改。

1.1.2　公共语言运行时

.NET Framework 提供了一个称为公共语言运行时（Command Language Runtime，CLR）的运行环境，它运行代码并提供使开发过程更轻松的服务。作为.NET Framework 的核心组件，它是执行时管理代码的代理，并提供内存管理、线程管理和远程处理等核心服务。

公共语言运行时通过通用类型系统（Common Type System，CTS）和公共语言规范（Common Language Specification，CLS）定义标准数据类型和语言之间相互操作的规则。Just-In-Time（JIT）编辑器在运行应用程序之前把中间语言（Intermediate Language，IL）代码转换为可执行代码。公共语言运行时还管理应用程序，在应用程序运行时为其分配内存和解除分配内存。

1. 通用类型系统

通用类型系统定义如何在 CLR 中声明、使用和管理类型，同时也是 CLR 支持跨语言集成的一个重要组成部分。通用类型系统支持.NET Framework 提供的两种常用类型，即值类型和引用类型，每一种类型又可以包含多种类型。

通用类型系统的实现功能如下。

（1）建立一个支持跨语言的集成、类型安全和高性能代码执行的框架。

（2）提供一个支持完整实现多种编程语言的面向对象的模型。

（3）定义各语言必须遵守的规则，有助于确保用不同语言编写的对象能够交互作用。

2. 公共语言规范

公共语言规范是一组结构和限制条件，作为库开发者和编译器编写者的指南。公共语言规范定义所有基于.NET Framework 的语言都必须支持的最小功能集，定义规则包括以下几种。

（1）CLS 定义命名变量的标准规则。例如，与 CLS 兼容的变量名称都必须以字母开始，并且不能包含空格。除了变量名之间的大小写区别之外，还要有其他区别。

（2）CLS 定义原数据类型，如 Int32、Int64、Double 和 Boolean 等。

（3）CLS 禁止无符号数值数据类型。有符号数值数据类型的一个数据位被保留来指示数值的正负，而无符号数据类型没有保留这个数据位。

（4）CLS 定义对支持基于 0 的数组的支持。

（5）CLS 指定函数参数列表的规则，以及参数传递给函数的方式。例如，CLS 禁止使用可选的参数。

（6）CLS 定义事件名和参数传递给事件的规则。

（7）CLS 禁止内存指针和函数指针，但是可以通过委托提供类型安全的指针。

3. 中间语言

使用.NET 开发的任何应用程序在执行之前都会编译为目标计算机能够理解的语言，即本机代码。在.NET Framework 下这个过程分为两个阶段：首先把应用程序编译成一种称为中间语言（Intermediate Language，IL）的独立于硬件的格式；然后就是使用 JIT 编辑器的阶段，它把中间语言编译为专门用于目标操作系统和目标机器结构的本机代码，只有这样目标操作系统才能执行应用程序。

4．托管执行过程

公共语言运行时执行的代码称为托管代码（Managed Code），其作用之一就是防止一个应用程序干扰另外一个应用程序的运行，这个过程称为安全性。使用类型安全的托管代码，一个应用程序就不会覆盖另一个应用程序分配的内容。创建托管代码的步骤如下。

（1）选择一个合适的编译器，它能够生成适合 CLR 执行的代码，并且使用.NET Framework 提供的资源。

（2）把应用程序编译为独立于机器的中间语言。

（3）在执行时，把中间语言代码转换为本机可执行文件。

（4）在应用程序执行时，调用.NET Framework 和 CLR 提供的资源。

5．自动内存管理

自动内存管理是公共语言运行时在托管执行过程中提供的服务之一。公共语言运行时的垃圾回收器为应用程序管理内存的分配和释放。对于开发者而言，这意味着在开发托管应用程序时不必编写执行内存管理任务的代码。自动内存管理解决了常见的一些问题，例如忘记释放对象并导致内存泄漏，或者尝试访问已释放对象的内存。

1.1.3 .NET Framework 类库

.NET Framework 类库是一个由 Microsoft .NET Framework SDK 中包含的类、接口和值类型组成的库，提供对系统功能的访问。.NET Framework 类库是建立.NET Framework 应用程序、组件和控件的基础。.NET Framework 类库中还包含.NET Framework 中定义的所有类型。

.NET Framework 类库由命名空间组成，每个命名空间都包含可以在程序中使用的类型，如类、结构、枚举、委托和接口等。命名空间名称是类型的完全限定名（namespace.typename）的一部分，所有 Microsoft 提供的命名空间都以 System 或 Microsoft 开头，如表 1-1 所示列出了.NET Framework 类库中提供的一些常见命名空间。

表 1-1 .NET Framework 类库中提供的一些常见命名空间

命名空间	说明
Microsoft.JScript	Microsoft.JScript 命名空间包含具有以下功能的类：支持用 JScript 语言生成代码和进行编译
Microsoft.Win32	Microsoft.Win32 命名空间提供具有以下功能的类型：处理操作系统引发的事件、操纵系统注册表、代表文件和操作系统句柄
System	包含允许将 URI 与 URI 模板和 URI 模板组进行匹配的类
System.Collections	包含具有定义各种标准的、专门的和通用的集合对象等功能的类
System.Data	包含访问和管理多种不同来源的数据的数类
System.Dynamic	提供支持动态语言运行时的类和接口
System.Drawing	包含提供与 Windows 图形设备接口的接口类

续表

命名空间	说明
System.IO	包含支持输入和输出的类，包括以同步或异步方式在流中读取和写入数据、压缩流中的数据、创建和使用独立存储区以及处理出入串行端口的数据流等
System.Windows.Forms	定义包含工具箱中的控件及窗体自身的类
System.Net	包含用于网络通信的类或命名空间
System.Linq	该命名空间下的类支持使用语言集成查询（LINQ）的查询
System.Text	包含用于字符编码和字符串操作的类型
System.XML	该命名空间包含用于处理 XML 类型的数据

1.2 C#语言概述

.NET Framework 支持多种开发语言，如 C#、Visual Basic（VB）和 F#等。在众多支持的开发语言中，C#和 VB 最流行，VB 一般用来快速开发，在小型的 Windows 应用系统中最为常用。C#语言是 Microsoft 重点推出的开发语言，它结合了 C 语言和 C++语言的一些优点，然后又去除了指针等难以理解的概念，是一门方便开发的语言。

1.2.1 C#语言的特点

C#是一种简洁、类型安全的面向对象的语言。与其他语言相比，C#语言具备简单、方便和快速开发等优点，主要特色优势如下。

（1）C#支持面向对象开发，并且有.NET 底层类库的支持，可以轻松创建对象。

（2）C#的开发效率高。C#的开发工具 Visual Studio 2012 支持拖放式添加控件，开发者可以轻松完成桌面布局。

（3）C#通过内置的服务，使组件可以转化为 XML 网络服务。

（4）C#提供了对 XML 的强大支持，可以轻松地创建 XML，也可以将 XML 数据应用到程序中。

（5）C#具有自动回收功能，它不用像 C++一样，为程序运行中的内存管理伤脑筋。

（6）C#提供类型安全机制，可以避免一些常见的类型问题，如类型转换和数组越界等。

（7）在.NET Framework 中，C#可以自由地和其他语言（如 VB）进行切换。

1.2.2 C# 5.0 新增功能

在 Visual Studio 2012 开发工具中，自带的版本是 C# 5.0。换句话说，.NET Framework 4.5、C# 5.0 伴随着 Visual Studio 2012 一起正式发布。与之前版本的 C#（如 C# 4.0）相比，C# 5.0 新增了一些功能。

1．异步编程

使用异步功能可以更轻松、更直观地编写异步代码，这使异步编程几乎和同步编程一样简单。在.NET Framework 4.5 中，通过 async 和 await 两个关键字，引入了一种新的基于任务的异步编程模型（TAP）。在这种方式下，可以通过类似同步方式编写异步代码，极大地简化了异步编程模式。

【范例 1】

如下代码演示了一个异步编程的例子。

```
static async void DownloadStringAsync2(Uri uri) {
    var webClient = new WebClient();
    var result = await webClient.DownloadStringTaskAsync(uri);
    Console.WriteLine(result);
}
```

如果不使用上述代码，使用之前同步编程的方式编写的代码如下。

```
static void DownloadStringAsync(Uri uri) {
    var webClient = new WebClient();
    webClient.DownloadStringCompleted += (s, e) => {
            Console.WriteLine(e.Result);
    };
    webClient.DownloadStringAsync(uri);
}
```


2．调用方信息

C# 5.0 版本方便获取有关方法的调用方信息。使用调用方信息属性可以标识源代码、源代码和调用方的成员名称的文件路径。该信息可用于跟踪，用于调试以及创建诊断工具。

大多数时候，开发者需要在运行过程中记录一些调测的日志信息，可使用以下代码。

```
public void DoProcessing() {
    TraceMessage("Something happened.");
}
```

为了调测方便，除了事件信息外，往往还需要知道发生该事件的代码位置以及调用栈信息。在 C++中，开发者可以通过定义一个宏，然后在宏中通过_FILE_和_LINE_来获取当前代码的位置，但是 C#并不支持宏，只能通过 StackTrace 实现这一功能，但是 StackTrace 又不是很可靠。针对上述描述，在.NET Framework 4.5 中引入了三个属性：CallerMemberName、CallerFilePath 和 CallerLineNumber。在编译器的配合下，上述三个属性可以分别获取到调用函数的名称（即成员名称）、调用文件和调用行号。例如，前面提到的 TraceMessage()函数可以通过以下代码实现。

```
public void TraceMessage(string message,
```

```
        [CallerMemberName] string memberName = "",
        [CallerFilePath] string sourceFilePath = "",
        [CallerLineNumber] int sourceLineNumber = 0) {
            Trace.WriteLine("message: " + message);
            Trace.WriteLine("member name: " + memberName);
            Trace.WriteLine("source file path: " + sourceFilePath);
            Trace.WriteLine("source line number: " + sourceLineNumber);
}
```

1.2.3 C# 5.0 修改功能

除了新增功能，Visual Studio 2012 也对 C#语言进行了重大修改，如 Lambda 表达式、LINQ 表达式、命名实参和超加载解决方法等。

1. Lambda 表达式

在循环体包含的 Lambda 表达式中使用 foreach 语句中的迭代变量。使用在嵌套 Lambda 表达式的一个 foreach 迭代变量不会再导致意外的结果。

【范例 2】

下面示例在 Lambda 表达式中如何使用变量 word，代码如下。

```
static void Main() {
    var methods = new List<Action>();
    foreach (var word in new string[] { "hello", "world" }) {
        methods.Add(() => Console.Write(word + " "));
    }
    methods[0]();
    methods[1]();
}
```

2. LINQ 表达式

在循环体包含的 LINQ 表达式中使用 foreach 语句中的迭代变量。使用在 LINQ 表达式的一个 foreach 迭代变量不会再导致意外的结果。

【范例 3】

下面示例在 LINQ 查询中如何使用可变的 number，代码如下。

```
static void Main() {
    var lines = new List<IEnumerable<string>>();
    int[] numbers = { 1, 2, 3 };
    char[] letters = { 'a', 'b', 'c' };
    foreach (var number in numbers) {
        var line = from letter in letters
                   select number.ToString() + letter;
        lines.Add(line);
```

```
        }
        foreach (var line in lines) {
            foreach (var entry in line)
                Console.Write(entry + " ");
            Console.WriteLine();
        }
    }
```

1.3 Visual Studio 2012 开发工具

Visual Studio 2012（以下简称 VS 2012）是一个开发工具，如果要在 VS 2012 中运行程序，必须确保搭建.NET Framework。在 2002 年发布 VS 2002 时，就已经在该工具中引入了.NET Framework，因此，安装 VS 2012 工具时会自动安装.NET Framework。

VS 2012 支持最新的.NET Framework 4.5 版本，同时也支持.NET Framework 4、.NET Framework 3.5、.NET Framework 3.0 和.NET Framework 2.0 版本。下面介绍如何安装 VS 2012，以及安装后的界面操作。

1.3.1 安装 Visual Studio 2012

VS 2012 的安装界面和安装过程与之前版本有很大的不同，更智能化、简单化。由于 VS 2012 集成.NET 下的各种语言环境，因此需要同时安装多个开发语言环境。安装 VS 2012 时的操作系统可以是 Windows 7 Service Pack1、Windows 8、Windows Server 2008 R2 SP1 或者 Windows Server 2012。同时还需要满足以下的硬件要求。

（1）1.6GHz 或更快的处理器。

（2）1GB 内存（如果在虚拟机上运行，则为 1.5GB）。

（3）10GB 的可用硬盘空间。

（4）5400RPM 硬盘驱动器。

（5）以 1024×768 或更高的显示分辨率运行的支持 DirectX 9 的视频卡。

【范例 4】

下载和安装 VS 2012 的步骤如下。

（1）打开微软的官方网站下载 VS 2012 工具，下载英文版本的效果如图 1-2 所示。在下拉菜单中，可以根据需要选择语言，选择完毕后单击 Download 按钮下载即可。

（2）在下载的磁盘目录中找到 VS2012_ULT_enu.iso（如果语言是中文，下载的文件则是 VS2012_ULT_chs.iso）文件并解压缩，打开解压后的文件夹，打开 vs_ultimate.exe 文件并双击进入如图 1-3 所示的界面。在图 1-3 中单击…按钮更改 VS 2012 的安装路径，一般不要选择在 C 盘，这里选择 D 盘。

（3）选中如图 1-3 所示界面中的协议复选框，选中表示遵守安装协议。单击 Next 按钮进行下一步安装，如图 1-4 所示。该步骤提供一系列的安装组件供开发者选择，只需将要安装的组件前面的复选框选中。由于 VS 2012 集成度较高，因此也可以将全部组件选中进行安装。

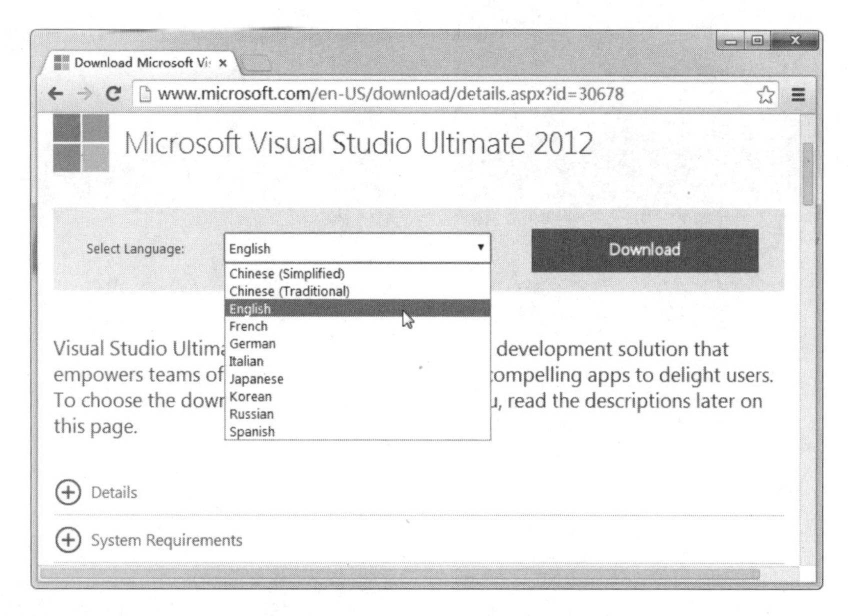

图 1-2 下载 VS 2012

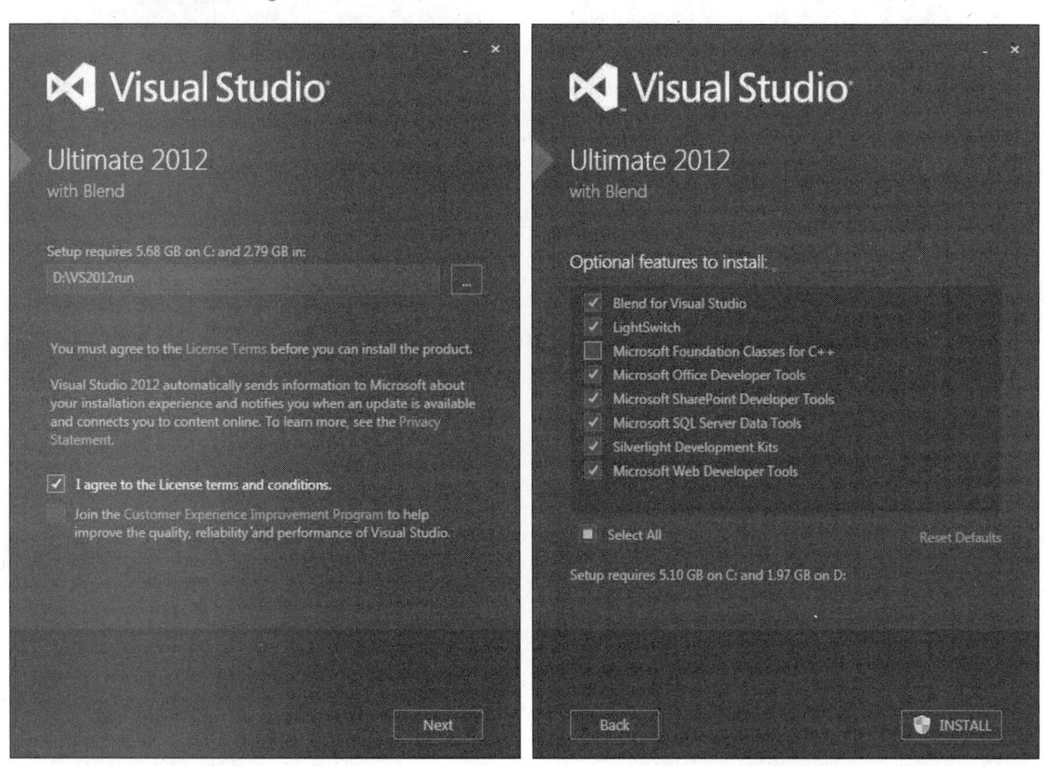

图 1-3 路径选择　　　　图 1-4 选择程序安装

（4）在如图 1-4 所示界面中选择要安装的组件后单击 INSTALL 按钮进入如图 1-5 所示的界面。

（5）安装组件过程中有些安装的组件需要重启计算机才能完成安装，然后再安装其他组件，重启时的提示如图 1-6 所示。

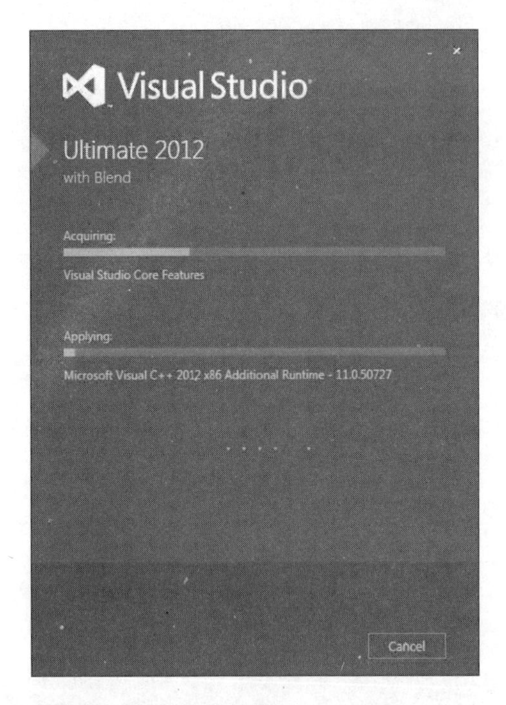

图 1-5 安装效果

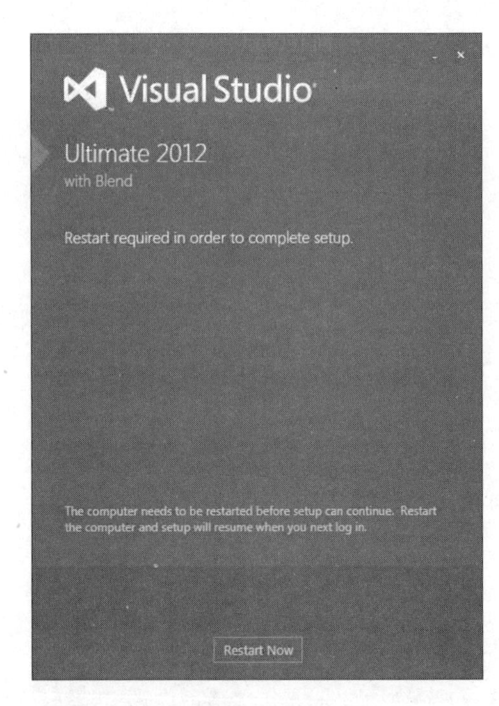

图 1-6 重启提示信息

（6）直接单击如图 1-6 所示界面中的 Restart Now 按钮进行操作，计算机重启成功后安装程序会自动启动，并且继续执行其他组件的安装，如图 1-7 所示。

（7）在如图 1-7 所示界面中安装所有的组件成功后的提示如图 1-8 所示。在该图中可以单击 Restart Now 按钮完成安装。

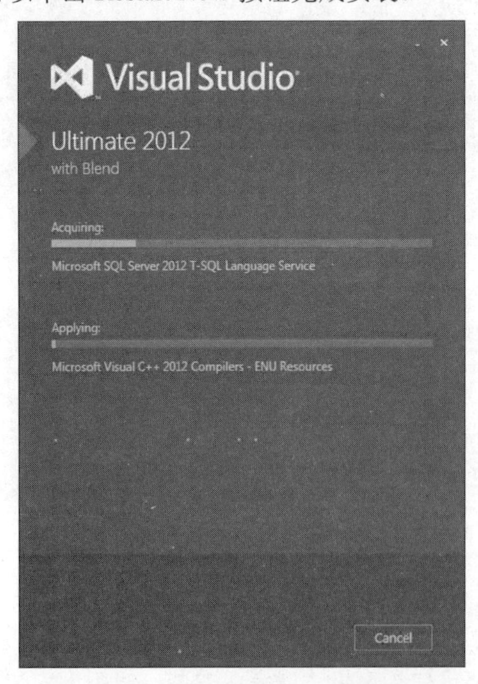

图 1-7 组件安装

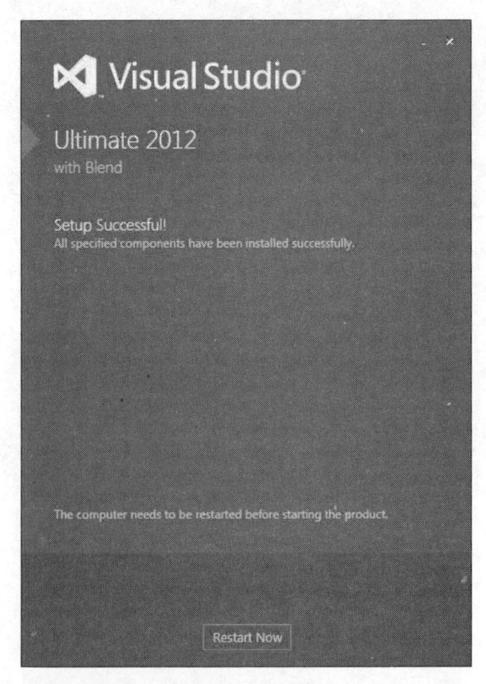

图 1-8 安装成功界面

1.3.2 认识 Visual Studio 2012

完善的开发界面可以帮助开发者提高开发效率，这也是 VS 系列开发工具的最大特点，它完全支持拖放方式设计窗体布局，还可以自动生成各种窗体设计代码。安装 VS 2012 成功后，选择【开始】|【所有程序】|Microsoft Visual Studio 2012 命令启动 VS 2012，界面效果如图 1-9 所示。

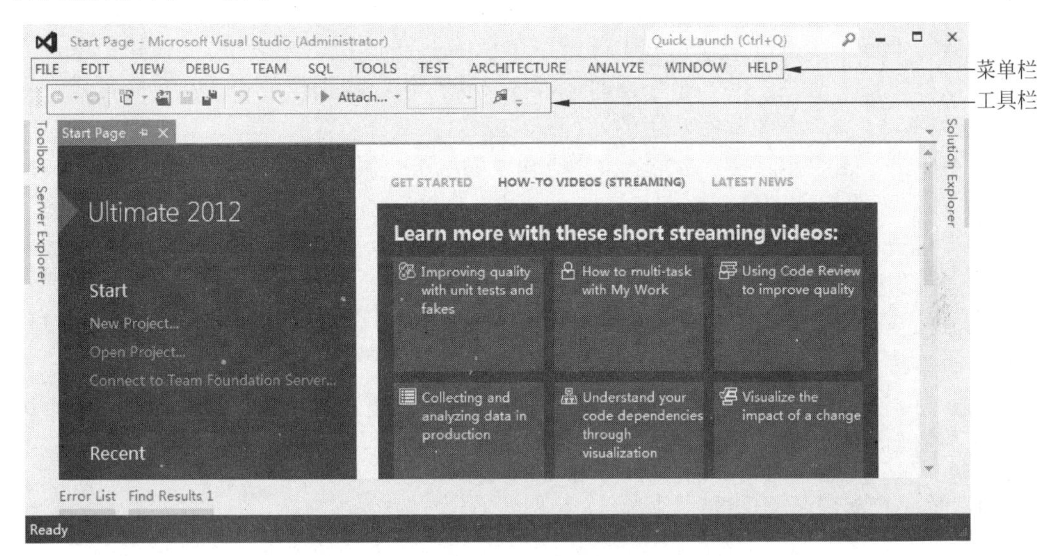

图 1-9 启动 VS 2012 开发界面

1. 菜单栏

菜单栏位于开发界面的最顶端，提供一系列默认的工具和可执行操作。在菜单栏中包含多个菜单项，如 FILE（文件）、EDIT（编辑）、VIEW（视图）和 TEAM（项目）等。

（1）FILE（文件）菜单。包含项目的打开、保存和导出等命令，和普通软件的文件菜单没有多大区别。

（2）EDIT（编辑）菜单。包含常用的查找、替换、删除和格式化等操作命令。

（3）VIEW（视图）菜单。视图就是从整体上对开发界面进行布局，包括一些常用的提示窗口。这个菜单非常重要，如果显示一些错误窗口和资源管理窗口，那么开发者可以直观地了解程序的错误，以及程序所包括的所有文件。常用的视图窗口有“服务器资源管理器”“解决方案管理器”“工具条”和“属性”窗口等。

（4）DEBUG（调试）菜单。开发者在编写代码时用于执行、调试和判断代码，还可以在代码中设置断点，以查看变量的结果。这是开发者经常使用并且必须了解的菜单。

（5）SQL（数据）菜单。它是对项目中当前的数据源进行管理，这些数据源包括数据库、各种服务和对象等。

（6）TOOLS（工具）菜单。提供 VS 2012 可以支持的所有工具，如果要用菜单中没有的工具，还可以自行添加。

（7）TEST（测试）菜单。开发者可以使用它对项目和类库进行各种测试，及时检查代码错误。

（8）WINDOW（窗口）菜单。提供一些窗口的布局操作，如浮动、隐藏和拆分等。

（9）HELP（帮助）菜单。提供了前面安装的 MSDN 说明文档的一些操作。

2. 工具栏

工具栏一般位于主框架窗口的上部，菜单栏的下方，由一些带图片的按钮组成，当用户用鼠标单击工具栏上的某个按钮时，程序会执行相应的操作。VS 2012 中提供了数十种工具栏，下面只介绍其中常用的几种。

（1）Standard（标准）工具栏。和其他软件的标准工具栏一样，提供常用的“保存”“打开”和“新建”按钮等。

（2）Layout（布局）工具栏。用来对窗体中的各个设计组件进行统一布局，例如左对齐和居中等。

（3）Debug（调试）工具栏。实现对代码的执行、中断和逐行执行等功能。当鼠标指针移向某按钮时，还会提示这个按钮的快捷键。

（4）Text Editor（文本编辑器）工具栏。在打开窗体设计视图时，该工具栏处于不可用状态。因为它只支持代码文本的编辑，包括代码的缩进、注释和标记等。

3. 解决方案资源管理器

解决方案资源管理器类似于 Windows 操作系统的资源管理器，可以在此窗口下查看当前项目所包含的任何资源，例如文件夹、类文件和数据文件等。解决方案资源管理器如图 1-10 所示。

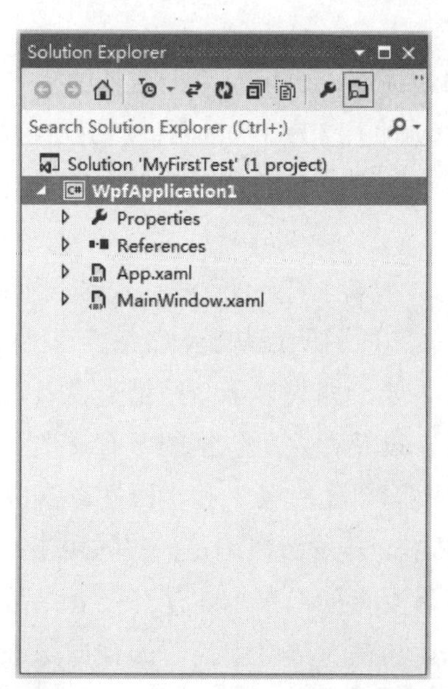

图 1-10 解决方案资源管理器

提示

解决方案资源管理器在系统中被保存为一个完整的文档，默认扩展名是.sln。在该解决方案管理器下可以包含多种项目，既可以包含 Windows 项目，也可以包含 Web 项目，还可以在 Web 项目中引用 Windows 项目。

4．工具箱

工具箱中包含 VS 2012 提供的常用控件，例如按钮、下拉列表和列表框等，如图 1-11 所示。VS 2012 的工具箱提供了多种控件，这些控件被分为以下几组。

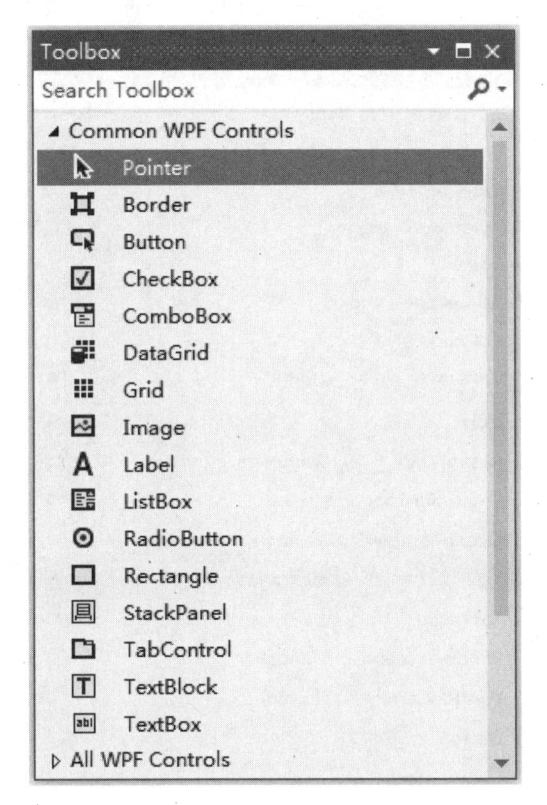

图 1-11　工具箱

（1）所有 Windows 窗体。包括创建普通 Windows 窗体所需要的所有标准组件，例如按钮、文本框和状态栏等。

（2）容器。可以包含其他控件的控件，例如 Panel 和 TabControl 等。

（3）菜单栏和工具栏。用来设计窗体布局的一些复杂控件，可以实现 Windows 窗体中的菜单和工具条。

（4）数据。包括数据显示控件和数据源配置控件。

（5）组件。最复杂的一种控件，包括事件日志管理、进程管理和目录管理等。

（6）打印。提供多个实现打印功能常见的对话框，例如“打印”对话框、“打印预览”

对话框等。

（7）对话框。包括 Windows 中常见的一些对话框，如“颜色”对话框、“文件打开”和“保存”对话框。

（8）报表。提供了水晶报表的一些控件。

5．“属性”窗口

“属性”窗口用来显示项目、窗体、控件和数据源等所有可视资源的属性。如果要查看某个按钮的名字和字体，可以通过打开“属性”窗口来设置。按下 F4 快捷键就可以打开“属性”窗口，如图 1-12 所示为查看 Button 按钮时的“属性”窗口。

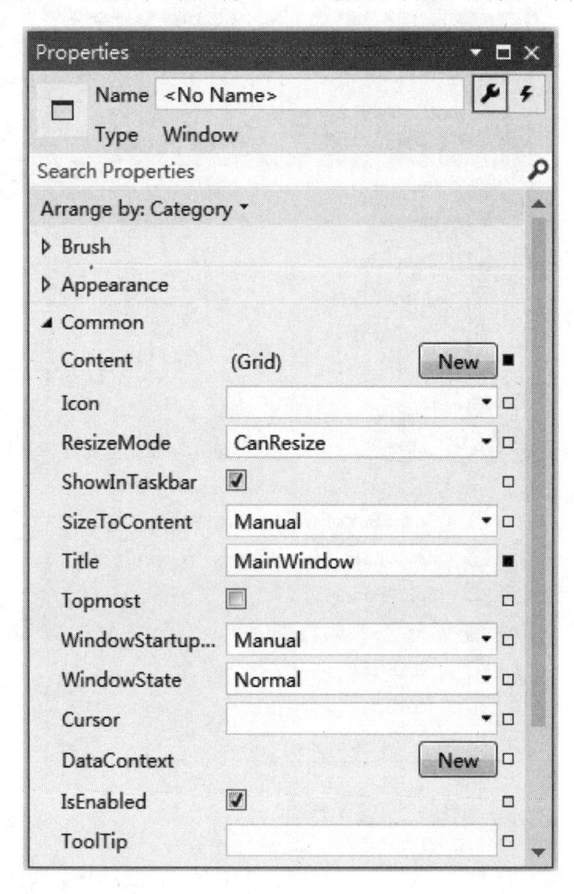

图 1-12　“属性”窗口

6．服务器资源管理器

服务器资源管理器以前并不常用，但是在 VS 2012 中，其功能被彻底地挖掘出来。因为 VS 2012 提供了 LINQ to SQL 类，该类必须依靠数据源才可以生成数据库表的映射类，而数据源的管理就在服务器资源管理器中。选择 VIEW|Server Explorer 命令打开服务器资源管理器，如图 1-13 所示。

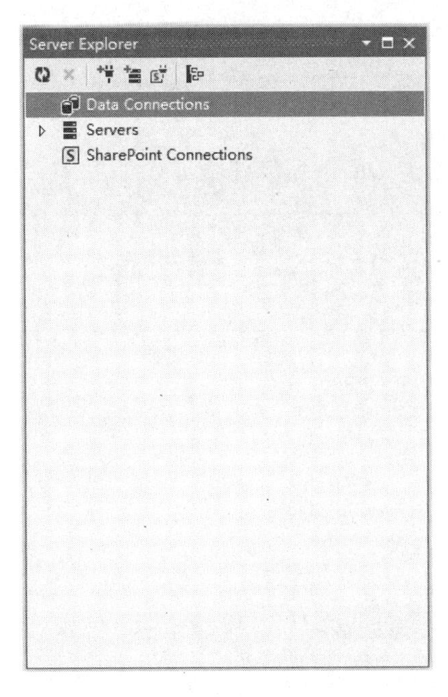

图 1-13 服务器资源管理器

1.4 实验指导——创建 C#控制台应用程序

安装 VS 2012 就是为了使用它，本节实验只创建 C#控制台应用程序。在该程序中，接收用户输入的内容，并将输入的内容进行输出。实现步骤如下。

（1）打开 VS 2012 界面后，选择 File|New|Project 命令弹出 New Project（新建项目）对话框，如图 1-14 所示。

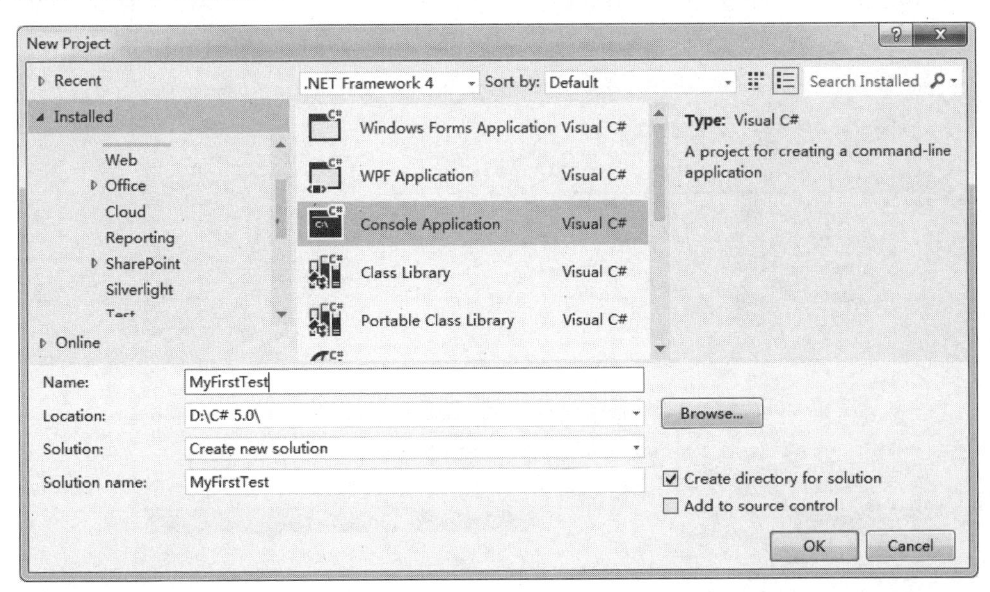

图 1-14 “新建项目”对话框

在图 1-14 的左侧，选择 Installed | Web 子项，然后在右侧选择 Console Application（控制台应用程序）项，在下方输入应用程序的名称和路径，默认情况下创建一个与程序名相同的解决方案资源管理器。

（2）输入内容完毕后单击 OK 按钮创建程序，如图 1-15 所示。

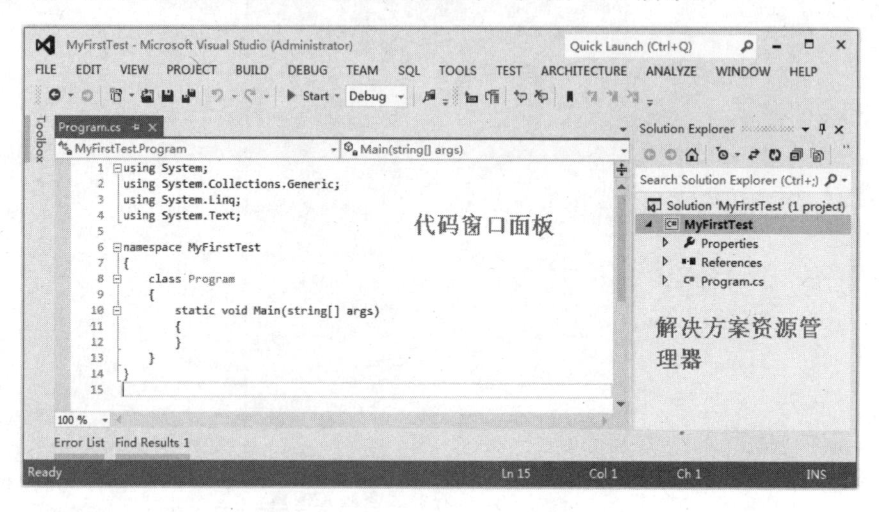

图 1-15　创建控制台应用程序

从图 1-15 中可以看到，创建控制台应用程序完毕后只有一个 Program.cs 文件，这个文件包含一个 Program 类，该类中只包含一个静态的 Main()方法。Main()方法是所有应用程序的入口处，它必须是一个静态方法。如果 Main()不是静态方法，那么应用程序在运行时，.NET Framework 可能不把它视为起点。

（3）向应用程序的代码窗口中添加内容，在 Main()方法的大括号中间添加新代码。按 Enter 键进行换行，换行后输入“Console”单词，这是由应用程序引用的程序集提供的一个类，该类提供了在控制台窗口中显示消息和读取键盘输入的方法。当向代码窗口输入第一个字母“C”时，会显示一个“智能代码”提示列表，如图 1-16 所示。

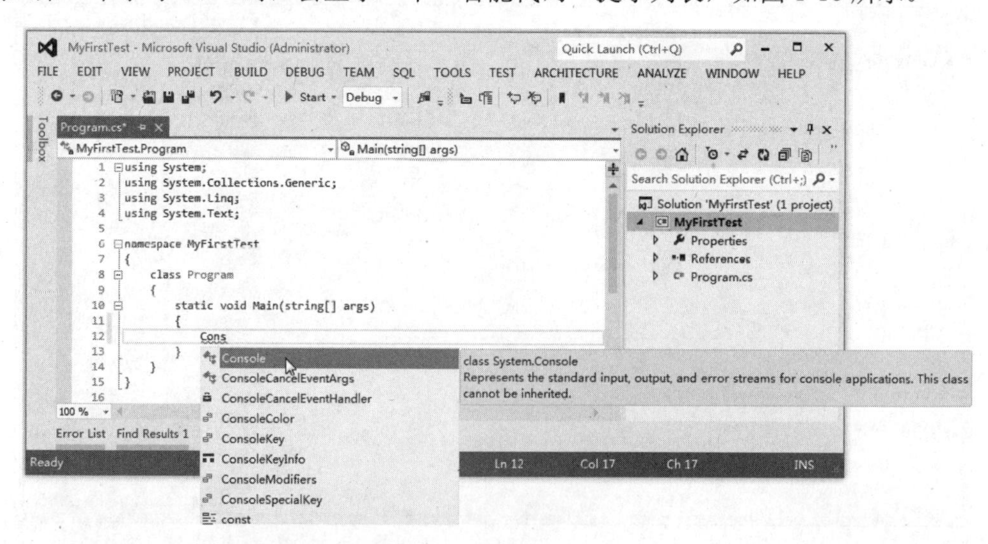

图 1-16　智能代码的提示信息

其中包含在当前上下文中所有有效的 C#关键字和数据类型，可以继续输入其他字母，也可以在列表中滚动并用鼠标双击 Console 项。还有一个办法是：一旦输入“Cons”时，智能感知列表就会自动定位到 Console 这一项，此时按 Tab 键或者 Enter 键即可选中并输入它。输入的完整代码如下。

```
Console.WriteLine("请输入您想说的话：");
string content = Console.ReadLine();
Console.WriteLine("您刚才想要说的话是：{0}", content);
Console.ReadLine();
```

（4）按 Ctrl+F5 键或者 F5 键运行程序，如图 1-17 所示。

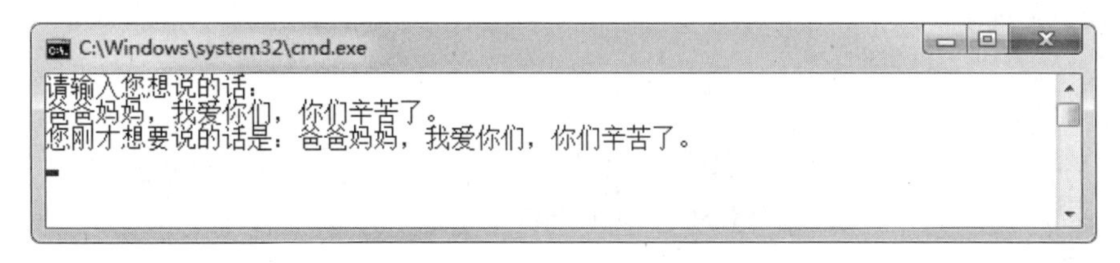

图 1–17 程序运行效果

提示

按 Ctrl+F5 键是运行程序时不进行调试，而按 F5 键则是启动程序进行调试。如果按 F5 键后看不到图 1-17 运行的 DOS 窗口时或者 DOS 窗口闪退，可能是没有添加 Console.ReadLine();语句。

1.5 引用命名空间

当一个程序的规模过大时，会出现一些问题。首先，代码越多，就越难以理解和维护；其次，更多的代码意味着需要更多的类和方法，也就要求跟踪和使用更多名称。名称越来越多，极有可能因为两个或者多个名称冲突而造成项目无法生成。例如，Web 开发者可能需要创建两个同名的类，如果程序引用了其他开发者写的程序集，后者同样使用了大量的名称，这个问题将会变得更严重。

在最初的解决方法中，开发者可以通过为名称添加某种形式的限定符前缀来解决名称冲突问题，但是这并不是最好的解决方案，因为它的扩展性不强。名称变长后，还需要花更多的时间来反复阅读令人费解的长名称，真正编码的时间却少了。

使用命名空间可以解决这个问题，它为类创建容器，同一个名称的类在不同的命名空间中不会混淆。

【范例 5】

通过 namespace 关键字创建名称是 DeaiWith 的命名空间，在该命名空间下创建 UserMessage 类，并为该类添加一个有参的构造函数。当实例化 UserMessage 类时，会自动向控制台输出一句话。完整代码如下。

```
namespace DeaiWith {
    class UserMessage {
        public UserMessage(string name, int age, string hobboy) {
            Console.WriteLine("今年{0}岁的{1}同学喜欢{2}。", age, name,
            hobboy);
        }
    }
}
```

观察图 1-16 中的 Program 类，该类是在 MyFirstTest 命名空间下，不同名称空间下的类调用时需要先引入命名空间。通常情况下，有两种方法：一种是完全限定，一种是通过 using 关键字引用。

1. 完全限定

这种方式通过“命名空间.类名”方式进行引用。向 Main()方法中添加代码，实例化 UserMessage 类的对象，并向构造函数中传入三个参数，代码如下。

```
DeaiWith.UserMessage message =new DeaiWith.UserMessage("小小",12,"画画");
```

运行上述代码查看效果，控制台的输出结果如下。


```
今年 12 岁的小小同学喜欢画画。
```

2. 通过 using 关键字引用

如果程序中需要多次使用到 UserMessage 类，每次使用该类时都通过“命名空间.类名”引用则会非常烦琐，这时可以用 using 关键字。using 指定以后使用的名称来自指定的命名空间，在代码中不必对名称进行完全限定。例如，重新更改上述内容，在当前调用类中通过 using 类引用命名空间，代码如下。

```
using DeaiWith;
```

然后直接在 Main()方法中调用 DeaiWith 类，并实例化该类，代码如下。

```
UserMessage message = new UserMessage("小小", 12, "画画");
```

思考与练习

一、填空题

1. CLR 是指__________。

2. __________定义如何在 CLR 中声明、使用和管理类型，同时也是 CLR 支持跨语言集成的一个重要组成部分。

3. 在.NET Framework 类库中，所有 Microsoft 提供的命名空间都以__________或者 Microsoft 开头。

4. 通过__________关键字引用命名空间。

二、选择题

1. .NET Framework 的两个组件是__________。

A．公共语言运行时和通用类型系统

B．公共语言运行时和.NET Framework 类库

C．通用类型系统和.NET Framework 类库

D．通用类型系统和公共语言规范

2. 创建托管代码的正确步骤是__________。

（1）在执行时，把中间语言代码转换为本机可执行文件。

（2）应用程序执行时，调用.NET Framework 和 CLR 提供的资源。

（3）选择一个合适的编译器，它能够生成适合 CLR 执行的代码，并且使用.NET Framework 提供的资源。

（4）把应用程序编译为独立于机器的中间语言。

A．（1）、（2）、（4）、（3）

B．（1）、（2）、（4）、（3）

C．（3）、（4）、（1）、（2）

D．（3）、（4）、（2）、（1）

3．.NET Framework 类库提供的__________命名空间包含用于处理 XML 类型的数据。

A．System.Net

B．System.Linq

C．System.Text

D．System.XML

4．VS 2012 的菜单栏中不包含__________菜单项。

A．FILE

B．EDIT

C．HELP

D．Layout

三、简答题

1．C# 5.0 的新增功能和更改功能有哪些？

2．简单描述 VS 2012 的安装步骤，并对菜单栏中的菜单项进行介绍。

3．简述创建控制台应用程序的一般步骤。

第 2 章　C#入门语法

在简单认识了 C# 2012 的开发框架之后，需要掌握 C#的理论知识、应用、入门语法和高级应用。

C#是一种面向对象编程语言，有变量、常量、运算符、数据类型、控制语句和类这些基本概念。其中，变量、常量、运算符、数据类型和控制语句是 C#的入门基础，将在本章详细介绍。

本章学习要点：

- ❑ 理解 C#语句和语句块的含义
- ❑ 掌握常用的数据类型
- ❑ 掌握变量的声明和使用
- ❑ 掌握常量的声明的使用
- ❑ 掌握数据的类型转换
- ❑ 了解 C#常用的运算符
- ❑ 掌握 C#选择语句的使用
- ❑ 掌握 C#循环语句的使用
- ❑ 掌握 C#跳转语句的使用
- ❑ 掌握 C#中语句的嵌套

2.1　C#语句

语句是程序开发的基本单元，每一个成熟的软件系统或小程序都由语句构成。C#中的语句有基本语句、空语句、声明语句、选择语句、循环语句和跳转语句等，每一条语句都使用分号结尾。

程序由一条条的语句构成，默认情况下，这些语句是顺序执行的。由于程序在运行时有着多种影响执行结果的条件，如当用户登录时，若用户名或密码有误则终止该用户登录，因此程序中的语句并不是顺序执行的。除了顺序执行的语句外，C#中的程序执行语句分为以下几种。

（1）选择语句：包括 if，else，switch，case。

（2）循环（迭代）语句：包括 do…while，for，foreach，while。

（3）跳转语句：包括 break，continue，default，goto，return，yield。

（4）异常处理语句：包括 throw，try…catch，try…finally，try…catch…finally。

（5）检查和未检查语句：包括 checked，unchecked。

（6）Fixed 语句：包括 fixed。

（7）Lock 语句：包括 lock。

程序中的语句单独为命令，但一个功能常常需要多条语句顺序执行才能实现。C#中允许将多条语句放在一起，作为语句块存在。语句块是语句的集合，将多条语句写在一个{}内，作为一个整体参与程序执行。

语句块后不用加分号，常与选择语句关键字或循环语句关键字结合，用于表示参与选择或循环的语句。

除了上述语句，还有一种特殊的语句是不会被编译的：注释语句。注释语句是对程序的解释。一个项目往往需要很多的程序和代码，而开发人员本人对已经写过的程序也未必能够很好记忆。注释是穿插在程序中的语句，该语句不会被系统进行编译，仅供开发人员和维护人员阅读程序时使用。

在 VS 2012 中，使用按钮和按钮来控制程序中的注释。对程序写注释，可以在程序上方或该条语句后插入，之后选中注释语句，单击按钮将选中的语句标记为注释。被标记为注释的语句显示为绿色。而按钮用来注销被选中的注释。

程序的注释主要包括：单行注释、多行注释和块注释。它们的具体说明如下。

（1）单行注释。其表示方法是“//说明文字”，这种注释方法从“//”开始到行尾的内容都会被编辑器所忽略。

（2）多行注释。其表示方法是“/* 说明文字 */”，这种注释方法在“/*”和“*/”之间的所有内容都会被忽略。

（3）块注释。使用“///”表示块注释，块注释也可以看作是说明注释，这种注释可以自动生成相关的说明文档。

【范例 1】

现有一个方法，名称为 Show，用来输出一个字符串。该方法有一个字符串类型的参数 massage，表示该方法所需要输出的字符串，则方法的声明如下所示：

```
public void Show(string massage){};
```

为该方法编写语句块，并在其上方输入三个“/”符号，按 Enter 键，其效果如下所示。

```
/// <summary>
/// 输出字符串
/// </summary>
/// <param name="massage">输出内容</param>
public void Show(string massage)
{
    Console.WriteLine(massage);
}
```

上述代码中，系统自动生成了方法上方的语句，其中，在“///<summary>”与“///</summary>”之间，写入对方法功能的描述，而在“<param name="massage">”与“</param>”之间，写入对 massage 这个参数的描述。

2.2 数据类型

高级编程语言大多都有数据类型的概念，通过数据类型将数据进行不同的分类。这些分类中，有用于计算的正整数、整数、小数；有文本描述性质的字符串、字符；还有将多个有着关联的变量结合在一起的数组和集合等。

数据类型的使用，规范了对数据的操作。如整数类型可以进行加、减、乘、除等数学运算，但字符类型和数组类型不能直接进行运算。本节介绍 C#中的数据类型。

2.2.1 常用数据类型

数据类型的表面含义是指数据属于哪种类型，在实际操作中要根据数据特性以及范围选择一个适合的数据类型。

每一种不同的数据类型都有不同的表示方式和应用，如一些数据类型需要使用引号，另一些数据类型需要使用大括号。常用的数据类型有整型、浮点型、字符型、字符串类型、数组类型、类、接口和委托等，根据其用法的不同将数据类型分为值类型和引用类型，如下所示。

（1）值类型。值类型直接访问变量数据的值，如果向一个变量分配值类型，则该变量将被赋予全新的值副本。值类型通常创建在方法的栈上。

（2）引用类型。引用类型直接操作的是数据的存储位置，如果为某一个变量分配一个引用类型，则该变量将引用原始值，不会创建任何副本。引用类型的创建一般在方法的堆上，它主要包含类、接口、数组、字符串和委托。

对上述常用的数据类型介绍如下。

1．整型

整型类型的数据相当于数学中的整数，但 C#中的整型有着一定的范围。最常用的整型是 int 型，数据值是从-2 147 483 648 到 2 147 483 647 之间的整数，除此之外还有短整型和长整型等，如表 2-1 所示。

表 2-1　整型类型名称及说明

类别简介	类型名称	位数	取值范围/精度
有符号整型	sbyte	8	-128～127
	short	16	-32 768～32 767
	int	32	-2 147 483 648～2 147 483 647
	long	64	-2^{63}～2^{63}
无符号整型	byte	8	0～255
	ushort	16	0～65535
	uint	32	0～42 994 967 295
	ulong	64	0～2^{64}

整型通常表示的是十进制数据。而计算机中，数据的存储使用的是二进制数据，因

此在一些情况下，需要有十进制、二进制、八进制和十六进制数据间的转化。

2．浮点型

浮点型通常用来表示带小数点的数，其用法与整型的用法一样。浮点数可根据数据的精度分为单精度的 float 类型和双精度的 double 类型，如下所示。

（1）float 表示占位 32 位的数，其取值范围在 1.5×10^{-45}～3.4×10^{38} 之间。

（2）double 表示占位 64 位的数，其取值范围在 5.0×10^{-324}～1.7×10^{308} 之间。

整型数据和浮点型数据均可参与数学逻辑运算，常用的运算有加法、减法、乘法、除法和取余运算等。

3．字符型

字符型表示的是单个字符，需要注意的是：字符型数据需要使用单引号引用，如小写字母 a，若用来表示字符，则需要写作'a'，单引号内只能有一个字符，否则将引发错误。

字符型使用 char 来表示，该类型占位 16 位，可以是字符集中的任意字符。但数字被定义为字符型之后就不能参与数值运算了。如'5'与 5 是完全不同的概念：5 可以参与数学逻辑运算，可以使用两个 5 相加得到整型数据 10；而'5'只能被作为字符使用，不能参与逻辑运算。

4．数组

数组描述的是一组有着序号的数据。如一周的 7 天，这 7 天属于 7 个不同的数据，但它们又有着密切的联系、有着固定的顺序。C#使用数组来定义多个相关联的数据，并为这些数据定义下标，描述这些数据的顺序。

下标可理解为这组数据中每个数据的编号，下标为从 0 开始的正整数，如数组名称为 num，则 num[0]表示该数组中的第一个数据。数组类型属于引用类型，对数组成员的访问，其实质是通过下标记录每个成员的存储地址。

5．字符串

字符串类型相当于字符类型（int 型、char 型、float 型等）的数组，但它没有明确的下标。字符串类型同样是引用类型，对字符串的访问与对数组的访问一样，但其用法相当于一个值类型数据。

字符串类型数据需要使用双引号引用，如一个字符串内容为：欢迎光临，则需要表示为“欢迎光临”。字符串类型数据使用广泛，可被作为类的对象来处理，其用法在本书后面的章节中介绍。

6．转义字符

在 C#中有一种特殊的字符，称为转义字符，通常在字符串中使用，表示特殊的输出或显示方式。

转义字符是被赋予特殊意义的特殊字符，转义字符的使用通常不需要单引号，而是放在字符串内部使用。

使用转义字符，可以表达换行、换页和制表符等特殊含义，常见的转义字符如表 2-2 所示。

表 2-2 常用的转义字符

转义字符	含义
\'	'
\"	"
\\	\
\a	警报
\b	退格符
\f	换页符
\n	换行符
\r	回车符
\t	Tab 符
\v	垂直 Tab 符
\0	空格

在 C#中有输出语句可以在控制台输出一条语句，其输出的语句即为字符串类型的数据。将转义字符放在字符串中输出，可显示转义字符的作用和效果。

7. 结构

结构类型不是单个数据的类型，而是多种数据和多种数据类型的组合。结构将相关联的数据结合在一起，如一个结构名称为学生，则该结构下可以有整型的变量学生编号，以及浮点型的学生身高等数据，这些数据都是与学生相关的信息。

8. 枚举

枚举类型同样不是单个数据的类型，但它与结构不同，枚举类型中的所有数据，其数据类型是统一的。

枚举类型是一种数据的列举，如商品的分类有多种，不同的人可能对同一种商品类型有不同的叫法（家电也可以叫作家用电器），此时只需让权威人士将所有的商品类型列举出来，由其他人从中选择，即可统一商品的分类名称，避免商品分类的混杂。

通常可以使用枚举的数据有：一年四季、12 个月份、一个公司的部门和新闻类型等。

9. 其他数据类型

本节所介绍的数据类型还有类、接口和委托，这些数据类型将在本书后面的章节中详细介绍，本节对其概括如下。

（1）类是抽象的概念，确定对象拥有的特征（属性）和行为（方法）。它可以包含字段、方法、索引器和构造方法等。

（2）接口是一种约束形式，它只包括成员的定义，而不包含成员实现的内容。接口的主要目的是为不相关的类提供通用的处理服务，由于 C#中只允许树形结构中的单继承，即一个类只能继承一个父类，所以接口是让一个类具有两个以上基类的唯一方式。

（3）委托是一个类，它定义了方法的类型，使得方法可以当作另一个方法的参数来进行传递。

2.2.2 数据格式

常用的数据格式有数据的进制和字符串的显示格式。日常生活中的数据进制是十进制，即以 10 为基数，超过 10 就进位。然而计算机中的数据是两位的，即 0 和 1，是二进制数据。

字符串通常是程序中的描述性文本，需要直接与用户接触，其显示样式决定了程序与用户交互的质量。C#中提供了多种方式来显示字符串。本节介绍数据进制的字符串格式显示。

1. 数据进制

二进制数据由 0 和 1 这两个数字构成，十进制中的数字 3 被转化成二进制表示为 11，满二进一。因此，十进制中的 4 等同于二进制中的 100。

同样道理，十六进制由 16 个数字构成，满十六进一。由于数字只有 0～9 这 10 个，不足以表示十六进制所需的 16 个，因此需要使用大写字母 A～F 来表示。

表示十六进制的数字为：0、1、2、3、4、5、6、7、8、9、A、B、C、D、E、F。十六进制中的 F 相当于十进制中的 15；十六进制 10 相当于十进制数字 16。

对于十进制数据，从低位到高位分别表示个、十、百、千等，依次表示为 10^0、10^1、10^2、10^3；对于二进制数据，从低位到高位依次为 2^0、2^1、2^2、2^3 和 2^4 等；十六进制数据从低位到高位依次为 16^0、16^1、16^2、16^3 等。

因此对于二进制数据 11001 来说，转换为十进制数据为：1×1+0×2+0×4+1×8+1×16=25。十六进制数据 AAA 转化为十进制为：10×1+10×16+10×256=2730。

2. 字符串格式

对字符串格式的控制可以使用格式标识符、使用@符号或使用格式控制方法。在 C#中，使用 Console.WriteLine()方法和 string.Format()方法都可以控制字符串的格式，不同的是：Console.WriteLine()方法是一个输出方法，在控制字符串格式的同时，将字符串输出；而 string.Format()方法能够将格式化之后的数据放在变量中，随时可以调用。

1）使用 Console.WriteLine()方法及格式标识符

为了规范输出数据，Console.WriteLine()方法可直接对字符串的格式进行规范，其中一种规范格式如下所示：

```
Console.WriteLine("{0} {1}",参数1,参数2,…)
```

上述代码中，{0}代表第一个参数，{1}代表第二个参数。Console.WriteLine()方法可包含多个参数，使用大括号和数字来表示。其内部数字从 0 开始，相同的编号只能代表相同的参数。如输出 2+3 的计算结果，可使用如下语句：

```
Console.WriteLine("2+3={0}",2+3);
```

上述代码中，使用 2+3 的计算结果替代字符串中的“{0}”；输出字符串“2+3=”和 2+3 的计算结果。在 C#中有着可以直接使用的运算符，“+”运算符是其中的一种。程序设计语言中的运算符与数学中的运算符略有不同，将在 2.5 节介绍。

在 C#中提供了格式标识符号，用来规范字符串的输出格式。常见的格式标识符号如表 2-3 所示。

表 2-3 格式标识符号及其含义

符号	含义
C/c	Currency 货币格式
D/d	Decimal 十进制格式（十进制整数，不要和.NET 的 Decimal 数据类型混淆了）
E/e	Exponent 指数格式
F/f	Fixedpoint 固定精度格式
G/g	General 常用格式
N/n	用逗号分隔千位的数字，比如 1234 将会被变成 1,234
P/p	Percentage 百分符号格式
R/r	Round-trip 圆整（只用于浮点数），保证一个数字被转化成字符串以后可以再被转回成同样的数字
X/x	Hex 十六进制格式

如分别使用逗号分隔符号和精度格式，输出同一个数据 01234，使用语句如下所示。

```
Console.WriteLine("{0:N1}", 01234);
Console.WriteLine("{0:N2}", 01234);
Console.WriteLine("{0:N3}", 01234);
Console.WriteLine("{0:F1}", 01234);
Console.WriteLine("{0}", "01234");
```

运行上述语句，其效果如下所示。若 Console.WriteLine()方法中有两个参数，都需要双精度表示，则可以使用“Console.WriteLine("{0:F2}{1:F2}", 1234, 5678);”语句。

```
1,234.0
1,234.00
1,234.000
1234.0
01234
```

在 C#中，有 Console.Write()方法，其用法与 Console.WriteLine()方法只有一点不同：Console.WriteLine()方法在输出的同时，在输出内容的末尾添加换行符，而 Console.Write()方法只输出指定的内容，不对文字进行换行。

2）string.Format()方法

在 C#中，有不需要输出而只指定字符串格式的方法：string.Format()方法。该方法根据指定的格式，返回一个格式字符串，其格式的使用与 Console.WriteLine()方法一样。如同样是 2+3 的计算结果，使用 string.Format()方法语句如下。

```
string.Format ("2+3={0}",2+3);
```

输出该字符串，语句如下。

```
Console.WriteLine(string.Format ("2+3={0}",2+3));
```

3）@的使用

在C#中，一些特殊符号被赋予了特殊的用法，但字符串中的特殊符号并不希望被用作特殊的用法，而是希望被作为普通字符输出，此时可以使用@符号，将字符串原样输出。

2.3 变量与常量

变量是一个不确定的值，如数学方法中的抛物线，根据变量x的值不同，抛物线呈现不同的跨度。程序设计中也能够遇到无确定的值或可以变化的值，如商品的价格在刚上市时价格较高，但季末处理时价格下降，那么商品的价格可以定义为变量；而这期间商品的成本是不会变的，可以定义为常量。

变量和常量相当于为数据指定的名称，对数据的操作使用数据的名称来执行，在为变量指定不同的数据时可获取不同的执行结果。

本节介绍变量的声明、初始化、命名规则、使用方法、作用域和生命周期；常量的声明和使用等。

2.3.1 变量的声明

变量存储可以变化的值。变量可以被声明，可以被初始化，可以赋值。变量由两部分构成：变量的名称和变量的值。如x="hello"，则变量名称为x，值为hello。声明、初始化和赋值的作用如下。

（1）声明：告诉系统这个变量（数据）的存在，系统将根据数据类型为其分派存储空间。

（2）初始化：为变量指定一个初始的值。

（3）赋值：为变量指定一个数据值。

变量是一段有名称的连续存储空间，在源代码中通过定义变量来申请并命名这样的存储空间，并且通过变量的名称来使用这段存储空间。

在C#中，变量就是存取信息的基本单元。变量在使用之前首先要进行声明，声明包括变量的名称、类型、声明以及作用域。另外，变量的值可以通过重新赋值或运算符运算后被改变。

C#中用户可以通过指定数据类型和标识符来声明变量。如定义整型变量，名称为num，则定义语句如下所示。

```
int num;
```

或者

```
int num=3;
```

上述语法代码中涉及三个内容：int、num和=3。其具体说明如下。

（1）int：定义变量类型为整型。

（2）num：变量名称，也叫标识符。

（3）=3："=" 在 C#中为赋值符，该符号右边的值 3 为变量的初始值，值类型初始值默认为 0。若该符号在变量声明后出现，则变量的值将被修改为新的值。

变量的声明需要为其指定一个名称，但变量的命名并不是任意编写的。在 C#中为变量命名时需要遵循以下几条规则。

（1）变量名称必须以字母开头。

（2）变量名称只能由字母、数字和下划线组成，而不能包含空格、标点符号、运算符等其他符号。

（3）名称要有实际意义，方便对程序的理解和维护。

（4）变量名称不能与库方法相同。

（5）变量名称不能与 C#中的关键字名称相同，关键字是 C#语法中被赋予特殊含义和用法的单词或词组。

提示

C#中有一点是例外的，那就是允许在变量名前加前缀@。在这种情况下可以使用前缀@加上关键字作为变量的名称，这样可以避免与其他语言进行交互时的冲突。但是一般不推荐使用前缀@命名变量。

2.3.2 变量的使用

变量在初始化之后才能使用，初始化变量是指为变量指定一个明确的初始值，初始化变量时有两种方式：一种是声明时直接赋值；一种是先声明、后赋值。如下代码分别使用两种方式对变量进行初始化：

```
char usersex = '男';                          //直接赋值
```

或者

```
string username;                              //先声明
username = "郭靖";                            //后赋值
```

另外，多个同类型的变量可以同时定义或者初始化，但是这多个变量中间要使用逗号分隔，声明结束时用分号结尾，如下所示。

```
string username, address, phone, tel;         //声明多个变量
int num1 = 1, num2 = 2, result = 3;           //声明并初始化多个变量
```

C#中初始化变量时需要注意以下事项。

（1）变量是类或者结构中的字段，如果没有显式初始化，默认状态下创建这些时初始值为 0。

（2）方法中的变量必须进行显式初始化，系统不允许使用未赋值的变量，以维护代码的安全。

在变量的声明语句中，可以对变量使用修饰符进行修饰，常见的修饰有 7 种类型：静态变量、实例变量、数组元素、值参数、引用参数、输出参数以及局部变量。

变量通常在类和方法中进行声明，类中的变量又称作类的字段，可以被类中的任何方法调用；而方法中声明的变量只能在方法内部使用。它们的具体说明如下。

（1）静态变量：是指使用 static 修饰符声明的变量。

（2）实例变量：与静态变量相对应，是指未使用 static 修饰符声明的变量。

（3）数组元素：是指作为方法成员参数的数组，它总是在创建数组实例时开始存在，在没有对该数组实例的引用时停止存在。

（4）值参数：是指在方法中未使用 ref 或 out 修饰符声明的参数。

（5）引用参数：是指使用 ref 修饰符声明的参数。

（6）输出参数：是指使用 out 修饰符声明的参数。

（7）局部变量：在应用程序的某一段时间内存在，局部变量可以声明在块、for 语句、switch 语句和 using 语句中。

变量有着自己的生存周期，通常从变量被声明开始，变量可以被使用；到一定的范围之外，该变量将不能被使用。变量的作用域（作用范围）和生命周期一般需要通过以下规则来确定。

（1）只要变量所属的类在某个作用域内，其字段（即成员变量）也在该作用域中。

（2）局部变量存在于声明该变量的块语句或方法结束的大括号之前的作用域。

（3）在 for 和 while 循环语句中声明的变量只存在于该循环体内。

如在命名空间下定义一个类，类中定义一个方法；并在类和方法中分别定义变量，如范例 2 所示。

【范例 2】

控制台下，在 Program 类中有 Main()主方法。在主方法外部定义 num 变量和 addnum 变量，值分别为 20 和 30。

在 Program 类中定义 show()方法，有方法内定义的 add 变量，输出 num 和 add 两个变量相加的计算结果；在主方法中输出 num 和 addnum 这两个变量相加的计算结果，并调用 show()方法，代码如下。

```
class Program
{
    static int num = 20;
    static int addnum = 30;
    static void Main(string[] args)
    {
        Console.WriteLine("20+30={0}", num + addnum);
        show();
        Console.ReadLine();
    }
    static void show()
    {
        int add = 20;
        Console.WriteLine("20+20={0}", num + add);
    }
}
```

上述代码的执行结果如下所示。

```
20+30=50
20+20=40
```

上述代码中，变量 num 在类的定义之内，在方法 Main()之外，因此 num 可以被类中所有方法调用，其生命周期与类的声明周期一致；而 add 变量在 show()方法中定义，只能够在 show()方法内部使用，Main()方法不能够使用 add 变量。

变量的作用域只在某一个范围内有效，是相对于定义状态的；而变量的生命周期是相对于运行状态的，即程序运行某个方法时方法中的变量有效，当程序执行完某个方法后，方法中的变量也就消失了。

2.3.3 常量

变量的值是可以被改变的，而常量的值不能够被改变。程序中总是存在一些数据，这些数据的值长而复杂，容易出错。使用常量来表示这些数据，相当于为数据定义一个简易的名称来参与程序的编写，既使程序简单易懂，又使数据不易出错。

如将数值 3.141 592 6 定义为常量 Pi，该数值是圆周率，但在程序中使用 3.141 592 6 数值较长，容易出错，而使用常量 Pi 替代数值，可使程序清晰且不易出错。

常量是指在使用过程中不会发生变化的量，C#中只能把局部变量和字段声明为常量。应用程序中使用常量的好处如下。

（1）常量使程序更加容易修改。

（2）常量能够避免程序中出现更多的错误。

（3）常量使用易于理解的清楚的名称替代了含义不明确的数字或字符串，使程序更加方便阅读。

常量也可以叫作常数，它是在编译时已知并且在程序运行过程中其值保持不变的值。C#中声明常量需要使用 const 关键字，并且常量必须在声明时初始化。如声明数值 3.141 592 6 为常量 Pi，代码如下。

```
const string Pi = 3.1415926;
```

读者也可以使用一个 const 关键字同时声明多个常量，但是这些常量之间必须使用逗号进行分隔，代码如下。

```
public const int P = 12, S = 23, M = 45, N = 55;
```

注意

使用 const 关键字声明常量时，通常使用大写字母。如果没有使用 const，即使指定了固定的值，也不算是常量。

使用 const 关键字定义常量非常简单，但是同时需要注意以下几点。

（1）const 必须在字段声明时就进行初始化操作。

（2）const 只能定义字段和局部变量。

（3）const 默认是静态的，所以它不能和 static 同时使用。

（4）const 只能应用在值类型和 string 类型上，其他引用类型常量只能定义为 null。否则会引发错误提示“只能用 null 对引用类型(string 类型除外)的常量进行初始化”。

常量和变量经常会在程序开发中用到，但是什么情况下使用常量，什么情况下使用变量呢？很简单，使用常量的情况一般有以下两种。

（1）用于在程序中一旦设定就不允许被修改的值，如圆周率π。

（2）用于在程序中被经常引用的值，如银行系统中的人民币汇率。

2.4 类型转换

在数据类型中曾介绍，"5"、'5'和 5 是 3 个不同的数据类型，其中，只有 5 能参与数据的数学运算。编译器编译程序运行时需要确切地知道数据类型，所以在实际开发中，若需要将"5"和'5'作为整型数据参与运算，则需要将"5"和'5'先改变数据类型，使其变成 5，再进行运算。

本节介绍各个数据类型之间的转换，包括基本数据类型间的显式转换和隐式转换、字符串和基本数值类型之间的转换，以及对象类型的转换。

2.4.1 隐式转换和显式转换

由于不同的数据类型有着不同的长度和精度，因此长度和精度较大的数据类型在转换为长度和精度较小的数据类型时，可能存在数据的丢失。如浮点数 3.14 转换为整型之后是 3，其小数点后面的内容将丢失。这种转换是强制性的，是需要显式转换的。

相反，长度和精度较小的数据类型在转换为长度和精度较大的数据类型时，没有数据的丢失，是可以直接转换的，如 3 转换为浮点数为 3.0，数据值与原数据是一样的。在使用时可直接将 3 作为 3.0 参与程序中，这种转换称为隐式转换。

1. 隐式转换

隐式转换必须是将范围小的类型转换为范围大的类型。如将 int 类型转换为 double、long、decimal 或 float 类型，将 long 类型转换为 float 或 double 类型等。如表 2-4 所示为隐式类型的转换表。

表 2-4 隐式类型转换

源类型	目标类型
sbyte	short、int、long、float、double 或 decimal
byte	short、ushort、int、uint、long、ulong、float、double 或 decimal
short	int、long、float、double 或 decimal
ushort	int、uint、long、ulong、float、double 或 decimal
int	long、float、double 或 decimal
uint	long、ulong、float、double 或 decimal

续表

源类型	目标类型
long	float、double 或 decimal
ulong	float、double 或 decimal
float	double
char	ushort、int、uint、long、ulong、float、double 或 decimal

在表 2-4 中，从 int、uint、long、ulong 到 float，以及从 long 或 ulong 到 double 的转换可能会导致精度损失，但是不会影响它的数量级，而且隐式转换不会丢失任何信息。

2. 显式转换

显式类型转换也被称作强制类型转换，它需要在代码中明确地声明要转换的类型。显式类型转换可以将取值范围大的类型转换为取值范围小的类型。如表 2-5 所示列出了需要进行显式类型转换的数据类型。

表 2-5 显式类型转换

源类型	目标类型
sbyte	byte、ushort、uint、ulong 或 char
byte	sbyte 或 char
short	sbyte、byte、ushort、uint、ulong 或 char
ushort	sbyte、byte、short 或 char
int	sbyte、byte、short、ushort、uint、ulong 或 char
uint	sbyte、byte、short、ushort、int 或 char
char	sbyte、byte 或 short
float	sbyte、byte、short、ushort、int、uint、long、ulong、char 或 decimal
ulong	sbyte、byte、short、ushort、int、uint、long 或 char
long	sbyte、byte、short、ushort、int、uint、ulong 或 char
double	sbyte、byte、short、ushort、int、uint、ulong、long、char、float 或 decimal
decimal	sbyte、byte、short、ushort、int、uint、ulong、long、char 或 double

C#中使用强制类型进行转换时有两种方法：一种是使用括号()，在括号()中给出数据类型标识符（即强制转换的类型），在括号外要紧跟转换的表达式；另外一种是使用 Convert 关键字进行数据类型的强制转换。

2.4.2 字符串类型转换

显式类型转换和隐式类型转换主要是对数值之间的转换，本节介绍字符串与数值之间的转换。

字符串类型转换为其他类型时有两种方法：一种是使用 parse()方法；另外一种是使用 Convert 类中的方法进行转换。如表 2-6 所示列出了 Convert 类的常用转换方法。

表 2-6 Convert 类的常用转换方法

方法名称	说明
ToBoolean()	转换为布尔类型
ToByte()	将指定基的数字的字符串表示形式转换为等效的 8 位无符号整数
ToDateTime()	转换为时间或日期
ToInt32()	转换为整型（int 类型）
ToSingle()	转换为单精度浮点型（float 类型）
ToDouble()	转换为双精度浮点型（double 类型）
ToDecimal()	转换为十进制实数（decimal 类型）
ToString()	转换为字符串类型（string 类型）

字符串转换中，最常用的是字符串和数学数据之间的转换。如将字符串转换为能够执行数学运算的数据，参与到数学运算中，如范例 3 所示。

【范例 3】

加号（+）有将数值相加的作用，也有连接字符串的作用。定义字符串类型的两个值“12”和“34”，输出两个变量执行“+”之后的值；将两个变量转换为整型执行“+”运算，输出结果，代码如下。

```
string num1 = "12";
string num2 = "34";
string strnum = num1 + num2;
int intnum = Convert.ToInt32(num1) + Convert.ToInt32(num2);
Console.WriteLine("两个字符串的和：{0}", strnum);
Console.WriteLine("两个整型数的和：{0}", intnum);
```

上述代码的执行结果如下所示。

```
两个字符串的和：1234
两个整型数的和：46
```

由上述结果可以看出，作为字符串类型时，两个变量的相加结果，相当于将两个字符串中的字符组合在一起，而转换为整型后，其相加结果为数学运算中的相加值。

注 意

将字符串转换为其他类型时该字符串必须是数字的有效表示形式。例如，用户可以把字符串“32”转换为 int 类型，却不能将字符串“name”转换为整数，因为它不是整数有效的形式。

2.4.3 装箱和拆箱

装箱是值类型到 Object 类型或到此值类型所实现的任何接口类型的隐式转换，用于在垃圾回收堆中存储值类型。

装箱实际上是指将值类型转换为引用类型的过程，装箱的执行过程大致可以分为以下三个阶段。

（1）从托管堆中为新生成的引用对象分配内存。

（2）将值类型的实例字段复制到新分配的内存中。

（3）返回托管堆中新分配对象的地址，该地址就是一个指向对象的引用了。

如下代码演示了如何将 int 类型的变量 val 进行装箱操作，然后将装箱后的值进行输出。

```
int val = 100;
object obj = val;                                  //装箱
Console.WriteLine ("对象的值 = {0}", obj);          //输出结果
```

装箱操作生成的是全新的引用对象，这会损耗一部分的时间，因此会造成效率的降低，所以应该尽量避免装箱操作。一般情况下，符合下面的情况时可以执行装箱操作。

（1）调用一个含 Object 类型的参数方法时，该 Object 可以支持任意的类型以方便通用，当开发人员需要将一个值类型（如 Int32）传入时就需要装箱。

（2）使用一个非泛型的容器，其目的是为了保证能够通用。因此可以将元素类型定义为 Object，于是如果要将值类型数据加入容器时需要装箱。

拆箱也叫取消装箱，它是与装箱相反的操作，它是从 Object 类型到值类型或从接口类型到实现该接口的值类型的显式转换。

拆箱实际上是指从引用类型到值类型的过程，拆箱的执行过程大致可以分为以下两个阶段。

（1）检查对象实例，确保它是给定值类型的一个装箱值。

（2）将该值从实例复制到值类型变量中。

如下示例代码演示了基本的拆箱操作。

```
int val = 100;
object obj = val;                         //装箱
int num = (int) obj;                      //拆箱
Console.WriteLine ("num: {0}", num);      //输出结果
```

注意

当一个装箱操作把值类型转换成一个引用类型时，不需要显式地强制类型转换；而拆箱操作把引用类型转换到值类型时，由于它可以强制转换到任何可以相容的值类型，所以必须显式地强制类型转换。

2.5 运算符

范例 3 中所使用的加号“+”是 C#运算符的一种，该符号可以连接字符串，也可以执行数值的加法运算。C#中支持多种运算符的使用，本节介绍 C#中的常用运算符及其使用。

2.5.1 常用运算符

C#中的运算符是对变量、常量或其他数据进行计算的符号，根据运算符的操作个数可以将它分为三类：一元运算符、二元运算符、三元运算符。根据运算符所执行的操作类型主要将它分为：算术运算符、比较运算符、赋值运算符、逻辑运算符、条件运算符、递增运算符、递减运算符、new 运算符和 as 运算符。

1．算术运算符

算术运算符就是进行算术运算的操作符，如“+”“-”和“/”等。使用算术操作符将数值连接在一起，符合 C#语法的表达式可以称为算术表达式。常见的算术运算符以及说明如表 2-7 所示。

表 2-7 常见的算术运算符

运算符	说明	表达式（或示例）	值
+	加法运算符	2+5	7
-	减法运算符	4-2	2
*	乘法运算符	5*8	40
/	除法运算符	8/4	2
%	求余运算符（模运算符）	8%5	3

2．比较运算符

比较运算符通过比较两个对象的大小，返回一个真/假的布尔值，比较运算符又叫作关系运算符。使用比较运算符将数值连接在一起，符合 C#语法的式子称为比较表达式。常见的比较运算符及说明如表 2-8 所示。

表 2-8 常见的比较运算符

运算符	说明	表达式（或示例）	值
>	大于运算符	10>2	true
>=	大于等于运算符	10>=11	false
<	小于运算符	10<2	false
<=	小于等于运算符	10<=10	true
==	等于运算符	10==100	false
!=	不等运算符	10!=100	true

3．逻辑运算符

&&、&、^、! ||以及|都被称为逻辑运算符或逻辑操作符，使用逻辑运算符把运算对象连接起来并且符合 C#语法的式子称为逻辑表达式。常见的逻辑运算符及说明如表 2-9 所示。

表 2-9　常见的逻辑运算符

运算符	说明	表达式（或示例）
&或&&	与操作符	a&b 或 a&&b
^	异或操作符	a^b
!	非操作符	!a
|或||	或操作符	a|b 或 a||b

逻辑运算结果是一个用真/假值来表示的布尔类型，当操作数不同时，逻辑运算符的运算结果也可以不同，如表 2-10 所示演示了操作运算的真假值结果。

表 2-10　常见的逻辑运算符真值表

a	b	a&&b 或 a&b	a||b 或 a|b	!a	a^b
false	false	false	false	true	false
false	true	false	true	true	true
true	false	false	true	false	true
true	True	true	true	false	false

4．赋值运算符

赋值运算符用于变量、属性、事件或索引器元素赋新值，它可以把右边操作数的值赋予左边。C#中常见的赋值操作符包括=、+=、-=、*=、/=、%=、^=、&=、!=、<<=和>>=等，它们的具体说明如表 2-11 所示。

表 2-11　常见的赋值运算符

运算符	说明	表达式	表达式含义	操作数类型
=	等于赋值	c=a+b	将右边的值赋予左边	任意类型
+=	加法赋值	a+=b	a=a+b	数值型（整型、实数型等）
-=	减法赋值	a-=b	a=a-b	
*=	乘法赋值	a*=b	a=a*b	
/=	除法赋值	a/=b	a=a/b	
%=	求余赋值或模赋值	a%=b	a=a%b	整型
<<=	左移赋值	a<<=b	a=a<<b	整型或字符型
>>=	右移赋值	a>>=b	a=a>>b	
&=	位与赋值	a&=b	a = a&b	
|=	位或赋值	a|=b	a = a|b	
^=	异或赋值	a^=b	a = a^b	

表 2-11 中已经列出了常见的赋值运算符，下面将对左移赋值、右移赋值和位与赋值进行介绍。

1）<<=（左移赋值运算符）

左移是将<<左边的二进制位右移若干位，<<右边的数指定移动位数，高位丢弃，低位补 0，移几位就相当于乘以 2 的几次方。

2）>>=（右移赋值运算符）

右移赋值运算符是用来将一个数的各二进制位右移若干位，移动的位数由右操作数指定（右操作数必须是非负值），移到右端的低位被舍弃，对于无符号数，高位补0。对于有符号数，某些机器将对左边空出的部分用符号位填补（即算术移位），而另一些机器则对左边空出的部分用0填补（即逻辑移位）。

3）&=（位与赋值运算符）

位与赋值运算符是指参加运算的两个数据，按二进制位进行“与”运算。如果两个相应的二进制位都为1，则该位的结果值为1；否则为0。这里的1可以理解为逻辑中的true，而0可以理解为逻辑中的false。

5. 条件运算符

条件运算符是指?:运算符，它也通常被称为三元运算符或三目运算符，使用条件运算符将运算对象连接起来并且符合C#语法的式子称为逻辑表达式。如下代码所示为条件运算符的一般语法。

```
b = (a>b) ? a : b;
```

上述语法中？和:都是关键符号，?前面通常是一个比较表达式（即关系表达式），后面紧跟着两个变量a和b。？用来判断前面的表达式，如果表达式的结果为true则返回值为a，如果前面表达式的结果为false则返回值为b。

例如，声明一个docname变量表示医生的名称，接着通过GetType()方法获取该变量的类型，并且通过IsValueType判断是否为值类型，如果是则返回“值类型”，否则返回“引用类型”。然后将返回的结果保存到country变量中，最后将结果在控制台输出。其具体代码如下所示。

```
string docname = "angel";
string country = docname.GetType().IsValueType ? "值类型" : "引用类型";
Console.WriteLine(country);
```

6. 其他特殊运算符

C#中包含多种运算符，除了上面介绍的运算符外，还包括其他的一些特殊运算符，如表2-12所示对这些运算符进行了介绍。

表2-12 其他特殊运算符

运算符	说明	结果
;	标点运算符	用于结束每条C#语句
,		将多个命令放在一行
()		强制改变执行的顺序
{}		代码片段分组
sizeof	SizeOf运算符	用于确定值的长度
typeof	类运算符	获取某个类型的System.Type对象

续表

运算符	说明	结果
is	类运算符	检测运行时对象的类型是否和某个给定的类型相同
as		用于在兼容的引用类型之间的转换
new	New 运算符	用于创建对象和调用构造方法
>>	移位运算符	移位向右移动
<<		移位向左移动
++	递增运算符	递增运算符出现在操作数之前或之后将操作数加 1，如 3++和++3
--	递减运算符	递减运算符出现在操作数之前或之后将操作数减 1，如 4--和--4

2.5.2 运算符的使用

运算符可以在 C#语句中使用。但如果一条语句中同时有着多个运算符，那么这些运算符是否会相互冲突？是否会顺序进行？还是像数学运算符一样有着优先级关系呢？

C#运算符与数学运算符控制着不同的领域，有着相同和不同的运算符。但是，C#中的运算符同样有着优先级关系，如同数学运算中，乘法的优先级大于加法。

当用户在语句中使用多个运算符时，需要根据运算的优先级别进行计算。如表 2-13 所示列出了 C#运算符的优先级别与结合性。

表 2-13 C#中运算符的优先级与结合性

优先级	类型	运算符	结合性
1	初级运算符	.、()、[]、a++、a--、new、typeof、checked、unchecked	自右向左
2	一元运算符	+(如+a)、-(如-a)、!(如!a)、++a、--a 和强制类型转换	自左向右
3	乘除运算符	*、/、%	自左向右
4	加减运算符	+(如 a+b)、-(如 a-b)	自左向右
5	移位运算符	<<、>>	自左向右
6	比较和类型运算符	<、>、<=、>=、is(如 x is int)、as(如 x as int)	自左向右
7	等性比较运算符	==、!=	自左向右
8	位与运算符	&	自左向右
9	位异或运算符	^	自左向右
10	位或运算符	|	自左向右
11	逻辑运算符	&&	自左向右
12	逻辑运算符	||	自左向右
13	条件运算符	?:	自右向左
14	赋值运算符	=、+=、-=、*=、/=、%=、&=、|=、^=、<<=、>>=	自右向左

【范例 4】

三角形可以有内切圆和外接圆，三角形和圆都是常见的相互关联的图形。现有半径为 4 的圆和三边分别为 7.5、10、12.5 的三角形，计算它们的周长和面积，比较三角形和圆形的周长和面积。

三边分别为 7.5、10、12.5 的三角形可以看出是直角三角形，面积是 7.5×10/2。计算并比较图形的周长和面积，要求在比较的时候使用整型数据类型，代码如下。

```
int r = 4;                                    //圆的半径
double l1=7.5,l2=10,l3=12.5;                  //三角形的边长
double roundl = 2 * 3.14 * r;                 //圆的周长
double rounds = 3.14 * r* r;                  //圆的面积
double trianglel = l1 + l2 + l3;              //三角形周长
double triangles = l1 * l2 / 2;               //三角形面积
int roundlint = (int)roundl;                  //浮点型转换为整型
int roundsint = (int)rounds;
int trianglelint = (int)trianglel;
int trianglesint = (int)triangles;
double maxnuml = (roundlint > trianglelint) ? roundlint : trianglelint;
//找出较大的周长值
string maxl = (roundl > trianglel) ? "圆形":"三角形";//找出周长较大的图形
double maxnums = (roundsint > trianglesint) ? roundsint : trianglesint;
//找出较大的面积值
string maxs = (rounds > triangles) ? "圆形":"三角形";//找出面积较大的图形
Console.WriteLine("圆形周长{0}，面积{1}", roundl, rounds);
Console.WriteLine("三角形周长{0}，面积{1}", trianglel, triangles);
Console.WriteLine("{0}周长较大，为 {1}", maxl, maxnuml);
//输出周长较大的图形及面积
Console.WriteLine("{0}面积较大，为 {1}", maxs,maxnums );
//输出面积较大的图形及面积
```

上述代码的执行结果如下所示。

```
圆形周长 25.12，面积 50.24
三角形周长 30，面积 37.5
三角形周长较大，为 30
圆形面积较大，为 50
```

上述代码中，半径原本是整型，在计算过程中被作为浮点型来使用，其圆的面积和周长都是浮点型。而面积和周长计算之后又通过显式转换而转换为整型参与比较，使用条件运算符获取周长和面积较大的图形及其周长的面积的值。

2.6 控制语句

在 2.1 节中曾介绍过，C#中的语句并不全是顺序执行，还可以是选择性执行或循环执行。本节介绍 C#中的控制语句，可改变语句的执行顺序。

2.6.1 选择语句

选择语句是指根据指定条件的判断结果执行不同的程序。在 C#运算符中有条件运算符，根据表达式的结果返回不同的值，选择语句的原理是一样的。

C#中的选择语句有 if 语句、if…else 语句、if…else if 语句和 switch…case 语句，对其介绍如下。

1. if 语句

if 语句是选择语句中最简单的一种，表示当指定条件满足时，执行 if 后的语句。if 语句执行时，首先判断条件表达式是否为真：条件为真执行 if 语句下的语句块，结束条件语句；条件为假直接结束条件语句块，执行 if 语句块后面的语句。语法如下：

```
if(条件表达式)
{条件成立时执行的语句}
```

当条件表达式成立时，执行{}内的语句，否则不执行。if 括号内和括号后不用使用分号；{}符号内的语句是基本语句，必须以分号结尾；{}符号后不需要使用分号。

2. if…else 语句

if…else 语句在 if 语句的基础上，添加了当条件不满足时进行的操作。条件的成立只有两种可能，即成立和不成立。if…else 语句在条件表达式成立时与 if 语句一样，执行 if 后的语句块 1，并结束条件语句；条件表达式不成立时执行 else 后的语句块 2，执行完成后结束条件语句。语法如下：


```
if(条件表达式)
{条件成立时执行的语句}
else
{条件表达式不成立时执行的语句}
```

else 后的{}内同样是基本语句，以分号结尾，{}符号后不需要使用分号。

3. if…else if 语句

if…else if 语句相对复杂，它提供了多个条件来筛选数据，将数据依次分类排除。if…else if 语句基本语法如下：

```
if (条件表达式 1)
{语句块 1}
else if (条件表达式 2)
{语句块 2}
else if (条件表达式 3)
{语句块 3}
…
[else]
{语句块 4}
```

上述语法中，if…else if 语句在程序进入语句时，首先判定第一个 if 下的条件表达式 1，处理结果如下。

（1）条件表达式 1 成立，执行语句块 1 并结束条件语句。

（2）条件表达式 1 不成立，判断条件表达式 2，条件表达式 2 成立，执行语句块 2 并结束条件语句。

（3）条件表达式 2 不成立，判断条件表达式 3，条件表达式 3 成立，执行语句块 3

并结束条件语句。

（4）条件表达式 3 不成立，执行语句块 4 并结束条件语句。

上述语法中只有三个条件和一个 else 语句。在 if…else if 语句中，条件可以是任意多个，但 else 语句小于等于一个。即 else 语句可以不要，也可以要，要的话只能有一个，因为条件只有成立和不成立两种结果。

还有一些不需要使用最后的 else 语句的例子，此时，if 和 else if 将所有的可能性都包括了。

4．switch 语句

switch 语句的完整形式为 switch…case…default。switch 语句与 if…else if 语句用法相似，但 switch 语句中使用的条件只能是确定的值，即条件表达式等于某个常量，不能使用范围。switch 语句基本语法如下：

```
switch （条件表达式）
{
    case 常量 1:
    语句块 1
    break;
    case 常量 2:
    语句块 2
    break;
    …
    [default 语句块 3]
}
```

上述语法中，switch 语句在程序进入语句时，首先判定第一个常量 1 是否与条件表达式相等。常量可以是具体数值，也可以是表达式。

（1）条件表达式与常量 1 相等，执行语句块 1 并结束条件语句。

（2）条件表达式与常量 2 相等，执行语句块 2 并结束条件语句。

（3）条件表达式与几个常量都不相等，执行语句块 3 并结束条件语句。

上述语法中只有两个条件表达式和一个 default 语句。default 语句表示剩余的情况下，与 else 类似。

与 if…else if 语句一样，条件常量可以是任意多个，default 语句可以不要，也可以要，要的话只能有一个，因为条件只有成立和不成立两种结果。switch 语句只使用一个{}包含整个模块；break 语句属于跳转语句，用于跳出当前选择语句块。

switch 语句与 if 语句不同，当条件符合并执行完当前 case 语句后，不会默认跳出条件判断，将会接着执行下一条 case 语句，使用 break 语句后，程序将跳出 switch 语句块，执行后面的语句。如当条件表达式等于常量 1，执行了第一个 case 语句。若不使用 break，将执行第二个 case 语句，而无论条件表达式是否等于常量 2；若使用了 break，接下来将执行 switch{}后的语句。

case 语句的值是唯一的，即任何两个 case 语句不能具有相同的值。

2.6.2 循环语句

循环语句用于重复执行特定语句块，直到循环终止条件成立或遇到跳转语句。程序中经常需要将一些语句重复执行，使用基本语句顺序执行将使开发人员重复工作，影响效率。

如 1+2+3+…+100，使用顺序语句需要将 100 个数相加；若加至 1000、10 000 或更大的数，使得数据量加大，容易出错，不便管理。

循环语句简化了这个过程，将指定语句或语句块根据条件重复执行。循环语句分为以下 4 种。

（1）for。for 循环重复执行一个语句或语句块，但在每次重复前验证循环条件是否成立。

（2）do…while。do…while 循环同样重复执行一个语句或语句块，但在每次重复结束时验证循环条件是否成立。

（3）while。while 语句指定在特定条件下重复执行一个语句或语句块。

（4）foreach。foreach 语句为数组或对象集合中的每个元素重复一个嵌入语句组。

1．for 语句

for 循环在重复执行的语句块之前加入了循环执行条件。循环条件通常用来限制循环次数，从开始进入判断循环条件是否成立：若成立，执行语句块，并重新判断循环条件是否成立；若不成立，结束这个循环。语法格式如下：

```
for(<初始化>; <条件表达式>; <增量>)
{语句块}
```

for 语句执行括号里面语句的顺序如下。

（1）首先是初始化的语句，如 int num=0。若 for 循环之前已经初始化，可以省略初始化表达式，但不能省略分号。

（2）接着是条件表达式，如 num<5。表达式决定了该循环将在何时终止。表达式可以省略，但省略条件表达式，该循环将成为无限死循环。

（3）最后是增量，通常是针对循环中初始化变量的增量，如 num++。增量与初始值和表达式共同决定了循环执行的次数。增量可以省略，但省略的增量将导致循环无法达到条件表达式的终止，因此需要在循环的语句块中修改变量值。

增量表达式后不需要分号，因 for 语句括号内的三个表达式均可以省略，表达式间的分号不能省略，因此有以下空循环语句：

```
for (;;){}
```

注意

条件表达式必须是布尔值，而且不能是常量表达式，否则循环将会因无法执行或无法结束，而出现漏洞或失去意义。

2. do…while 语句

do…while 循环在重复执行的语句块之后加入了循环执行条件，与 for 循环执行顺序相反。除了条件判断顺序的不同，do…while 语句虽然同样使用小括号来放置条件表达式，但小括号里面只能有一条语句，不需要以分号结尾。

程序在开始时首先执行循环中的语句块，在语句块执行结束后再进行循环条件的判断。条件成立，重新执行语句块；条件不成立，结束循环。语法结构如下：

```
do
{语句块}
while(条件表达式);
```

do…while 与 for 循环有以下几点不同。

（1）do 关键字与 while 关键字分别放在循环的开始和结束。

（2）条件表达式放在循环最后。

（3）while 关键字后的括号内，表达式只有一个。

（4）表达式的括号后需要加分号。

与 for 循环相比，do…while 循环将初始化放在了循环之前，将条件变量的变化放在了循环语句块内。

3. while 语句

while 语句在条件表达式判定之后执行循环，与 for 循环的执行顺序一样。不同的是语句格式和适用范围。

while 的使用比较灵活，甚至在某些情况下能替代条件语句和跳转语句。

在执行至 while 语句时首先判断循环条件是否成立：若成立，执行语句块，并重新判断循环条件是否成立；若不成立，结束这个循环。语法格式如下：

```
while(条件表达式)
{语句块}
```

从 while 使用格式看出，while 的使用与 for 很接近，满足条件表达式即进行 while 语句块，否则结束循环。

while 后的括号只能使用一个条件表达语句，若在循环中不改变条件表达式中的变量值，循环将无限进行下去，因此循环语句块中包含改变变量值的语句。

4. foreach 语句

foreach 语句主要用于数组、集合等元素成员的访问。单个变量的赋值是最为简单的，之前介绍过。但 C#中有数组、集合之类的数据类型，这些数据类型变量中，不止包含一个数据，而是一系列数据。对这些数据类型的访问，可以使用 foreach 语句。

使用 foreach 语句，可以在不确定元素成员个数的前提下，对元素成员执行遍历。如遍历数组类型的元素。

数组成员的访问需要指定成员的索引，而若要遍历数组中的所有成员，则需要知道数组成员的个数（即数组长度），但使用 foreach 语句可以在没有获取数组长度的情况下执行遍历。

数组中的数可多可少，若一个个赋值会加大开发人员工作量，使用 foreach 语句可以对数组及对象集成员进行操作，如赋值、读取等。

数组中的成员数量各不相同，foreach 循环不需要指定循环次数或条件。如针对有 N 个成员的数组，foreach 循环流程图如图 2-1 所示。

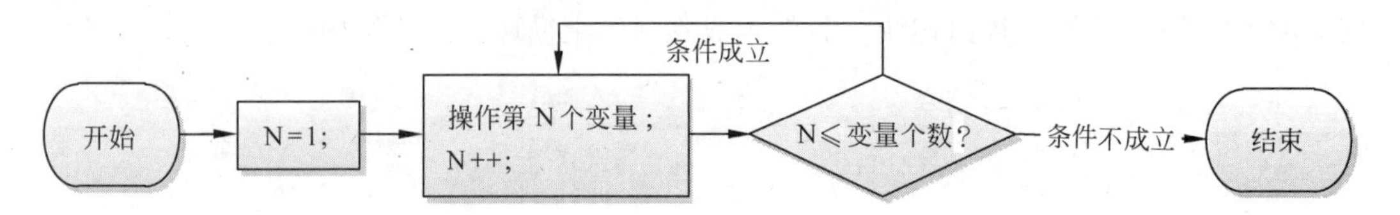

图 2-1 foreach 循环流程图

图 2-1 是 foreach 循环作用的形象图，并非标准流程图。foreach 语句为数组或对象集合中的每个元素重复一个嵌入语句组，循环访问集合以获取所需信息。

嵌入语句为数组或集合中的每个元素顺序执行。当为集合中的所有元素完成操作后，控制传递给 foreach 语句块之后的下一个语句。语法格式如下：

```
foreach (变量声明 in 数组名或集合类名)
{
    语句块    // 使用声明的变量替代数组和集合类成员完成操作
}
```

在 foreach 语句块内的任意位置都可以使用跳转语句跳出当前循环或整个 foreach 语句块。

foreach 循环不能应用于更改集合内容，以避免产生不可预知的副作用。

2.6.3 跳转语句

跳转语句用于中断当前执行顺序，从指定语句接着执行。在 switch 语句中曾使用跳转语句中的 break 语句，中断了当前的 switch 语句块，执行 switch 后的语句。

跳转语句同样分为多种，其常用的几种语句及其使用特点如下所示。

（1）break 语句。break 语句用于终止它所在的循环或 switch 语句。

（2）continue 语句。continue 语句将控制流传递给下一个循环。

（3）return 语句。return 语句终止它出现在其中的方法的执行并将控制返回给调用方法。

（4）goto 语句。goto 语句将程序控制流传递给标记语句。

1. break 语句

2.6.1 节曾将 break 语句用于 switch 语句块，对 break 语句有了简单了解。break 有以下两种用法。

（1）用在 switch 语句的 case 之后，结束 switch 语句块，执行 switch{}后的语句。

（2）用在循环体，结束循环，执行循环{}后的语句。

循环有多种，任意一种循环都可以使用 break 跳出。

2. continue 语句

continue 语句是跳转语句的一种，用在循环中可以加速循环，但不能结束循环。continue 语句与 break 语句有以下两点不同。

（1）continue 语句不能用于选择语句。

（2）continue 语句在循环中不是跳出循环块，而是结束当前循环，进入下一个循环，忽略当前循环的剩余语句。

3. return 语句

return 语句经常用在方法的结尾，表示方法的终止。方法是类的成员，将在本书后面的章节中介绍。

return 语句将控制返回给调用方法。如果方法没有返回类型，可以省略 return 语句。如果方法有返回类型，return 语句必须返回这个类型的值。return 语句还可以返回一个可选值，该值可以是任何类型的变量和结果集等。

方法语句块中，在 return 语句后没有其他语句，但控制流并没有结束，而是找不到接下来要进行的语句。使用 return 语句将控制流传递给调用该方法的语句，同时将返回值传递给调用语句。

4. goto 语句

goto 语句是跳转语句中最灵活的，最不安全的语句。goto 语句可以跳转至程序的任意位置，但欠考虑的跳转将导致没有预测的漏洞。goto 语句也有以下限制。

（1）可以从循环中跳出，但不能跳转到循环语句块中。

（2）不能跳出类的范围。

使用 goto 语句首先要在程序中定义标签，标签是一个标记符，命名同变量名一样。标签后是将要跳转的目标语句，一条以内不用加{}，超过一条则必须放在{}内，{}后不用加分号，如下所示。

```
label: {}
```

接着将标签名放在 goto 语句后，即可跳转至目标语句，如下所示。

```
goto label;
```

2.6.4 语句嵌套

语句嵌套用于在选择或循环语句块中加入选择或循环语句，将内部加入的选择或循环语句作为一个整体，有以下几种形式。

（1）选择语句嵌套。在选择语句块中使用选择语句。

（2）循环语句嵌套。在循环语句块中使用循环语句。

（3）多重混合语句嵌套。在选择或循环语句块中使用多个选择或循环语句。

语句嵌套使用时，首先执行内部的语句，再执行外部的语句。而对于循环语句的嵌套，外部的循环每执行一次，内部的循环都要根据循环条件执行循环，到内部循环达到循环终止的时候，外部再执行下一个循环。

2.6.5 实验指导——日历输出

一个月份平均有 30 天，以一个月 30 天为例，按每行 7 天输出一个月的日期，步骤如下。

（1）首先分析该实验，需要注意以下几点。

① 一个月有 30 天，那么需要有一个 30 天的循环，循环输出 1～30 这 30 个数字。

② 按每行 7 天来输出，那么需要在 30 天循环的内部嵌套 7 天的循环，在 7 天排满之后换行。

③ 由于 30 个数字中有一位数和两位数，为了使日期直观可视，需要为一位数的数字使用空格填充。即在输出日期时判断该日期是否小于 10，若小于 10 则为一位数字，需要在数字前输出空格，否则不输出空格。

（2）根据上述分析，编写代码如下。

```
int day;
for (day = 1; day < 31; )
{
    for (int i = 0; (i < 7) && (day < 31); i++)
    {
        if (day < 10)
        {
            Console.Write(" {0}", day);
        }
        else
        {
            Console.Write(day);
        }
        Console.Write(" ");
```

```
        day++;
    }
    Console.Write("\n");
}
```

（3）运行上述代码，其效果如图 2-2 所示。

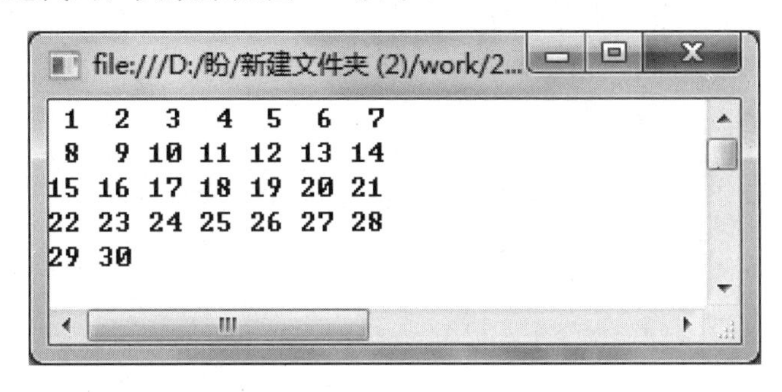

图 2-2 日历效果

2.6.6 预处理指令

C#中有着预编译指令，支持条件编译、警告、错误报告和编译行控制等。可用的预处理指令有：#define symbol、#undef symbol、#if symbol [operator symbol2]、#else、#elif symbol [operator symbol2]、#endif、#warning text（text 指在编译器输出中的警告文字）、#error text（text 指在编译器中输出的错误信息）和#line number [file]。

1．#region 和#endregion 指令

上述预处理指令中，最为常用的是#region 和#endregion 指令。这两个指令的组合，可以把一段代码标记为给定名称的一个块。将块所实现的功能写在#region 行中，即为该块的名称。

2．#define 和#undef 指令

#define 类似于声明一个变量，但是这个变量没有真正的值，只是存在而已。代码没有任何的意义，只是在编译器编译代码的时候存在。

#undef 相反，删除符号定义：如果这个符号不存在，这句话就没有任何意义，如果这个符号存在，#define 也不起作用。

注意

声明的时候需要是在第一行代码处声明且是不需要分号结尾的，不能放在代码的中间。

3．#if、#elif、#else、#endif 指令

这些指令告诉编译器是否需要编译某个代码块。在#if 后面写语句块执行的条件，而

在#if与#endif中间，写该条件下执行的语句块。其格式如下所示：

```
#if 执行条件
该条件下执行的语句块
#endif
```

#elif 和#else 和#if 嵌套使用，增加语句块执行的条件。它们必须以#endif 来结尾。其语法如下：

```
#if 执行条件 1
该条件下执行的语句块
#elif 执行条件 2（在不满足执行条件 1 的情况下）
执行语句块
#else
执行语句块
#endif
```

4. #warning 和#error 指令

当编译器遇见#warning 和#error 的时候分别产生警告和错误，以及给用户显示#warning 后面的文本信息，并且继续进行；如果编译器遇见#error 指令，就会给用户显示后面的文本，作为一个编译错误信息，然后立即退出编译，不会生成代码。

5. #pragma

#pragma 指令可以抑制或者是恢复指定的编译警告。和命令行选项不同，#pragma 指令可以在类或者方法上执行，对抑制警告的内容和抑制的时间进行更加精细的控制。

思考与练习

一、填空题

1. Convert 类的__________方法可以将字符串“342”转换为 double 类型。

2. 常量一般使用关键字__________来声明。

3. __________是指将引用类型转换为值类型。

4. 选择语句有 if 语句、if…else 语句、__________和 switch 语句。

二、选择题

1. 下列选项中，声明变量不正确的选项是__________。

A. string goodName

B. string $namespace

C. string @namespace

D. int studentage

2. 关于值类型和引用类型的说法，选项__________是错误的。

A. 值类型分配在栈上，而引用类型分配在堆上

B. 值类型可以包含装箱和拆箱操作，而引用类型只包含拆箱操作

C. 虽然值类型和引用类型的内存都由 GC 来完成，但是值类型不支持多态，而引用类型支持多态

D. string 类型属于引用类型，它是一种特殊的引用类型

3．以下说法不正确的是__________。

A．continue 语句不能用于选择语句

B．一个分号只能表示一条语句

C．if 语句块{}后不需要分号

D．if 条件语句的（）内有三个表达式，因此有三个分号

4．下面示例代码中，Max 在控制台输出的结果是__________。

```
int a = 15, b = 20,c=25, Max=0;
Max = a>b?a:b;
Max=c<Max?c:Max;
```

A．15

B．20

C．25

D．0

5．以下__________不属于跳转语句。

A．break 语句

B．throw 语句

C．continue 语句

D．return 语句

三、简答题

1．简述声明变量和常量时的命名规则或注意事项。

2．简单说明值类型和引用类型的区别。

3．简单说明 if 和 switch 的区别。

4．简单说明 for 和 do…while 的区别。

第 3 章　C#面向对象基础

C#是一种安全的、稳定的、简单的、优雅的、由 C 和 C++衍生出来的面向对象编程语言。面向对象编程是一种功能强大的程序设计方法，它以“数据控制访问代码”为主要原则，围绕数据来组织程序。在面向对象编程中，最基础的内容就是类。本章将对类进行详细的介绍，包括类的声明和使用、对象的创建和使用、构造函数和析构函数、成员变量以及面向对象编程的三大特性等内容。

本章学习要点：

- 掌握类和对象的创建
- 掌握构造函数和析构函数
- 掌握类中的字段、常量、属性和方法
- 熟悉类的三大特性和实现
- 了解 base 关键字的使用
- 熟悉 sealed 关键字的使用
- 掌握 abstract 和 static 的使用

3.1 类和对象

类是面向对象编程语言中的一个核心概念，它实际上是对某种类型的对象定义变量和方法的原型。类实际上也是一种复杂的数据类型，将不同类型的数据和与这些数据相关的操作封装在一起，就构成了类。

本节介绍类的基础知识，包含两个知识点：类和对象。

3.1.1 类

类是对现实生活中一类具有共同特征的事物的抽象，是面向对象编程的基础。类和对象不同，类是抽象的，对象是具体的。例如，在某一个学校中有多个班级，这时可以说“学校”是抽象的，学校中的“一年级三班”则是一个具体的对象。又如，一个班级中有多名同学，这时可以说“班级”是抽象的，该班级中名字叫“许小南”的同学是一个具体的对象。

在 C#中定义类时需要通过 class 关键字。定义类的基本语法如下：

```
[修饰符] class 类名 [:父类和实现的接口列表] {
    类成员
}
```

上述语法中，带有中括号（[]）的部分是可选的。修饰符是用来修饰类的，类修饰符包括 public、protected、private、internal、partial、abstract、sealed 和 static。其中，public、protected、private 和 internal 表示可访问修饰符，它们可以和其他的修饰符结合使用，具体说明如表 3-1 所示。类的成员变量可以是字段、属性和方法等，在 3.3 节中会进行介绍。

表 3-1　类的可访问修饰符

修饰符名称	说明
public	同一程序集中的任何其他代码或引用该程序集的其他程序集都可以访问该类及类中的成员
private	只有同一类或结构中的代码可以访问该类及类中的成员
protect	只有同一类或结构或者此类的派生类中的代码才可以访问该类及类中的成员
internal	类的默认访问类型。同一程序集中的任何代码都可以访问该类或成员，但其他程序集中的代码不可以

【范例 1】

在当前的应用程序中创建全称是 BookType.cs 的文件，创建完毕后会自动向该文件中添加一个 BookType 类。默认情况下，BookType 类的可访问性为 internal，这里将可访问性指定为 public 类型的。在 BookType 类中添加公有字段和一个公有方法。完整代码如下。

```
using System;
using System.Collections.Generic;
using System.Linq;
using System.Text;
namespace MyTest
{
    public class BookType
    {
        public string typeName;        //类型名称
        public string TypeName {
            get { return typeName; }
            set { typeName = value; }
        }
    }
}
```

从上述代码中可以看出，当前 BookType 类所属的命名空间是 MyTest。类的可访问修饰符（如 public）可以和其他的修饰关键字（如 abstract）一起使用。用 abstract 关键字声明的类是抽象的，关于抽象类会在后面进行介绍。

3.1.2　类的对象

类是对某一类对象的定义，包括它的名称、方法、属性和事件等信息。实际上，类本身并不是对象，对象是现实生活中一个一个的实体，类是人们对现实生活中存在的对象不断认识而产生的抽象。在 C#中，类的概念本质上是与现实生活中类的概念相同的。例如，名字叫“陈阳”的人说：我家的小白是一条狗。在这里，狗就代表一个类，而小白就是一个具体对象。

简单来说，类定义对象的类型，但是它不是对象本身。对象是基于类的具体实体，有时称为类的实例。当引用类的代码运行时，类的一个新实例（即对象）就会在内存中创建。通过 new 关键字可以创建对象。

【范例 2】

在范例 1 中创建了 BookType 类，向 Program.cs 类的程序主入口 Main()方法中写入新代码，如下所示。

```
static void Main(string[] args)
{
    BookType booktype1 = new BookType();                //创建第一个对象
    booktype1.typeName = "校园小说";                      //指定字段的值
    BookType booktype2 = new BookType();                //创建第二个对象
    booktype2.typeName = "旅游杂志";                      //指定字段的值
    Console.WriteLine("第一本图书类型：{0}", booktype1.TypeName);
    Console.WriteLine("第二本图书类型：" + booktype2.TypeName);
    Console.ReadLine();
}
```


上述代码中，通过 new BookType()实例化 BookType 类，booktype1 和 booktype2 分别表示类的两个实例对象，分别为这两个对象的 typeName 字段赋值，最后通过 Console.WriteLine()向控制台中输出 typeName 字段的值。在输出图书类型时，上面的两种方式都是正确的，第一种方式是通过占位符来输出的，第二种方式是直接输出。

运行 Program.cs 文件，控制台的输出结果如下。

```
第一本图书类型：校园小说
第二本图书类型：旅游杂志
```

3.2 类的函数

在实例化类时经常会用到函数，本节介绍类的两种函数，即构造函数和析构函数。一般情况下，可以将构造函数称为构造方法，析构函数称为析构方法。

3.2.1 构造函数

任何时候，只要创建类或结构，就会调用它的构造函数。类或结构可能有多个接受不同参数的构造函数。构造函数使程序员可以设置默认值、限制实例化以及编写灵活且便于阅读的代码。

构造函数的名称与类名相同，能够在构造函数中定义参数，但是不能有返回类型。每一个类中必须有一个构造函数，如果开发者没有为对象提供一个构造函数，那么默认情况下 C#会创建一个构造函数，该构造函数实例化对象，并且将成员变量设置为默认值表中列出的默认值。例如，在范例 2 中，通过 new 关键字实例化 BookType 类时，调用的就是无参构造函数。

【范例 3】

通过手动方式声明 BookType 类的无参构造函数，代码如下。

```
public class BookType
{
    public BookType() {
        Console.WriteLine("这是无参的构造函数");
    }
    /* 省略其他代码 */
}
```

重新运行 Program.cs 文件，输出结果如下。

```
这是无参的构造函数
这是无参的构造函数
第一本图书类型：校园小说
第二本图书类型：旅游杂志
```

从上述输出结果可以看出，每次通过 new BookType()实例化 BookType 类的对象时都是调用的无参构造函数，并且输出“这是无参的构造函数”的提示信息。

除了声明无参的构造函数外，还可以创建有参的构造函数，有参构造函数也很简单，下面通过范例 4 说明。

【范例 4】

在范例 3 中，BookType 类包含一个无参构造函数、一个公有字段和一个公有方法。在前面代码的基础上添加新代码，向 BookType 类添加一个有参的构造函数，在该函数中传入一个 string 类型的 typename 参数，代码如下。

```
public BookType(string typename) {
    this.typeName = typename;
    Console.WriteLine("调用有参构造函数");
}
```

向 Program.cs 文件的 Main()方法中加入新代码，直接通过 BookType 类的有参构造函数实例化对象，代码如下。

```
BookType booktype3 = new BookType("穿越小说");
Console.WriteLine("第三本图书类型："+booktype3.TypeName);
```

从上述代码中可以看出，通过有参的构造函数可以直接传入一个图书类型的名称作为参数，而不必再通过“对象.字段名”进行赋值。重新运行 Program.cs 文件，输出结果如下。

```
这是无参的构造函数
这是无参的构造函数
```

```
第一本图书类型：校园小说
第二本图书类型：旅游杂志
调用有参构造函数
第三本图书类型：穿越小说
```

注 意

如果为类声明了一个有参的构造函数，那么必须显式创建一个无参的构造函数。如果不创建无参的构造函数，那么在调用无参构造函数时会出现错误。

一个类可以有多个有参的构造函数，开发者可以根据需要进行创建。如在 BookType 类中，不仅可以包含表示图书类型名称的 typeName 字段，当然还可以包含图书编号的 typeId 字段。在声明有参构造函数时，函数中可以指定一个参数，也可以指定两个或多个参数。

3.2.2 析构函数

析构函数用于析构类的实例，它与构造函数不同，当对象脱离其作用域时（如对象所在的方法已经调用完毕），系统会自动执行析构函数中的代码。析构函数往往用来做清理垃圾碎片的工作。开发者在使用析构函数时，需要注意以下几点。

（1）一个类只能有一个析构函数。

（2）析构函数无法被继承。

（3）析构函数被编译器调用，开发者无法控制何时调用，由垃圾回收器决定。

（4）析构函数没有访问修饰符和参数。

（5）析构函数不能定义返回值类型，也不能定义返回值。

（6）程序退出时自动调用析构函数。

声明析构函数时，其函数名称必须是类名，只要在命名前使用“~”符号与构造函数进行区别。语法如下：

```
~类名(){
    //销毁实例语句
}
```

析构函数只能存在于类中，不能存在于结构中，析构函数没有任何的修饰符，不能被显式调用，没有参数，也就意味着析构函数不能有重载。

【范例 5】

在本范例中创建三个类，这三个类构成一个继承链，First 类是父类，Second 类是从 First 类派生而来的，而 Third 类是从 Second 类派生而来的，它们都有析构函数，代码如下。

```
class First
{
    ~First()
```

```
    {
        Console.WriteLine("First's destructor is called.");
    }
}
class Second : First
{
    ~Second()
    {
        Console.WriteLine("Second's destructor is called.");
    }
}
class Third : Second
{
    public Third() {
        Console.WriteLine("hello,my dear");
    }
    ~Third()
    {
        Console.WriteLine("Third's destructor is called.");
    }
}
```

在 Program.cs 文件的 Main()方法中，创建 Third 类的实例，代码如下。

```
class Program
{
    static void Main(string[] args) {
        Third t = new Third();
    }
}
```

运行 Program.cs 文件查看输出结果，内容如下。

```
hello,my dear
Third's destructor is called.
Second's destructor is called
First's destructor is called.
```

3.3 常见成员

类和结构（第 4 章进行介绍）都具有表示其数据和行为的成员，类的成员包括在类中声明的所有成员，以及在该类的继承层次结构中的所有类中声明的所有成员（构造函数和析构函数除外）。父类中的私有成员被继承，但是不能从派生类中访问。

具体来说，类或结构中可包含的成员有字段、常量、属性、方法、事件、运算符、索引器、构造函数、析构函数和嵌套类型等。这些成员的修饰符可以是 public、protected、private、internal、sealed、abstract、virtual、override、readonly 和 const。本节将对字段、常量、属性和方法进行详细介绍。

3.3.1 字段

字段是在类或结构中声明的任意类型的变量。字段可以是内置数值类型，也可以是其他类的实例。例如，日历类可能具有一个包含当前日期的字段。在类或结构中可以拥有实例字段或者静态字段，或者同时拥有两者。实例字段特定于类型的实例，如果拥有T类和实例字段F，可以创建类型T的两个对象，并修改每个对象中F的值，这不影响另一对象中的该值。相比之下，静态字段属于类本身，在该类的所有实例中共享。对实例A所做的更改将立刻呈现在实例B和C上（如果它们访问该字段）。

字段通常存储这样的数据：该数据必须可供多个类方法访问，并且其存储期必须长于任何单个方法的生存期。例如，表示日历日期的类可能有三个整数字段：一个表示月份，一个表示日期，还有一个表示年份。不在单个方法范围外部使用的变量应在方法体自身范围内声明为局部变量。

在C#类中，声明一个字段的语法如下：

```
修饰符 字段类型 字段名称
```


其中，修饰符可以是public、protected、private、internal、sealed、abstract、virtual、override、readonly和const。public、protected、private和internal又称为可访问修饰符。

【范例6】

创建公有的名称为Animal的类，并在该类中添加一个公有字段和两个私有字段，代码如下。

```
public class Animal
{
    public int animalId;                        //动物ID
    private string animalTypeName;              //动物类型名称
    private string animalName;                  //动物名称
}
```

如果要在其他类中访问Animal类的字段，首先要创建Animal类的实例对象，然后在对象名称之后添加一个圆点（即“.”），再添加该字段的名称。如访问Animal类中的animalId字段，并为其赋值，代码如下。

```
Animal animalObj = new Animal();
animalObj.animalId = 1;
```

由于Animal类中的其他两个字段animalTypeName和animalName都是private类型的，因此，在其他类（除Animal类）中不能进行访问，也不能进行赋值。

【范例7】

声明字段时可以用赋值运算符为字段指定初始值。如指定animalTypeName字段的默认值为“猫咪”，animalName字段的默认值是“猫咪白白”，代码如下。

```
public class Animal
{
    public int animalId;                                    //动物ID
    private string animalTypeName = "小猫咪";               //动物类型名称
    private string animalName = "猫咪白白";                 //动物名称
}
```

3.3.2 常量

常量是在编译时已知并在程序的生存期内不发生更改的不可变值。在C#中声明常量需要通过const关键字，只有C#内置类型（System.Object除外）可以声明为const。

使用常量时，常量必须在声明时初始化；而且可以同时声明多个相同类型的常量；如果不会造成循环引用，用于初始化一个常量的表达式可以引用另一个常量。为了区分常量和字段，一般情况下，将常量的名称定义为大写。

【范例8】

开发者在计算圆的周长和面积时，需要使用到一个固定的常量——圆周率。因此，可以将圆周率声明为常量PI，然后在计算圆的周长和面积时直接调用。步骤如下。

（1）创建名称是Constants的类，在该类中声明常量PI，代码如下。

```
public class Constants
{
    public const double PI = 3.14159;        //定义圆周率
}
```

（2）在Program.cs文件的Main()方法中添加代码，提示用户输入半径并获取用户输入的半径，然后计算圆的周长和面积并在控制台输出，代码如下。

```
Console.Write("请输入圆的半径：");
int radius = Convert.ToInt32(Console.ReadLine());  //获取用户输入的半径
Console.WriteLine("圆的周长是：{0}", 2 * Constants.PI * radius);
Console.WriteLine("圆的面积是：{0}", Constants.PI * radius * radius);
```

（3）运行Program.cs文件中的代码测试，在控制台中输入半径4并计算结果，如图3-1所示。

```
C:\Windows\system32\cmd.exe
请输入圆的半径：4
圆的周长是：25.13272
圆的面积是：50.26544
```

图3-1　常量的使用

用户自定义的类型（包括类、结构和数组）不能为const，这需要使用readonly修饰符创建在运行时初始化一次即不可更改的类、结构或数组。const和readonly两个修饰符的区别在于以下几个方面。

（1）const 字段只能在该字段的声明中初始化。readonly 字段可以在声明或构造函数中初始化。因此，根据所使用的构造函数，readonly 字段可能具有不同的值。

（2）const 字段是编译时常数，而 readonly 字段可用于运行时常数。

（3）const 默认就是静态的，不需要使用 static 声明常量，而 readonly 如果设置成静态的就必须显式声明。

（4）const 对于引用类型的常数，可能的值只能是 string 和 null。readonly 可以是任何类型。

3.3.3 属性

属性可以说是字段的延伸，对于对象来说，属性可以看作是字段，访问属性与访问字段的语法和结果一样；对于类来说，属性是一个或两个语句块，它的两个核心的代码块分别是 get 属性访问器和 set 属性访问器。设置属性的值时会执行 set 代码块，取属性的值时访问 get 代码块。get 访问器和 set 访问器都是可以省略的，不具有 set 访问器的属性是只读属性，不具有 get 访问器的属性是只写属性，同时具有这两个访问器的属性是读写属性，其用法和特点如下。

（1）get 访问器与方法相似。它必须返回属性类型的值作为属性的值，当引用属性时，若没有为属性赋值，则调用 get 访问器获取属性的值。

（2）get 访问器必须以 return 或 throw 语句终止，并且控制权不能离开访问器。

（3）get 访问器除了直接返回字段值，还可以通过计算返回字段值。

（4）set 访问器类似于返回类型为 void 的方法。它使用属性类型的 value 隐式参数，当对属性赋值时，用提供新值的参数调用 set 访问器。

（5）在 set 访问器中，对局部变量声明使用隐式参数名称 value 是错误的。

注 意

属性和字段的访问方式是相同的。与字段不同的是属性不作为变量来分类，所以不能将属性作为 ref 参数和 out 参数传递。

当一个类中的字段过多时，这些字段并不安全，而且也不一定符合开发者的要求。举例来说，假设表示学生的 Student 类中包含一个 age 字段，该字段要求学生的年龄在 12～25 岁之间。通过字段指定时，如果用户输入的内容不合法，那么需要通过条件语句进行判断，如果使用属性对字段进行封装，那么可以直接在访问器中进行设置。

【范例 9】

创建 Student 类，该类中包含两个私有字段和两个公有属性，这两个属性是对字段的封装，代码如下。

```
public class Student {
    private string name;          //学生姓名
    private int age;              //学生年龄
```

```
    public string Name {
        get { return name; }
        set { name = value; }
    }
    public int Age {
        get { return age; }
        set {
            if (age < 12 || age > 25)
                age = 25;
            else
                age = value;
        }
    }
}
```

在 Program.cs 文件的 Main()方法中添加代码，为 Student 类中的字段赋值，并输出属性的值测试，代码如下。

```
Student stu = new Student();
stu.Age = 100;
Console.WriteLine("输出年龄：{0}",stu.Age);
```


运行 Program.cs 文件查看输出结果，内容如下。

```
输出年龄：25
```

从输出代码中可以看出，在 Age 属性中对 age 的处理已经起了作用，因此，这里输出的结果不是 100，而是 25。

属性的访问修饰符可以是 public、private、protected 和 internal，除了这些可访问修饰符，还可以使用其他的修饰符。如用 static 将属性声明为静态的，用 virtual 将属性标记为虚属性。另外，使用 sealed 修饰属性，表示属性对派生类不再是虚拟的；使用 abstract 声明属性，表示在派生类中可以对其实现。

3.3.4 方法

方法定义类可以执行的操作。方法可以接收提供输入数据的参数，并且可以通过参数返回输出数据。方法还可以不使用参数而直接返回值。可以为方法指定访问级别（如 public 和 private）、可选修饰符（如 abstract 或 sealed）、返回值、名称和任何方法参数。在类或结构中声明方法的语法如下：

```
访问级别 [可选修饰符] 返回值 名称(参数列表){
    //方法代码
}
```

方法的参数包含在小括号中，并且多个参数之间通过逗号进行分隔。括号中可以不包含参数，如果没有参数，则表示方法不需要参数。方法的返回值可以是内置类型（如

int 或 double），也可以是自定义的类型；如果没有返回值，则直接使用 void。

【范例 10】

创建 Motorcycle 类，并在该类中定义三个方法，代码如下。

```
public class Motorcycle
{
    public void StartEngine() {
    }
    protected void AddGas(int gallons) {
    }
    public virtual int Drive(int miles, int speed) {
        return 1;
    }
}
```

其中，AddGas()方法和 Drive()方法中的参数称为形式参数，即形参。在调用时，向方法中传入的参数称为实际参数，即实参。

一个类中可包含多个方法，有些方法之间存在着一定的关系。方法重载是指在同一个类中方法同名、参数不同、调用时根据实参的形式，选择与它匹配的方法执行操作的一种技术。这时的参数不同包含三种情况：参数的类型不同；参数的个数不同；参数的个数相同时它们的先后顺序不同。

注意

方法重载在两种情况下会认为是同一个方法，这样的两个方法不可以在同一个类里，否则系统会报错。第一种情况是返回类型不同时，方法名和参数个数、顺序、类型都相同的两个方法。第二种情况是返回类型相同时，方法名和参数个数、顺序、类型都相同的方法，但是参数的名字不同。

方法重载适用于普通的方法，也适用于构造函数。决定方法是否构成重载有以下几个条件。

（1）在同一个类中。

（2）方法名称相同。

（3）参数列表不同。

【范例 11】

在类中声明 4 个名称为 GetTest 的方法，代码如下。

```
protected void GetTest(){
    Console.WriteLine("方法 1");
}
protected void GetTest(string s, int a){              //正确的方法重载
    Console.WriteLine("方法 2");
}
protected void GetTest(string a, int s){
    Console.WriteLine("方法 3");
}
```

```
protected void GetTest(int a,string s) {
    Console.WriteLine("方法 3");
}
```

上述所示的 4 个方法中，第一个和第二个是方法重载；第二个与第三个是同一个方法，因为它们只是参数的名称不同，因此不能出现在同一个类中；第二个与第四个是正确的方法重载，因为它们参数的顺序不同。

3.4 三大特性

封装、继承和多态是面向对象编程的三大特性。C#是面向对象编程的，因此这也是类的三大特性。本节简单介绍一下类的封装性、继承性和多态性。

3.4.1 封装

对于一个具有丰富结构化程序设计经验的开发者来说，面向对象的程序设计可能会给他们带来非常不自然的感觉。封装是实现面向对象程序设计的第一步，它将数据或函数等集合在一个一个的单元中。被封装的对象通常称为抽象数据类型。

简单来说，可以把程序按某种规则分成很多“块”，块与块之间可能会有联系，每个块都有一个可变的部分和一个稳定的部分。开发者需要把可变的部分和稳定的部分进行分离，将稳定的部分暴露给其他块，而将可变的部分隐藏起来，以便随时修改，这项工作就是封装。例如，在用类实现某个逻辑时，类就是所说的“块”，实现功能的具体代码就是可变的部分，而 public 的方法或者属性则是最稳定的部分。

封装的意义在于保护或防止代码（即数据）被开发者无意破坏。封装提供一个有效的途径来保护数据不被意外地破坏。C#中有两种方法用以封装数据。第一种方式是使用传统的存、取方法；第二种方式是使用属性。无论使用哪种方法，其目标都是在使用数据的同时不能使它受到任何的破坏和改变，好处如下。

（1）使用者只需要了解如何通过类的接口使用类，而不用关心类的内部数据结构和数据组织方法。

（2）“高内聚，低耦合”一直是开发者所追求的，使用好封装恰恰可以减少耦合。

（3）只要对外接口不改变，可以任意修改内部实现，这样可以很好地应对变化。

（4）类具有简洁清晰的对外接口，缩短了使用者的学习过程。

【范例 12】

通过传统的存、取方法演示封装，首先定义 Department 类，为了操作这个类中的数据，在该类中定义一个读取方法和一个写入方法，代码如下。

```
public class Department
{
    private string departname;
    public string GetDepartname(){                //读方法
        return departname;
```

```
    }
    public void SetDepartname(string a) {          //写方法
        departname = a;
    }
}
```

通过使用上述方法可以保护私有数据不被外部程序所破坏，在 Main()方法中使用 SetDepartname()方法写入数据，使用 GetDepartname()方法读取数据，代码如下。

```
static void Main(string[] args)
{
    Department d = new Department();
    d.SetDepartname("会计部");
    Console.WriteLine("该部门是 :" + d.GetDepartname());
    Console.ReadLine();
}
```

试一试

使用传统的读写方法封装数据很好，但是用属性来实现封装会更加方便。在 3.3.3 节已经介绍过属性封装，这里不再详细介绍。感兴趣的读者可以更改范例 12 中的代码，通过属性实现封装。

3.4.2 继承

继承是指一个对象直接使用另一对象的属性和方法，它是面向对象程序设计的主要特征之一，其好处在于代码重用，节省程序设计的时间。当一个类 A 能够获取另一个类 B 中所有非私有的数据和操作的定义作为自己的部分或者全部内容时，就称这两个类之间具有继承关系。被继承的类 B 称为父类或者超类，继承父类或者超类的数据和操作的类 A 称为子类或者派生类。

一个父类可以拥有多个子类，一个子类也可以成为其他类的父类，如图 3-2 所示反映了交通工具类的继承关系。在图 3-2 中，交通工具是一个父类，船、汽车和飞机都是交通工具的直接子类，而它们又可以作为其他类的父类。以船为例，它不仅是交通工具的子类，也是汽艇和轮船的父类。

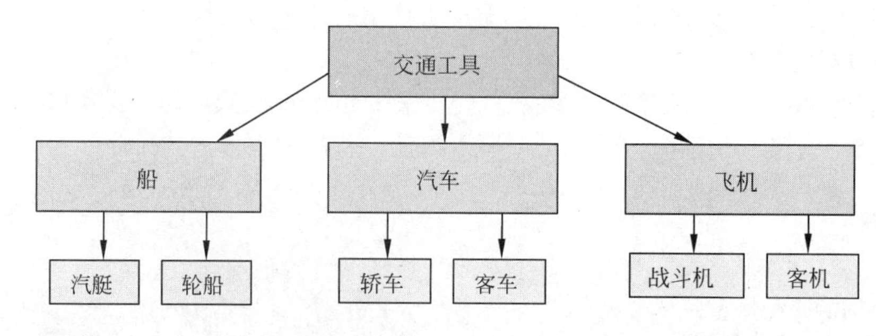

图 3-2 交通工具类的继承关系

C#中继承的实现语法如下：

```
[访问权限] class <派生类名> : <父类名>
{
    //派生类定义
}
```

【范例 13】

首先定义表示交通工具的 Vehicle 类，该类中包含两个受保护的字段，无参构造函数、有参构造函数以及公有的 Speak()方法，代码如下。

```
class Vehicle
{
    protected int wheels;                       //轮子个数
    protected float weight;                     //重量
    public Vehicle() { }                        //无参构造
    public Vehicle(int w, float g) {            //有参构造
        wheels = w;
        weight = g;
    }
    public void Speak()
    {
        Console.WriteLine("交通工具的轮子个数是可以变化的！ ");
    }
} ;
```

接着定义表示汽车的 Car 类，该类继承自 Vehicle 类，实现继承时需要在 Car 类后跟“:Vehicle”，代码如下。

```
class Car : Vehicle
{
    private int passengers;                     //私有成员：乘客数
    public Car(int w, float g, int p) : base(w, g)
    {
        wheels = w;
        weight = g;
        passengers = p;
    }
}
```

上述代码中，Car 类继承了 Vehicle 类中的公有方法和受保护的属性。它还可以包含自身的特性，如可以载客，passengers 表示载客人数。

C#中实现继承时遵循以下几个规则。

（1）继承是可传递的。如果 C 从 B 中派生，B 又从 A 中派生，那么 C 不仅继承 B 中声明的成员，同样也继承 A 中的成员。Object 类作为所有类的父类。

（2）子类应当是对父类的扩展。子类可以添加新的成员，但不能除去已经继承的成员的定义。

（3）构造函数和析构函数不能被继承。除此以外的其他成员，不论对它们定义了怎样的访问方式，都能被继承。父类中成员的访问方式只能决定子类能否访问它们。

（4）子类如果定义了与继承而来的成员同名的新成员，就可以覆盖已继承的成员。但这并不因为这个子类删除了这些成员，只是不能再访问这些成员。

（5）类可以定义虚方法、虚属性以及虚索引指示器，它的子类能够重载这些成员，从而实现类可以展示出多态性。

（6）子类只能从一个类中继承，可以通过接口实现多重继承。

3.4.3 多态

多态是指同一操作作用于不同的类的实例，不同的类将进行不同的解释，最后产生不同的执行结果。C#支持两种多态：编译时多态和运行时多态。编译时多态通过重载实现，对于不同重载的成员，系统在编译时根据传递的参数、返回的类型等来决定实现何种操作。运行时多态直到系统运行时才知道实际情况决定何种操作。

简单来说，通过继承实现的不同对象调用相同的方法，表现出不同的行为，称为多态。

【范例 14】

本范例演示多态性，Animal 对象数组中的不同对象在调用 Eat()方法时，表现出不同的行为。实现步骤如下。

（1）创建 Animal 类，在该类中通过 virtual 定义一个虚方法，代码如下。

```
public class Animal
{
    public virtual void Eat() {
        Console.WriteLine("动物吃东西...");
    }
}
```

在上述代码中，为 Eat()方法添加可选修饰符 virtual 后变成虚方法，这样子类在继承后才可以重写该方法，从而实现面向对象最重要的特征——多态性。

（2）创建继承自 Animal 类的 Cat 类，在该类中通过 override 重写 Eat()方法，代码如下。

```
public class Cat : Animal
{
    public override void Eat() {
        Console.WriteLine("小猫咪的食物是鱼...");
    }
}
```

（3）创建继承自 Animal 类的 Dog 类，该类与 Cat 类一样，需要通过 override 重写 Eat()方法，代码不再显示。

（4）向 Main()方法中添加代码，首先定义 Animal 类型的数组，该数组包含三个元素，通过 new 实例化不同的对象，最后在 for 循环中输出对象的 Eat()方法，代码如下。

```
static void Main(string[] args)
{
    Animal[] animals = new Animal[3];
    animals[0] = new Animal();
    animals[1] = new Cat();
    animals[2] = new Dog();
    for (int i = 0; i < 3; i++) {
        animals[i].Eat();
    }
    Console.ReadLine();
}
```

（5）运行 Program.cs 文件查看输出结果，内容如下。

```
动物吃东西...
小猫咪的食物是鱼...
小狗的食物是骨头...
```

多态的实现看起来简单，但是要完全理解及灵活运行 C#的多态机制，也不是一件容易的事情。在范例 14 中，animals[1] = new Cat()等价于以下代码：

```
Cat cat = new Cat();
```


真正的多态是使用 override 来实现的，使用 override 修饰符进行方法重写，就实现了多态。方法重写与方法重载不同，重写是指修饰符、返回值、名称、参数等完全相同，只是方法中的内容不同而已。需要注意的是，要对一个类中的方法使用 override 修饰，该类必须从父类中继承了一个对应的用 virtual 修饰的虚拟方法，否则编译器将报错。

3.5 常用的可选修饰符

类和类的修饰符有多种，除了常用的可访问修饰符 public、private、protected 和 internal 之外，还可以使用一些其他的可选修饰符，这些修饰符可与访问修饰符一起使用。如实现多态时使用的 virtual 修饰符，重写时的 override 修饰符。

本节介绍的可选修饰符包括 base、sealed、abstract 和 static 等，并且分别对它们举例说明。

3.5.1 base 修饰符

base 修饰符有两个作用。第一个作用是使用 base 调用父类的构造函数（注意：这不是继承）；第二个作用是使用 base 调用父类的属性和方法。

【范例 15】

子类重写父类中的 GetInfo()方法，通过使用 base 修饰符，可以从派生类中调用父类中的 GetInfo()方法。实现步骤如下。

（1）创建 Person 父类，该类包含两个受保护的 isbn 和 name 字段，并且包含一个公有的 GetInfo()虚方法，在该方法中输出 isbn 和 name 字段的值，代码如下。

```
public class Person
{
    protected string isbn = "111-222-333-444";
    protected string name = "张三";
    public virtual void GetInfo() {
        Console.WriteLine("姓名: {0}", name);
        Console.WriteLine("编号: {0}", isbn);
    }
}
```

（2）创建继承自 Person 类的 Employee 子类，该类除了继承父类的字段外，还包含一个 id 字段，并重写父类中的 GetInfo()方法。在子类的 GetInfo()方法中，通过 base 调用父类的 GetInfo()方法，然后再输出 id 字段的值，代码如下。

```
class Employee : Person
{
    public string id = "ABC567EFG23267";
    public override void GetInfo() {
        base.GetInfo();   // 调用父类的 GetInfo()方法
        Console.WriteLine("成员 ID: {0}", id);
    }
}
```


（3）向 Main()方法中创建 Employee 类的实例对象，然后调用 GetInfo()方法，代码如下。

```
static void Main(string[] args)
{
    Employee em = new Employee();
    em.GetInfo();
}
```

（4）运行代码查看输出结果，内容如下。

```
姓名: 张三
编号: 111-222-333-444
成员 ID: ABC567EFG23267
```

3.5.2 sealed 修饰符

读者可以想象一下，如果所有的类都可以被继承，那么类的层次结构体系会变得十分庞大，类之间的关系也会杂乱无章。有时候，开发者并不希望自己编写的类被继承，而且有的类没有被继承的必要，C#中提供了密封类的概念来帮助开发者解决这一问题。

密封类在声明中使用 sealed 修饰符，这样可以防止该类被其他类继承。如果试图将一个密封类作为其他类的父类，C#将提示出错。密封类不能同时又是抽象类，因为抽象总是希望被继承的。

密封类可以阻止其他程序员在无意中继承该类，而且密封类可以起到运行时优化的作用。实际上，密封类中不可能有子类，如果密封类实例中存在虚成员，该成员将会转换为非虚的，virtual 修饰符不再生效。

【范例 16】

下面定义一个密封类，在该类中包含一个私有的值为空的字符串，代码如下。

```
public sealed class SqlHelper {
    private static readonly string connection = "";
}
```

如果开发者尝试创建一个继承自 SqlHelper 类的子类，那么 C#会指出这个错误，并且告诉开发者这是一个密封类，不能试图从 SqlHelper 类中派生任何类。

使用密封类可以防止对类的继承，C#中还提出了密封方法的概念，以防止在方法所在类的派生类中对方法的重载。密封方法与密封类一样，都需要使用 sealed 修饰符，当使用该修饰符修饰方法时，可以称该方法是一个密封方法。

不是类的每个成员方法都可以作为密封方法，密封方法必须对父类的虚方法进行重写，提供具体的实现方法。因此，在方法的声明中，sealed 修饰符总是和 override 修饰符同时使用。

【范例 17】

首先创建 Book 类，在该类中包含 Read()方法和 Write()方法，这两个方法都是虚方法，代码如下。

```
public class Book {
    public virtual void Read(){
        Console.WriteLine("读书");
    }
    public virtual void Write() {
        Console.WriteLine("写字");
    }
}
```

创建继承自 Book 类的 Book1 子类，该类对 Book 父类的两个虚方法进行重载，其中 Read()方法使用 sealed 修饰符，使其成为一个密封方法，代码如下。

```
class Book1 : Book {
    public sealed override void Read() {
        Console.WriteLine("Book1 正在读书");
    }
    public override void Write() {
        Console.WriteLine("Bool 在写字");
    }
}
```

创建继承自 Book1 类的 Book2 子类，该类对 Book1 类中的 Write()方法进行重写，因为 Read()方法是一个密封方法，因此，强制重写时会提示出错，代码如下。

```
class Book2 : Book1 {
    public override void Write() {
        Console.WriteLine("Book2 在写字");
    }
}
```

3.5.3 abstract 修饰符

在有些时候，父类的虚方法不能被调用到，只是表达一种抽象的概念，为它的派生类提供一个公共的界面。C#中引入了抽象类的概念，可以将它定义成抽象方法，将该方法所在的类定义成抽象类。

抽象方法只包含方法定义，但是没有具体的实现，需要在子类或者子类的子类中具体实现。如下代码定义两个抽象方法。

```
public abstract void Sound();
public abstract double Area();
```


抽象类是能够包含抽象成员的类，抽象类只能作为父类使用，不能被实例化，即创建对象。如下代码定义名称为 Animal 的抽象类。

```
public abstract class Animal{
    public abstract void Sound();
}
```

无论是定义抽象类还是抽象方法，都需要使用到 abstract 修饰符，当用该修饰符修饰方法时，此方法称为抽象方法，当用该修饰符修饰类时，此类称为抽象类。

【范例 18】

在本范例中，声明一个抽象类，然后在子类中重写该类的方法，最后调用子类的方法进行测试。步骤如下。

（1）创建名称是 Book 的抽象类，该类包含两个抽象方法，第一个抽象方法定义图书类型，第二个抽象方法评价图书类型，代码如下。

```
public abstract class Book
{
    public abstract void SayType();                    //图书类型
    public abstract string CommentBook(string name, string content);
    //评价图书
}
```

（2）创建继承自 Book 类的 SonBook 子类，该类重写父类中的两个方法，代码如下。

```
public class SonBook : Book
{
```

```
    public override void SayType() {
        Console.WriteLine("历史小说");
    }
    public override string CommentBook(string name, string content) {
        return name + "评价历史小说，它说：" + content;
    }
}
```

（3）向 Main()方法中添加代码，首先实例化 SonBook 类的子类，然后调用子类中重写的两个方法，并将结果输出，代码如下。

```
static void Main(string[] args)
{
    SonBook book = new SonBook();
    book.SayType();
    Console.Write(book.CommentBook("小猫咪","我很喜欢这类型的图书，嗯，最喜欢
    清朝的历史。"));
        Console.ReadLine();
    }
}
```

（4）运行上述代码查看输出结果，内容如下。

```
历史小说
小猫咪评价历史小说，它说：我很喜欢这类型的图书，嗯，最喜欢清朝的历史。
```

在定义抽象类和抽象方法时，需要遵循以下几个原则。

（1）抽象类只能作为其他类的父类，它不能直接被实例化，只能作为父类使用。

（2）一个类中可以包含一个或者多个抽象方法，但是抽象方法并不是必需的。

（3）抽象类中可以存在非抽象方法，抽象方法必须包含在抽象类中。

（4）实现抽象方法使用 override 修饰符，如果子类没有实现抽象父类中所有的抽象方法，则子类也必须定义成一个抽象类。

（5）抽象类可以被抽象类所继承，结果仍然是抽象类。

（6）抽象方法被实现后，不能更改修饰符。

3.5.4 static 修饰符

使用 static 修饰符声明属于类型本身而不是属于特定对象的静态成员。static 修饰符可用于类、字段、方法、属性、运算符、事件和构造函数，但是不能用于索引器、析构函数或类以外的类型。

1. 静态类

当一个类使用 static 修饰符修饰时，可以将该类称为静态类。静态类和非静态类基本相同，但是存在一个重要区别：静态类不能实例化。也就是说，不能使用 new 关键字创建静态类类型的变量。因为没有实例变量，因此要使用类名本身访问静态类的成员。

总结起来，静态类主要有 4 个特性：只包含静态成员，即一个类是静态的，那么它的成员也只能是静态的；无法实例化；它是密封的，因此不能被继承；不能包含实例构造函数，但是可包含静态构造函数。

创建静态类与创建仅包含静态成员和私有构造函数的类基本相同，私有构造函数阻止类被实例化。静态类的优点在于：编译器能够执行检查以确保不是偶然地添加实例成员。

2. 静态成员

非静态类可包含静态方法、字段、属性或者事件，即使没有创建类的实例，也可调用该类中的静态成员。无论对一个类创建多少个实例，它的静态成员都只有一个副本。静态方法和属性不能访问其包含类型中的非静态字段和事件，并且不能访问任何对象的实例变量，除非在方法参数中显式传递。

静态方法可以被重载但是不能被重写，因为它们属于类，不属于类的任何实例。C# 不支持静态局部变量，即在方法范围内声明的变量。

【范例 19】

在成员的返回类型之前用 static 可以声明静态类成员。如下声明一个公有的 Automobile 类，它是非静态类。在该类中包含静态字段、静态属性和静态方法，代码如下。


```
public class Automobile
{
    public static int NumberOfWheels = 4;
    public static int SizeOfGasTank {
        get { return 15; }
    }
    public static void Drive() { }
}
```

静态成员在第一次被访问之前并且在调用静态构造函数（如果存在）之前进行初始化。如果要访问静态类成员，应使用类名而不是变量名来指定成员的位置，访问代码如下。

```
Automobile.Drive();
int i = Automobile.NumberOfWheels;
```

3.5.5 实验指导——摄氏温度和华氏温度的转换

3.5.4 节已经介绍过静态类和静态成员，本节实验指导通过完整的步骤演示 static 的使用，实现摄氏温度和华氏温度的转换。步骤如下.

（1）创建名称是 TemperatureConverter 的静态类，该类包含两个静态方法，其返回值都为 double 类型。CelsiusToFahrenheit()表示摄氏温度转华氏温度，FahrenheitToCelsius()方法表示华氏温度转摄氏温度。完整代码如下。

```
public static class TemperatureConverter
{
    public static double CelsiusToFahrenheit(string temperatureCelsius){
        double celsius = Double.Parse(temperatureCelsius);
        double fahrenheit = (celsius * 9 / 5) + 32;
        return fahrenheit;
    }
    public static double FahrenheitToCelsius(string temperatureFahrenheit){
        double fahrenheit = Double.Parse(temperatureFahrenheit);
        double celsius = (fahrenheit - 32) * 5 / 9;
        return celsius;
    }
}
```

（2）在 Program.cs 文件的 Main()方法中添加代码，首先向用户提供可执行的操作，接着获取用户选择的操作编号，并声明两个变量，然后通过 switch 语句判断用户选择的操作编号，不同的操作编号执行不同的结果，代码如下。

```
Console.WriteLine("请选择您的操作编号：");
Console.WriteLine("1. 从摄氏温度转华氏温度");
Console.WriteLine("2. 从华氏温度转摄氏温度");
Console.Write("您选择的编号：");
string selection = Console.ReadLine();
double F, C = 0;
switch (selection) {
    case "1":
        Console.Write("请输入摄氏温度：");
        F = TemperatureConverter.CelsiusToFahrenheit(Console.
        ReadLine());
        Console.WriteLine("华氏温度：{0:F2}", F);
        break;
    case "2":
        Console.Write("请输入华氏温度：");
        C = TemperatureConverter.FahrenheitToCelsius(Console.
        ReadLine());
        Console.WriteLine("摄氏温度：{0:F2}", C);
        break;
    default:
        Console.WriteLine("您输入的内容编号必须是 1 或者 2");
        break;
}
Console.WriteLine("按下任何一个键结束操作");
Console.ReadKey();
```

（3）运行上述代码进行测试，首先输入编号“5”，如图 3-3 所示。

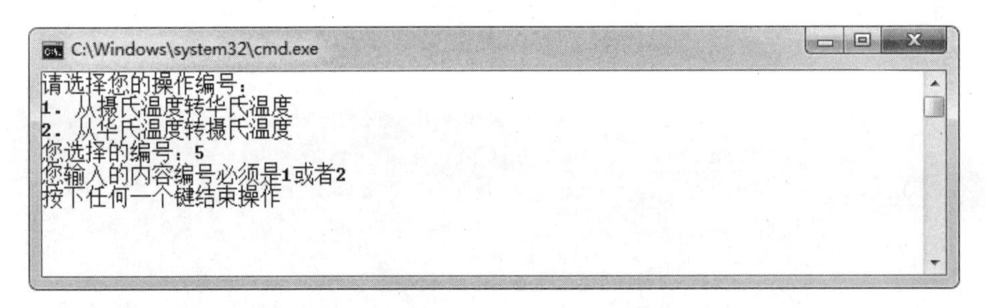

图 3-3 输入的操作编号不合法

（4）重新运行代码进行测试，这里输入操作编号“1”，效果如图 3-4 所示。

图 3-4 摄氏温度转华氏温度

3.6 实验指导——模拟实现简单的计算器

本节之前已经详细介绍了类和对象的定义、类的构造函数和析构函数、类的成员变量、三大特性以及常用的可选修饰符等内容。本节将前面的知识点综合起来实现一个简单的计算器。步骤如下。

（1）创建名称是 CountResult 的抽象类，该类包含两个私有字段，并通过属性封装这两个字段。然后定义抽象类的无参构造函数和有参构造函数，最后定义 4 个抽象方法，代码如下。

```
public abstract class CountResult
{
    private double number1;                //第一个私有字段，数值 1
    private double number2;                //第二个私有字段，数值 2
    public double Number1 {
        get { return number1; }
        set { number1 = value; }
    }
    public double Number2 {
        get { return number2; }
        set { number2 = value; }
    }
    public CountResult() { }
    public CountResult(double n1, double n2) {
```

```
        this.number1 = n1;
        this.number2 = n2;
    }
    public abstract double Add(double n1, double n2);       //进行相加运算
    public abstract double Reduction(double n1, double n2);//进行相减运算
    public abstract double Take(double n1, double n2);      //进行乘法运算
    public abstract double Addition(double n1, double n2); //进行除法运算
    public abstract double Die(double n1, double n2);       //进行求余运算
}
```

（2）创建继承自 CountResult 类的 InhertCountResult 子类，在该类中通过 base 调用父类的构造函数，并且重写父类中的方法。部分代码如下。

```
public class InhertCountResult : CountResult
{
    public InhertCountResult() : base() { }
    public InhertCountResult(double n1, double n2) : base(n1, n2) {
        Number1 = n1;
        Number2 = n2;
    }
    public override double Add(double n1, double n2) {
        return n1 + n2;
    }
    /* 省略其他代码 */
    public override double Die(double n1, double n2) {
        if (n2 == 0)
            return 0.0;
        else
            return n1 / n2;
    }
}
```

在上述代码中，Die()方法表示两个数值之间的求余数运算，它与除法运算一样，需要考虑被除数为 0 的情况。在本节实验指导中，如果被除数为 0，这里直接将计算的结果显示为 0.0。

（3）向 Main()方法中添加代码，通过 try…catch 语句捕获异常，如果出现异常，那么向控制台中输出异常信息。部分代码如下。

```
try {
    Console.Write("请输入第一个数: ");
    double first = Convert.ToDouble(Console.ReadLine());
    //获取用户输入的第一个数
    Console.Write("请选择操作符: ");
    string oper = Convert.ToString(Console.ReadLine());//获取操作符号
    Console.Write("请输入第二个数:");
    double second = Convert.ToDouble(Console.ReadLine());
    //获取用户输入的第二个数
```

```
        double result = 0;
        InhertCountResult son = new InhertCountResult(first, second);
        switch (oper) {
            case "+":
                result = son.Add(son.Number1, son.Number2);
                break;
            /* 省略其他内容 */
            default:
                result = 0.0;
                break;
        }
        Console.WriteLine("计算结果是: "+result);
    } catch (Exception e) {
        Console.WriteLine("操作过程中出现错误，错误原因是: " + e.Message);
    }
```

上述代码分别获取用户输入的第一个数、操作运算符和第二个数，Convert.ToDouble()方法将输入的数转换为 double 类型。接着声明一个 result 变量，用于显示计算的结果。然后通过 new 实例化 InhertCountResult 类，并且传入两个参数，这两个参数即实参。最后通过 switch 语句判断执行的操作，并输出计算结果。

（4）运行上述代码进行测试，首先在控制台中输入第一个数值，如果输入的数值不合法，效果如图 3-5 所示。

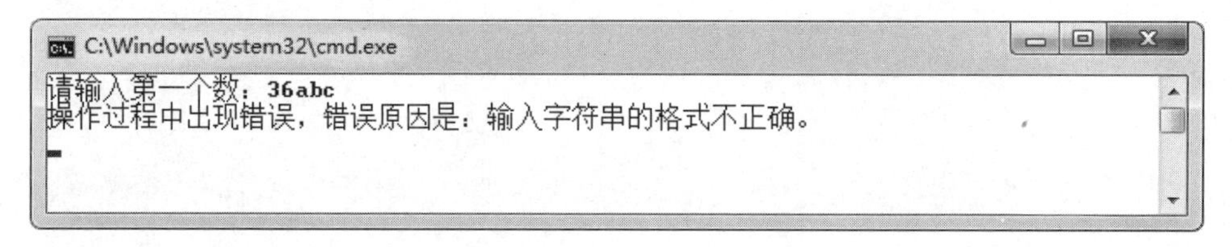

图 3-5 如果输入的数不合法

（5）重新运行代码向控制台中输入内容进行测试，效果如图 3-6 所示。

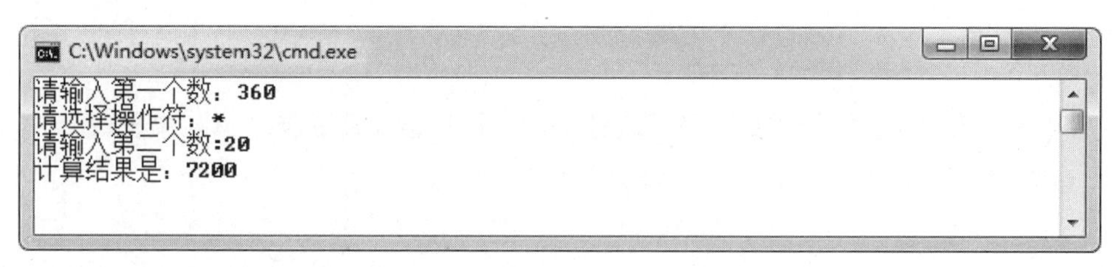

图 3-6 计算两个数值的乘积

提 示

本节实验指导模拟实现的计算器功能很简单，读者可以在此基础上添加或者修改代码，来完善计算器的功能，这里不再详细实现。

思考与练习

一、填空题

1．如果要将类或者方法定义为私有的，那么需要使用可访问修饰符__________。

2．下面的代码定义一个静态的 int 类型的 number 变量，其中空白处应该填写__________。

```
public __________ int number = 33;
```

3．C# 在类中定义常量时需要使用__________修饰符。

4．__________、继承和多态是类的三大特性。

二、选择题

1．关于构造函数和析构函数的说法，下面正确的是__________。

A．一个类中可以包含一个或者多个构造函数和析构函数

B．定义构造函数时必须定义析构函数，否则会出现错误

C．构造函数可以分为有参和无参两种形式，而析构函数只有一种，并且只能有一个

D．构造函数和析构函数都可以被其他类继承

2．下面定义返回值为 int 类型的 InputResult() 方法，该方法的重载方法是__________。

```
public int InputResult(int num1, int num2) {
    return num1 + num2;
}
```

A．

```
public int InputResult() {
    return 0;
}
```

B．

```
public int InputResult(int num2, int num1) {
    return num2 + num1;
}
```

C．

```
public int InputResult(int num1, int num2) {
    return num1 - num2;
}
```

D．

```
public void InputResult(int num1, int num2){
    return num1 + num2;
}
```

3．下面关于继承的说法，不正确的是__________。

A．继承具有可传递性

B．子类一次可以继承多个父类

C．构造函数和析构函数都不能够被继承

D．一个父类可以拥有多个子类，一个子类也可以成为其他类的父类

4．定义抽象类时需要使用__________修饰符。

A．class

B．sealed

C．static

D．abstract

5．类实现多态性时，通过__________定义虚方法，通过__________重写父类中的虚方法。

A．override virtual

B．virtual override

C．override abstract

D．abstract override

三、简答题

1．什么是类？什么是对象？请分别举例说明。

2．什么是构造函数和析构函数？请简单说明。

3．类和类的成员常用的修饰符有哪些？这些修饰符的作用是什么？

4．什么是方法重载和方法重写？请举例说明。

第 4 章　C#面向对象的其他知识

C#中的类型可分为值类型和引用类型两种。在第 2 章中已经介绍过一些常用的数据类型，在第 3 章中已经讨论过 C#中的类，类属于引用类型。本节详细介绍 C#面向对象编程中的其他知识，包括结构、枚举和接口。其中，结构和枚举属于值类型，接口属于引用类型。通过本章的学习，读者不仅可以掌握结构的定义和使用，还能够熟练地使用枚举和接口。

本章学习要点：

- ❑ 掌握结构的定义和成员
- ❑ 熟悉使用结构时的限制
- ❑ 熟悉结构和类的异同点
- ❑ 掌握枚举的定义和使用
- ❑ 熟悉 Enum 类及其常用方法
- ❑ 掌握接口的定义和成员
- ❑ 了解接口和抽象的异同点
- ❑ 掌握如何实现接口
- ❑ 了解内置接口的使用

4.1 结构

结构是一种值类型，通常用来封装小型相关变量组。例如，矩形的坐标或者库存商品的特征。本节将介绍与结构有关的内容，包括结构的定义、结构的成员和如何使用等。

4.1.1 定义结构

C#中的类是引用类型，而结构是值类型。C#中定义结构需要用 struct 关键字。定义语法如下：

```
[struct-modifiers] struct identifier [struct-interfaces]{
    struct-body;
}
```

其中，struct-modifiers 是一个可选参数，表示结构可用修饰符，例如 public、internal 和 private 等，默认值为 public。identifier 表示结构的名称。struct-interfaces 是可选参数，表示结构的基接口。struct-body 表示结构体，即结构的内容。

一般情况下，很少使用结构，而且很多人都不建议使用结构。但是它作为.NET Framework 的一部分，还是有必要了解一下的。

【范例 1】

创建名称为 Book 的结构，该结构包含三个成员，代码如下。

```
public struct Book
{
    public decimal price;
    public string title;
    public string author;
}
```

4.1.2 结构成员

结构的成员和类很相似，可包含构造函数、常量、字段、属性、方法、事件、索引器、运算符和嵌套类型等。

（1）常量：用来表示常量的值。

（2）字段：结构中声明的变量。

（3）属性：用于访问对象或结构的特性的成员。

（4）方法：包含一系列语句的代码块，通过这些代码块能够实现预先定义的计算或操作。

（5）事件：一种使对象或结构能够提供通知的成员。

（6）索引器：又被称为含参属性，是一种含有参数的属性。提供以索引的方式访问对象。

（7）运算符：通过表达式运算符可以对该结构的实例进行运算。

（8）构造函数：包括静态构造函数和实例构造函数，静态构造函数使用 static 修饰；实例构造函数不必使用 static 修饰符。

在结构中，如果同时需要上述几种成员，那么可以考虑使用类作为类型，而不再是结构。

开发者为结构显式定义无参构造函数是错误的，在结构体中初始化实例字段也是错误的。只能通过两种方式初始化结构成员：一是使用参数化构造函数；二是在声明结构后分别访问成员。对于任何私有成员或以其他方式设置为不可访问的成员，只能在构造函数中进行初始化。

如果使用 new 关键字创建结构对象，则会创建该结构对象，并调用适当的构造函数。与类不同，结构的实例化可以不使用 new 关键字，在这种情况下不存在构造函数调用，因此可以提高分配效率。但是，在初始化所有的字段之前，字段将保持未赋值状态且对象不可用。

当结构包含引用类型作为成员时，必须显式调用该成员的默认构造函数，否则该成员将保持未赋值状态且结构不可用。

【范例 2】

本范例演示使用默认构造函数和参数化构造函数的 struct 初始化。实现步骤如下。

（1）创建名称是 CoOrds 的结构，在该结构中定义两个字段 x 和 y，并在有参数的构造函数中对 x 和 y 初始化，代码如下。

```
public struct CoOrds
{
    public int x, y;
    public CoOrds(int p1, int p2) {
        x = p1;
        y = p2;
    }
}
```

（2）向 Main()方法中添加代码，首先分别实例化结构的无参和有参的构造函数，然后分别输出两个字段的值，代码如下。

```
static void Main(string[] args)
{
    CoOrds coords1 = new CoOrds();
    CoOrds coords2 = new CoOrds(10, 10);
    Console.Write("CoOrds 1: ");
    Console.WriteLine("x = {0}, y = {1}", coords1.x, coords1.y);
    Console.Write("CoOrds 2: ");
    Console.WriteLine("x = {0}, y = {1}", coords2.x, coords2.y);
    Console.ReadLine();
}
```

（3）运行上述代码查看输出结果，内容如下。

```
CoOrds 1: x = 0, y = 0
CoOrds 2: x = 10, y = 10
```

【范例 3】

本范例说明结构特有的功能，即结构在不使用 new 的情况下创建 CoOrds 对象。实现步骤如下。

（1）创建名称是 CoOrds 的结构，在该结构中声明两个字段 x 和 y，在有参的构造函数中为两个字段赋值。

（2）向 Main()方法中添加代码，首先声明 CoOrds 的结构对象，然后分别为该对象的 x 和 y 赋值，最后通过“对象名.字段”输出字段的值，代码如下。

```
static void Main(string[] args)
{
    CoOrds coords1;
```

```
        coords1.x = 10;
        coords1.y = 20;
        Console.Write("CoOrds 1: ");
        Console.WriteLine("x = {0}, y = {1}", coords1.x, coords1.y);
    }
```

（3）运行上述代码查看输出结果，内容如下。

```
CoOrds 1: x = 10, y = 20
```

4.1.3 结构和类

结构与类共享大多数相同的语法，例如它们都可以实现接口、都拥有相同的成员、成员都有各自的存取范围和都可以声明和触发事件等。对于它们的不同点，表 4-1 分别从类型、分配空间、结构成员、构造函数、析构函数、初始化变量和基类等方面进行说明。

表 4-1 结构和类的主要区别

	结构	类
类型	值类型	引用类型
分配空间	分配在栈中	分配在堆中
结构成员	所有的结构成员都默认为 public	变量和常量默认为 private
构造函数	支持（无参的构造函数不能自定义，默认提供）	支持（可以自定义）
析构函数	不支持	支持
初始化变量	不支持初始化操作（如 private int count=100 是错误的）	支持
基类	所有的结构都继承自 System.ValueType	它的基类是 System.Object
继承	不支持，不能继承，也不能被继承	支持
初始化	可以不使用 new 进行初始化	必须使用 new 进行初始化

结构和类各有各的优势，那么何时使用结构，何时使用类呢？下面根据不同的情况进行说明。

（1）堆栈的空间有限，对于大量的逻辑对象，创建类要比创建结构好一些。

（2）大多数情况下该类型只是一些数据时，结构是最佳的选择，否则使用类。

（3）在表现抽象或者多层次的数据时，类是最好的选择。

（4）如果该类型不继承自任何类型时使用结构，否则使用类。

（5）该类型的实例不会被频繁地用于集合中时使用结构，否则使用类。

4.2 枚举

枚举类型通常会称为枚举，它为定义一组可以赋值变量的命名整数常量提供一种有效的方法。假设开发者必须定义一个变量，该变量的值表示一周中的某一天，那么该变量只能存储 7 个有意义的值，如果要定义这些值，可以用枚举类型。

4.2.1 定义枚举

在 C#中，使用枚举有两个优势：使代码更加方便维护，有助于确保给变量指定合法的、期望的值；使代码更加清晰，允许使用描述性的名称表示整数值，而不用含义模糊的数值来表示。

在 C#中，定义枚举需要使用 enum 关键字。基本语法如下：

```
[修饰符] enum 枚举名称 [:类型]{
    标识符[=整型常数],
    标识符[=整型常数],
    ...
    标识符[=整型常数],
};
```

其中，枚举的修饰符可以是 public、private 或者 internal，默认为 public。枚举名称必须符合 C#标识符的定义规则。枚举类型可以是 byte、sbyte、short、ushort、int、unit、long 或者 ulong 类型，默认为 int。大括号中包含枚举的成员，每个成员包括标识符和常数值两部分，常数值必须在该枚举类型的范围之内。多个成员之间使用逗号分隔，且不能使用相同的标识符。

【范例 4】

声明名称是 Days 的枚举，该枚举包含 Sunday、Monday、Tuesday、Wednesday、Thursday、Friday 和 Saturday7 个值，代码如下。

```
enum Days {
    Sunday, Monday, Tuesday, Wednesday, Thursday, Friday, Saturday
};
```

默认情况下，枚举中每个元素的基础类型是 int，可以用冒号指定另一种整数值类型。如下代码指定枚举元素的基础类型是 byte。

```
enum Months : byte {
    Jan, Feb, Mar, Apr, May, Jun, Jul, Aug, Sep, Oct, Nov, Dec
};
```

在指定的默认枚举值中，每一个枚举的值为 0，后面每个枚举的值依次递增 1，例如上述代码的枚举元素，Jan 对应的常数值是 0，Feb 是 1，Mar 是 2，Apr 是 3 等。如下代码通过初始值重写默认值。

```
enum Months : byte {
    Jan = 1, Feb, Mar, Apr, May, Jun, Jul, Aug, Sep, Oct, Nov, Dec
};
```

提示

通常情况下，最好是在命名空间内直接定义枚举，以便该命名空间中的所有类都能够同样方便地访问它。但是，还可以将枚举嵌套在类或者结构中。

4.2.2 使用枚举

基础类型不能隐式地向枚举类型转换，枚举类型也不能隐式地向基础类型转换。枚举类型和基础类型之间必须使用强制类型转换。4.2.1 节简单地介绍了枚举的定义，本节通过范例介绍枚举常用的几种方式。

【范例 5】

声明名称为 Days 的枚举，代码如下。

```
enum Days{
    Sunday, Monday, Tuesday, Wednesday, Thursday, Friday, Saturday
};
```

向 Main()方法中添加代码，通过转换验证基础数值与基础类型，代码如下。

```
Days today1 = Days.Monday;
int dayNumber = (int)today1;
Console.WriteLine("{0} is day number #{1}.", today1, dayNumber);
int dayNumber2 = (int)Days.Friday;
Console.WriteLine("{0} is day number #{1}.", Days.Friday, dayNumber2);
```


在上述代码中，获取 Days 枚举中的 Monday 和 Friday 枚举值，并且将枚举数值转换为整数。运行上述代码，输出结果如下。

```
Monday is day number #1.
Friday is day number #5.
```

【范例 6】

重新更改范例 5 中的代码，为 Days 枚举中的 Wendnesday 赋值，将它的整数值指定为 10，代码如下。

```
enum Days{
    Sunday, Monday, Tuesday, Wednesday = 10, Thursday, Friday, Saturday
};
```

重新运行上述代码，查看获取到的 Monday 和 Friday 枚举元素的整数数值。输出结果如下。

```
Monday is day number #1.
Friday is day number #12.
```

开发者在使用枚举时需要注意以下几点。

（1）枚举不能继承其他的类，也不能被其他的类所继承。

（2）枚举类型实现了 IComparable 接口，可以实现多个接口。

（3）枚举类型只能拥有私有构造器。

（4）枚举类型中成员的访问修饰符是 public static final。

（5）枚举类型中成员列表名称是区分大小写的。

4.2.3 Enum 实现转换

在 C#中，System.Enum 是所有枚举类型的抽象基类，并且从 System.Enum 继承的成员在任何枚举类型中都可用。需要注意的是，虽然 System.Enum 从 System.ValueType 类派生而来，但是它不是值类型，而是引用类型。

通过 Enum 类可以对枚举类型进行操作，首先定义一个枚举，然后实例化该枚举，通过实例对象对其进行操作，可执行的常用操作如下所示。

（1）通过“枚举名称.成员名称”获取枚举成员。

（2）根据枚举的值来获取枚举成员。

（3）将一个或者多个枚举常数的名称或者数字值的字符串表示转换成等效的枚举对象。

（4）遍历枚举成员。

Enum 类中提供了多种方法，有些方法包含多种重载形式，如表 4-2 所示对常用的方法进行了说明。

表 4-2 **Enum 类提供的常用方法**

方法名称	说明
CompareTo()	将此实例与指定对象进行比较并返回一个对二者的相对值的指示
Equals()	返回一个值，该值指示此实例是否等于指定的对象
Format()	静态方法，根据指定格式将指定枚举类型的指定值转换为其等效的字符串表示形式
GetName()	静态方法，在指定枚举中检索具有指定值的常数的名称
GetNames()	静态方法，检索指定枚举中常数名称的数组
GetType()	获取当前实例的 Type
GetValues()	静态方法，检索指定枚举中常数值的数组
Parse(Type, String)	将一个或多个枚举常数的名称或数字值的字符串表示转换成等效的枚举对象
Parse(Type, String, Boolean)	将一个或多个枚举常数的名称或数字值的字符串表示转换成等效的枚举对象，Boolean 参数指定该操作是否区分大小写
ToString()	将此实例的值转换为其等效的字符串表示形式

【范例 7】

本范例演示 Enum 类提供的 GetValues()、GetNames()、GetName()和 Parse()方法的使用。步骤如下。

（1）定义名称是 Days 的枚举类型，枚举元素及所对应的常数值可以参考范例 6。

（2）向 Main()方法中添加代码，通过 GetValues()方法获取 Days 枚举类型中的所有元素的常数值，并通过 foreach 语句循环遍历，代码如下。

```
Console.WriteLine("枚举类型 Days 的值对应的常数类型是:");
foreach (int i in Enum.GetValues(typeof(Days))) {
    Console.WriteLine(i);
}
```

（3）继续向 Main()方法中添加代码，通过 GetNames()方法获取 Days 枚举类型中的所有元素的枚举名称，并通过 foreach 语句循环遍历，代码如下。

```
Console.WriteLine("Days 中的枚举类型的名称依次是：");
foreach (string str in Enum.GetNames(typeof(Days))) {
    Console.WriteLine(str);
}
```

（4）通过以下两种方法获取指定常数所对应的枚举名称，代码如下。

```
string getv = Enum.GetName(typeof(Days), 12);
string getv2 = ((Days)2).ToString();
Console.WriteLine("获取常数 12 对应的枚举名称：" + getv);
Console.WriteLine("获取常数 2 对应的枚举名称：" + getv2);
```

在上述代码中，第一行通过 Enum 类的 GetName()方法获取常数值为 12 的枚举名称，使用 GetName()方法需要传入两个参数：第一个参数表示枚举类型，其语法是 typeof 关键字后跟放在括号中的枚举类名；第二个参数表示枚举常数的值，方法的返回值是 string 类型。第二种方式直接根据枚举常数的值获得，然后调用 ToString()方法进行转换。

（5）Enum 对象提供 Parse()方法，表示将一个或多个枚举常数的名称或数字值的字符串表示转换成等效的枚举对象，代码如下。

```
Days ncv = (Days)Enum.Parse(typeof(Days), "Thursday", true);
Console.WriteLine("\n 根据枚举名称获得对应的值：" + (int)ncv);
Days vcn = (Days)Enum.Parse(typeof(Days), "2", true);
Console.WriteLine("根据枚举的值得到对应的名称：" + vcn.ToString());
```


上述代码使用 Parse()方法实现根据枚举常数的名称和数字值的字符串获得有效枚举对象的功能。Parse()方法中有三个参数：第一个参数表示枚举类型；第二个参数表示要转换的字符串；第三个参数是一个布尔类型，表示在类型转换时是否忽略大小写。需要注意的是：Parse()方法实际上返回一个对象的引用，用户需要将返回的对象强制转换为需要的枚举类型。

（6）运行代码查看输出结果，如图 4-1 所示。

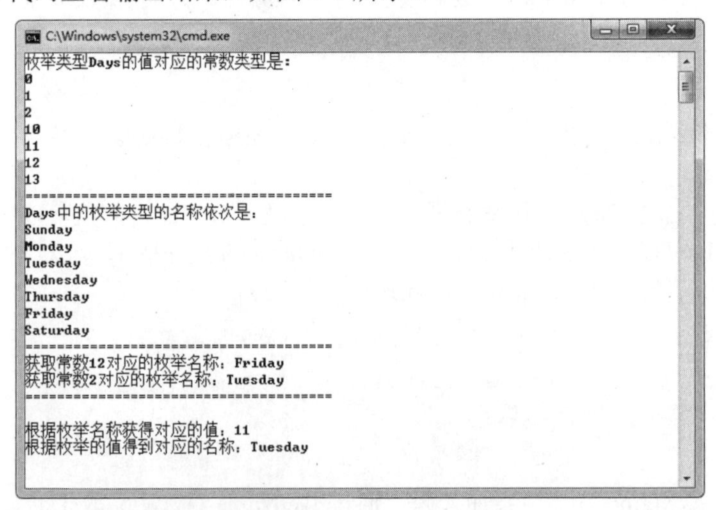

图 4-1　Enum 类实现转换

4.3 接口

类只能实现单继承，而不能实现多继承，即一个类只能有一个父类，不能同时继承多个类。如果一个类要实现多继承，那么需要通过接口实现。接口表示一种约定，实现接口的类必须严格按照其定义实现每个细节。

4.3.1 定义接口

在C#中，接口用来描述属于类或者结构的一组相关功能，即定义一种协议或者规范和标准。接口和类一样，都是引用类型。使用接口可以真正地将What和How分开，接口只是指出方法的名称、返回类型和参数。方法具体如何实现，则不是接口需要关心的。简单来说，接口代码是开发者希望使用的对象方法，它不关心对象在某个特定的时刻是如何实现的。

在C#中，定义接口需要通过interface关键字。基本语法如下：

```
[修饰符] interface 接口名称{
    接口主体
};
```

其中，接口的修饰符包括private、public、protected、internal和new，默认为public。接口名称必须符合C#标识符的定义规则。接口主体是接口的详细定义，可包含属性、方法、索引器和事件。

【范例8】

通过interface定义名称是IToken的接口，代码如下。

```
interface IToken {
    string Name();
}
```

开发者在定义或者使用接口时需要注意以下几点。

（1）接口名称通常都是以大写字母I开头，如IList和IComparable等。

（2）接口中只能包含未实现的属性、方法、事件和索引器。不允许包含任何字段（即使是静态字段）、任何构造函数和析构函数。

（3）接口中的所有方法都隐式是public的，因此不允许为它们提供访问修饰符。

（4）不允许接口中嵌套任何类型，如enum、struct、class、interface或者delegate等。

（5）接口不允许继承类和结构，而且接口不能实例化。

（6）实现一个接口的语法和继承类似，例如class Person：IPerson。

（7）通常都称继承了一个类，实现了一个接口。

（8）如果类已经继承了一个父类，则以“，”分隔父类和接口。

4.3.2 接口和抽象类

接口和抽象类相似，如它们都不能被实例化，都包含没有实现的方法，子类都必须实现未实现的方法，都可以包含属性和方法等。但是，它们也存在着不同，如接口通过 interface 定义，抽象类通过 abstract 定义；类可以实现多个接口，但是只能继承一个父类；实现接口的类必须实现接口的所有成员，非抽象派生类必须实现抽象方法；接口可以像继承一样实现，但是抽象类需要通过 override 修饰符实现；抽象类中可以有字段，但是接口中不能包含字段等。

如下为使用接口和抽象类时的几种情况。

（1）如果预计要创建组件的多个版本，则创建抽象类。抽象类提供简单的方法来控制组件版本。

（2）如果创建的功能将在大范围的全异对象间使用，则使用接口。如果要设计小而简练的功能块，则使用接口。

（3）如果要设计大的功能单元，则使用抽象类。如果要在组件的所有实现间提供通用的已实现功能，则使用抽象类。

（4）抽象类主要用于关系密切的对象；而接口适合为不相关的类提供通用功能。从形式上看，接口没有实现方法，只有方法声明；而抽象类不仅有实现方法，而且有方法声明。从耦合度来说，由于抽象类有实现的方法，因此很容易紧耦合，而接口就比较好地实现了松散耦合。

4.3.3 接口成员

与类和结构相比，接口的成员要简单得多，它只能包含方法、属性、事件和索引器这 4 种，或者是这 4 个成员类型的任意组合，并且它们必须是没有实现的。接口中不能包含常量、字段、运算符、实例构造函数或者类型。另外，接口成员自动是公开的，因此，它们不会包含任何访问修饰符，成员也不能是静态的。

1. 方法

接口中定义的方法只能包含其声明，不能包含具体实现，即使用空的方法体。

【范例 9】

创建一个用于对图书类型操作的 IBookType 接口，该接口包含 4 个未实现的方法，代码如下。

```
public interface IBookType {
    int AddBookType(string name);                  //添加图书类型
    int DeleteBookTypeById(int id);                //根据 ID 删除图书类型
    int ModifyBookTypeById(int id);                //根据 ID 修改图书类型
    List<BookType> GetBookTypeList();              //获取图书类型列表
}
```

2．属性

接口中的属性只能声明具有哪个访问器（get 或 set 访问器），而不能实现该访问器。get 访问器声明该属性是可读的，set 访问器声明该属性是可写的。

【范例 10】

创建名称是 IPoint 的接口，在该接口中添加 width、height 和 x 三个属性，width 属性只添加读取访问器，height 属性添加只写访问器，x 属性包含读和写两个访问器，代码如下。

```
interface IPoint
{
    int width {
        get;
    }
    int height {
        set;
    }
    int x{
        get;
        set;
    }
}
```

3．索引器

在接口中声明索引器和接口属性比较相似，即只能声明索引器具有哪个访问器。

【范例 11】

创建名称是 ISomeInterface 的接口，并在该接口中添加一个索引器，指定该索引器的读和写访问器，代码如下。

```
public interface ISomeInterface
{
    int this[int index] {
        get;
        set;
    }
}
```

4．事件

接口中事件的类型必须是 EventHandler，而且事件也只能是未实现的。

【范例 12】

为 IShapte 接口添加名称为 OnDraw 的绘图事件，代码如下。

```
public interface IShape
```

```
{
    event EventHandler OnDraw;
}
```

4.3.4 实验指导——在同一个类中实现多个接口

前面三节分别介绍了接口的定义、接口与抽象类的相同点和不同点，以及接口中可包含的成员。本节实验指导通过一个完整的例子演示一个类中如何实现多个接口。实现步骤如下。

（1）创建名称是 ISwim 的接口，该接口包含一个 Name 属性和一个 Swim()方法，代码如下。

```
public interface ISwim
{
    string Name {
        get;
        set;
    }
    void Swim(string name);
}
```


（2）创建名称是 IFood 的接口，该接口包含一个未实现的 Cook()方法，代码如下。

```
public interface IFood
{
    void Cook();
}
```

（3）创建名称是 Bird 的抽象类，该类中包含一个 Fly()抽象方法，代码如下。

```
public abstract class Bird
{
    public abstract void Fly();
}
```

（4）创建名称是 Duck 的类，该类不仅继承 Bird 抽象类，而且同时实现了 IFood 接口和 ISwim 接口。在 Duck 类中，实现了 IFood 接口的 Cook()方法、ISwim 接口的 Name 属性和 Swim()方法，并且重写了 Bird 类的 Fly()方法，完整代码如下。

```
public class Duck : Bird, IFood, ISwim
{
    public string testname;
    public string Name {
        get { return testname; }
        set { testname = value; }
    }
    public void Swim(string name) {
```

```
            Console.WriteLine(name+" 说：是燕子就会游泳");
        }
        public void Cook() {
            Console.WriteLine("燕子经常被烧烤，北京烤鸭就很有名");
        }
        public override void Fly() {
            Console.WriteLine("只有野鸭才会飞");
        }
    }
```

（5）向 Main()方法中添加代码，首先创建 Duck 类的实例对象，该对象可以调用三种方法：自定义的方法、父类定义的方法和接口定义的方法，代码如下。

```
Duck d = new Duck();
d.Fly();
d.Cook();
d.Swim("小花猫");
```

在上述代码中，创建 Duck 类的实例对象 d 后，分别调用父类的 Fly()方法和接口实现 Cook()方法与 Swim()方法。

（6）继续向上个步骤中添加代码，将子类 Duck 的对象赋值给 Bird 父类，这时 Bird 类只能使用自定义的 Fly()方法，代码如下。

```
Bird b = d;
b.Fly();
```

（7）将 Duck 对象分别赋值给 ISwim 接口和 IFood 接口对象，这时它们也只能使用接口自定义的方法，代码如下。

```
ISwim s = d;
s.Swim("小花猫");
Console.WriteLine("================================");
IFood f = d;
f.Cook();
```

（8）运行代码查看输出结果，如图 4-2 所示。

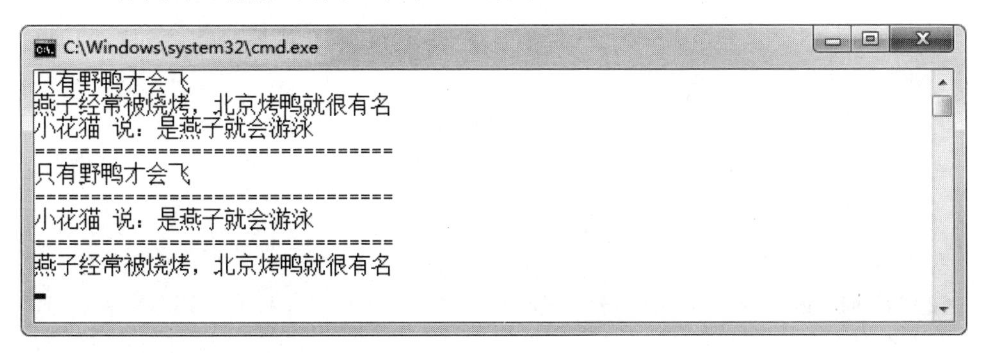

图 4-2　在同一个类中实现多个接口

4.3.5 内置接口

C#中包含多个内置的接口，开发者在开发过程中可以直接使用这些接口，而不必再定义。如 IEnumerable、ICollection、IList、IComparer、IDictionary 和 IComparable 等都是内置的一些接口。本节以 IComparable 接口为例进行介绍，其他接口不再详细介绍。

IComparable 接口中只包含一个未实现的 CompareTo()方法，该方法将当前实例与同一类型的另一个对象进行比较，并返回一个整数，该整数指示当前实例在排序顺序中的位置是位于另一个对象之前、之后还是与其位置相同。基本语法如下：

```
public interface IComparable
{
    int CompareTo(object obj);
}
```

CompareTo()方法的 obj 参数是要参与比较的对象，返回整数的含义说明如下。

（1）小于零：当前实例小于 obj 参数。

（2）等于零：当前实例等于 obj 参数。

（3）大于零：当前实例大于 obj 参数。

【范例 13】

下面的步骤演示了 IComparable 接口的使用。

（1）创建实现 IComparable 接口的 CompareResult 类，该类除了实现接口的 CompareTo()方法外，还提供了一个受保护字段，该字段通过属性进行封装，代码如下。

```
public class CompareResult : IComparable
{
    protected int number;
    public int Number
    {
        get { return this.number; }
        set { this.number = value; }
    }
    public int CompareTo(object obj) {
        if (obj == null) return 1;
        CompareResult other = obj as CompareResult;
        if (other != null)
            return this.number.CompareTo(other.number);
        else
            throw new ArgumentException("Object is not a Temperature");
    }
}
```

（2）向 Main()方法中添加代码，首先创建 ArrayList 集合对象，该对象包含 10～99 之间的 5 个随机数，输出这些数字之后调用 Sort()方法进行排序，排序后再次输出结果，代码如下。

```
ArrayList lists = new ArrayList();
Random rnd = new Random();          //初始化随机数对象
for (int ctr = 1; ctr <= 5; ctr++) {
//随机生成5位数字，这些数字在10到99之间
    int degrees = rnd.Next(10, 99);
    CompareResult temp = new CompareResult();
    temp.Number = degrees;
    lists.Add(temp);
}
Console.WriteLine("比较之前：");
foreach (CompareResult item in lists) {
    Console.Write(item.Number + "\t");
}
Console.WriteLine();
lists.Sort();
Console.WriteLine("比较之后：");
foreach (CompareResult temp in lists) {
    Console.Write(temp.Number + "\t");
}
```

（3）运行代码查看输出结果，随机内容如下。


```
比较之前：
87      47      81      69      29
比较之后：
29      47      69      81      87
```

4.4 实验指导——模拟实现会员登录

本节之前已经详细介绍过C#中的结构、枚举和接口，本节实验指导综合前面的内容，模拟实现会员的登录功能，步骤如下。

（1）创建表示用户基本信息的User类，该类包含两个私有字段，并且通过属性对这两个字段进行封装，然后对User类添加有参和无参的构造函数，主要代码如下。

```
class User
{
    private string name;            //登录名
    private string pass;            //密码
    /// <summary>
    /// 登录名
    /// </summary>
    public string Name {
        get { return name; }
        set { name = value; }
    }
    /* 省略其他代码 */
    public User() { }
```

```
    public User(string loginname, string loginpass)
    {
        this.name = loginname;
        this.pass = loginpass;
    }
}
```

（2）创建名称是 IUser 的接口，该接口包含一个未实现的 UserLogin 方法，该方法需要传入一个参数，代码如下。

```
interface IUser
{
    bool UserLogin(User user);
}
```

（3）创建实现 IUser 接口的 UserInfo 类，该类实现 UserLogin()方法，在该方法中判断用户输入的登录名和密码是否正确。如果登录名等于 admin，且密码等于 123456，则表示登录成功，否则登录失败，代码如下。

```
class UserInfo : IUser
{
    public bool UserLogin(User user) {
        if (user.Name == "admin" && user.Pass == "123456") {
            return true;
        } else {
            return false;
        }
    }
}
```


（4）向 Main()方法中添加代码，首先获取用户在控制台中输入的登录名和密码，然后创建 User 类和 UserInfo 类的实例对象，最后通过 if…else 语句调用 info 对象的 UserLogin()方法进行判断，并输出不同的内容，代码如下。

```
Console.Write("请输入登 录 名：");
string name = Console.ReadLine();    //获取用户输入的登录名
Console.Write("请输入登录密码：");
string pass = Console.ReadLine();    //获取用户输入的密码
User user = new User(name, pass);    //实例化 User 类的对象
UserInfo info = new UserInfo();
if (info.UserLogin(user)) {
    Console.WriteLine("恭喜您，成功登录。");
    Console.WriteLine("\n 请选择您要执行的操作：\n1.添加会员\n2.删除会员");
} else {
    Console.WriteLine("很抱歉，登录失败，确定密码后再登录吧。");
}
```

（5）运行上述代码，在控制台中输入登录名和密码进行测试，登录成功时的效果如图 4-3 所示。

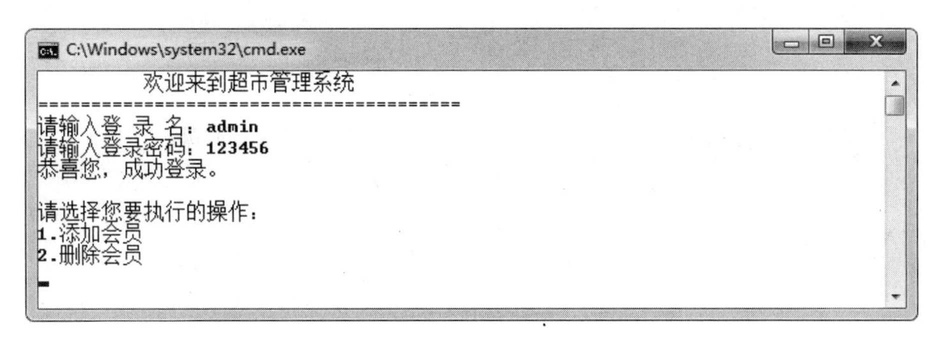

图 4-3 会员登录成功时的效果

思考与练习

一、填空题

1. 在 C#中，定义结构需要使用__________关键字。

2. 在 C#中，定义枚举需要使用__________关键字。

3. 下面的代码定义名称是 Weather 的枚举类型，heavysnow 对应的数值常数为__________。

```
enum Weather{
    sunny, cloudy, lightrain,
    heavyrain=7, shower,
    lightsnow, moderatesnow=3,
    heavysnow, blizzard, other
};
```

4. 在 C#中，定义接口需要使用__________关键字。

5. 接口的成员包括属性、方法、__________和事件 4 种。

二、选择题

1. 下面关于结构和类的说法，正确的是__________。

   A. 结构和类中都支持构造函数和析构函数

   B. 结构属于值类型，分配在堆中；类属于引用类型，分配在栈中

   C. 结构不能继承和被继承；类可以继承其他类，也可以被其他类继承

   D. 结构必须使用 new 进行实例化，而类可以通过 new 实例化，也可以不使用 new 实例化

2. Enum 类提供的__________方法获取枚举中的所有的枚举名称列表。

   A. GetName()

   B. GetNames()

   C. GetValues()

   D. Parse()

3. 关于枚举的使用，下面错误的是__________。

   A. 枚举与接口一样，它们都属于值类型

   B. 枚举不能继承其他的类，也不能被其他的类所继承

   C. 枚举类型只能拥有私有构造器

   D. 枚举类型中成员列表名称是区分大小写的

4. 下面定义名称是 IPrint 的接口，关于接口中的内容，__________的定义是正确的。

```
interface IPrint{
    IPerson();              //第 1 行
    string name;            //第 2 行
    public void GetIDcard();
                            //第 3 行
```

```
    void GetName();    //第 4 行
    void GetAge(string s);
                       //第 5 行
    int GetHeight();   //第 6 行
}
```

A. 第 1 行、第 2 行、第 3 行

B. 第 1 行、第 4 行、第 5 行

C. 第 4 行、第 5 行、第 6 行

D. 第 2 行、第 4 行、第 5 行和第 6 行

三、简答题

1. 结构的成员有哪些？如何定义一个结构？

2. 如何定义指定类型的枚举？如何获取枚举类型中的所有枚举名称？

3. 接口和抽象类有哪些异同点？请举例说明。

4. 如何定义和实现一个接口？

第 5 章　数组、集合和泛型

生活中的数据在程序中通常使用变量来表示，通过为数据指定一个名称来操作数据。但是第 2 章所介绍的变量只能代替一个数据值，而生活中常常有着多个联系的相互关联的数据值，如七星彩彩票中顺序产生的 7 个数字，这 7 个数字需要使用 7 个变量来表示，但是这 7 个数字是有着固定的顺序，密不可分的，此时需要使用数组或集合来表示。

数组和集合能够描述有顺序的多个变量，其实质是为多个变量指定相同的名称，并通过序号来顺序访问数组或集合中的每个变量。

数组和集合分别通过不同的方式来描述有顺序的相关联的变量，而泛型的使用可以对集合的功能进行扩展。本章详细介绍了数组、集合和泛型的概念及其使用。

本章学习要点：

- ❑ 理解数组的含义
- ❑ 掌握数组的遍历和排序
- ❑ 熟练使用多维数组、交错数组和静态数组
- ❑ 了解动态数组
- ❑ 了解集合的含义
- ❑ 掌握几种常见集合的概念
- ❑ 熟练使用常见集合
- ❑ 熟练使用自定义集合
- ❑ 了解泛型的含义
- ❑ 掌握泛型类的创建和使用

5.1 一维数组

数组的出现简化了对多个数据的依次连续操作。数组是一种数据结构，是一个有序的数据集合，包含同类型的多个数据。

数组元素的数据类型可以是值类型，也可以是引用类型。但数组类型为引用类型。数组有着多种类型，有一维数组、多维数组、交错数组等，本节主要介绍一维数组的概念及其应用。

5.1.1 一维数组概述

数组有着多种类型，但这些类型的数组又有着共同的特点。数组具有以下几个特点。

（1）数组可以是一维、多维或交错的。

（2）数组元素值类型的默认值为零，而引用类型的默认值设置为 null。

（3）交错数组是数组的数组，因此，它的元素是引用类型，初始值为 null。

（4）数组成员的编号从零开始。

（5）数组元素可以是任何类型，包括数组类型。

一维数组是数组中最为简单和常用的，由单个数据为成员构成的数组。如一个班级的学生姓名，可以定义为字符串类型的一维数组。假设该班级有 30 个学生，那么该数组就有 30 个字符串成员，每一个成员都是一个变量，通过数组的下标来访问。

数组也是变量的一种，在使用之前先要声明。一维数组的声明同变量声明类似，声明中要有数组的数据类型和数组名。与变量声明不同的是，数组声明需要在数据类型后紧跟着一个中括号[]。如声明一个字符串类型名为 name 的数组，使用代码如下：

```
string[] name;
```

上述代码中，string 关键字指定该数组中的成员为 String 型的数据，数组中每一个成员的数据类型都要统一，为声明时的数据类型。string 后面的中括号除了用于与其他变量或常量区分，还用于指定数组的长度，即数组中的元素数量。

string 关键字与中括号之间没有空格，而中括号与数组名称之间有一个空格。数组的长度需要在初始化时指定，可以将长度写在中括号中，也可直接为数组成员赋值，系统将根据数组的赋值为数组分配空间、确定数组的长度。

如定义一个有着三个整型元素的 num 数组，格式如下：

```
int[] num=new int[3];
```

数组的赋值需要将数组成员放在{}内，每个元素之间用逗号隔开。如将数组变量 num 直接赋值，该数组有三个成员分别是 1、2、3，格式如下：

```
int[] num={1,2,3};
```

数组成员赋值时，其内部的成员必须符合数组的数据类型。数组元素也可以是变量，如分别定义整型变量 a，b，c 并赋给 num 数组，格式如下：

```
int a, b, c;
a = 0; b = 0; c = 0;
int[] num = { a, b, c };
```

除了数组在声明时的直接赋值，数组在声明后不能直接赋值，而需要实例化后才能赋值。使用关键字 new，代码如下：

```
int[] num;
num=new int[3]{1,2,3};
```

数组的赋值不能像变量一样直接使用等号赋值，即使使用 new 将对象实例化，也不能直接赋值。数组赋值只有以下三种形式。

（1）在声明时直接赋值。

（2）程序进行时使用 new 赋值。

（3）在数组被实例化后，对数组成员单独赋值。

一个数组中有多个成员，要具体到每一个成员需要使用数组的下标（索引）。下标相当于数组成员的编号，编号为从 0 开始的整数。数组中的第一个成员索引为 0，第二个成员索引为 1，第 n 个成员的索引为 n-1。

数组实际是类的一个对象，是基类 Array 的派生，可以使用 Array 的成员，如 Length 属性。关于类、对象、基类和派生等内容将在本书后面的章节介绍，本节只需学会如何使用 Length 属性获取数组长度。如获取数组 num 的长度并赋值给 longnum，格式如下：

```
int longnum = num.Length;
```

【范例 1】

使用不同的初始化方式分别定义字符类型的数组和整型类型的数组，分别输出两个数组的长度和它们的第三个成员的值，代码如下。

```
int[] num = { 1, 2, 3, 4 };                              //声明并初始化数字数组
char[] letter;                                           //声明字母数组
letter = new char[4] { 'a', 'b', 'c', 'd' }; //对字母数组使用 new 赋值
//输出数组长度和第 3 个成员的值
Console.WriteLine("数字数组有 {0} 个成员，第 3 个成员是：{1} ",num.Length,
num[2]);
Console.WriteLine("字符数组有 {0} 个成员，第 3 个成员是：{1} ", letter.Length,
letter[2]);
```

由于数组的索引从 0 开始，因此第三个成员需要使用索引 2，上述代码的执行结果如下所示。

```
数字数组有 4 个成员，第 3 个成员是：3
字符数组有 4 个成员，第 3 个成员是：c
```

5.1.2 数组的应用

5.1.1 节介绍了数组的概念及其初始化，本节介绍数组的应用。数组的应用主要包括对数组的遍历（顺序访问数组中的每一个成员），数组成员的排序和数组元素的增加、删除，如下所示。

1. 数组遍历

数组的遍历即依照索引顺序，依次访问所有数组成员。数组的遍历可以使用循环语句，包括 for 循环、while 循环等；以及专用于数组和数据集合的 foreach in 语句。

【范例 2】

定义字符串数组，成员为“Please”“sign”“your”“name”“here”。分别使用 for 循环语句和 foreach in 语句来输出数组的所有成员，代码如下。

```
string[] num = {"Please","sign","your","name","here"};
for (int i = 0; i <= 4; i++)
{
   Console.Write(num[i]);
```

```
}
Console.WriteLine("");
foreach (string word in num)
{
    Console.Write(word);
}
```

上述代码的执行结果如下所示。

```
Please sign your name here
Please sign your name here
```

范例 2 中，使用 for 循环，分别获取下标从 0 到 4 的数组元素输出一条完整的句子；使用 foreach in 语句顺序遍历数组成员，同样输出一条完整的句子。

2. 数组排序

数组最常见的应用就是对数组成员的排序。这也是生活中对数据的重要处理。如将全班学生的成绩赋值给数组，并按成绩从大到小排列。

数组的排序将改变数组成员的原有索引，如将数组成员按照从小到大的顺序排序，则数组中数字最小的成员，在排序后其索引被修改为 0。常见的排序方式有以下几种。

（1）冒泡排序：将数据按一定顺序一个一个传递到应有位置。

（2）选择排序：选出需要的数据与指定位置数据交换。

（3）插入排序：在顺序排列的数组中插入新数据。

对上述排序方式详细介绍如下。

1）冒泡排序

冒泡排序是最稳定的，也是遍历次数最多的排序方式。冒泡排序将按照序号将数组中的相邻数据进行比较，每一次比较后将较大的数据放在后面。所有数据执行一遍之后，最大的数据在最后面。接着再进行一遍，直到进行 n 次，确保数据顺序排列完成。

冒泡排序准确性高，但执行语句多，数组要进行的比较和移动次数多。冒泡排序不会破坏相同数值元素的先后顺序，被称作是稳定排序。

2）选择排序

选择排序为数组每一个位置选择合适的数据，如将数组从小到大排序，选择排序给第一个位置选择最小的，在剩余元素里面给第二个元素选择第二小的，以此类推，直到第 n-1 个元素，第 n 个元素不用选择了。

将数组按从小到大排序，选择排序将第一个元素视为最小的，分别与其他元素比较；当其他元素小于第一个元素时，则交换它们的位置，并继续跟剩下的元素比较。直到确定第一个元素是最小的，再从第二个元素比较。直到倒数第二个元素与最后一个元素比较。

选择排序改变了数值相同元素的先后顺序，属于不稳定的排序。选择排序同样进行了较多的比较和移动。

3）插入排序

插入排序法是在一个有序的数组基础上，依次插入一个元素。如将数组从小到大排序，将新元素与有序数组的最大值比较，若新元素大，插入到字段末尾；否则与倒数第二个元素比较，直到找到它的位置，此时需要将该位置及该位置之后的元素序号发生改变，需要重新调整。

插入排序没有改变相同元素的先后位置，属于稳定排序法，但插入排序的算法复杂度高。

在插入时首先判断插入元素是否比有序数组最后一个元素大，若插入元素最大，则直接放在有序数组最后，否则将依次跟有序数组元素相比较，找到合适的位置，将原有元素移位后，插入新元素。

【范例 3】

将 0～9 这 10 个数字打乱顺序放在数组中，通过冒泡排序来进行排序，输出排序后的数组，代码如下。

```
int[] value = { 7,4,6,2,8,1,5,9,0,3};
int max = 0;
for (int i = 9; i >= 0; i--)
{
    for (int j = 0; j < i; j++)
    {
        if (value[j] > value[j + 1])
        {
            max = value[j];
            value[j] = value[j + 1];
            value[j + 1] = max;
        }
    }
}
foreach (int i in value)
{
    Console.Write("{0} ", i);
}
```

上述代码的执行结果如下所示：

```
0 1 2 3 4 5 6 7 8 9
```

3．数组元素的插入和删除

数组新元素的插入，将导致插入位置之后的元素依次改变原有序号。在指定位置插入新的元素，为保证原有元素的稳定，首先要将原有元素移位，再将新的元素插入到指定位置。

插入时元素的移位与排序时的移位不同，插入使得数组改变了原有长度，存储数组的空间不足以让新元素的加入。

使用 new 关键字可以修改数组的长度，但这种修改相当于重新定义了数组，数组元素的值将会被定为默认值 0。

数组元素的删除相对容易，只需找到需要删除的元素的位置，并将该元素之后的元素移位即可。

数组元素的删除有两种：一种是根据元素的索引删除；一种是在不知道索引的情况下，删除有着某个值的元素。

1）根据索引删除元素

根据索引删除数组元素，其实质是：将该索引后面的成员依次前移，覆盖掉原有数据；最后将最后一个索引成员赋值为 0（整型数组元素默认值为 0）。由于数组的长度是不能变化的，因此成员的删除，只是将后面的成员移位。

2）删除指定元素值

删除指定元素值，需要先找出指定元素的位置再进行删除，或直接将原有数组改为不含删除元素值的新数组。

对于没有重复元素的数组，可以找出要删除的元素位置再删除；若有重复的元素值，则即使找出了元素位置，也不容易删除。可以将原数组为新数组赋值，遇到要删除的元素取消赋值并跳出。但这样产生的结果是，需要被删除的元素位置的值被 0 取代。

5.2 其他常用数组

一维数组是最常用的数组，除此之外还有二维数组、多维数组、交错数组和静态数组等，将在本节详细介绍。

5.2.1 二维数组

数学中有一维直线、二维平面和三维的立体图形等，程序中的数组也有一维、二维和多维数组。一维数组是单个数据的集合，而二维数组相当于是一维数组的数组，即数组成员为一维数组。本节介绍二维数组的概念及其使用。

一维数组是一列数据，而二维数组可构成一个有着行和列的表格。同样是二月的 28 天，使用一维数组可以添加 28 个数据，而使用二维数组可以显示有着 4 周的列表：4 行 7 列，每一行都是一周。

有行和列的二维数组又称作矩阵，如同矩形一样有长和宽。二维数组有行和列，它的声明与一维数组类似，其不同点在于：一维数组只需要指定数组的总长度，而二维数组需要分别指定行和列的长度。

二维数组中，行和列的长度同样放在中括号中声明，不同的是，二维数组中括号内有一个逗号，将中括号[]分为两部分，分别描述行和列。逗号的前面表示行的长度，后面表示列的长度。如声明一个 3 行 4 列的整型二维数组 num，格式如下：

```
int[,] num=new int[3,4];
```

二维数组同一维数组一样可以直接赋值，每个元素同样使用逗号隔开，如定义一个二维数组 num 并赋值，格式如下：

```
int[,] num={
```

```
    {2,3,8,10},
    {1,4,6,11},
    {5,7,9,12},
};
```

这是一个有着 3 行 4 列的数组，它有 12 个元素，将数组 num 表现为列表的形式如下所示：

```
2 3 8 10
1 4 6 11
5 7 9 12
```

同一维数组一样，二维数组也可以使用索引来访问单个元素，并且从 0 开始。不同的是，二维数组用行和列两种索引来确定一个元素，如访问数组 num 第一行第二个元素，即访问的是 num[0,1]。规则如下。

（1）行号与列号之间用逗号隔开。

（2）行号与列号都从 0 开始编号。

（3）除了直接赋值的数组，数组需要使用 new 初始化才能使用，用法与一维数组一样。

二维数组的遍历同一维数组一样，使用循环语句。但二维数组是有行和列的，可使用循环嵌套语句，一行一行地访问；或使用 foreach in 语句依次访问。

使用 foreach in 语句访问二维数组，首先访问首行数据，一行结束后再访问下一行，直到最后一行最后一列。如使用 for 循环语句嵌套，来为 3 行 4 列的数组赋值，并使用 foreach in 语句来遍历输出，如范例 4 所示。

【范例 4】

二维数组 num 有 2 行 5 列，使用 for 循环将数组中的元素从 0 到 9 赋值，并遍历输出，步骤如下。

（1）创建二维数组并根据行和列遍历数组为数组元素赋值，代码如下。

```
int[,] num = new int[2, 5];
int numValue = 0;
for (int i = 0; i < 2; i++)
{
    for (int j = 0; j < 5; j++)
    {
        num[i, j] = numValue;
        numValue++;
    }
}
```

（2）使用 foreach in 语句遍历输出数组元素，代码如下。

```
foreach (int sco in num)
{
    Console.Write("{0} ", sco);
}
```

（3）根据行和列，使用 for 循环嵌套来输出二维数组，代码如下。

```
Console.WriteLine(" ");
Console.WriteLine("根据行和列输出二维数组：");
for (int i = 0; i < 2; i++)
{
    for (int j = 0; j < 5; j++)
    {
        Console.Write("{0} ", num[i, j]);
    }
    Console.WriteLine(" ");
}
```

（4）上述代码的执行结果如图 5-1 所示。

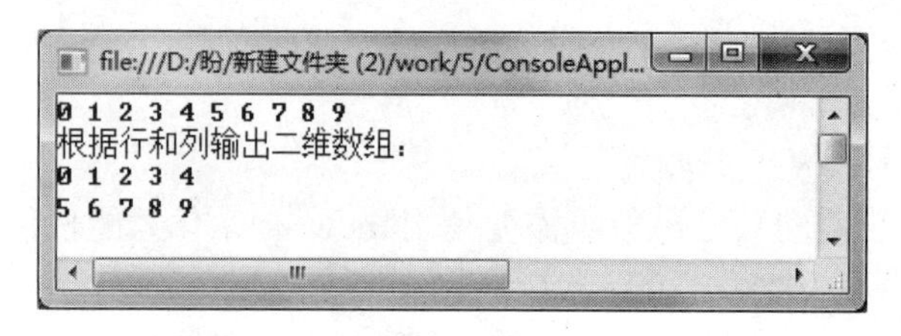

图 5-1　二维数组

数组的维数可以是任意多个，如三维数组、四维数组等，多维数组的声明、初始化及遍历同二维数组一样。如声明一个整型三维数组 three，语法如下：

```
int[,,] three;
```

从格式可以看出，三维数组在声明时，中括号内有两个逗号，将中括号分割成三个维度。同二维数组原理一样。同理，四维数组方括号内有三个逗号。

数组的赋值格式不变，但由于数组维数的不同，写法也不同。

5.2.2　交错数组

交错数组是一种不规则的特殊二维数组，交错数组与二维数组的不同在于，每一行的元素个数不同，因此无法用类似于 new int[2,3]的形式来初始化。

由于交错数组元素参差不齐，因此又被称作锯齿数组、数组的数组或不规则数组。如将一年的 12 个月份根据每月的天数分为三行，第一行是 31 天的月份；第二行是 30 天的月份；第三行是 28 天的月份，如图 5-2 所示。

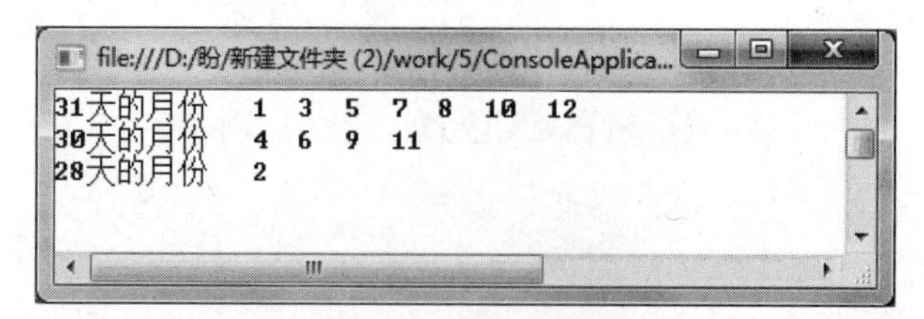

图 5-2　交错数组

如图 5-2 所示，月份根据每月天数所列举的数组是一个交错数组，每一行的元素个数不一样。交错数组不如一维数组和二维数组常用，但也是生活中不可缺少的。

交错数组声明的格式与其他数组不同，它使用两个中括号来区分不同的维度，语法格式如下：

```
type[][] arrayName;
```

交错数组的初始化，同样需要指定每行每列的元素个数。但交错数组每一行的元素个数各不相同，因此只需要设置数组包含的行数，表示列的中括号不填写内容。

【范例 5】

定义整型交错数组 inter 含有三行，第一行 4 个元素、第二行 3 个元素、第三行 5 个元素。声明赋值语句如下：

```
int[][] inter=new int[3][];
inter[0] = new int[4] { 1, 2, 3, 4 };
inter[1] = new int[3] { 1,2,3};
inter[2] = new int[5] { 1, 2, 3, 4, 5 };
```

交错数组的元素访问同样需要使用索引，即在两个中括号中分别填写对应的索引数字。

5.2.3 静态数组

C#中除了上述几种数组以外，还可以根据 C#内置类来初始化几个特殊的数组，如静态数组、动态数组等。

静态数组是维数和长度不能改变的数组，之前所讲的数组都是静态数组。本节所介绍的静态类使用 System.Array 类来操作，包括对数组的排序、获取长度和维数、元素倒序等。

在 C#中有一些定义好的常用功能，这些功能被放在类中，可以直接使用。如将数组的排序功能定义为一个方法，放在类中，则若需要对一个数组执行排序，可以直接调用类的方法，而不再需要使用一系列的循环和选择语句。

属性是类的成员，相当于类中的变量。但属性定义了变量的获取方式，可以直接获取指定的数据。System.Array 类有如表 5-1 所示的属性。

表 5-1 **System.Array 类的属性**

属性名称	说明
Length	获取数组的长度，即数组所有维度中元素的总数。该值为 32 位整数
LongLength	获取数组的长度，即数组所有维度中元素的总数。该值为 64 位整数
Rank	获取数组的秩，即数组的维度数
IsReadOnly	获取数组是否为只读
IsFixedSize	获取数组的大小是否固定
IsSynchronized	获取是否同步访问数组
SyncRoot	获取同步访问数组的对象

之前曾经介绍，通过 Length 属性获得数组的长度。使用属性是一种简单的操作，对于数组 num 来说，num.Length 即表示该数组的长度。对于确定的数组，不需要为属性赋值和定义，可以直接使用。

类中除了属性，还有方法。方法是一种描述了特定功能的语句块，可以直接使用。System.Array 类中关于数组的方法，如表 5-2 所示。

表 5-2 **System.Array 类的方法**

方法名称	说明
GetValue()	获取指定元素的值
SetValue()	设置指定元素的值
Clear()	清除数组中的所有元素
IndexOf()	获取匹配的第一个元素的索引
LastIndexOf()	获取匹配的最后一个元素的索引
Sort()	对一维数组中的元素排序
Reverse()	反转一维数组中元素的顺序
GetLength()	获取指定维度数组的元素数量。该值为 32 位整数
GetLongLength()	获取指定维度数组的元素数量。该值为 64 位整数
FindIndex()	搜索指定元素，并获取第一个匹配元素的索引
FindLastIndex()	搜索指定元素，并获取最后一个匹配元素的索引
Copy()	将一个数组中的一部分元素复制到另一个数组
CopyTo()	将一维数组中的所有元素复制到另外一个一维数组
Clone()	复制数组
ConstrainedCopy()	指定开始位置，并复制一系列元素到另外一个数组中
BinarySearch()	二进制搜索算法在一维的排序数组中搜索指定元素
GetLowerBound()	获取数组中指定维度的下限
GetUpperBound()	获取数组中指定维度的上限

类中的方法是可以直接使用的，例如使用数组名称和元素的索引来获取某个元素的值，但使用 GetValue()方法同样可以达到目的。

【范例 6】

定义一维整型数组 arrays 并赋值，输出数组的长度、维度及各元素的值；将 arrays 数组使用 Sort()方法排序，输出排序后的各元素值，代码如下。

```
int[] arrays = new int[9] { 5, 8, 2, 6, 4, 1, 9, 7, 3 };
Console.WriteLine("数组个数：{0}； 数组维数：{1} ", arrays.Length, arrays.
Rank);
foreach (int i in arrays)                          //遍历输出元素
{
   Console.Write("{0} ", i);
}
Console.WriteLine("");
Array.Sort(arrays);                                //一维数组元素排序
foreach (int i in arrays)                          //遍历排序后的数组
{
   Console.Write("{0} ", i);
}
```

5.3 集合类

集合是与数组最为相似的数据类型，它弥补了数组长度不能够增加、插入和删除都不宜操作的特点，使用动态的数据成员和长度，可快捷地执行其成员的插入和删除。

C#内置了多种集合类，不同的集合类适用于不同的地方，如一些集合可以被当作是动态数组来使用，这些长度可变的数据集能够在程序执行中改变数组的长度，可以增加、释放数组元素所占的空间。除此之外，C#还提供了对堆栈、队列、列表和哈希表等的支持。

5.3.1 集合类概述

集合类是定义在System.Collections或System.Collections.Generic命名空间的一部分，因此需要在使用之前添加以下语句。

```
using System.Collections.Generic;
using System.Collections;
```

在C#中，所有集合都实现了ICollection接口，而ICollection接口继承自IEnumerable接口，所以每个内置的集合也都实现了IEnumerable接口。

接口的继承需要将接口中的方法全部实现，因此集合类中都含有ICollection接口成员，这些成员是集合类分别拥有实现、功能相似的。ICollection 接口的成员及其作用说明如表5-3所示。

表5-3 ICollection接口的成员

成员	说明
GetEnumerator	从IEnumerable接口继承得到，返回一个枚举数对象，用来遍历整个集合
Count	获得集合中元素的数量
IsSynchronized	此属性表明这个类是否是线程安全的
SyncRoot	使用此属性使对象与集合同步
CopyTo	将集合中的元素复制到数组中

接口成员表明集合对象都可以有表5-3中的成员。这些成员在各自的类中实现，功能一样，可以直接使用。

集合和数组都是数据集，用来处理一系列相关的数据，包括集合元素和数组元素的初始化、赋值、遍历等，但有以下几点不同。

（1）数组是长度固定，不能伸缩的。

（2）数组要声明元素的类型，集合类的元素类型却是Object。

（3）数组可读可写，不能声明只读数组。集合类可以提供ReadOnly()方法以只读方式使用集合。

（4）数组要有整数下标才能访问特定的元素，但集合可以通过其他方式访问元素，而且不是每个集合都能够使用下标。

集合类大多分布在 System.Collections 命名空间下，常见的集合类及其说明如表 5-4 所示。

表 5-4　System.Collections 命名空间常用的集合类

集合类	说明
ArrayList	实现了 IList 接口，可以动态增加数据成员和删除数据成员等
Hashtable	哈希表，表示键/值对的集合，这些键/值对根据键的哈希代码进行组织
Stack	堆栈，表示对象简单的后进先出的非泛型集合
Queue	队列，表示对象的先进先出集合
BitArray	布尔集合类，管理位值的压缩数组
SortedList	排序集合类，表示键/值对的集合，这些键/值对按键排序并且可以按键和索引访问
CollectionBase	为强类型集合提供 abstract 基类
Comparer	比较两个对象是否相等，其中字符串比较是区分大小写的
DictionaryBase	为键/值对的强类型集合提供 abstract 基类

不同的类针对不同的数据对象，有些类是可以完成相同功能的，但类的侧重不同，运行效率就不同。

5.3.2　ArrayList 类

ArrayList 类的集合又称作动态数组或可变数组，数组可以看作是数据的集合，而动态数组是数据的动态集合。

动态数组与静态数组的声明和定义完全不同，静态数组可以直接由数据类型定义，而动态数组需要根据不同的类来实例化。

ArrayList 类位于 System.Collections 命名空间中，所以在使用时，需要导入此命名空间，具体做法是在程序文档最上方添加下面的语句。

```
using System.Collections;
```

命名空间导入之后就可以创建使用 ArrayList 类的对象了。由于动态数组可以改变数组长度，因此在声明时不需要指定其数组长度，如创建动态数组 list，语法如下所示：

```
ArrayList list = new ArrayList();
```

ArrayList 类的属性和方法及其应用如表 5-5 和表 5-6 所示。

表 5-5　ArrayList 类的属性

属性名称	说明
Capacity	数组的容量
Count	数组元素的数量
IsFixedSize	表示数组的大小是否固定
IsReadOnly	表示数组是否为只读
IsSynchronized	表示是否同步访问数组
SyncRoot	获取同步访问数组的对象

表 5-6 **ArrayList 类的方法**

方法名称	说明
Adapter()	为特定的 IList 创建 ArrayList 包装
Add()	将对象添加到 ArrayList 的结尾处
AddRange()	将 ICollection 的元素添加到 ArrayList 的末尾
BinarySearch()	使用对分检索算法在已排序的 ArrayList 或它的一部分中查找特定元素
Clear()	从 ArrayList 中移除所有元素
Clone()	创建 ArrayList 的浅表副本
Contains()	确定某元素是否在 ArrayList 中
CopyTo()	将 ArrayList 或它的一部分复制到一维数组中
Equals()	确定两个 Object 实例是否相等
FixedSize()	返回具有固定大小的列表包装，其中的元素允许修改，但不允许添加或移除
GetEnumerator()	返回循环访问 ArrayList 的枚举数
GetHashCode()	用作特定类型的哈希函数。GetHashCode 适合在哈希算法和数据结构（如哈希表）中使用
GetRange()	返回 ArrayList，它表示源 ArrayList 中元素的子集
GetType()	获取当前实例的 Type
IndexOf()	返回 ArrayList 或它的一部分中某个值的第一个匹配项的从零开始的索引
Insert()	将元素插入 ArrayList 的指定索引处
InsertRange()	将集合中的某个元素插入 ArrayList 的指定索引处
LastIndexOf()	返回 ArrayList 或它的一部分中某个值的最后一个匹配项的从零开始的索引
ReadOnly()	返回只读的列表包装
ReferenceEquals()	确定指定的 Object 实例是否是相同的实例
Remove()	从 ArrayList 中移除特定对象的第一个匹配项
RemoveAt()	移除 ArrayList 的指定索引处的元素
RemoveRange()	从 ArrayList 中移除一定范围的元素
Repeat()	返回 ArrayList，它的元素是指定值的副本
Reverse()	将 ArrayList 或它的一部分中元素的顺序反转
SetRange()	将集合中的元素复制到 ArrayList 中一定范围的元素上
Sort()	对 ArrayList 或它的一部分中的元素进行排序
Synchronized()	返回同步的（线程安全）列表包装
ToArray()	将 ArrayList 的元素复制到新数组中
ToString()	返回表示当前 Object 的 String
TrimToSize()	将容量设置为 ArrayList 中元素的实际数目

在表 5-6 中有对数据元素的多种删除方法，而表 5-2 中只有对数据元素的清除方法。静态数组的长度是不能改变的，长度的改变将导致数组被重新定义，因此没有提供静态数据删除元素的方法。上述方法都是可以直接使用的，如向动态数组中添加元素有 Add()方法和 Insert()方法。

【范例 7】

定义 ArrayList 类数组 list，分别使用 Add()方法和 Insert()方法添加数组元素，并输出所有元素值，及数组元素的个数，代码如下。

```
ArrayList list = new ArrayList();
list.Add(1);
```

```
list.Add(2);
list.Add(3);
list.Add(4);
list.Insert(3,0);
foreach (object listnum in list)
{
    Console.Write("{0} ",listnum);
}
Console.WriteLine("");
Console.WriteLine(list.Count);
```

执行结果为：

```
1 2 3 0 4
5
```

由于 ArrayList 类型数组的元素是 object 类型，因此无法通过索引的方式来访问具体成员。对于 ArrayList 类型数组的遍历，无法使用 for 循环语句来执行。

5.3.3 Stack 集合类

Stack 集合又称作堆栈，堆栈中的数据遵循后进先出的原则，即后来被添加的元素将默认首先被遍历。如依次将 1、2、3 这三个元素加入堆栈，则使用 foreach in 语句遍历输出时，输出结果为：321。

Stack 集合的容量表示 Stack 集合可以保存的元素数。默认初始容量为 10。向 Stack 添加元素时，将通过重新分配来根据需要自动增大容量。Stack 集合具有以下属性。

（1）Count：获取 Stack 中包含的元素数。

（2）IsSynchronized：获取一个值，该值指示是否同步对 Stack 的访问。

（3）SyncRoot：获取可用于同步 Stack 访问的对象。

如果元素数 Count 小于堆栈的容量，则直接将对象插入集合的顶部，否则需要增加容量以接纳新元素，将元素插入集合尾部。Stack 集合接受 null 作为有效值，并且允许有重复的元素。

Stack 集合类有公共方法和受保护的方法，供继承和使用。其中，常用的公共方法如表 5-7 所示。

表 5-7 **Stack 集合类常用方法**

方法名称	说明
Clear()	从 Stack 中移除所有对象
Clone()	创建 Stack 的浅表副本
Contains()	确定某元素是否在 Stack 中
CopyTo()	从指定数组索引开始将 Stack 复制到现有一维 Array 中
Equals()	确定两个 Object 实例是否相等
GetEnumerator()	返回 Stack 的 IEnumerator

续表

方法名称	说明
GetHashCode()	用作特定类型的哈希函数。GetHashCode 适合在哈希算法和数据结构（如哈希表）中使用
GetType()	获取当前实例的 Type
Peek()	返回位于 Stack 顶部的对象但不将其移除
Pop()	移除并返回位于 Stack 顶部的对象
Push()	将对象插入 Stack 的顶部
ReferenceEquals()	确定指定的 Object 实例是否是相同的实例
Synchronized()	返回 Stack 的同步（线程安全）包装
ToArray()	将 Stack 复制到新数组中
ToString()	返回表示当前 Object 的 String

5.3.4 Queue 集合类

Queue 集合又称作队列，是一种表示对象的先进先出集合。队列按照接收顺序存储，对于顺序存储、处理信息比较方便。Queue 集合可看作是循环数组，元素在队列的一端插入，从另一端移除。

Queue 的默认初始容量为 32，元素添加时，将自动重新分配，增大容量。还可以通过调用 TrimToSize 来减少容量。

集合容量扩大时，扩大一个固定的倍数，这个倍数称作等比因子，等比因子在 Queue 集合类创建对象时确定，默认为 2。Queue 集合同样接受 null 作为有效值，并且允许重复的元素。

Queue 集合类的属性都是共有的，可以直接使用，共有以下三个。

（1）Count：获取 Queue 中包含的元素数。

（2）IsSynchronized：是否同步对 Queue 的访问。

（3）SyncRoot：可用于同步 Queue 访问的对象。

Queue 集合类有着公共方法和受保护的方法，同样有着与 ArrayList 类和 Stack 类作用相似的方法，如表 5-8 所示。

表 5-8　Queue 集合类常用方法

方法名称	说明
Clear()	从 Queue 中移除所有对象
Clone()	创建 Queue 的浅表副本
Contains()	确定某元素是否在 Queue 中
CopyTo()	从指定数组索引开始将 Queue 元素复制到现有一维 Array 中
Dequeue()	移除并返回位于 Queue 开始处的对象
Enqueue()	将对象添加到 Queue 的结尾处
Equals()	已重载。确定两个 Object 实例是否相等
GetEnumerator()	返回循环访问 Queue 的枚举数
GetHashCode()	用作特定类型的哈希函数。GetHashCode 适合在哈希算法和数据结构（如哈希表）中使用

续表

方法名称	说明
GetType()	获取当前实例的 Type
Peek()	返回位于 Queue 开始处的对象但不将其移除
ReferenceEquals()	确定指定的 Object 实例是否是相同的实例
Synchronized()	返回同步的（线程安全）Queue 包装
ToArray()	将 Queue 元素复制到新数组
ToString()	返回表示当前 Object 的 String
TrimToSize()	将容量设置为 Queue 中元素的实际数目

5.3.5 BitArray 集合类

BitArray 集合类专用于处理 bit 类型的数据集合，集合中只有两种数值：true 和 false。可以用 1 表示 true，用 0 表示 false。

BitArray 集合元素的编号（索引）同样是从 0 开始，与前几个集合不同的是，BitArray 集合类在创建对象时，需要指定集合的长度，如定义长度为 3 的 bitnum 对象，使用代码如下所示：


```
BitArray bitnum = new BitArray(3);
```

若编写索引时超过 BitArray 的结尾，将引发异常。但 BitArray 集合类的长度属性 Length 不是只读的，可以在添加元素时重新设置。BitArray 集合类的属性和方法如表 5-9 和表 5-10 所示。

表 5-9 **BitArray 集合类公共属性**

属性名称	说明
Count	获取 BitArray 中包含的元素数
IsReadOnly	获取一个值，该值指示 BitArray 是否为只读
IsSynchronized	获取一个值，该值指示是否同步对 BitArray 的访问（线程安全）
Item	获取或设置 BitArray 中特定位置的位的值
Length	获取或设置 BitArray 中元素的数目
SyncRoot	获取可用于同步 BitArray 访问的对象

表 5-10 **BitArray 集合类常用方法**

方法名称	说明
And()	对当前 BitArray 中的元素和指定的 BitArray 中的相应元素执行按位 AND 运算
Clone()	创建 BitArray 的浅表副本
CopyTo()	从目标数组的指定索引处开始将整个 BitArray 复制到兼容的一维 Array
Equals()	已重载。确定两个 Object 实例是否相等
Get()	获取 BitArray 中特定位置处的位的值
GetEnumerator()	返回循环访问 BitArray 的枚举数
GetHashCode()	用作特定类型的哈希函数。GetHashCode 适合在哈希算法和数据结构（如哈希表）中使用
GetType()	获取当前实例的 Type

续表

方法名称	说明
Not()	反转当前 BitArray 中的所有位值，以便将设置为 true 的元素更改为 false；将设置为 false 的元素更改为 true
Or()	对当前 BitArray 中的元素和指定的 BitArray 中的相应元素执行按位或运算
ReferenceEquals()	确定指定的 Object 实例是否是相同的实例
Set()	将 BitArray 中特定位置处的位设置为指定值
SetAll()	将 BitArray 中的所有位设置为指定值
ToString()	返回表示当前 Object 的 String
Xor()	对当前 BitArray 中的元素和指定的 BitArray 中的相应元素执行按位异或运算

5.3.6 SortedList 集合类

SortedList 集合类又称作排序列表类，是键/值对的集合。SortedList 集合的元素是一组键/值对，这种有着键和值的集合又称作字典集合，在 C#中有 SortedList 集合和 Hashtable 集合这两种字典集合。

SortedList 的默认初始容量为 0，元素的添加使集合重新分配、自动增加容量。容量可以通过调用 TrimToSize()方法或设置 Capacity 属性减少容量。

在 SortedList 集合内部维护两个数组以存储列表中的元素：一个数组用于键，另一个数组用于相关联的值。SortedList 集合元素具有以下特点。

（1）SortedList 集合中的键不能为空 null，但值可以。

（2）集合中不允许有重复的键。

（3）键和值可以是任意类型的数据。

（4）每个元素都可作为 DictionaryEntry 对象的键/值对。

（5）SortedList 集合中的元素的键和值可以分别通过索引访问。

（6）索引从 0 开始。

（7）使用 foreach in 语句遍历集合元素时需要集合中的元素类型，SortedList 元素的类型为 DictionaryEntry 类型。

（8）集合中元素的插入是顺序插入，操作相对较慢。

（9）SortedList 允许通过相关联键或通过索引对值进行访问，提供了更大的灵活性。

（10）键值可以不连续，但键值根据索引顺序排列。

SortedList 集合索引的顺序是基于排序顺序的，集合中元素的插入类似于一维数组的插入排序法：每添加一组元素，都将元素按照排序方式插入，同时索引会相应地进行调整。

当移除元素时，索引也会相应地进行调整。因此，当在 SortedList 中添加或移除元素时，特定键/值对的索引可能会被更改。SortedList 集合类的常用属性和方法，及其说明如表 5-11 和表 5-12 所示。

表 5-11 SortedList 集合类常用属性

属性名称	说明
Capacity	获取或设置 SortedList 的容量
Count	获取 SortedList 中包含的元素数
IsFixedSize	获取一个值，该值指示 SortedList 是否具有固定大小
IsReadOnly	获取一个值，该值指示 SortedList 是否为只读
IsSynchronized	获取一个值，该值指示是否同步对 SortedList 的访问
Item	获取并设置与 SortedList 中的特定键相关联的值
Keys	获取 SortedList 中的键
SyncRoot	获取可用于同步 SortedList 访问的对象
Values	获取 SortedList 中的值

表 5-12 SortedList 集合类常用方法

方法名称	说明
Add()	将带有指定键和值的元素添加到 SortedList
Clear()	从 SortedList 中移除所有元素
Clone()	创建 SortedList 的浅表副本
Contains()	确定 SortedList 是否包含特定键
ContainsKey()	确定 SortedList 是否包含特定键
ContainsValue()	确定 SortedList 是否包含特定值
CopyTo()	将 SortedList 元素复制到一维 Array 实例中的指定索引位置
Equals()	已重载。确定两个 Object 实例是否相等
GetByIndex()	获取 SortedList 的指定索引处的值
GetEnumerator()	返回循环访问 SortedList 的 IDictionaryEnumerator
GetHashCode()	用作特定类型的哈希函数。GetHashCode 适合在哈希算法和数据结构中使用
GetKey()	获取 SortedList 的指定索引处的键
GetKeyList()	获取 SortedList 中的键
GetType()	获取当前实例的 Type
GetValueList()	获取 SortedList 中的值
IndexOfKey()	返回 SortedList 中指定键的从零开始的索引
IndexOfValue()	返回指定的值在 SortedList 中第一个匹配项的从零开始的索引
ReferenceEquals()	确定指定的 Object 实例是否是相同的实例
Remove()	从 SortedList 中移除带有指定键的元素
RemoveAt()	移除 SortedList 的指定索引处的元素
SetByIndex()	替换 SortedList 中指定索引处的值
Synchronized()	返回 SortedList 的同步包装
ToString()	返回表示当前 Object 的 String
TrimToSize()	将容量设置为 SortedList 中元素的实际数目

SortedList 集合中以任意顺序添加的元素，已经按照键值从小到大排列了。SortedList 集合元素顺序排列是根据键的值，而不是元素值的值。元素的值可以通过索引替换，也可以分别通过键和索引移除元素。

5.3.7 Hashtable 集合类

Hashtable 集合类是一种字典集合，有键/值对的集合。同时，Hashtable 集合又被称作哈希表。

哈希表是根据关键码值而直接进行访问的数据结构。也就是说，它通过把关键码值映射到表中一个位置来访问记录，以加快查找的速度。Hashtable 类在内部维护着一个内部哈希表，这个内部哈希表为高速检索数据提供了较好的性能。内部哈希表为插入到 Hashtable 的每个键进行哈希编码，在后续的检索操作中，通过哈希代码，可以遍历所有元素。

由于 Hashtable 集合有键和值，属于字典集合，因此有着与 SortedList 集合相同的以下几个特点。

（1）每个元素都可作为 DictionaryEntry 对象的键/值对被访问。

（2）Hashtable 集合中的键不能为空 null，但值可以。

（3）使用 foreach in 语句遍历集合元素时需要集合中的元素类型，Hashtable 元素的类型为 DictionaryEntry 类型。

（4）键和值可以是任意类型的数据。

Hashtable 的默认初始容量为 0。随着向 Hashtable 中添加元素，容量通过重新分配按需自动增加。当把某个元素添加到 Hashtable 时，将根据键的哈希代码将该元素放入存储桶中。该键的后续查找将使用键的哈希代码只在一个特定存储桶中搜索。

在哈希表中，键被转换为哈希代码，而值存储在存储桶中。Hashtable 集合没有自动排序的功能，也没有使用索引的方法，它需要将键作为索引使用。Hashtable 集合类提供了 15 个构造函数，常用的有如下 4 个，如表 5-13 所示。

表 5-13 **Hashtable 类构造函数**

构造函数	说明
public Hashtable()	使用默认的初始容量、加载因子、哈希代码提供程序和比较器来初始化 Hashtable 类的实例
public Hashtable(int capacity)	使用指定容量、默认加载因子、默认哈希代码提供程序和比较器来初始化 Hashtable 类的实例
public Hashtable(int capacity, float loadFactor)	使用指定的容量，加载因子来初始化 Hashtable 类的实例
public Hashtable(IDictionary d)	通过将指定字典中的元素复制到新的 Hashtable 对象中，初始化 Hashtable 类的一个新实例。新对象的初始容量等于复制的元素数，并且使用默认的加载因子、哈希代码提供程序和比较器

关于 Hashtable 集合的属性和方法如表 5-14 和表 5-15 所示。

表 5-14 **Hashtable 类常用属性**

属性名称	说明
Count	获取包含在 Hashtable 中的键/值对的数目
IsFixedSize	获取一个值，该值指示 Hashtable 是否具有固定大小

续表

属性名称	说明
IsReadOnly	获取一个值，该值指示 Hashtable 是否为只读
IsSynchronized	获取一个值，该值指示是否同步对 Hashtable 的访问
Item	获取或设置与指定的键相关联的值
Keys	获取包含 Hashtable 中的键的 ICollection
SyncRoot	获取可用于同步 Hashtable 访问的对象
Values	获取包含 Hashtable 中的值的 ICollection

表 5-15 Hashtable 类常用方法

方法名称	说明
Add()	将带有指定键和值的元素添加到 Hashtable 中
Clear()	从 Hashtable 中移除所有元素
Clone()	创建 Hashtable 的浅表副本
Contains()	确定 Hashtable 是否包含特定键
ContainsKey()	确定 Hashtable 是否包含特定键
ContainsValue()	确定 Hashtable 是否包含特定值
CopyTo()	将 Hashtable 元素复制到一维 Array 实例中的指定索引位置
Equals()	已重载确定两个 Object 实例是否相等
GetEnumerator()	返回循环访问 Hashtable 的 IDictionaryEnumerator
GetHashCode()	用作特定类型的哈希函数 GetHashCode 适合在哈希算法和数据结构（如哈希表）中使用
GetObjectData()	实现 ISerializable 接口，并返回序列化 Hashtable 所需的数据
GetType()	获取当前实例的 Type
OnDeserialization()	实现 ISerializable 接口，并在完成反序列化之后引发反序列化事件
ReferenceEquals()	确定指定的 Object 实例是否是相同的实例
Remove()	从 Hashtable 中移除带有指定键的元素
Synchronized()	返回 Hashtable 的同步（线程安全）包装
ToString()	返回表示当前 Object 的 String

5.4 自定义集合类

在 System.Collections 命名空间下，有两个并不常用的集合 CollectionBase 和 DictionaryBase，这两个集合通常被用来作为自定义集合的基类。

内置的集合并不能满足所有的数据集合处理，C#为用户自定义集合提供了条件。本节介绍自定义集合类。

5.4.1 自定义集合类概述

自定义集合类通常使用 CollectionBase 和 DictionaryBase 类作为基类，对这两个基类解释如下。

（1）CollectionBase：为强类型集合提供 abstract 基类。

（2）DictionaryBase：为键/值对的强类型集合提供 abstract 基类。

集合类有键/值对的字典集合和一般的集合，这两个基类一个作为非字典集合的基类，一个作为字典集合的基类。

以一般的集合类创建为例，首先要了解基类 CollectionBase 的成员，以便利用基类和重写基类。CollectionBase 类的属性如表 5-16 所示，CollectionBase 类的方法如表 5-17 所示。

表 5-16　CollectionBase 类的属性

属性名称	说明
Capacity	获取或设置 CollectionBase 可包含的元素数
Count	获取包含在 CollectionBase 实例中的元素数。不能重写此属性
InnerList	获取一个 ArrayList，它包含 CollectionBase 实例中元素的列表
List	获取一个 IList，它包含 CollectionBase 实例中元素的列表

表 5-17　CollectionBase 类的方法

方法名称	说明
Clear()	从 CollectionBase 实例移除所有对象。不能重写此方法
Equals()	已重载。确定两个 Object 实例是否相等
GetEnumerator()	返回循环访问 CollectionBase 实例的枚举数
GetHashCode()	用作特定类型的哈希函数。GetHashCode 适合在哈希算法和数据结构中使用
GetType()	获取当前实例的 Type
ReferenceEquals()	确定指定的 Object 实例是否是相同的实例
RemoveAt()	移除 CollectionBase 实例的指定索引处的元素。此方法不可重写
ToString()	返回表示当前 Object 的 String
Finalize()	允许 Object 在回收 Object 之前尝试释放资源并执行其他清理操作
MemberwiseClone()	创建当前 Object 的浅表副本
OnClear()	当清除 CollectionBase 实例的内容时执行其他自定义进程
OnClearComplete()	在清除 CollectionBase 实例的内容之后执行其他自定义进程
OnInsert()	在向 CollectionBase 实例中插入新元素之前执行其他自定义进程
OnInsertComplete()	在向 CollectionBase 实例中插入新元素之后执行其他自定义进程
OnRemove()	当从 CollectionBase 实例移除元素时执行其他自定义进程
OnRemoveComplete()	在从 CollectionBase 实例中移除元素之后执行其他自定义进程
OnSet()	当在 CollectionBase 实例中设置值之前执行其他自定义进程
OnSetComplete()	当在 CollectionBase 实例中设置值后执行其他自定义进程
OnValidate()	当验证值时执行其他自定义进程

5.4.2 实验指导——家电信息管理

本节自定义集合类，处理家电信息。首先创建家电信息类，接着自定义集合类实现数据的添加、删除和查询，继承 CollectionBase 并重写基类的方法，步骤如下。

（1）创建家电信息类 appliances，有字段 aname 表示家电名称，字段 aprice 表示家电价格，并对应有两个属性。appliances 类有两个构造函数，一个是没有参数的，一个是有着两个参数分别对两个字段进行初始化的，代码如下。

```
public class appliances
{
    public string aname;
    public double aprice;
    public appliances(){ }
    public appliances(string name, double price)
    {
        aname = name;
        aprice = price;
    }
    public string anames
    {
        get { return aname; }
        set { aname = value; }
    }
    public double aprices
    {
        get { return aprice; }
        set { aprice = value; }
    }
}
```


（2）接下来创建集合类 applianceslist，实现最基本的元素添加、元素查询和删除，继承基类 CollectionBase 并重写基类的方法。使用代码如下。

```
public class applianceslist : CollectionBase
{
    public virtual int Add(appliances app)  //重写父类的添加方法
    {
        return InnerList.Add(app);
    }
    public new void RemoveAt(int index)
   //父类中该方法不允许覆盖，使用 new 关键字重写
    {
        InnerList.RemoveAt(index);
    }
    public appliances GetItem(int index)     //根据索引获得类对象
    {
        return (appliances)List[index];
    }
}
```

（3）最后是上述两个类的实现，对家电信息类初始化 4 个示例，将这 4 个数据向集合中添加并输出集合中的数据；删除集合中索引为 1 的数据并输出集合中的现有数据，代码如下。

```
appliances app1 = new appliances("热水器", 597);
appliances app2 = new appliances("冰箱", 2345);
appliances app3 = new appliances("电视", 1564);
```

```
appliances app4 = new appliances("洗衣机", 998);
applianceslist applist = new applianceslist();
applist.Add(app1);
applist.Add(app2);
applist.Add(app3);
applist.Add(app4);
Console.WriteLine("*****************元素添加后：");
for (int i = 0; i < applist.Count; i++)
{
    Console.WriteLine("名称：{0} 价格：{1}", applist.GetItem(i).aname,
    applist.GetItem(i).aprice);
}
Console.WriteLine("*****************删除索引为 1 的元素：");
applist.RemoveAt(1);
for (int i = 0; i < applist.Count; i++)
{
    Console.WriteLine("名称：{0} 价格：{1}", applist.GetItem(i).aname,
    applist.GetItem(i).aprice);
}
```

上述代码的执行结果如图 5-3 所示。

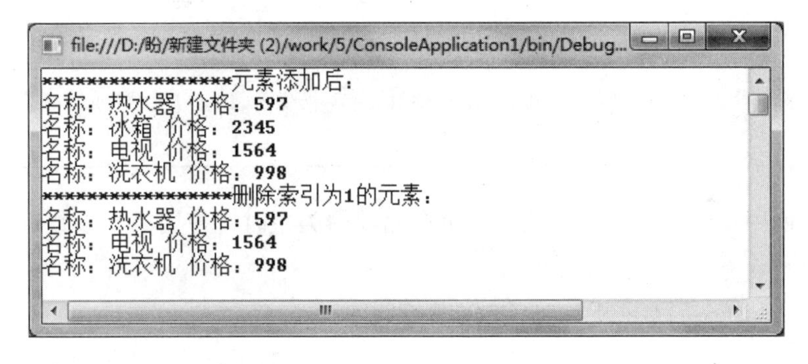

图 5-3 家电信息管理

5.5 泛型

泛型是一种特殊的类，其最主要的应用就是创建集合类。C#中的数据类型有多种，用来处理不同的数据。而泛型替代了 C#中的数据类型，泛型在定义时并不使用数据类型，而在使用时另外定义其数据类型。

5.5.1 泛型概述

计算机处理数据，需要依据数据类型来执行，方便计算机内部的运转。而泛型使用符号 T 作为数据类型，替代所需要使用的数据类型。在调用前，需要为 T 定义一个数据类型，以供程序执行。

在 C#中，类和方法均可以定义为泛型类型，使用尖括号和包含在内的符号<T>。如定义一个泛型类，名称为 List，使用如下语句：

```
public class List<T>{}
```

使用泛型可以减少数据类型的转化，尤其是在需要装箱和拆箱的时候。装箱和拆箱很容易操作，但多余的操作使得系统性能损失，其特点如下所示。

（1）使用泛型集合类可以提供更高的类型安全性。

（2）使用泛型类型可以最大限度地重用代码、保护类型的安全以及提高性能。

（3）泛型最常见的用途是创建集合类。

（4）可以对泛型类进行约束以访问特定数据类型的方法。

（5）关于泛型数据类型中使用的类型的信息可在运行时通过反射获取。

泛型类和泛型方法同时具备可重用性、类型安全和效率，泛型通常用在集合和在集合上运行的方法中。.NET Framework 类库提供了命名空间 System.Collections.Generic，包含几个新的基于泛型的集合类，如 List 类。

泛型同样支持用户自定义，创建自定义的泛型类和方法，设计类型安全的高效模式以满足需求。

技巧

大多数情况下，直接使用.NET Framework 类库提供的 List<T>类即可，不需要自行创建类。

在通常使用具体类型来指示列表中所存储项的类型时，使用类型参数 T。它的使用方法如下。

（1）在 AddHead()方法中作为方法参数的类型。

（2）在 Node 嵌套类中作为公共方法 GetNext()和 Data 属性的返回类型。

（3）在嵌套类中作为私有成员数据的类型。

注意

T 可用于 Node 嵌套类，但使用具体类型实例化 GenericList<T>，则所有的 T 都将被替换为具体类型。

5.5.2 泛型类

泛型类常用于自定义集合，如 List 集合中元素的添加、移除等操作的执行与元素的数据类型无关，泛型类针对的就是不特定于具体数据类型的操作。

在.NET Framework 类库中提供了泛型集合类，可以直接使用。这些泛型类大多在 System.Collections.Generic 命名空间下。其常用泛型集合类及其说明如表 5-18 所示。

表 5-18 泛型类

类名称	说明
Dictionary	表示键和值的集合
LinkedList	表示双向链表
List	表示可通过索引访问的对象的强类型列表。提供用于对列表进行搜索、排序和操作的方法
Queue	表示对象的先进先出集合
SortedDictionary	表示按键排序的键/值对的集合
SortedDictionary.KeyCollection	表示 SortedDictionary 中键的集合。无法继承此类
SortedDictionary.ValueCollection	表示 SortedDictionary 中值的集合。无法继承此类
SortedList	表示键/值对的集合，这些键/值对基于关联的 IComparer 实现按照键进行排序
Stack	表示同一任意类型的实例的大小可变的后进先出集合

前几节讲述的集合类 ArrayList 集合、Hashtable 集合、Queue 集合、Stack 集合和 SortedList 集合，可以使用对应的泛型类替换。将集合类对应到泛型类，对应效果如下。

（1）ArrayList 对应 List。

（2）Hashtable 对应 Dictionary。

（3）Queue 对应 Queue。

（4）Stack 对应 Stack。

（5）SortedList 对应 SortedList。

泛型类的创建可以从一个现有的具体类开始，逐一将每个类型改为类型参数，但要求更改后的类成员既要通用化，又要实际可用。自定义泛型类时，需要注意以下几点。

（1）能够参数化的类型越多，代码就会变得越灵活，重用性就越好。但是，太多的通用化会使其他开发人员难以阅读或理解代码。

（2）应用尽可能多的约束，但仍能够处理需要处理的类型。例如，如果泛型类仅用于引用类型，则应用类约束。这可以防止类被意外地用于值类型，并允许对 T 使用 as 运算符以及检查空值。

（3）由于泛型类可以作为基类使用，此处适用的设计注意事项与集合类相同。

（4）判断是否需要实现一个或多个泛型接口。

如系统内置的泛型类 List 类，List 类内部使用字符 T 替换了数据类型名称。但如果对 List 类的类型 T 使用引用类型，则两个类的行为是完全相同的；如果对类型 T 使用值类型，则需要考虑实现和装箱问题。

类 List 继承了多个泛型接口和非泛型接口，其声明语句如下：

```
public class List<T> : IList<T>, ICollection<T>, IEnumerable<T>, IList,
ICollection, IEnumerable
```

5.5.3 泛型方法和参数

泛型方法是使用泛型类型参数声明的方法，而方法中参数的类型需要在调用时指定。

同泛型类的声明一样，泛型方法在声明或定义时添加<T>，并在泛型参数前使用符号 T。

并不是只有在泛型类中才能创建泛型方法，泛型方法可用于泛型类和非泛型类。泛型方法的类型及泛型参数的类型可以省略，编译器将根据传入的参数确定方法及参数的类型。

若泛型方法没有参数，在调用时不能省略泛型方法的类型。

泛型方法也支持重载，当参数数据类型不同时，需要使用不同的字符表示。如方法 swap 中的两个参数数据类型不同，则可以定义为下面的语句：

```
void swap<T,R>(T a,R b);
```

这里的泛型参数并不是指方法的参数，而是用来定义类型的参数，也可称作类型参数。在泛型类和方法的定义中，类型参数是实例化时，泛型类型变量所指定的类型，是特定类型的占位符。

泛型类实际上并不是一个类型，而是一个类型的蓝图，需要在指定了尖括号<>内的类型参数后成为一个具体的类型。泛型参数有以下几个特点。

（1）类型参数可以是编译器能够识别的任何类型。

（2）可以创建任意多个不同类型的泛型类的实例。

（3）指定了类型参数后，编译器在运行时将每个 T 替换为相应的类型参数。

（4）泛型参数在指定后不能够更改。

泛型类和方法中，泛型参数可以不止定义一个，不同的泛型参数要使用不同的名称，泛型参数的命名通常满足以下几个特点。

（1）使用描述性的名称命名，使人明白参数含义。

（2）将 T 作为描述性类型参数名的前缀。

（3）在泛型参数名中指示对此泛型参数的约束。

（4）若只有一个泛型参数，使用 T 作为泛型参数名。

非泛型类中可以定义泛型方法，在实例化非泛型类时不需要指明类型参数，但泛型类在实例化时必须指明类型参数，并且该实例的成员必须遵循这样的类型参数，不能修改。如定义泛型类如下：

```
public class Num<T>
{
    public void numshow<T>(T num)
    {
        Console.WriteLine(num);
    }
}
```

则实例化时，若使用语句 Num<int> num = new Num<int>();实例化类，则 num 对象的 numshow()方法必须使用 int 类型。

5.5.4 类型参数的约束

编译器能够识别的类型有很多，但在定义泛型类时，可以对类型参数添加约束来限制类型参数的取值范围。对于有类型参数约束的类，使用不被允许的类型初始化，会产生编译错误。这就是本节要讲的约束。

泛型参数的范围很广，但不同的类型并不能肯定适合特定的泛型类，约束的定义能够保证指定的类型值被支持。一个类型参数可以使用一个或多个约束，并且约束自身可以是泛型类型。

类型参数的约束使用 where 关键字指定，但与 where 语句不同。参数类型的约束有 6 种类型，如表 5-19 所示。

表 5-19 类型参数约束

约束	说明
T:结构	类型参数必须是值类型。可以指定除 Nullable 以外的任何值类型
T:类	类型参数必须是引用类型，包括任何类、接口、委托或数组类型
T:new()	类型参数必须具有无参数的公共构造函数。当与其他约束一起使用时，new()约束必须最后指定
T:<基类名>	类型参数必须是指定的基类或派生自指定的基类
T:<接口名称>	类型参数必须是指定的接口或实现指定的接口。可以指定多个接口约束
T:U	为 T 提供的类型参数必须是为 U 提供的参数或派生自为 U 提供的参数。这称为裸类型约束

思考与练习

一、填空题

1．二维数组的声明比一维数组的声明在中括号内多了一个__________。

2．清除动态数组中所有元素的方法是__________。

3．在 C#中所有集合都实现了 ICollection 接口和__________接口。

4．拥有值和键的集合称作__________集合。

5．Stack 集合又称作__________集合。

6．SortedList 集合根据键值__________排序。

二、选择题

1．下列声明的数组的维数是__________。

```
int[,,] num;
```

A．1

B．2

C．3

D．4

2．下列属性__________表示静态数组的长度。

A．Rank

B．LongLength

C．Capacity

D．Count

3．以下不是静态数组方法的是__________。

A．Insert()

B．GetLength()

C．GetLongLength()

D．FindIndex()

4．下列后进先出的集合是________。

A．ArrayList 集合

B．Hashtable 集合

C．Queue 集合

D．Stack 集合

5．下列方法________不能用来添加元素。

A．Add()

B．Push()

C．Get()

D．Enqueue()

6．以下________属于字典集合。

A．ArrayList 集合

B．Hashtable 集合

C．Queue 集合

D．Stack 集合

7．自定义的非字典集合通常以________类为基类。

A．CollectionBase 集合

B．ArrayList 集合

C．Queue 集合

D．Stack 集合

三、简答题

1．简要概述数组的含义。

2．简单说明动态数组和静态数组的区别。

3．简要概述冒泡排序的算法。

4．简要概述集合与数组的区别。

5．简要概述几种常见集合类的区别。

第 6 章　C#中常用的处理类

.NET Framework 类库提供了多个命名空间，每个命名空间下都包含多种用于操作的类，本章介绍 C#中常用的一些处理类。包括用于处理字符串的 String 类和 StringBuilder 类；用于操作日期和时间的 DateTime 结构和 TimeSpan 结构；用于获取随机数的 Random 类；以及正则表达式和线程处理类。通过本章的学习，读者不仅可以对这些内置类有所了解，也可以熟练地使用这些类操作字符串、日期、时间、随机数等内容。

本章学习要点：

- ❑ 掌握 String 类如何操作字符串
- ❑ 掌握 StringBuilder 类如何操作字符串
- ❑ 掌握 DateTime 结构的使用
- ❑ 掌握 TimeSpan 结构的使用
- ❑ 了解 Math 类的使用
- ❑ 熟悉 Rendom 类的使用
- ❑ 了解正则表达式的常用匹配规则
- ❑ 熟悉 Regex 类的常用方法及其使用
- ❑ 熟悉 Thread 类的使用

6.1 操作字符串

字符串是由零个或者多个字符组成的有限序列。在 C#中，可以将字符串分为不可变字符串和可变字符串。其中，不可变字符串是 System 命名空间下的 String 类的对象，在前面例子中的字符串大多数是这种类型的字符串；可变字符串是 System.Text 命名空间下的 StringBuilder 类的对象。

本节介绍 String 类和 StringBuilder 类，然后介绍常见的一些字符串操作，如合并字符串、截取字符串、拆分字符串以及比较字符串等。

6.1.1 String 类

String 类是用于表示文本的、Unicode 字符的有序集合。由于 String 类中的值是不可变的，因此通常被称为不可变字符串。

> **注意**
>
> String 对象的值是有序集合的内容，并且该值是不可变的，即一旦创建了一个 String 对象，就不能修改该对象的值。虽然有些方法看起来修改了 String 对象，实际上是返回了一个包含修改后内容的新的 String 对象。

【范例 1】

创建值为“我是一名中国人”的字符串对象，并将该对象保存到 firstStr 中，然后对 firstStr 的值进行修改，最后在控制台输出字符串的值，代码如下。

```
string firstStr = "我是一名中国人";
firstStr = "大家好，我是一名中国人。";
Console.WriteLine(firstStr);
```

1. String 的构造函数

除了使用范例 1 的方式创建字符串外，String 类还提供了 8 个构造函数来创建字符串。如表 6-1 所示列出了 String 的构造函数，并对这些构造函数进行说明。

表 6-1 String 类的 8 种不同构造函数

构造函数	说明
String(Char*)	将 String 类的新实例初始化为由指向 Unicode 字符数组的指定指针指示的值
String(Char[])	将 String 类的新实例初始化为由 Unicode 字符数组指示的值
String(SByte*)	将 String 类的新实例初始化为由指向 8 位有符号整数数组的指针指示的值
String(Char,Int32)	将 String 类的新实例初始化为由重复指定次数的指定 Unicode 字符指示的值
String(Char*,Int32,Int32)	将 String 类的新实例初始化为由指向 Unicode 字符数组的指定指针、该数组内的起始字符位置和一个长度指示的值
String(Char[],Int32,Int32)	将 String 类的新实例初始化为由 Unicode 字符数组、该数组内的起始字符位置和一个长度指示的值
String(SByte*,Int32,Int32)	将 String 类的新实例初始化为由指向 8 位有符号整数数组的指定指针、该数组内的起始字符位置和一个长度指示的值
String(SByte*,Int32,Int32,Encoding)	将 String 类的新实例初始化为由指向 8 位有符号整数数组的指定指针、该数组内的起始字符位置、长度以及 Encoding 对象指示的值

【范例 2】

首先声明 char 类型的数组，然后调用表 6-1 中的构造函数创建字符串。代码及其说明如下。

```
char[] ch = { 'h', 'e', 'e', 'l', 'o' };
String str1 = new String(ch);            //使用 ch 字符数组创建字符串
String str2 = new String(ch, 1, 4);
                                  //在 ch 字符数组中从索引 1 开始，获取 4 个字符
String str3 = new String('<', 5);        //将字符'<'重复 5 次组成一个字符串
```

在 C#中声明字符串会用到 string 类型，string 是 C#中的类，String 是.NET Framework 中的类（在 C#的 IDE 中不会显示蓝色）。C#中的 string 类映射为.NET Framework 中的 String 类。如果使用 string 声明字符串，编译器会把它编译成 String，因此，直接使用 String 可以让编译器少做一点工作。上面的代码还可以用 string 来代替：

```
char[] ch = { 'h', 'e', 'e', 'l', 'o' };
```

```
string str1 = new string(ch);        //使用 ch 字符数组创建字符串
string str2 = new string(ch, 1, 4);//在 ch 字符数组中从索引 2 开始，获取 3 个字符
string str3 = new string('<', 5);   //将字符'<'重复 5 次组成一个字符串
```

2. String 的字段和属性

String 类包含一个静态只读字段 Empty 和两个实例属性 Chars 和 Length，说明如下。

（1）Empty 字段：表示空字符串。

（2）Chars 属性：从当前字符串指定位置获取一个字符。

（3）Length 属性：获取当前字符串的长度。

6.1.2 String 类操作字符串

String 类提供了多种方法操作字符串，每一种方法可能还包含一些重载方法。本节介绍 String 类常见的字符串操作方法，并举例说明。

1. 连接字符串

一般情况下连接字符串有三种形式，最简单的一种形式是使用“+”符号进行连接。

【范例 3】

分别声明 str1 和 str2 字符串，然后通过“+”符号将两个字符串连接起来并保存到 str 中，最后输出 str 的值，代码如下。

```
string str1 = "大家好,";
string str2 = "我的英文名字是 Jack。";
string str = str1 + str2;
Console.WriteLine(str);
```

字符串对象的 Concat()方法用于将一个或多个字符串对象连接为一个新的字符串。Concat()方法包含多种重载形式，如下列出了 4 种常用的格式。

```
public static string Concat(object arg0);
public static string Concat(object arg0, object arg1);
public static string Concat(string str0, string str1);
public static string Concat(string str0, string str1, string str2);
```

可以通过 Concat()方法将范例 3 中的两个字符串进行连接，代码如下。

```
string str = string.Concat(str1, str2);
```

试一试

除了使用 Concat()方法连接两个字符串外，还可以使用该方法连接多个字符串和对象，这里不再对 Concat()方法的重载形式一一列举代码，读者可以亲自动手试一试。

Join()方法也能够将指定字符串数组中的所有字符串连接为一个新的字符串，而且被连接的各个字符串被指定分隔字符串分隔。Join()方法常用重载形式如下。

```
public static string Join(string separator, params object[] values);
public static string Join(string separator, params string[] value);
public static string Join(string separator, string[] value, int startIndex,
int count);
```

【范例 4】

声明 Object 类型和 string 类型的数组并将数组值保存到 objs 和 strs 变量中，然后调用 String.Join()方法连接指定的内容，代码如下。

```
Object[] objs = new Object[] { "《茶花女》", 0, "《家》", 1, "《雾》", 2,
"《高老头》", 3 };
string[] strs = new string[] { "《水浒传》", "施耐庵", "《西游记》", "吴承恩",
"《三国演义》", "罗贯中", "《红楼梦》", "曹雪芹" };
Console.WriteLine("1)使用空格连接字符串:\n{0}", String.Join(" ", objs));
Console.WriteLine("\n2)使用逗号连接字符串:\n{0}", String.Join(",", strs));
Console.WriteLine("\n3)使用子串连接字符串:\n{0}", String.Join("/", strs, 3,
3));
```

在上述代码中，前两个 Join()方法传入两个参数，第一个参数表示进行连接的分隔符，第二个参数指定一个数组，其中包含要连接的元素。最后一个 Join()方法包含 4 个参数，其中前两个参数含义相同，第三个参数表示要连接的第一个字符串在数组中的位置，第 4 个参数表示连接的数量。

运行上述代码查看输出结果，如图 6-1 所示。

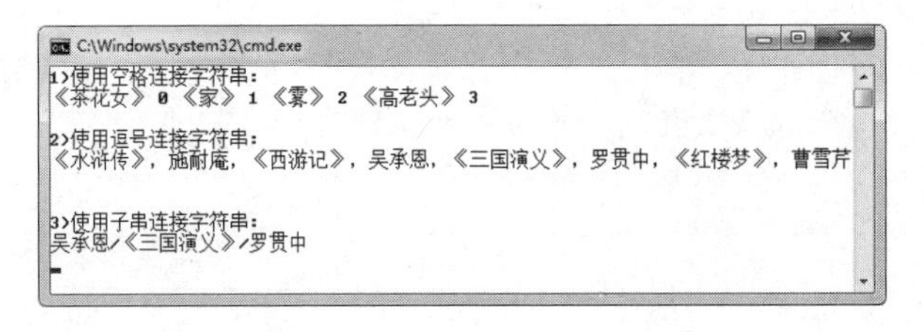

图 6-1　Join()方法的使用

2. 替换字符串

使用 String 类实例的 Replace()方法可以替换字符。替换字符是指将字符串中指定的字符替换为新的字符，或者将指定的字符串替换为新的字符串。Replace()方法有以下两种重载形式。

```
string Replace(char oldChar,char newChar)
string Replace(string oldValue,string newValue)
```

第一行代码表示将字符串中指定的字符替换为新的字符；第二行代码表示将字符串中指定的字符串替换为新的字符串。其中，oldChar 和 oldValue 分别表示被替换的字符和字符串，而 newChar 和 newValue 分别表示替换后的字符和字符串。

【范例 5】

获取用户在控制台中输入的内容，如果输入的内容中包含“We”字符串，那么将使用“_we_”进行替换，并输出替换后的结果，代码如下。

```
Console.Write("请输入一段内容：");
string content = Convert.ToString(Console.ReadLine());
                                                    //获取用户输入的内容
string newcontent1 = content.Replace("We", "_we_");
Console.WriteLine("您输入的内容如下："+newcontent1);
```

在浏览器中运行上述代码，输入内容查看效果，如图 6-2 所示。

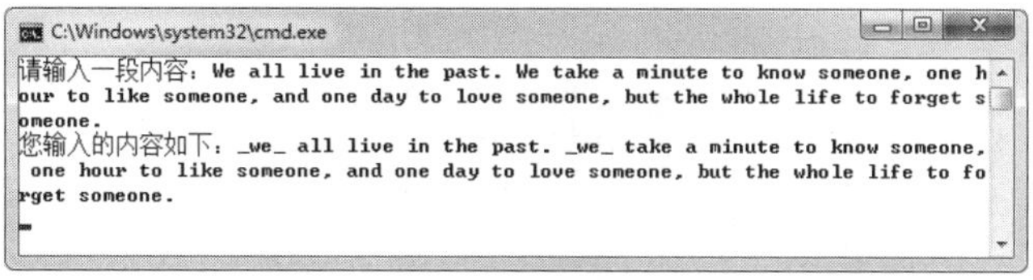

C:\Windows\system32\cmd.exe
请输入一段内容：We all live in the past. We take a minute to know someone, one h
our to like someone, and one day to love someone, but the whole life to forget s
omeone.
您输入的内容如下：_we_ all live in the past. _we_ take a minute to know someone,
 one hour to like someone, and one day to love someone, but the whole life to fo
rget someone.

图 6-2 Replace()方法的使用

3. 截取子字符串

截取子字符串是指从原始字符串获取字符串的其中一部分，即子字符串。String 类提供的 Substring()方法用于截取子字符串，该方法有以下两种重载。

```
String Substring(int index1)
String Substring(int index1,int length)
```

其中，index1 参数指定子字符串开始截取的位置，参数值从 0 开始；length 参数指定字符串中的字符数。

【范例 6】

创建字符串对象并输出，然后获取字符串的总长度，截取指定位置的子字符串并进行输出，代码如下。

```
string content = "我们每个人都生活在各自的过去中，人们会用一分钟的时间去认识一个人，用一小时的时间去喜欢一个人，再用一天的时间去爱上一个人，到最后呢，却要用一辈子的时间去忘记一个人。";
Console.WriteLine("原始字符串："+content);
Console.WriteLine("字符串的总长度是："+content.Length);
Console.WriteLine("从第 6 个位置都开始截取子字符串："+content.Substring(5));
Console.WriteLine("从第 6 个位置截取 15 个字符：" + content.Substring(5, 15));
```

运行上述代码查看输出结果，如图 6-3 所示。

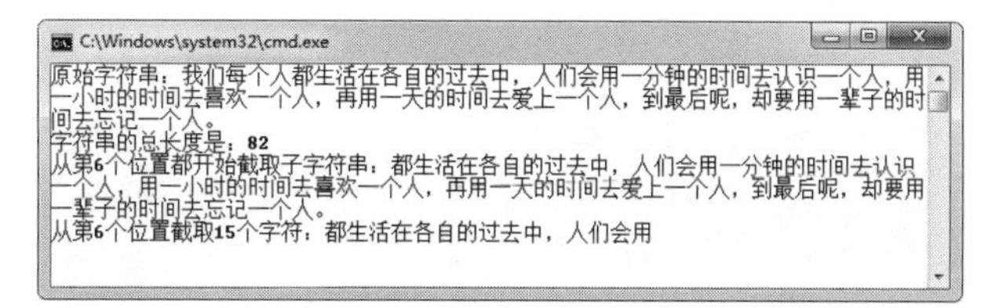

图 6-3 截取子字符串

4．分隔字符串

分隔字符串是指按照指定的分隔符，将一个字符串分隔成若干个子串。例如，将字符串“春|夏|秋|冬”按照分隔符“|”可以分隔成“春”“夏”“秋”和“冬”这 4 个字符串。在 C#中，实现分隔字符串的功能需要调用 String 类的 Split()方法，该方法的常用几种重载形式如下。

```
string[] Split(params char[] separator)
string[] Split(char[] separator,int count)
string[] Split(char[] separator,StringSplitOptions options)
string[] Split(string[] separator,StringSplitOptions options)
string[] Split(char[] separator,int count,StringSplitOptions options)
string[] Split(string[] separator,int count,StringSplitOptions options)
```

其中，separator 参数表示分隔字符或字符串数组；count 表示要返回的字符串的最大数量；options 参数表示字符串分隔选项，它是一个枚举类型，其值分别是 System.StringSplitOptions.RemoveEmptyEntries 和 System.StringSplitOptions.None，前者表示省略返回的数组中的空数组元素；后者表示要包含返回的数组中的空数组元素。

【范例 7】

创建字符串对象并输出内容，然后调用 Split()方法分别通过分号（;）和顿号（、）对字符串进行分隔，并将分隔后的内容遍历输出，代码如下。

```
string content = "《红楼梦》、《三国演义》、《水浒传》、《西游记》；《邦斯舅舅》、《悲惨世界》、《幻灭》、《简爱》";
Console.WriteLine("原来的字符串：" + content);
Console.WriteLine("========================================");
Console.WriteLine("通过分号分隔：");
foreach (string item in content.Split('；')) {
   Console.Write(item + "\n");
}
Console.WriteLine("\n========================================");
Console.WriteLine("通过顿号分隔：");
foreach (string item in content.Split('、')) {
   Console.WriteLine(item + "\t");
}
```

运行上述代码查看控制台的输出结果，如图 6-4 所示。

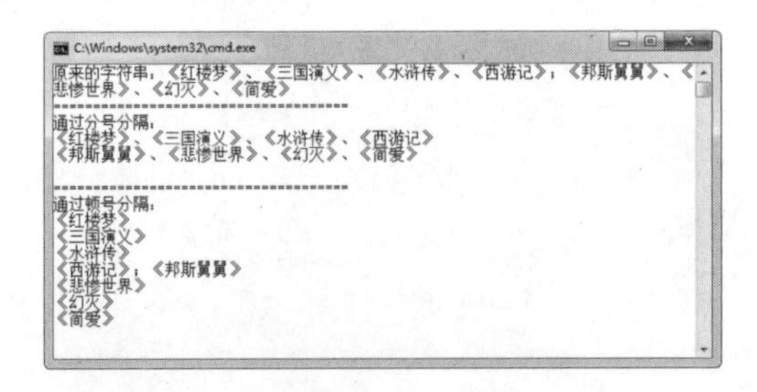

图 6-4　控制台的输出结果

5. 移除字符串

移除字符串是指从一个原始字符串中去掉指定的字符或者指定数量的字符，而形成一个新字符串。String 类提供了 Remove()方法实现移除功能，该方法的两种重载形式如下。

```
public string Remove(int startIndex);
public string Remove(int startIndex, int count);
```

其中，startIndex 参数表示要移除字符的开始索引，count 参数表示移除字符的数量，如果省略第二个参数则表示到字符末尾。Remove()方法与大多数方法一样，使用该方法移除后返回移除后的新字符串。

【范例 8】

创建字符串对象并输出原始字符串，然后调用 Remove()方法移除指定位置的字符串，移除内容完毕后重新输出字符串，代码如下。

```
string content = "If you leave me, please don't comfort me because each
sewing has to meet stinging pain.";
Console.WriteLine(content);
content.Remove(3);
Console.WriteLine("\nRemove(5)结果: {0}", content.Remove(5));
Console.WriteLine("Remove(5,10)结果: {0}", content.Remove(5, 10));
Console.WriteLine("Remove(12,14)结果: {0}", content.Remove(12, 14));
```

运行上述代码查看效果，如图 6-5 所示。

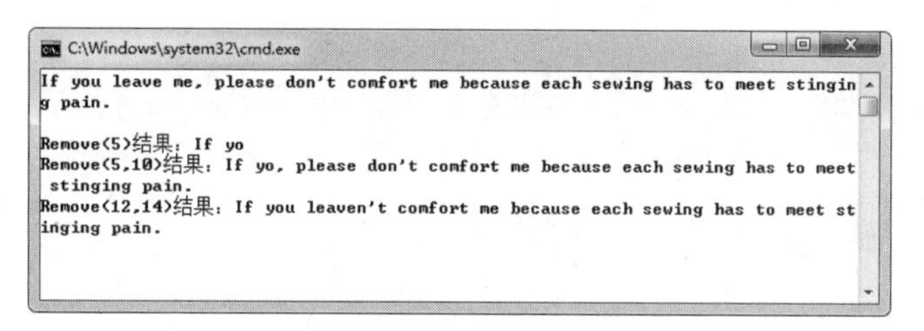

图 6-5 移除字符串

6. 转换大小写

转换字符串的大小写是最常见的字符串处理之一，String 类提供了 ToUpper()方法和 ToLower()方法来实现。其中，ToUpper()方法表示将字符串全部转换为大写；ToLower()方法表示将字符串全部转换为小写。基本语法如下：

```
public string ToUpper();
public string ToLower();
```

【范例 9】

根据用户输入的英文进行大小写转换，代码如下。

```
Console.WriteLine("请输入一段英文：");
string contentstr = Console.ReadLine();
Console.WriteLine("全部转换为大写：" + contentstr.ToUpper());
Console.WriteLine("全部转换为小写：" + contentstr.ToLower());
```

运行上述代码输入内容进行测试，控制台的最终输出结果如图 6-6 所示。

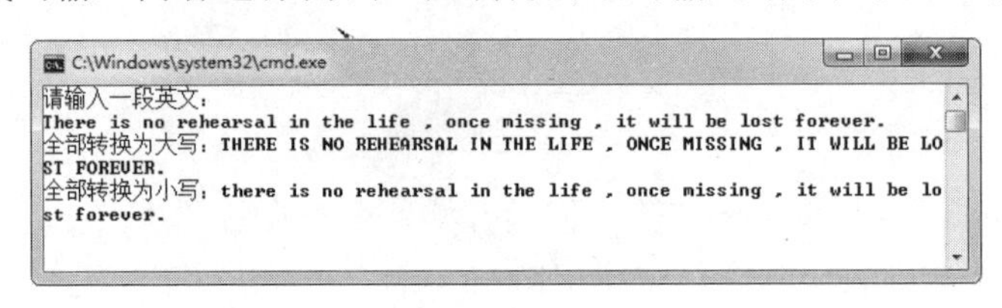

图 6-6 转换大小写

7. 其他方法

除了上述介绍的方法外，String 类还包含许多其他的方法，如下简单介绍一些常用的其他方法。

（1）Trim()方法：返回一个前后不含任何空格的字符串。

（2）TrimStart()方法：表示从字符串的开始位置删除空白字符或指定的字符。

（3）TrimEnd()方法：用于从字符串的结尾删除空白字符或指定的字符。

【范例 10】

创建值为“　　　　我正在进行测试　　　　”的字符串对象，然后分别调用 Trim()、TrimStart()和 TrimEnd()去除字符串的空格，并输出去除后的结果，代码如下。

```
string str = "      我正在进行测试      ";                //创建第一个测试字符串
Console.WriteLine("原始字符串：\"{0}\"", str);
Console.WriteLine("去除左右空格：\"{0}\"", str.Trim());
Console.WriteLine("去除左边空格：\"{0}\"", str.TrimStart());
Console.WriteLine("去除右边空格：\"{0}\"", str.TrimEnd());
```

运行上述代码查看效果，如图 6-7 所示。

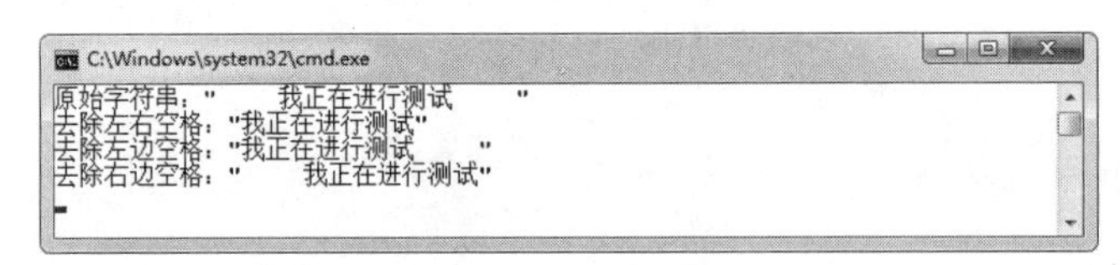

图 6-7 去除字符串中的空格

在一个原始字符串中查找一个字符或者字符串的位置是最常见的字符串操作之一。如表 6-2 所示列出了一些与查找字符串有关的方法。

表 6-2 常用查找字符串方法

方法名称	说明
IndexOf()	返回子字符串或字符串第一次出现的索引位置（从 0 开始计算）。如果没有找到字符串，则返回–1

续表

方法名称	说明
IndexOfAny()	返回子字符串或部分匹配第一次出现的索引位置（从 0 开始计数）。如果没有找到子字符串，则返回–1
LastIndexOf()	返回指定子字符串的最后一个索引位置。如果没有找到子字符串，则返回–1
LastIndexOfAny()	返回指定子字符串或部分匹配的最后一个位置。如果没有找到子字符串，则返回–1
StartsWith()	判断字符串是否以指定子字符串开始，返回值为 true 或 false
EndsWith()	判断字符串是否以指定子字符串结束，返回值为 true 或 false

【范例 11】

创建字符串对象并输出该字符串，然后分别调用 StartsWidth()、EndsWith()、IndexOf()和 LastIndexOf()方法获取或者匹配字符串，代码如下。

```
string str = "No man or woman is worth your tears,and the one who is, won't make you cry. ";
Console.WriteLine("原始英文语句: " + str);
Console.WriteLine("是否以 N 开始: " + str.StartsWith("N"));
Console.WriteLine("是否以 n 结尾: " + str.EndsWith("n"));
Console.WriteLine("返回 o 出现的第一个位置: " + str.IndexOf('o'));
Console.WriteLine("返回 o 出现的最后一个位置: " + str.LastIndexOf('o'));
```


运行上述代码查看效果，如图 6-8 所示。

```
C:\Windows\system32\cmd.exe
原始英文语句: No man or woman is worth your tears,and the one who is, won't make
 you cry.
是否以N开始: True
是否以n结尾: False
返回o出现的第一个位置: 1
返回o出现的最后一个位置: 68
```

图 6-8 截取或者匹配字符串

6.1.3 StringBuilder 类

由于 String 类创建的字符串是不可改变的，因此每次使用 String 类中的方法时，都要在内存中创建一个新的字符串对象，这就需要为该新对象分配新的空间。在需要对字符串执行重复修改的情况下，与创建新的 String 对象相关的系统开销可能会非常昂贵。如果要修改字符串而不创建新的对象，则可以用 System.Text 命名空间下的 StringBuilder 类。

1. StringBuilder 的构造函数

StringBuilder 类通常被称为可变字符串，如表 6-3 所示列出了该类的 6 种构造函数。

表 6-3 StringBuilder 类的构造函数

构造函数	说明
StringBuilder()	初始化一个空的 StringBuilder 类实例

续表

构造函数	说明
StringBuilder(int capacity)	使用指定的容量初始化 StringBuilder 类的新实例
StringBuilder(string value)	使用指定的字符串初始化 StringBuilder 类的新实例
StringBuilder(int capacity, int maxCapacity)	初始化 StringBuilder 类的新实例，该类起始于指定容量并且可增长到指定的最大容量
StringBuilder(string value, int capacity)	使用指定的字符串和容量初始化 StringBuilder 类的新实例
StringBuilder(string value, int startIndex, int length, int capacity)	用指定的子字符串和容量初始化 StringBuilder 类的新实例

【范例 12】

下面通过表 6-3 中的构造函数创建 6 个 StringBuilder 对象，代码如下。

```
StringBuilder sb1 = new StringBuilder();
StringBuilder sb2 = new StringBuilder(20);
StringBuilder sb3 = new StringBuilder("Hi,Lucy");
StringBuilder sb4 = new StringBuilder(20, 200);
StringBuilder sb5 = new StringBuilder("Lucy", 20);
StringBuilder sb6 = new StringBuilder("Lucy", 0, 1, 20);
```


2. StringBuilder 类的常用属性

StringBuilder 类中包含 4 个常用属性，其说明如下。

（1）Capacity 属性：获取或设置可包含在当前实例所分配的内存中的最大字符数。

（2）Chars 属性：获取或设置此实例中指定字符位置处的字符。

（3）Length 属性：获取或设置当前 StringBuilder 对象的长度。

（4）MaxCapacity 属性：获取此实例的最大容量。

【范例 13】

以范例 12 中的 sb2 对象为例，分别获取 Capacity、Length 和 MaxCapacity 属性的值并将结果输出，代码如下。.

```
Console.WriteLine("sb2 对象的 Capacity 属性值是："+sb2.Capacity);
Console.WriteLine("sb2 对象的最大容量是：" + sb2.MaxCapacity);
Console.WriteLine("sb2 对象的内容的长度是："+sb2.Length);
```

3. 适用情况

StringBuilder 和 String 类的适用情况不同，在以下这些情况下可以考虑使用 String 类。

（1）应用程序将对字符串更改的数量很小。

（2）当执行串联运算的内置数字时，尤其是对于字符串文本。在这种情况下，编译器可能将串联运算到单个操作。

（3）必须执行广泛的搜索操作，生成字符串时，StringBuilder 类没有搜索方法。

在以下两种情况下可以考虑使用 StringBuilder 类。

（1）希望应用程序创建一个未知的、设置为字符串的随机数字符串。
（2）希望应用程序创建一个大量为字符串的更改。

6.1.4 StringBuilder 类操作字符串

StringBuilder 类中也包含多个方法，下面介绍一些常用来操作字符串的方法。

1．追加字符串

追加字符串可以将指定的字符或者字符串插入到字符串的结尾处。StringBuilder 类提供三种追加字符串的方法，说明如下。

（1）Append()方法：将指定的字符或字符串追加到字符串的末尾。
（2）AppendLine()方法：追加指定的字符串完成后，还追加一个换行符号。
（3）AppendFormat()方法：首先格式化被追加的字符串，然后将其追加到字符串的末尾。

上述三个方法中都有重载形式，以 AppendLine()方法为例，它的两种重载形式如下。

```
AppendLine()                    //将默认的行终止符追加到当前对象的末尾。
AppendLine(string value)
                    //将后面有默认行终止符的指定字符串的副本追加到当前对象的末尾
```


【范例 14】

创建字符串对象 str，然后调用上面介绍的三个方法追加内容并输出，代码如下。

```
string str = "If winter comes ,can spring be far behind?";
StringBuilder sb = new StringBuilder(str);
string app = "冬天来了，春天还会远吗";
Console.WriteLine("Append()方法追加内容：" + sb.Append(app));
Console.WriteLine("AppendLine()方法追加内容：" + sb.AppendLine(app));
Console.WriteLine("AppendFormat()方法追加内容：" + sb.AppendFormat("1.{0}",
app));
```

运行上述代码查看效果，如图 6-9 所示。

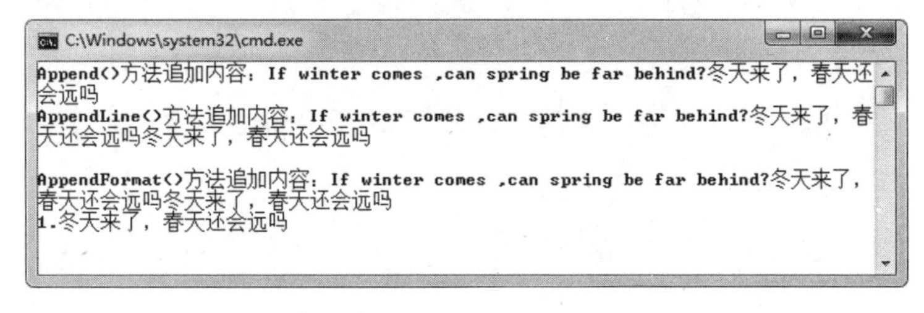

图 6-9 追加字符串

2．插入字符串

插入字符串可以在原始字符串的指定位置插入特定的字符、数字或者字符串等内容。

StringBuilder 类的 Insert()方法封装了插入字符串的功能，该方法包含多个重载形式，这里不再详细介绍，而是直接演示 Insert()方法的使用。

【范例 15】

调用 Insert()方法向字符串的开始位置插入一段中文字符串，代码如下。

```
string str = "If winter comes,can spring be far behind?";
StringBuilder sb = new StringBuilder(str);
Console.WriteLine(sb.Insert(0, "冬天来了，春天还会远吗？"));
```

3. 移除字符串

与 String 类一样，StringBuilder 类也提供了 Remove()方法用于从字符串中指定位置开始移除其后指定数量的字符。基本语法如下：

```
public StringBuilder Remove(int startIndex, int length);
```

其中，startIndex 参数表示开始移除字符的位置；length 参数表示要移除的字符数量。

【范例 16】

通过 StringBuilder 类创建一个可变字符串，然后调用 Remove()方法删除字符串中的“if winter”字符串，代码如下。


```
string str = "If winter comes,can spring be far behind?";
StringBuilder sb = new StringBuilder(str);
Console.WriteLine(sb.Remove(0,9));
```

4. 替换字符串

StringBuilder 类中提供了 Replace()方法，该方法可以用于替换字符或者字符串。其重载形式如下：

```
public StringBuilder Replace(char oldChar, char newChar);
public StringBuilder Replace(string oldValue, string newValue);
public StringBuilder Replace(char oldChar, char newChar, int startIndex,
int count);
public StringBuilder Replace(string oldValue, string newValue, int
startIndex, int count);
```

【范例 17】

通过 StringBuilder 类创建可变字符串，然后调用 Replace()方法替换字符串中的 b 字符，将其替换为下划线，代码如下。

```
string str = "If winter comes,can spring be far behind?";
StringBuilder sb = new StringBuilder(str);
Console.WriteLine(sb.Replace('b', '_'));
```

6.2 操作日期和时间

开发者经常会对日期和时间进行处理，.NET Framework 类库中提供了与日期和时间有关的 DateTime 结构和 TimeSpan 结构，下面简单介绍这两个结构。

6.2.1 DateTime 结构

DateTime 结构是一个值类型，它表示时间上的某一刻，通常以日期和当天的时间进行表示。DateTime 结构的时间值以 100 ms 为单位进行计算，该结构表示值范围在公元 0001 年 1 月 1 日午夜 12:00:00 到公元 9999 年 12 月 31 日晚上 11:59:59 之间的日期和时间。

1. 构造函数

DateTime 结构包含 12 种构造函数，通过这些构造函数可以创建指定的日期和时间。如下对常用的几种构造函数进行说明。

（1）DateTime(int year, int month, int day)：将 DateTime 结构的新实例初始化为指定的年、月和日。

（2）DateTime(int year, int month, int day, Calendar calendar)：将 DateTime 结构的新实例初始化为指定日历的指定年、月和日。

（3）DateTime(int year, int month, int day, int hour, int minute, int second)：将 DateTime 结构的新实例初始化为指定的年、月、日、小时、分钟和秒。

（4）DateTime(int year, int month, int day, int hour, int minute, int second, int millisecond)：将 DateTime 结构的新实例初始化为指定的年、月、日、小时、分钟、秒和毫秒。

【范例 18】

使用三种常见的形式创建日期和时间，代码如下。

```
DateTime dt1 = new DateTime(2014,11,11);            //年、月和日
DateTime dt2 = new DateTime(2014,11,11,14,19,59);
                                   //年、月、日、小时、分钟和秒
DateTime dt3 = new DateTime(2014,11,11,14,19,59,16);
                                   //年、月、日、小时、分钟、秒和毫秒
```

2. DateTime 结构的静态只读字段

DateTime 结构中有两个静态的只读字段：MaxValue 和 MinValue。MaxValue 表示 DateTime 的最大可能值，MinValue 表示 DateTime 的最小可能值。

【范例 19】

调用 DateTime 结构的 MaxValue 和 MinValue 字段获取日期和时间的最大值与最小值，然后将获取到的结果输出，代码如下。

```
DateTime max = DateTime.MaxValue;
DateTime min = DateTime.MinValue;
Console.WriteLine("最大值：" + max + "，最小值：" + min);
```

3. DateTime 结构的属性

DateTime 结构包含 16 个属性，其中 3 个静态属性，13 个实例属性，通过这些属性

可以获取系统的当前时间、月份和天等信息，如表 6-4 所示。

表 6-4 DateTime 结构的常用属性

属性名称	说明
Now	静态属性，获取计算机上的当前时间
Today	静态属性，获取当前日期
UtcNow	静态属性，获取计算机上的当前时间，表示为协调通用世界时间（UTC）
Date	获取日期部分
Day	获取此实例所表示的日期为该月中的第几天
DayOfWeek	获取此实例所表示的日期是星期几
DayOfYear	获取此实例所表示的日期是该年中的第几天
Hour	获取日期的小时部分
Kind	类型为 DateTimeKind 值，该值指示是本地时间、协调世界时，还是两者都不是
Millisecond	获取日期的毫秒部分
Minute	获取日期的分钟部分
Month	获取日期的月份部分
Second	获取日期的秒部分
Ticks	获取日期和时间的刻度数（计时周期数）
TimeOfDay	获取当天时间，即当天自午夜以来已经过时间的部分
Year	获取年份部分

【范例 20】

通过 DateTime.Now 获取系统的日期和时间，然后分别获取 Year、DayOfWeek 和 DayOfYear 属性的值并输出，代码如下。

```
DateTime dt = DateTime.Now;      //获取系统的日期和时间
Console.WriteLine("dt 对象的值: " + dt);
Console.WriteLine("Year 属性的值: " + dt.Year);
Console.WriteLine("今天星期几: " + dt.DayOfWeek);
Console.WriteLine("这是一年中的第" + dt.DayOfYear + "天");
```

4. DateTime 结构的方法

DateTime 结构提供了一系列的方法，这些方法可以是静态的，也可以是实例的，其中静态方法 14 个，实例方法 28 个，如表 6-5 所示对比较常见的实例方法进行了说明。

表 6-5 DateTime 结构常用的实例方法

方法名称	说明
Add()	将当前实例的值加上指定的 TimeSpan 的值
AddYears()	将指定的年份数加到当前实例的值上
AddMonths()	将指定的月份数加到当前实例的值上
AddDays()	将指定的天数加到当前实例的值上
AddHours()	将指定的月份数加到当前实例的值上
AddMinutes()	将指定的分钟数加到当前实例的值上
AddSeconds()	将指定的秒数加到当前实例的值上
ToLongDateString()	转换为长日期字符串表示形式
ToLongTimeString()	转换为长时间字符串表示形式

续表

方法名称	说明
ToShortDateString()	转换为短日期字符串表示形式
ToShortTimeString()	转换为短时间字符串的表示形式
ToString()	转换为字符串表示形式
ToOADate()	转换为 OLE 自动化日期
CompareTo()	与指定的 DateTime 值相比较
Subtract()	从当前实例中减去指定的日期和时间

【范例 21】

获取系统的当前日期和时间并输出，然后分别调用 AddYears()、AddMinutes()、ToLongDateString()和 ToShortDateString()方法操作日期，代码如下。

```
DateTime dt = DateTime.Now;      //获取系统的日期和时间
Console.WriteLine("dt 对象的值: " + dt);
Console.WriteLine("增加 3 年: " + dt.AddYears(3));
Console.WriteLine("减少 3 分钟: " + dt.AddMinutes(-3));
Console.WriteLine("长日期格式: " + dt.ToLongDateString());
Console.WriteLine("短日期格式: " + dt.ToShortDateString());
```

6.2.2 TimeSpan 结构

TimeSpan 表示时间间隔或持续时间，按正负天数、小时数、分钟数、秒数以及秒的小数部分进行度量，最大时间单位为天。TimeSpan 的值等于所表示时间间隔的刻度数。一个刻度等于 100 ns，TimeSpan 对象的值的范围在 MinValue 和 MaxValue 之间。一个 TimeSpan 值表示的时间形式如下：

```
[-]d.hh:mm:ss.ff
```

其中，减号是可选的，它指示负时间间隔；d 表示天；hh 表示小时（24 小时制）；mm 表示分钟；ss 表示秒；ff 表示秒的小数部分。即时间间隔包括整的正负天数、天数和剩余的不足一天的时长，或者只包含不足一天的时长。

1. TimeSpan 结构的构造函数

与 DateTime 结构相比，TimeSpan 要简单得多，因此构造函数也要简单。它的 4 种构造函数如下：

```
public TimeSpan(long ticks);
public TimeSpan(int hours, int minutes, int seconds);
public TimeSpan(int days, int hours, int minutes, int seconds);
public TimeSpan(int days, int hours, int minutes, int seconds, int
milliseconds);
```

【范例 22】

通过 4 种构造函数创建 4 个时间，代码如下。

```
TimeSpan ts1 = new TimeSpan(200);                    //表示 200 μs
TimeSpan ts2 = new TimeSpan(14, 32, 40);             //表示 14:32:40
TimeSpan ts3 = new TimeSpan(2, 22, 38, 50);          //表示 2:22:38:50
TimeSpan ts4 = new TimeSpan(1, 7, 45, 21, 37); //表示 1.7:45:21:37
```

2. TimeSpan 结构的静态字段

在 TimeSpan 结构中包含 8 个静态字段，其中 3 个只读字段和 5 个常数字段。3 个只读字段的 MaxValue 表示最大的 TimeSpan 值；MinValue 表示最小的 TimeSpan 值；Zero 指定零 TimeSpan 值。5 个常数字段的具体说明如下。

（1）TicksPerDay：一天中的刻度数。

（2）TicksPerHour：1 h 的刻度数。

（3）TicksPerMillisecond：1 ms 的刻度数。

（4）TicksPerMinute：1 min 的刻度数。

（5）TicksPerSecond：1 s 的刻度数。

【范例 23】

调用 MaxValue、MinValue、TicksPerDay 和 TickPerHour4 个字段获取信息，并将获取到的结果输出，代码如下。


```
Console.WriteLine("TimeSpan 的最大值： " + TimeSpan.MaxValue);
Console.WriteLine("TimeSpan 的最小值： " + TimeSpan.MinValue);
Console.WriteLine("一天中的刻度数： " + TimeSpan.TicksPerDay  );
Console.WriteLine("1 小时的刻度数： " + TimeSpan.TicksPerHour);
```

3. TimeSpan 结构的属性

TimeSpan 结构包含 11 个只读的实例属性，如表 6-6 所示。

表 6-6 **TimeSpan 结构的实例属性**

属性名称	说明
Days	获取 TimeSpan 结构所表示的时间间隔的天数部分
Hours	获取 TimeSpan 结构所表示的时间间隔的小时数
Milliseconds	获取 TimeSpan 结构所表示的时间间隔的毫秒数
Minutes	获取 TimeSpan 结构所表示的时间间隔的分钟
Seconds	获取 TimeSpan 结构所表示的时间间隔的秒数
Ticks	表示当前 TimeSpan 结构的值的刻度数
TotalDays	获取以整天数和天的小数部分表示的当前 TimeSpan 结构的值
TotalHours	获取以整小时数和小时的小数部分表示的当前 TimeSpan 结构的值
TotalMinutes	获取以整分钟数和分钟的小数部分表示的当前 TimeSpan 结构的值
TotalSeconds	获取以整秒数和秒的小数部分表示的当前 TimeSpan 结构的值
TotalMilliseconds	获取以整毫秒数和毫秒的小数部分表示的当前 TimeSpan 结构的值

【范例 24】

创建 TimeSpan 结构的实例对象，然后获取该对象的 Days、Hours、Minutes、Seconds、TotalMinutes 和 TotalSeconds 属性的值，并将获取到的属性值输出，代码如下。

```
TimeSpan timespan = new TimeSpan(14, 26, 13, 30, 50);
Console.WriteLine("获取 TimeSpan 对象的天数: " + timespan.Days);
Console.WriteLine("获取 TimeSpan 对象的小时数: " + timespan.Hours);
Console.WriteLine("获取 TimeSpan 对象的分钟数: " + timespan.Minutes);
Console.WriteLine("获取 TimeSpan 对象的毫秒数: " + timespan.Seconds);
Console.WriteLine("\n 获取 TimeSpan 对象的分钟部分和小数部分: " + timespan.
TotalMinutes);
Console.WriteLine("获取 TimeSpan 对象的秒部分和小数部分: " +     timespan.
TotalSeconds);
```

4. TimeSpan 结构的方法

在 TimeSpan 结构中包含 13 个静态方法和 9 个实例方法，使用这些方法可以创建新的结构实例、比较不同实例的值和指定值的转换等。如表 6-7 所示列出了 TimeSpan 结构的部分静态方法和实例方法。

表 6-7 TimeSpan 结构的实例方法

方法名称	说明
FromDays()	根据指定的天数，创建一个 TimeSpan 结构的实例。静态方法
FromHours()	根据指定的小时数，创建一个 TimeSpan 结构的实例。静态方法
FromMinutes()	根据指定的分钟数，创建一个 TimeSpan 结构的实例。静态方法
FromSeconds()	根据指定的秒数，创建一个 TimeSpan 结构的实例。静态方法
FromMilliseconds()	根据指定的毫秒数，创建一个 TimeSpan 结构的实例。静态方法
Add()	将指定的 TimeSpan 添加到实例中
CompareTo()	将当前实例与指定的 TimeSpan 对象进行比较，返回值为-1、0 和 1
Duration()	返回新的 TimeSpan 对象，其值是当前 TimeSpan 对象的绝对值
Equals()	判断两个 TimeSpan 结构的实例是否相等。如果相等返回 true，否则返回 false
Negate()	获取当前实例的值的绝对值
Subtract()	从此实例中减去指定的 TimeSpan

【范例 25】

创建 TimeSpan 结构的两个实例对象，并将第二个实例对象追加到第一个对象中，然后输出追加后的结果，代码如下。

```
TimeSpan timespan = new TimeSpan(14, 26, 13, 30, 50);
TimeSpan add = new TimeSpan(3, 3, 3);
Console.WriteLine(timespan.Add(add));
```

6.3 数学工具类

数学工具类与常用的算法有关，如获取指定数字的绝对值、正弦值和正切值等。本节介绍常用的两个数学工具类，即 Math 类和 Random 类。

6.3.1 Math 类

Math 类为三角函数、对数函数和其他通常的数学函数提供常数和静态方法，常用的两个字段说明如下。

（1）E：表示自然对数的底，它由常数 e 指定。

（2）PI：表示圆的周长与其直径的比值，由常数 π 指定。

Math 类包含许多方法，如表 6-8 所示只对一些常用的方法进行说明。

表 6-8　Math 类的常用方法

方法名称	说明
Abs()	求绝对值
Acos()	返回余弦值为指定数字的角度
Asin()	返回正弦值为指定数字的角度
Atan()	返回正切值为指定数字的角度
Atan2()	返回正切值为两个指定数字的商的角度
Cos()	返回指定角度的余弦值
Floor()	返回小于或等于指定数的最大整数
Log10()	返回指定数字以 10 为底的对数
Max()	返回两个同类型数据中较大的一个
Min()	返回两个同类型数据中较小的一个
Round(Decimal)	将数据舍入到最接近的整数值
Sin()	返回指定角度的正弦值
Sqrt()	返回指定数字的平方根
Tan()	返回指定角度的正切值

【范例 26】

下面的代码演示了表 6-8 中一些常用方法的使用。

```
Console.WriteLine("-12 的绝对值是：" + Math.Abs(-12));
Console.WriteLine("30° 角的正弦值：{0}", Math.Sin(Math.PI / 6));
                                                    //30° 角的正弦值
Console.WriteLine("   9 的平方根是：{0}", Math.Sqrt(9));  //平方根
Console.WriteLine(" 7.8 的接近值是：{0}", Math.Round(7.8));
Console.WriteLine(" 7.4 的接近值是：{0}", Math.Round(7.4));
Console.WriteLine("10.1 和 10.01 的大值：{0}", Math.Max(10.1, 10.01));
Console.WriteLine("10.1 和 10.01 的小值：{0}", Math.Min(10.1, 10.01));
```

6.3.2　使用 Random 类

Random 类用于创建指定的随机数字，它表示伪随机生成器，是一种能够产生满足某些随机性统计要求的数字序列的类。该类有以下两种构造函数：

```
Random()
Random(int Seed)
```

第一行代码表示默认的构造函数，使用与时间相关的默认种子值，初始化 Random 类的新实例。第二行代码使用指定的种子值初始化 Random 类的新实例。如果构造函数没有指定种子值，那么每次可以生成不同的随机数；如果构造函数确定种子值，其生成

随机数有着相同的数字序列。

创建 Random 类的实例对象之后，可以调用对象的方法创建随机数，常用的 3 个实例方法的说明如下。

（1）Next()方法：返回随机数。

（2）NextBytes()方法：使用随机数填充指定字节数组的元素。

（3）NextDouble()：返回一个介于 0.0～1.0 之间的随机数。

【范例 27】

创建 Random 类的实例对象，然后调用 Next()方法的不同构造函数生成随机数字，代码如下。

```
Random rand = new Random();
Console.WriteLine("Next()方法随机生成 5 个整数:");
for (int i = 1; i <= 5; i++)
    Console.Write("{0,15:N0}", rand.Next());
Console.WriteLine("\n================================================");
Console.WriteLine("Next()方法随机生成 5 个整数，最大值为 99: ");
for (int i = 1; i <= 5; i++)
    Console.Write(rand.Next(99) + "\t");
Console.WriteLine("\n================================================");
Console.WriteLine("Next()方法随机生成 5 位 100-999 之间的 3 位数: ");
for (int i = 1; i <= 5; i++)
    Console.Write(rand.Next(100, 999) + "\t");
```

在上述代码中，Next()方法表示随机生成 5 位数字，没有最大值和最小值的限制，Next(99)传入一个值为 99 的参数，指定生成数字的最大值是 99，Next(100,999)传入两个参数，100 表示生成的最小数字，999 表示最大的数字。

运行上述代码查看效果，如图 6-10 所示。

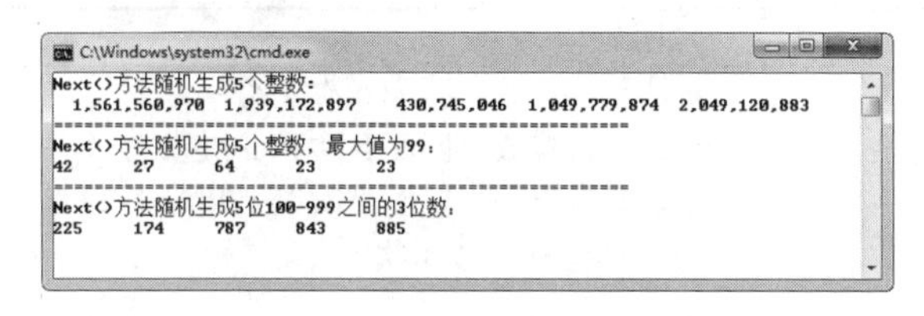

图 6-10　Random 类的使用方法

6.4 正则表达式

正则表达式在 C#中是很重要的，它是指由普通字符以及特殊字符组成的文字模式。下面简单了解一下 C#中的正则表达式。

6.4.1 匹配规则

正则表达式中有一套语法匹配规则，常见语法规则包括字符匹配、重复匹配、字符定位、转义匹配、字符分组、字符替换和字符决策等。下面介绍最常用的两种，即字符匹配和重复匹配。

1. 字符匹配

字符匹配表示一个范围内的字符是否匹配。例如，[a-z]表示匹配字母 a～z 之间的任意字符，与 123 不匹配。它主要用于检查一个字符串中是否含有某种子字符串、将匹配的子字符串做替换或从字符串中取出符合某个条件的子字符串等。字符匹配语法如表 6-9 所示。

表 6-9 字符匹配语法

字符匹配语法	说明
\d	匹配 0～9 之间的数字
\D	匹配非数字
\w	匹配任意单字符
\W	匹配任意非单字符
\s	匹配空白字符
\S	匹配非空字符
.	匹配任意字符
[…]	匹配括号中的任意字符
[^…]	匹配非括号中的字符

2. 重复匹配

在多数情况下，可能要匹配一个单词或一组数字。重复匹配就是用来确定前面的内容重复出现的次数。重复匹配语法如表 6-10 所示。

表 6-10 重复匹配语法

重复匹配语法	说明
{n}	n 是非负整数，匹配 n 次字符
{n,}	n 是非负整数，匹配 n 次和 n 次以上
{n,m}	n 是非负整数，匹配 n 次以上和 m 次以下
?	重复匹配 0 次或 1 次
+	匹配 1 次或多次
*	匹配 0 次以上

6.4.2 Regex 类

C#中使用的正则表达式处理类位于 System.Text.RegularExpression 命名空间下，该命名空间下包含 8 个类，分别是 Capture、CaptureCollection、Group、GroupCollection、Match、MatchCollection、Regex 和 RegexCompilationInfo。本节只对 Regex 类和该类的常用方法进行介绍。

Regex 类表示不可变的正则表达式，它在执行验证操作时被经常用到。该类最常用的方法有 4 个，分别是 IsMatch()、Replace()、Split()和 Match()，下面只对常用的 IsMatch()

方法和 Match()方法进行介绍。

1. IsMatch()方法

IsMatch()方法用于对字符串进行正则表达式的匹配验证，如果满足则返回 true，否则返回 false。方法的重载形式如下：

```
bool IsMatch(string input);
bool IsMatch(string input, int startat);
static bool IsMatch(string input, string pattern);
static bool IsMatch(string input, string pattern, RegexOptions options);
```

【范例 28】

接收用户从控制台中输入的邮箱格式并保存到 email 变量中，通过 Regex.IsMatch()方法将用户输入的值与指定的正则表达式匹配验证，并输出匹配结果。代码如下：

```
string pattern = @"^\w+((-\w+)|(\.\w+))*\@[A-Za-z0-9]+((\.|-)[A-Za-z0-9]
+)*\.[A-Za-z0-9]+$";
Console.Write("请您输入一个合法的 Email 地址：");
string email = "";
bool ret = false;
while (!ret) {
    email = Console.ReadLine();            //获取用户输入的邮箱
    if (Regex.IsMatch(email, pattern)) {//验证用户输入的 Email 地址是否正确
        ret = true;
        Console.WriteLine("您输入的 Email 地址：{0} 是合法的。", email);
    } else {
        Console.Write("Email 地址不合法，请输入：");
    }
}
```

运行上述代码输入内容进行验证，如图 6-11 所示。

图 6-11 验证电子邮箱的格式是否正确

2. Match()方法

Regex 类的 Match()方法主要用于获取字符串中第一个与正则表达式匹配的项，返回结果是一个 Match 类型的对象。该方法的重载形式如下：

```
Match Match(string input);
Match Match(string input, int startat);
static Match Match(string input, string pattern);
Match Match(string input, int beginning, int length);
```

```
static Match Match(string input, string pattern, RegexOptions options);
```

【范例 29】

调用 Match()方法找到第一个单词，其中包含至少一个 z 字符，然后调用 NextMatch()方法找到任何额外的匹配方法，代码如下。

```
string input = "ablaze beagle choral dozen elementary fanatic glaze hunger
inept jazz kitchen lemon minus night optical pizza quiz restoration stamina
train unrest vertical whiz xray yellow zealous";
string pattern = @"\b\w*z+\w*\b";
Match m = Regex.Match(input, pattern);
while (m.Success) {
    Console.WriteLine("'{0}' found at position {1}", m.Value, m.Index);
    m = m.NextMatch();
}
```

6.5 实验指导——通过 Thread 类处理线程

.NET Framework 类库的命名空间下包含多个类，这些类在 C#语言进行数据处理时会被经常使用到。本节实验指导介绍 System.Threading 命名空间下 Thread 类的使用，使用 Thread 类可以开始新的线程，并在线程堆栈中运行静态或实例方法。

1. Thread 类的基本使用

Thread 类的使用很简单，创建线程时需要在 Thread 类构造函数中指定一个线程启动时执行动作的委托，然后通过调用 Thread 类的 Start()方法执行线程。该委托的定义如下：

```
public delegate void ThreadStart()
```

下面分别创建静态方法和实例方法演示 Thread 类的使用，步骤如下。

（1）在当前的 Program 类中创建两个方法，一个静态方法，一个实例方法，代码如下。

```
public static void myStaticThreadMethod() {
    Console.WriteLine("线程中运行静态方法");
}
public void myThreadMethod() {
    Console.WriteLine("线程中运行实例方法");
}
```

（2）向 Main()方法中创建两个线程对象，并将上个步骤中的两个方法作为参数传入 Thread 对象中。调用静态方法时可以直接传入，但是在调用实例方法时需要先对类进行实例化，代码如下。

```
Thread thread1 = new Thread(myStaticThreadMethod);
thread1.Start();                    //只有使用 Start()方法，线程才会运行
Thread thread2 = new Thread(new Program().myThreadMethod);
```

```
thread2.Start();
```

（3）运行上述页面查看输出结果，内容如下。

```
线程中运行静态方法
线程中运行实例方法
```

2. 创建线程类

开发者可以将 Thread 类封装在一个指定的类（例如 MyThread 类）中，以使任何从该类继承的子类都具有多线程能力。实现步骤如下。

（1）创建封装 Thread 类的 MyThread 抽象类，该类包含两个方法，一个名称是 run 的抽象方法，一个 start()方法，代码如下。

```
abstract class MyThread{
    Thread thread = null;
    abstract public void run();
    public void start() {
        if (thread == null)
            thread = new Thread(run);
        thread.Start();
    }
}
```

（2）创建继承自 MyThread 类的 NewThread 类，在该类中重写父类的 run()方法，代码如下。

```
class NewThread : MyThread {
    override public void run() {
        Console.WriteLine("使用 MyThread 建立并运行线程");
    }
}
```

（3）在 Main()方法中创建 NewThread 类的实例对象，然后调用该对象的 start()方法启用线程，代码如下。

```
NewThread nt = new NewThread();
nt.start();
```

（4）运行上述代码，再次查看输出结果，内容如下。

```
线程中运行静态方法
线程中运行实例方法
使用 MyThread 建立并运行线程
```

注意

Thread 类有一个带参数的委托类型的重载形式，如果使用的是不带参数的委托，不能使用带参数的 Start()方法运行线程，否则系统会抛出异常。但是，如果使用带参数的委托，可以使用 thread.start()方法来运行线程，这时所传递的参数为 null。

思考与练习

一、填空题

1．________类通常被称为不可变字符串。

2．调用 String 类的_________方法可以分隔字符串。

3．String 类和 StringBuilder 类都有_______方法，该方法用于替换字符串。

4．_________和 MinValue 是 DateTime 结构的两个静态字段。

5. Math 类提供的_________字段表示圆的周长与其直径的比值。

6. Random 类提供的_________方法表示使用随机数填充指定字节数组的元素。

二、选择题

1．下面通过代码连接 str1 和 str2 字符串的内容，并且保存到新的字符串 str 对象中，不正确的是_________。

A．string str = str1 + str2;

B．string str = String.Concat(str1, str2);

C．string str = String.Join(str1, str2);

D．string str = String.Join("", str1, str2);

2．下面选项中，_________方法与 StringBuilder 类提供的追加方法无关。

A．Append()

B．AppendFormat()

C．AppendLine()

D．Insert()

3．DateTime 结构的_________属性用于获取实例对象所表示日期是星期几。

A．DayOfYear

B．DayOfWeek

C．Date

D．Kind

4．TimeSpan 结构的静态只读字段不包括_________。

A．TicksPerDay

B．MaxValue

C．MinValue

D．Zero

5．Thread 类位于_________命名空间下。

A．System

B．System.Text

C．System.Threading

D．System.Text.RegularExpression

三、简答题

1．String 类中常用的方法有哪些？这些方法都是用来做什么的？

2．StringBuilder 类中常用的方法有哪些？这些方法都是用来做什么的？

3．DateTime 结构和 TimeSpan 结构中的属性和方法有哪些？请简单说明。

4. Random 类中常用的三个方法是什么？请简单说明。

第 7 章　委托和异常

委托是 C#语言中一种引用方法的类型，和 C++中处理函数指针的情况相似。C#中的委托是事件的基础，委托和事件在.NET Framework 中的应用非常广泛，但是，很好地理解委托和事件对很多接触 C#时间不长的人来说并不容易。.NET 以委托的形式实现了函数指针的概念，并且类型是安全的。本章将向读者介绍 C#中的委托和事件，除此之外，还将介绍如何处理 C#中的异常。

本章学习要点：

- ❑ 了解委托的概念和特点
- ❑ 掌握委托的声明和调用
- ❑ 熟悉匿名委托和 Lambda 表达式
- ❑ 了解多重委托
- ❑ 掌握事件的概念和常用操作
- ❑ 熟悉委托和事件的综合应用
- ❑ 掌握 try…catch…finally 语句的使用
- ❑ 熟悉 throw 关键字的使用
- ❑ 掌握如何自定义异常类

7.1 委托

熟悉 C++语言中函数指针的读者可以很容易地理解委托。委托是一种数据结构，所有委托类型的基类是 System.Delegate，该类本身不是委托类型，而且不允许显式地直接从该类派生新的类型。

7.1.1 委托概述

委托可以说是一个可以对方法进行引用的类，与其他的类不同，委托类具有一个签名，并且只能对与其签名的方法进行引用。委托的类型是安全的，给定委托的实例可以表示任意类型的任何对象上的实例方法或者静态方法，只要方法的签名匹配委托的签名即可。

委托是一种引用方法的类型，可以引用其他类中的方法。在现实生活中经常会遇到委托。例如，周末阳阳和许乐两名同学去逛街，阳阳想吃冰淇淋，但是他又不想自己去买，于是就委托朋友许乐去买，这就是委托，委托在应用程序中相当重要。

委托是一种特殊的对象类型，它的特殊之处在于，以前定义的所有对象都包含数据，而委托包含的只是方法的地址。除了这个特殊性外，委托还具有以下几个特点。

（1）委托类似于 C++中的函数指针，但是它们是类型安全的。
（2）委托允许将方法作为参数进行传递。
（3）委托可用于定义回调方法。
（4）委托可以链接在一起。
（5）方法不必与委托签名完全匹配。

7.1.2 声明委托

委托是委托类型的实例，它可以引用静态方法或者实例方法。定义委托的语法类似于方法的定义，但是没有方法体，并且定义的前面需要使用 delegate 关键字。声明委托的基本语法如下：

```
[delegate-modifiers] delegate return-type identifier;
```

其中，delegate-modifiers 是可选的，它表示委托的修饰符，包括 new、public、private、protected 和 internal5 个修饰符。

> 注意
> 只有在其他类型中声明委托时，才能够使用 new 修饰符。它表示所声明的委托会隐藏具有相同名称的继承成员。

在上述语法形式中，return-type 表示委托的返回类型，identifier 表示用于指定委托的类型名称，包含一个方法的名称和方法参数。return-type 和 identifier 将共同确定方法的返回类型、方法名称和方法参数。

【范例 1】

声明两个名称是 TestDelegate 的委托，其返回类型分别是 void 和 int，前者传入一个参数，后者传入两个参数，代码如下。

```
public delegate void TestDelegate(string message);
public delegate int TestDelegate(MyType m, long num);
```

7.1.3 使用委托

委托相当于一个类，类是引用类型，但是委托是值类型。在使用委托时，需要对委托进行实例化，实例化委托时，需要为委托分配方法，委托将与该方法具有完全相同的行为。委托方法的调用可以像其他任何方法一样，具有参数和返回值。为委托分配方法时，方法的签名（由返回类型和参数组成）必须与委托签名相同。方法可以是静态方法，也可以是实例方法，这样就可以通过编程方法来更改方法调用，还可以向现有类中插入新的代码，只要知道委托的签名，便可以分配自己的委托方法。

构造委托对象时，通常提供委托将包装方法的名称或使用匿名方法。在实例化委托之后，委托将把对它进行的方法调用传递给方法。调用方传递给委托的参数被传递给方法，来自方法的返回值由委托返回给调用方，这被称为调用委托。可以将一个实例化的委托视为被包装的方法本身来调用该委托。

【范例 2】

用户需要在控制台中输入前 6 名同学的数学成绩，通过委托对这些成绩进行排序，将成绩按照从小到大的顺序排列。实现步骤如下。

（1）在 Main()方法的外部声明名称是 StudentScore 的委托，在该委托中传入一个 double 类型的数组，代码如下。

```
public delegate double[] StudentScore(double[] scores);
```

（2）在 Main()方法中添加代码，首先声明 double 类型的 score 数组，然后接收用户从控制台输入的成绩，并且将这些成绩保存到 score 数组中。保存完毕后通过 for 语句遍历输出这些同学的成绩，代码如下。

```
double[] score = new double[6];
for (int i = 1; i <= 6; i++)
{
    Console.Write("请输入第{0}名同学的数学成绩：", i);
    score[i - 1] = Convert.ToDouble(Console.ReadLine());
}
Console.WriteLine("\n 前 6 名同学的数学成绩分别是：");
for (int i = 0; i < 6; i++)
{
    Console.Write(score[i] + "\t");
}
```

（3）向 Main()方法的外部创建静态的 ScoreSort()方法，在该方法中传入一个 double 类型的数组，代码如下。

```
public static double[] ScoreSort(double[] scores)
{
    Array.Sort(scores);
    return scores;
}
```

在 ScoreSort()方法中，首先调用 Array 类的 Sort()方法对数组中的元素进行排序，排序完成后返回数组。

（4）继续向 Main()方法内部添加代码，首先实例化 StudentScore 委托，将 ScoreSort()方法作为参数进行引用，然后通过委托为 score 排序，最后通过 foreach 遍历输出排序后的结果，代码如下。

```
StudentScore ss = new StudentScore(ScoreSort);
                                    //实例化委托，将 ScoreSort()方法作为参数进行引用
double[] newscore = ss(score); //通过委托为 score 进行排序
Console.WriteLine("\n 对前 6 名同学的数学成绩进行排序：");
foreach (double item in newscore)
{
```

```
    Console.Write(item + "\t");
}
```

（5）运行上述代码，在控制台中输入内容进行测试，如图 7-1 所示。

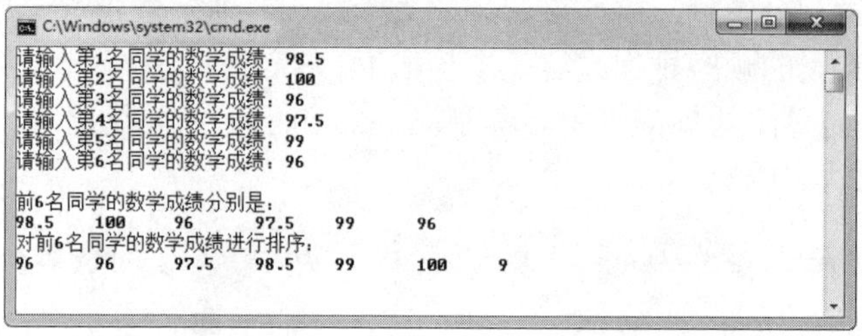

```
C:\Windows\system32\cmd.exe
请输入第1名同学的数学成绩：98.5
请输入第2名同学的数学成绩：100
请输入第3名同学的数学成绩：96
请输入第4名同学的数学成绩：97.5
请输入第5名同学的数学成绩：99
请输入第6名同学的数学成绩：96

前6名同学的数学成绩分别是：
98.5    100     96      97.5    99      96
对前6名同学的数学成绩进行排序：
96      96      97.5    98.5    99      100     9
```

图 7-1　使用委托

7.1.4　匿名委托

在 C# 2.0 之前的版本中，声明委托的唯一方法就是使用命名方法。C# 2.0 中引入了匿名方法，但是在 C# 3.0 及其更高的版本中，Lambda 表达式取代了匿名方法作为编写内联代码的首选方法，但是匿名方法同样适用于 Lambda 表达式。下面简单了解匿名方法，7.1.5 节将介绍 Lambda 表达式。

匿名方法能够省略参数列表，这意味着可以将匿名方法转换为带有各种签名的委托。但是，这对于 Lambda 表达式来说是不可能的。通过在委托中使用匿名方法，可以减少委托所需要的编码系统开销，这样可以减少程序员的工作量。

【范例 3】

通过匿名方法实例化一个委托，在匿名方法中计算某个数字的平方，并将结果返回。实现步骤如下。

（1）在 Main()方法的外部声明名称为 MathAction 的委托，代码如下。

```
delegate double MathAction(double num);
```

（2）在 Main()方法中添加代码，通过匿名方法实例化委托，代码如下。

```
MathAction ma = delegate(double input)      //通过匿名方法实例化委托
{
    return input * input;
};
```

（3）继续在 Main()方法中添加代码，接收用户从控制台中输入的数字，然后调用委托获取结果并将结果输出，代码如下。

```
Console.Write("请随便输入一个数字（例如 3）：");
double inputnum = Convert.ToDouble(Console.ReadLine());
double square = ma(inputnum);
Console.WriteLine("{0}的平方是：{1}", inputnum, square);
```

（4）运行上述代码，在控制台中输入内容进行测试，如图 7-2 所示。

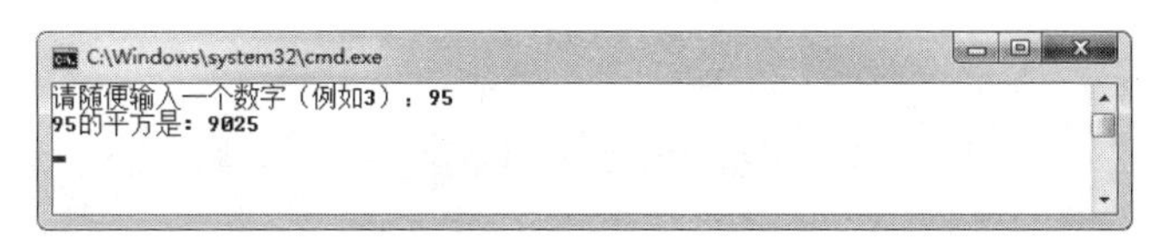

图 7-2 匿名委托的实现

7.1.5 Lambda 表达式

Lambda 表达式是 C# 3.0 中新增的功能，匿名方式是 C# 2.0 引入的功能，但是它不如 Lambda 表达式灵活。简单来说，Lambda 表达式是另一种更简洁的创建匿名方法并最终简化.NET 委托类型使用的方式。Lambda 表达式可以用在任何匿名或者强类型委托的地方，C#编译器会使用合适的委托类型将 Lambda 表达式转化为标准的匿名方法。

在 C#中所有的 Lambda 表达式都使用 Lambda 运算符=>，该运算符读为“goes to”。Lambda 表达式运算符的左边是输入参数（如果有），右边包含表达式或者语句块。Lambda 表达式的参数可以是显式或隐式类型。当参数是隐式类型时，编译器能够通过上下文和底层委托类型决定参数的类型，但是仍然可以在 Lambda 表达式中显式定义每个参数的类型，需要用一对小括号将类型和变量名包起来。当参数只有一个时，显式指定参数类型可以不需要。为了一致性和美观性，即使是隐式指定类型的参数或仅有一个显式类型参数时也最好每次都用括号将参数列表括起来。基本语法如下：

```
形参列表=>函数体
```

其中，函数体多于一条语句时可以用大括号括起。

【范例 4】

Lambda 表达式可以使用多种形式，常用的几种形式如下。

```
x => x * x;       //一个简单表达式，返回参数值的平方。参数 x 的类型根据上下文推导
x => {return x * x;}
          //和上一个表达式相同，但是将一个 C#语句块用作主体，而非一个简单的表达式
(int x) => x / 2;        //返回参数值除以 2 的结果，x 的类型显式指定
() => folder.stopFolding(0);
          //调用一个方法，表达式不获取参数，表达式可能会，也可能不会有返回值
(x,y) => {x++;return x/y;} //多个参数；编译器自己推断参数类型。x 以值的形式传递
```

Lambda 和匿名方法一样，可以应用于委托。实例化委托时使用 Lambda 表达式，代码可以更加简洁，如范例 5。

【范例 5】

下面演示 Lambda 表达式的使用方法。

（1）创建名称是 GetNumber 的委托，在该委托中传入两个参数，代码如下。

```
public delegate int GetNumber(int a, int b);
```

（2）通过 Lambda 表达式实例化委托，计算两个 int 类型数字相加的结果，代码如下。

```
GetNumber gn = (x, y) => x + y;
```

（3）接收用户从控制台输入的两个数字，调用委托的实例对象计算两个数字相加的结果，并将计算后的结果输出，代码如下。

```
Console.Write("请输入第一个数字：");
int num1 = Convert.ToInt32(Console.ReadLine());
Console.Write("请输入第二个数字：");
int num2 = Convert.ToInt32(Console.ReadLine());
int result = gn(num1, num2);
Console.WriteLine("{0}和{1}相加的结果是：{2}", num1, num2, (num1 + num2));
```

（4）运行上述代码，在控制台中输入内容查看效果，如图 7-3 所示。

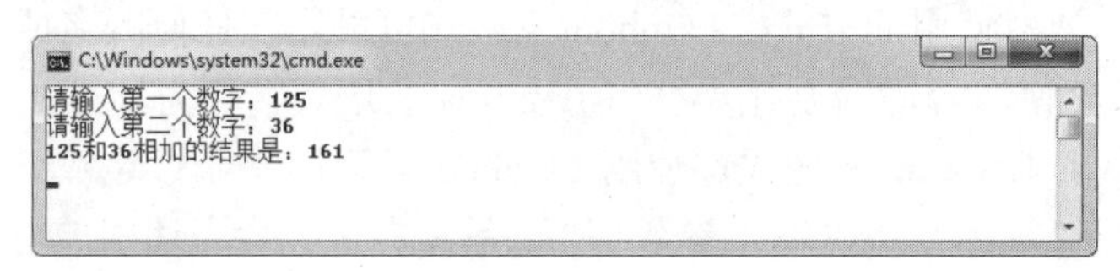

图 7-3 **Lambda 表达式的使用**

7.1.6 多重委托

委托是一个特殊的对象，可以使用+运算符将多个对象分配给一个委托实例，这时可以将其称为组合委托或多重委托。多重委托可以调用组成它的两个委托，但是只有相同类型的委托才可以组合。多重委托包含已分配委托的列表，在调用多重委托时，它会按顺序调用列表中的委托。

委托不仅可以使用+运算符，当然也可以使用-运算符，-运算符可用于从多重委托中移除组件委托。

【范例 6】

下面演示多重委托的使用方法。

（1）创建名称是 CustomDel 的委托，该委托包含一个字符串参数，并且返回 void 类型，代码如下。

```
delegate void CustomDel(string s);
```

（2）分别定义 SayHello()方法和 SayGoodbye()方法，每一个方法中都会输出一句话，代码如下。

```
static void SayHello(string s)
{
    Console.WriteLine("  Hello, {0}!", s);
}
static void SayGoodbye(string s)
```

```
{
    Console.WriteLine("  Goodbye, {0}!", s);
}
```

（3）在 Main()方法中添加代码，首先定义 CustomDel 委托的 4 个对象，这些对象分别是 hiDel、byeDel、multiDel 和 multiMinusHiDel。为每一个对象赋值，最后调用这些对象，并向该对象中传入一个参数，代码如下。

```
CustomDel hiDel, byeDel, multiDel, multiMinusHiDel;
hiDel = SayHello;
byeDel = SayGoodbye;
multiDel = hiDel + byeDel;
multiMinusHiDel = multiDel - hiDel;
Console.WriteLine("调用 hiDel 委托:");
hiDel("李云龙");
Console.WriteLine("调用 byeDel 委托:");
byeDel("李小龙");
Console.WriteLine("调用 multiDel 委托:");
multiDel("靡靡");
Console.WriteLine("调用 multiMinusHiDel 委托:");
multiMinusHiDel("陈轻松");
```


（4）运行上述代码查看控制台的输出结果，如图 7-4 所示。

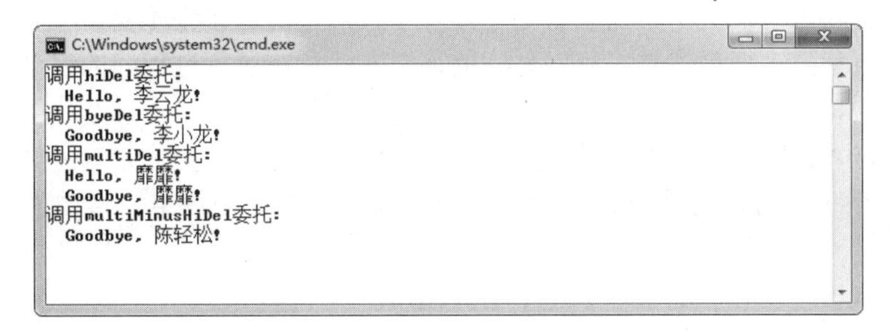

图 7-4 多重委托的实现

在多重委托中，如果委托使用引用参数，则引用将依次传递给两个方法中的每个方法，由一个方法引起的更改对下一个方法是可见的。如果任一个方法引发了异常，而在该方法内未捕获该异常，则该异常将传递给委托的调用方，并且不再对调用列表中后面的方法进行调用。如果委托具有返回值和/或输出参数，它将返回最后调用的方法的返回值和参数。

7.2 事件

事件是页面对象编程中常用的技术之一，是初始化程序元素之间通信动态格式的机制。客户端可以通过提供事件处理程序为相应的事件添加可执行代码，客户端可以事先为事件定义一些操作或方法，事件发生时将调用该事件事先定义的操作或者方法。

7.2.1 事件概述

简单来说，事件是对象发送的消息，以发信号通知操作的发生。例如，在一个对象中发生了有趣的事情时，就需要通知其他对象发生了什么变化。这时，就需要通过事件用作对象之间的通信介质。

在事件通信中，事件发送方不知道哪个对象或者方法将接收到它引发的事件。所需要的是在事件源和接收方之间存在一个媒介，在 C#中委托充当这个媒介。事件和委托的关系很简单：事件的处理程序基于委托，也可以说事件是一种特殊类型的委托。

一般情况下，事件可以分为两部分：事件发生的类（即事件发送者）和事件接收处理的类（即事件接收者）。

1．事件发送者

事件发送者是一个对象，并且会维护自身的状态信息。每当状态信息发生变动时，便触发一个事件，并通过所有的事件接收者。事件发生的类并不知道哪个对象或方法将会接收到并处理它触发的事件。所需要的是在发送方和接收方之间存在一个媒介。

2．事件接收者

在事件接收处理的类中，需要有一个处理事件的方法。事件不是从程序的一部分到另一部分的过程流，而是建立在程序之间的连接方法和在运行过程间的终结操作。

总体来说，事件具有以下几个特点。

（1）发送者确定何时引发事件，事件接收者确定执行何种操作来响应该事件。

（2）一个事件可以有多个接收者，一个事件接收者可处理来自多个发行者的多个事件。

（3）没有事件接收者的事件永远不会被调用。

（4）事件通常用于通知用户操作。

（5）如果一个事件有多个事件接收者，当引发事件时会同步调用多个事件处理程序。

（6）可以利用事件同步线程，在.NET Framework 类库中，事件是基于 EventHandler 委托和 EventArgs 基类的。

7.2.2 事件操作

事件其实是一种特殊类型的委托，它包含两个参数：指示事件源的“对象源”参数和封装事件的其他任何相关信息的 e 参数。其中，e 参数的类型为 System.EventArgs 类型或从 System.EventArgs 类派生的类型。

1．声明委托

事件声明包含两个步骤：一是声明事件的委托；二是声明事件本身。

1）声明事件的委托

声明事件的委托与声明委托的语法是一样的，也需要通过 delegate 关键字。声明名称是 ButtonClickEventHandler 的事件委托，它包含两个参数：sender 和 e。其中，sender 参数表示事件源，e 表示与该事件相关的信息。代码如下：

```
public delegate void ButtonClickEventHandler(object sender, EventArgs e);
```

2）声明事件本身

在声明事件时，需要使用 event 关键字。

【范例 7】

在 ButtonClickEventHandler 委托的基础上添加代码，声明名称是 ButtonClick 的事件，其类型是 ButtonClickEventHandler。完整代码如下。

```
public delegate void ButtonClickEventHandler(object sender, EventArgs e);
class Program{
    public event ButtonClickEventHandler ButtonClick;
    static void Main(string[] args){
        //执行代码
    }
}
```


2. 注册事件

一个事件一旦被声明之后，该事件的默认值为 null。如果希望该事件执行事先指定的操作，则首先向该事件注册方法列表（即委托的调用列表），注册事件可以使用“+=”操作符。

【范例 8】

使用“+=”运算符向 ButtonClick 事件注册名称为 myBtnSubmit 的方法，代码如下。

```
ButtonClick += new ButtonClickEventHandler(myBtnSubmit);
public void myBtnSubmit(object sender, EventArgs e)
{
    //省略了该方法的实现代码
}
```

与注册事件相反的是移除事件，注册事件需要通过“+=”运算符，移除事件则需要使用“-=”运算符。读者可以亲自添加移除事件的代码，这里不再进行演示。

3. 调用事件

声明一个事件之后，如果没有向事件中注册该方法，那么该事件的值为空，因此，在调用事件之前，往往需要检查事件是否为空。检测方法很简单，直接通过 if 语句判断，代码如下。

```
if(ButtonClick != null){
```

```
    //调用事件代码
}
```

7.3 实验指导——委托和事件的综合使用

使用事件可以很方便地确定程序的执行顺序，当事件驱动程序等待事件时，它不占用很多资源。事件驱动程序与过程式程序最大的不同在于：程序不再不停地检查输入设备，而是呆着不动，等待消息的到来。

本节实验指导将委托和事件结合起来描述一个实现吃饭的工作形式，步骤如下。

（1）创建继承自 EventArgs 类的 EatEventArgs 类，该类用来引发事件时封装数据，代码如下。

```
public class EatEventArgs : EventArgs
{
    public String restrauntName;          //饭店名称
    public decimal moneyOut;              //准备消费金额
}
```

（2）创建名称是 EatEventHandler 的委托，该委托用来说明处理吃饭事件的方法，代码如下。


```
public delegate void EatEventHandler(object sender, EatEventArgs e);
```

（3）创建引发吃饭事件的 Master 类，在这个类中必须声明名称为 EatEvent 的事件；通过 OnEatEvent()方法来引发吃饭事件；当主人饿的时候，他会指定吃饭地点和消费金额，代码如下。

```
public class Master
{
    public event EatEventHandler EatEvent;       //声明事件
    public void OnEatEvent(EatEventArgs e)
    {       //引发事件的方法
        if (EatEvent != null) {
            EatEvent(this, e);
        }
    }
    public void Hungry(String restrauntName, decimal moneyOut)
    {
        EatEventArgs e = new EatEventArgs();
        e.restrauntName = restrauntName;
        e.moneyOut = moneyOut;
        Console.WriteLine("主人说：");
        Console.WriteLine("我饿了，要去{0}吃饭，消费{1}元", e.restrauntName,
        e.moneyOut);
        OnEatEvent(e);                                   //引发事件
    }
}
```

（4）创建名称为 Servant 的仆人类，该类中包含 ArrangeFood()方法，该方法处理主人的吃饭事件，代码如下。

```
public class Servant
{
    public void ArrangeFood(object sender, EatEventArgs e)
    {
        Console.WriteLine();
        Console.WriteLine("仆人说:");
        Console.WriteLine("我的主人, 您的命令是 : ");
        Console.WriteLine("吃饭地点 -- {0}", e.restrauntName);
        Console.WriteLine("准备消费 -- {0}元 ", e.moneyOut);
        Console.WriteLine("好的，正给您安排。。。。。。。。 ");
        Console.WriteLine("主人，您的食物在这儿，请慢用");
    }
}
```

（5）在 Main()方法中添加代码，分别创建 Master 类和 Servant 类的实例，然后调用事件，代码如下。

```
Master master = new Master();
Servant lishi = new Servant();
master.EatEvent += new EatEventHandler(lishi.ArrangeFood);
master.Hungry("希尔顿大酒店", 1000.0m);
```

（6）运行上述代码查看效果，如图 7-5 所示。

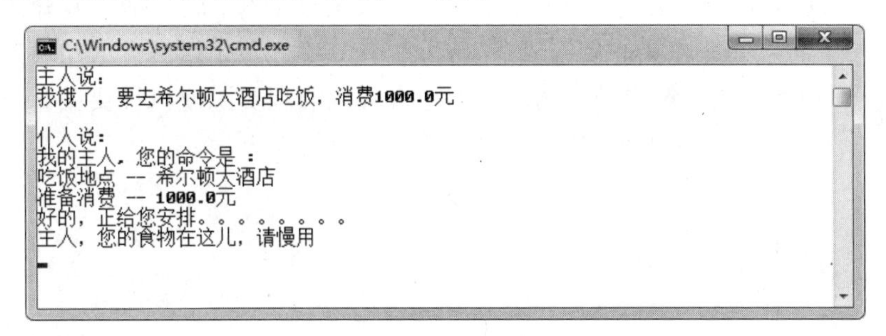

图 7-5　委托和事件的使用

7.4 异常

开发者在编写程序时，不仅要关心程序是否达到目的，还要考虑可能发生的各类可预期的事件。如用户错误的输入、除数为 0、磁盘出错、网络资源不可用等。C#为处理程序执行期间可能出现的异常提供了内置支持，这些异常将由正常控制流之外的代码处理。

本节介绍 C#中的异常处理，包括异常概述、try…catch…finally 语句、常用异常类和自定义异常等内容。

7.4.1 异常概述

在 C#应用程序中，运行时错误通常使用一种称为“异常”的机制在程序中传播。异常由遇到错误的代码引发，由能够更正错误的代码捕捉。异常可由.NET Framework 公共语言运行库（CLR）或程序中的代码引发。一旦引发一个异常，这个异常就会在调用堆栈中向上传播，直到找到针对它的 catch 语句。

C#应用程序使用基于异常对象和受保护代码块的异常处理模型。发生异常时，创建一个 Exception 对象来表示异常。运行时为每个可执行文件创建一个异常信息表。在异常信息表中，可执行文件的每个方法都有一个关联的异常处理信息数组（可以为空）。异常信息表对于受保护的块有以下 4 种类型的异常处理程序。

（1）finally 处理程序：它在每次块退出时都执行，不论退出是由正常控制流引起的还是由未处理的异常引起的。

（2）错误处理程序：它在异常发生时必需，但是在正常控制流完成时不执行。

（3）类型筛选的处理程序：它处理指定类或该类的任何派生类的任何异常。

（4）用户筛选的处理程序：它运行用户指定的代码，来确定异常应由关联的处理程序处理还是应传递给下一个受保护的块。

7.4.2 try…catch…finally 语句

.NET Framework 中提供大量处理异常的预定义基类对象，将可能引发异常的代码段放在 try 块中，而将处理异常的代码放在 catch 语句块中。除了这两个语句块外，还可以使用 finally 语句块，该语句块是可选的，它包含代码清理资源或执行要在 try 块或 catch 块末尾的其他操作。try…catch…finally 语句的基本语法如下：

```
try{
    //可能产生异常的代码块
}catch(Exception e){
    //对异常进行处理的代码块
}finally{
    //最终执行的代码块
}
```

其中，try 包含可能发生异常的代码，catch 包含出现异常时需要执行的响应代码，finally 包含确定一定执行的代码，如资源清理操作等。

在 try…catch…finally 语句中，一个 try 语句只能有一个 try 语句块，且最多包含一个 finally 语句块。也就是说，一个 try 语句可以不包括 catch 语句块，也可以包括一个或者多个 catch 语句块。最常用的就是上述语法中的语句，包含一个 try 语句块、一个 catch 语句块和一个 finally 语句块。

【范例 9】

开发者在编写实现计算器功能的代码时，需要判断用户输入的值是否合法，如判断输入的内容是否为数字，除数是否为 0 等。下面获取用户输入的两个数字，并将输入的数字进行转换，如果运行时出现错误则输出 catch 语句的信息，代码如下。

```
int one = 0, two = 0;
try
{
    Console.Write("请输入第一个数字：");
    one = Convert.ToInt32(Console.ReadLine());
    Console.Write("请输入第二个数字：");
    two = Convert.ToInt32(Console.ReadLine());
}
catch (Exception e)
{
    Console.WriteLine("运行过程中出现了错误，错误原因是：" + e.Message);
}
finally
{
    Console.WriteLine("两数相加的结果是：" + (one + two));
}
```

在上述代码中，try 语句块中接收用户输入的两个数字，并将其进行转换。catch 语句中输出出现错误时的异常信息，无论前面的结果如何，都会执行 finally 语句的代码。

运行上述代码输入内容进行测试，如图 7-6 所示。

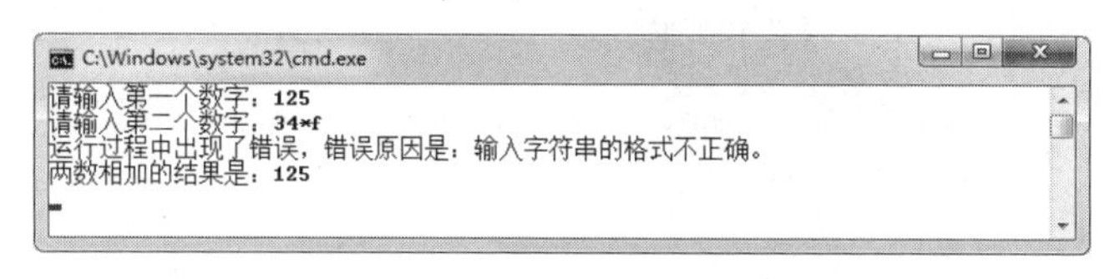

图 7-6　try…catch…finally 语句执行效果

> **提示**
> 在使用 try…catch…finally 语句捕获异常时，try 语句可以进行嵌套，即在 try 语句中嵌套一个 try…catch…finally 子语句，感兴趣的读者可以亲自动手实现 try 语句的嵌套代码。

7.4.3 常用异常类

在范例 9 中，catch 语句使用到了 Exception 类，它派生于 System.Object 类。System.Exception 类表示在应用程序执行期间发生的错误，是异常从其进行继承的基类，大多数的异常对象都是 Exception 的某个派生类的实例。但是，任何从 Object 类派生的对象都可以作为异常引发。

在 C#应用程序中，通过使用 Exception 类的属性进行堆栈跟踪。使用这些属性可以获取到异常信息，具体说明如表 7-1 所示。

表 7-1 Exception 类的常用属性

属性名称	说明
Data	获取一个提供用户定义的其他异常信息的键/值对的集合
HelpLink	获取或者设置指向此异常所关联帮助文件的链接
InnerException	获取导致当前异常的 Exception 实例
Message	获取描述当前异常的信息
Source	获取或设置导致错误的应用程序或对象的名称
StackTrace	获取堆栈上方法调用的信息，它有助于跟踪抛出异常的方法
TargetSite	获取引发当前异常的方法
HResult	获取或设置 HRESULT，它是分配给特定异常的编码数值

【范例 10】

重新更改范例 9 中的代码，在 catch 语句中捕获异常信息时调用多个属性。catch 语句中的代码如下。

```
Console.WriteLine("出现错误，导致当前异常的 Exception 是：" + e.InnerException);
Console.WriteLine("出现错误，当前的异常信息是：" + e.Message);
Console.WriteLine("出现错误，导致错误的应用程序的对象名称是：" + e.Source);
Console.WriteLine("出现错误，引发当前异常的方法是：" + e.TargetSite);
```

重新运行代码进行测试，如图 7-7 所示。

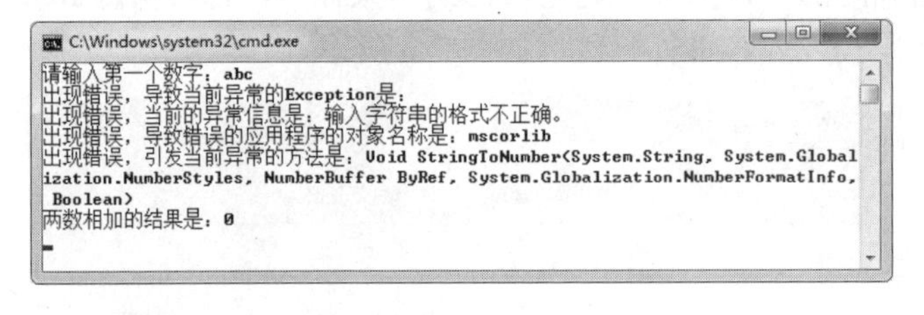

图 7-7 Exception 类的使用

除了 Exception 类外，.NET Framework 中还提供了其他的异常类，这些类都是从 Exception 类中继承而来的。如表 7-2 所示列出了一些其他的常用异常类。

表 7-2 其他的常用异常类

异常类	说明
NullReferenceException	如果使用 NULL 引用，则会引发该异常
IndexOutOfRangeException	如果使用小于零或者超出数组界限的下标访问数组，则会引发该异常
InvalidCastException	如果显式转换失败，就会引发该异常
DivideByZeroException	当除数为 0 时则引发该异常
StackOverflowException	当堆栈溢出（例如无限递归）时，引发该异常
OverflowException	在 checked 上下文中的算术运算溢出时，引发该异常
OutOfMemoryException	在通过 new 操作分配内存失败时引发该异常
ArithmeticException	在算术运算期间发生错误时引发该异常
TypeInitializationException	静态构造函数引发异常，且没有可以捕捉到它的 catch 子句时，引发该异常
ArrayTypeMismatchException	如果被存储的元素的实际类型与数组的元素类型不兼容，引发该异常

续表

异常类	说明
IOException	发生 I/O 错误时引发的异常
FormatException	当方法调用中实参的格式不符合对应的形参类型的格式时，该异常将被抛出
EndOfStreamException	这个异常通常是因为读到文件末尾而抛出的

当 try…catch…finally 语句中包含多个 catch 语句块时，抛出的异常信息必须是从小范围到大范围，即先抛出子类异常，再抛出父类异常。例如，DivideByZeroException 异常和 ArithmeticException 异常同时存在时，必须先抛出 DivideByZeroException 异常，后抛出 ArithmeticException 异常，否则将会出现错误。

另外，在捕获异常时设置多个 catch 语句块时，并不是捕获所有的异常信息，而是为了更精确地捕获异常。因此，在程序运行时一旦出现异常，就不会再执行下面的语句，而是跳转到相应的 catch 语句。

【范例 11】

本范例通过 do…while 语句控制用户是否继续执行操作。在 do 语句中添加 try…catch…finally 语句，try 语句块中接收用户输入的两个数字，并将输入的两个数字进行相除运算。捕获异常时包含多个 catch 语句块，每一个 catch 块抛出不同的错误信息，最后抛出一个 Exception 异常，代码如下。

```
string answer = "y";
do
{
    try
    {
        Console.Write("请输入被除数：");
        int number = Convert.ToInt32(Console.ReadLine());
        Console.Write("请输入除数：");
        int num = Convert.ToInt32(Console.ReadLine());
        int result = number / num;
        Console.WriteLine("相除结果是：" + result);
    }
    catch (FormatException e)
    {
        Console.WriteLine("出现 FormatException 异常，信息是：" + e.Message);
    }
    catch (DivideByZeroException e)
    {
        Console.WriteLine("出现 DivideByZeroException 异常，信息是：" + e.
        Message);
    }
    catch (ArithmeticException e)
    {
        Console.WriteLine("出现 ArithmeticException 异常，信息是：" + e.
        Message);
```

```
        }
        catch (Exception e)
        {
            Console.WriteLine("出现错误，信息是：" + e.Message);
        }
        finally
        {
            Console.Write("是否重新开始操作？如果是则输入，否则输入N或者其他。");
            answer = Console.ReadLine();
        }
    } while (answer.ToUpper() == "Y");
    Console.WriteLine("已退出");
```

运行上述代码输入内容进行测试，如图 7-8 所示。

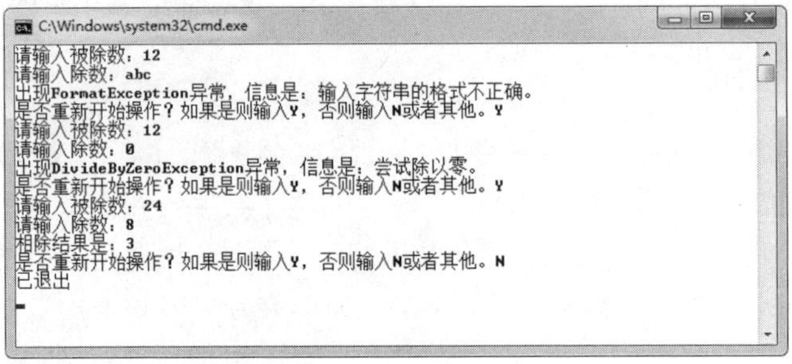

```
C:\Windows\system32\cmd.exe
请输入被除数：12
请输入除数：abc
出现FormatException异常，信息是：输入字符串的格式不正确。
是否重新开始操作？如果是则输入Y，否则输入N或者其他。Y
请输入被除数：12
请输入除数：0
出现DivideByZeroException异常，信息是：尝试除以零。
是否重新开始操作？如果是则输入Y，否则输入N或者其他。Y
请输入被除数：24
请输入除数：8
相除结果是：3
是否重新开始操作？如果是则输入Y，否则输入N或者其他。N
已退出
```

图 7-8 异常类的运行效果

7.4.4 throw 关键字

C#中处理异常信息时还经常会使用到 throw 关键字，它用于发出在程序执行期间出现反常情况（异常）的信号。

【范例 12】

首先自定义一个静态方法，该方法需要传入一个参数。在该方法中声明 int 类型的数组，判断传入的参数的值是否大于数组的元素长度，如果是则通过 throw 抛出 IndexOutOfRangeException 异常，代码如下。

```
static int GetNumberByIndex(int index)
{
    int[] nums = { 300, 600, 900 };
    if (index > nums.Length)
    {
        throw new IndexOutOfRangeException();
    }
    return nums[index];
}
```

在 Main()方法中调用 GetNumberByIndex()方法，如果出现异常则输出，代码如下。

```
try
{
    int result = GetNumberByIndex(5);
}
catch (Exception e)
{
    Console.WriteLine(e.Message);
}
```

在上述代码中，调用 GetNumberByIndex()方法获取数组中索引为 5 的元素的值，即第 6 个元素。从 GetNumberByIndex()方法的代码中可以看到，数组中只包含三个元素，因此，运行上述代码时，控制台会输出“索引超出了数组界限。”的提示。

可以在抛出异常时自定义异常信息，这样在抛出该异常时，会直接显示自定义的异常信息，代码如下。

```
throw new IndexOutOfRangeException("您输入的索引太大了，数组中还没有这个元素呢，再换个索引试试吧");
```

7.4.5 自定义异常类

在.NET Framework 类库中提供了多个类，如果开发者不想使用这些类，还可以自定义异常类。

在自定义异常类时，该类需要继承 ApplicationException 类，将其用作应用程序定义的任何自定义异常的基类。ApplicationException 类是一个在发生非致命的应用程序错误时抛出的通用异常，它又继承于更为通用的 Exception 类。也就是说，在定义自定义异常类时，也可以继承自 Exception 类。

通过 ApplicationException 这个基类，可以编写一个通用的 catch 代码块，捕获应用程序定义的任何自定义异常类型。

【范例 13】

自定义异常时需要注意异常的提示信息，即异常类的 Message 属性，一般使用构造函数继承来自基类的 Message 属性。下面通过详细步骤演示如何自定义和使用异常类，实现步骤如下。

（1）创建名称为 EmailException 的异常类，它继承自 ApplicationException 类，将其作为应用程序定义的任何自定义异常的基类，代码如下。

```
public class EmailException : ApplicationException
{
    public EmailException(string msg) : base(msg) { }
}
```

（2）在 Main()中添加代码，要求用户输入 E-mail 地址，输入正确则执行 else 语句，输出“输入正确”的语句；如果输入错误，抛出自定义的 EmailException 异常，代码如下。

```
Console.WriteLine("请输入 E-mail 地址");
```

```
string email = Console.ReadLine();
string[] substrings = email.Split('@');
if (substrings.Length != 2)
{
   throw new EmailException("email 地址错误");
}
else
{
   Console.WriteLine("输入正确");
}
```

（3）运行上述代码可以发现，输入的 E-mail 地址错误时直接抛出异常，没有处理异常的语句块。因此程序中断执行，抛出异常。重新更改上个步骤的代码，添加异常捕获语句，代码如下。

```
Console.WriteLine("请输入 E-mail 地址");
string email = Console.ReadLine();
string[] substrings = email.Split('@');
try
{
   if (substrings.Length != 2)
   {
      throw new EmailException("email 地址错误");
   }
   else
   {
      Console.WriteLine("输入正确");
   }
}
catch (EmailException ex)
{
   Console.WriteLine(ex.Message);
}
```


在上述代码中，将正常执行的代码放在 try 块中，如果格式错误则用 throw 抛出异常，在后面添加 catch 语句捕获异常，进行处理输出错误提示。

（4）运行上述代码，向控制台中输入内容进行测试。E-mail 格式输入错误时的输出结果如下。

```
请输入 E-mail 地址
wwww.baidu.com
email 地址错误
```

思考与练习

一、填空题

1. C#中定义委托需要使用________关键字。

2. 一般情况下，事件可以分为两部分，它们分别是__________和事件接收者。

3. 在 C#中，异常信息表对于受保护的块有

4种类型的异常处理程序，它们分别是 finally 处理程序、__________、类型筛选的处理程序和用户筛选的处理程序。

4. Exception 类的__________属性用于获取描述当前异常的信息。

5. 开发者自定义异常类时需要继承__________类。

二、选择题

1. 关于委托的特点，下面说法不正确的是__________。

A. 委托类似于 C++中的函数指针，但是它们是类型安全的

B. 委托的方法必须与委托签名完全匹配

C. 委托允许将方法作为参数进行传递

D. 委托可以用于定义回调方法

2. 关于事件的特点，下面说法不正确的是__________。

A. 一个事件可以有多个接收者，一个事件接收者可处理来自多个发行者的多个事件

B. 事件接收者确定何时引发事件，事件发送者确定执行何种操作来响应该事件

C. 如果一个事件有多个事件接收者，当引发事件时会同步调用多个事件处理程序

D. 事件通常用于通知用户操作，没有事件接收者的事件永远不会被调用

3. 在 C#中声明事件本身时需要使用__________关键字。

A. throw

B. class

C. event

D. delegate

4. 关于 C#中的 try…catch…finally 语句，下面说法正确的是__________。

A. 一个 try 语句只能有一个 try 块，且最多包含一个 finally 块

B. 一个 try 语句只能包含一个 try 块和 catch 块，但是可以包含多个 finally 块

C. 在 try…catch…finally 语句中，catch 块可以省略，但是 try 和 finally 块必须存在

D. 在 try…catch…finally 语句中，finally 块可以省略，但是 try 和 catch 块必须存在

5. 运行下面一段代码，在运行时会抛出__________异常。

```
int[] score = { 1, 2, 3, 4, 5, 6 };
Console.WriteLine("获取到的第 6 个元素是: " + score[6]);
```

A. DivideByZeroException

B. ArithmeticException

C. ArrayTypeMismatchException

D. IndexOutOfRangeException

三、简答题

1. 简单说明 C#中如何声明和使用委托。

2. 事件有哪些特点？在 C#中如何声明一个事件？

3. C#中如何处理异常？常用的异常类有哪些？

第 8 章　LINQ 简单查询

LINQ 曾作为.NET Framework 3.5 版本的新特性推出，在最新的.NET Framework 4.5 中对它进行了增强和优化。LINQ 在对象领域和数据领域之间架起了一座桥梁，使查询成为 C#中的一种语言构造，可以使用语言关键字和熟悉的运算符针对强类型化对象集合编写查询。

本章详细介绍 LINQ 的组成部分、各子句的应用以及一些常规查询的实现。

本章学习要点：

- ❑ 了解 LINQ 的概念
- ❑ 熟悉 LINQ 查询表达式的语法结构
- ❑ 掌握 LINQ 查询表达式中各个子句的使用
- ❑ 掌握使用 join 子句联接数据源的方法
- ❑ 熟悉常用的 LINQ 查询方法
- ❑ 掌握 LINQ 查询表达式与查询方法的转换
- ❑ 了解 LINQ 的“延迟”问题及解决办法

8.1 LINQ 简介

查询是一种从数据源检索数据的表达式。查询通常用专门的查询语言来表示。随着时间的推移，人们已经为各种数据源开发了不同的语言；例如，用于关系数据库的 SQL 和用于 XML 的 XQuery。因此，开发人员不得不针对他们必须支持的每种数据源或数据格式而学习新的查询语言。LINQ 通过提供一种跨各种数据源和数据格式使用数据的一致模型，简化了这一情况。在 LINQ 查询中可以使用相同的编码模式来查询和转换 XML 文档、SQL 数据库、ADO.NET 数据集、.NET 集合中的数据以及 LINQ 提供程序的任何其他格式的数据。

LINQ 全称是 Language Integrated Query（语言集成查询），它将查询表达式作为 C#语法的一部分，可以查询数据源包含一组数据的集合对象（IEnumerable<T>或者 IQueryable<T>类），返回的查询结果也是一个包含一组数据的集合对象。所以，编译时将对查询的数据类型进行检查，增强了类型安全性。同时使用 VS 2012 提供的智能提示，使得编码更加快捷。LINQ 还可以通过函数的形式提供过滤条件等，大大简化了查询表达式的复杂度。

由于 LINQ 中查询表达式访问的是一个对象，所以该对象可以表示各种类型的数据源。在.NET Framework 类库中，与 LINQ 相关的类都在 System.Linq 命名空间下。该命名空间提供支持使用 LINQ 进行查询的类和接口，其中最常用的有如下类和接口。

（1）IEnumerable<T>接口：它表示可以查询的数据集合，一个查询通常是逐个对集合中的元素进行筛选操作，返回一个新的 IEnumerable<T>对象用来保存查询结果。

（2）Enumerable 类：它通过对 IEnumerable<T>提供扩展方法，实现 LINQ 标准查询运算符，包括过滤、排序、查询、联接、求和等操作。

（3）IQueryable<T>接口：它继承 IEnumerable<T>接口，表示一个可以查询的表达式目录树。

（4）Querable 类：它通过对 IQueryable<T>提供扩展方法，实现 LINQ 标准查询运算符，包括过滤、排序、查询、联接、求和等操作。

提示

在学习 LINQ 表达式之前，读者应该具备使用 LINQ 所需的 C#高级特性，如接口、泛型、扩展方法和匿名类型等。

根据数据源类型的不同，LINQ 技术可以分为如下技术方向。

（1）LINQ to Objects：查询任何可枚举的集合，如数组、泛型列表和字典等。

（2）LINQ to SQL：查询和处理基于关系数据库的数据。

（3）LINQ to DataSet：查询和处理 DataSet 对象中的数据，并对这些数据进行检索、过滤和排序等操作。

（4）LINQ to XML：查询和处理基于 XML 结构的数据。

如图 8-1 所示描述了 LINQ 如何关联到其他数据源和高级编程语言。

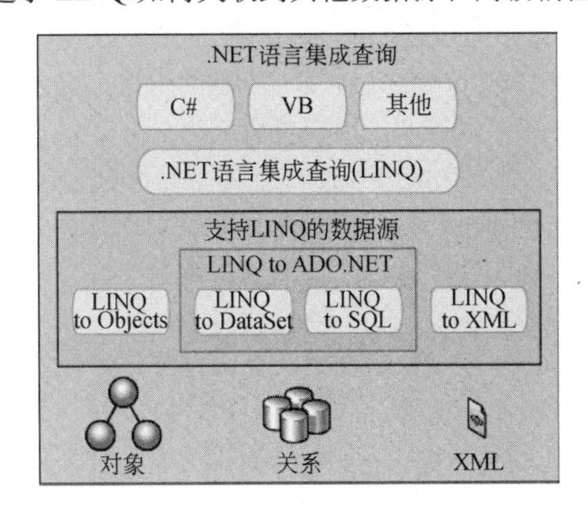

图 8-1 LINQ 相关技术描述

【范例 1】

LINQ 是一种数据查询方式，而非独立的语言，因此不能直接进行应用程序的开发。要在 C#中使用 LINQ，首先必须引用与 LINQ 相关的命名空间。例如，要使用 LINQ to XML 和 LINQ to SQL 需要如下的命名空间：

```
using System.Linq;
using System.Xml.Linq;
using System.Data.Linq;
```

除了 System.Linq 命名空间会自动导入之外，其他两个需要用户手动添加。

8.2 查询简单应用

引用 LINQ 命名空间之后，在 C#中可以非常简单地使用 LINQ 查询。只需将它看作普通的对象编写代码即可。例如，下面的示例就是一个典型的 LINQ 查询，它查询出 numbers 对象中的所有数据并保存在 result 变量中。

```
var result = from num in numbers select num;
```

在这里的 from 和 select 都是 LINQ 中的子句，本节将详细介绍这些子句及它们的具体作用。

8.2.1 认识 LINQ 查询

LINQ 的最大优势是在一条语句中集成文本查询与对象操作，它让查询数据与操作对象一样方便。所以，查询是 LINQ 的核心概念。在类似 SQL 的传统数据查询语言中，通常使用带有一些语义的文本。

例如，如下的 SQL 语句从 students 数据表中查询出学生姓名。在该语句中使用查询关键字来表示特定的功能，包括指定数据源、查询结果、筛选条件等。

```
select name from students
```

在上述语句中，select 和 from 是关键字，分别用来指定要查询的结果和数据源。

LINQ 中的查询与传统查询类似，同样可以采用具有一定语义的文本来表示。如本节开始时给出的查询一样，这种方式在 LINQ 中称为查询表达式。另外，LINQ 中的查询同时是一个类型为 IEnumerable<T>或者 IQuerable<T>的对象，所以可以通过使用对象的方式使用它，这种方式在 LINQ 中称为查询方法。本节主要介绍如何使用查询表达式，查询方法将在 8.4 节介绍。

LINQ 查询的目的是从指定的数据源中查询满足特定条件的数据元素，并且根据需要对这些元素进行排序、分组、统计及联接等操作。所以，一个 LINQ 查询应该包含如下几个主要元素。

1．数据源

数据源表示 LINQ 查询将从哪里获取数据，它通常是一个或者多个数据集，每一个数据集包含一系列的元素。数据集是一个类型为 IEnumerable<T>或者 IQueryable<T>的对象，可以对它进行枚举，遍历每一个元素。此外，它的元素可以是任意数据类型，所以可以表示任何数据的集合。

2．目标数据

数据源中的元素并不是查询所需要的结果。例如，对于一个学生信息集合，查询 1

只需要查询学生学号，查询 2 只需要查询学生姓名和班级编号，查询 3 则需要学生学号和入学时间。因此，目标数据用来指定查询具体想要的数据，在 LINQ 中它定义了查询结果数据集中元素的具体类型。

3. 筛选条件

筛选条件定义了对数据源中元素的过滤条件。只有满足条件的元素才作为查询结果返回。筛选条件可以是简单的逻辑表达式，也可以是具有复杂运算的函数来表示。

4. 附加操作

附加操作表示一些其他的具体操作。例如，对查询的结果进行排序、计算查询结果中的最大值，或者进行分组等。

其中，每个 LINQ 查询必须具有数据源和目标数据两个元素，筛选条件和附加操作是可选元素。

8.2.2 LINQ 查询表达式

在使用 LINQ 编写具体查询之前，首先需要了解查询表达式。查询表达式是 LINQ 查询的基础，也是最常用的编写 LINQ 查询的方法。

LINQ 查询表达式可用于查询和转换来自任意支持 LINQ 的数据源中的数据。例如，单个查询可以从 SQL 数据库检索数据，并生成 XML 流作为输出。其使用许多常见的 C# 语法，并且查询表达式中的变量都是强类型的，但许多情况下不需要显式提供类型，因为编译器可以推断类型。查询表达式还可以编译为表达式目录树或委托，具体取决于查询所应用到的类型。

查询表达式是由查询关键字和对应的操作数组成的表达式整体。其中，查询关键字包括与 SQL 对应的子句，这些子句的介绍如表 8-1 所示。

表 8-1 查询表达式关键字

关键字	说明
from	指定要查找的数据源以及范围变量，多个 from 子句则表示从多个数据源查找数据
where	指定元素的筛选条件，多个 where 子句则表示了并列条件，必须全部都满足才能入选
select	指定查询要返回的目标数据，可以指定任何类型，甚至是匿名类型
group	按照指定的键/值对查询结果进行分组
into	提供一个标识符，它可以充当对 join、group 或 select 子句的结果的引用
orderby	基于元素类型的默认比较器按升序或降序对查询结果进行排序
join	基于两个指定匹配条件之间的相等比较来联接两个数据源
let	引入一个用于存储查询表达式中的子表达式结果的范围变量

LINQ 查询表达式必须以 from 子句开头，并且必须以 select 或 group 子句结尾。在第一个 from 子句和最后一个 select 或 group 子句之间，查询表达式可以包含一个或多个下列可选子句：where、orderby、join、let 甚至附加的 from 子句。还可以使用 into 关键字使 join 或 group 子句的结果能够充当同一查询表达式中附加查询子句的源。

8.2.3 from 子句

在一个查询中数据源是必不可少的元素。LINQ 的数据源是实现泛型接口 IEnumerable<T>或者 IQueryable<T>的类对象，可以使用 foreach 遍历它的所有元素，从而完成查询操作。通过为泛型数据源指定不同的元素类型，可以表示任何数据集合。C#中的列表类、集合类以及数组等都实现了 IEnumerable<T>接口，所以可以直接将这些数据对象作为数据源在 LINQ 查询中使用。

LINQ 使用 from 子句来指定数据源，它的语法格式如下：

```
from 变量 in 数据源
```

一般情况下，不需要为 from 子句的变量指定数据类型，因为编译器会根据数据源类型自动分配，通常元素类型为 IEnumerable<T>中的类型 T。例如，当数据源为 IEnumerable<string>时，编译器为变量分配 string 类型。

【范例 2】

创建一个 string 类型的数组，然后将它作为数据源使用 LINQ 查询所有元素，示例代码如下。


```
string[] enOfNum = { "one", "two", "three", "four" };
                                                //定义 string 类型数组 enOfNum
var result = from num in enOfNum
          select num;                           //LINQ 查询所有元素
```

在上述语句中由于 enOfNum 数组是 string 类型，所以在 LINQ 查询时的 num 变量也是 string 类型。

【范例 3】

如果不希望 from 子句中的变量使用默认类型，也可以指定数据类型。例如，下面的代码将 from 子句中的变量转换为 object 类型。

```
string[] enOfNum = { "one", "two", "three", "four" };
                                                //定义 string 类型数组 enOfNum
var result = from object num in enOfNum
          select num;                           //LINQ 查询所有元素
```

【范例 4】

在使用 from 子句时要注意，由于编译器不会检查遍历变量的类型，所以当指定的数据类型无法与数据源的类型兼容时，虽然不会有语法上的错误，但是当使用 foreach 语句遍历结果集时将会产生类型转换异常。

示例代码如下。

```
string[] enOfNum = { "one", "two", "three", "four" };
                                    //定义 string 类型数组 enOfNum
var result = from int num in enOfNum
          select num;               //使用 int 类型变量查询 enOfNum 数据源
```

```
foreach (var str in result)                  //遍历查询结果的集合
{
   Console.WriteLine(str);                   //输出集合中的元素
}
```

上述代码创建一个 string 类型的数据源，然后使用 int 类型的变量来进行查询，由于 int 类型和 string 类型不兼容，也不能转换，所以在运行时将会产生异常信息，如图 8-2 所示。

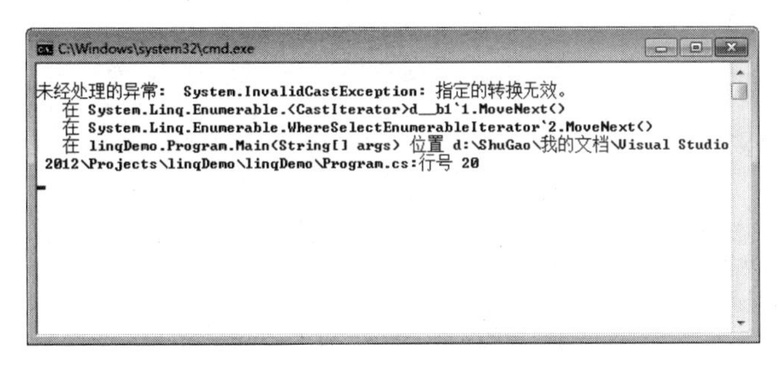

图 8-2 异常信息

建议读者不要在 from 子句中指定数据类型，应该让编译器自动根据数据源分配数据类型，避免发生异常信息。

8.2.4 select 子句

select 子句用于指定执行查询时产生结果的结果集，它也是 LINQ 查询的必备子句，语法如下。

```
select 结果元素
```

其中，select 是关键字，结果元素则指定了查询结果集合中元素的类型及初始化方式。如果不指定结果的数据类型，编译器会将查询中结果元素的类型自动设置为 select 子句中元素的类型。

【范例 5】

例如，下面的范例从 int 类型的数组中执行查询，而且在 select 子句中没有指定数据类型。此时，num 结果元素将会自动编译为 int 类型，因为 result 的实际类型为 IEnumerable<int>。

```
int[] numbers = { 1, 3, 5, 7};                 //创建数据源
var result = from num in numbers
      select num;                              //查询数据
foreach (var num in result)                    //遍历结果集合 result
 {
```

```
    Console.Write(num + "|");               //每个集合元素为 int 类型
}
```

执行后的查询结果如下。

```
1|3|5|7|
```

【范例 6】

在范例 5 中使用 select 子句获取数据源的所有元素。该子句还可以获取目标数据源中子元素的操作结果，例如属性、方法或者运算等。

例如，下面的范例从一个包含学生姓名、性别和年龄的数据源获取学生姓名信息。

```
var students = new[]                                  //定义数据源
{
    new{name="祝红涛",sex="男",age=25},
    new{name="侯霞",sex="女",age=21},
    new{name="张均焘",sex="男",age=22},
    new{name="王静",sex="女",age=24}
};                                                    //通过匿名类创建学生信息对象
var stuNames = from stu in students
               select stu.name;                       //从数据源中查询 name 属性
foreach (var str in stuNames)                         //遍历结果
{
    Console.WriteLine("姓名：" + str);
}
```

上述代码首先创建一个名为 students 的数据源，在该数据源中通过 new 运算符创建 4 个匿名的学生信息对象。每个对象包含三个属性：name（学生姓名）、sex（性别）和 age（年龄）。

LINQ 语句从数据源中查询所有对象，每个对象为一个匿名学生信息，select 子句从学生信息中提取 name 属性，即学生姓名信息。运行之后的输出结果如下。

```
姓名：祝红涛
姓名：侯霞
姓名：张均焘
姓名：王静
```

【范例 7】

如果希望获取数据源中的多个属性，可以在 select 子句中使用匿名类型来解决。以范例 6 中的数据源为例，现在要查询出学生姓名和年龄信息，实现代码如下。

```
var stus = from stu in students
           select new { stu.name, stu.age };
foreach (var stu in stus)
{
    Console.WriteLine("姓名：{0}   年龄:{1}", stu.name, stu.age);
}
```

上述语句在 select 子句中使用 new 创建一个匿名类型来描述包含学生姓名和年龄的对象。由于在 foreach 遍历时无法表示匿名类型，所以只能通过 var（可变类型）关键字让编译器自动判断查询中元素的类型。运行之后的输出结果如下。

```
姓名：祝红涛    年龄:25
姓名：侯霞    年龄:21
姓名：张均焘    年龄:22
姓名：王静    年龄:24
```

技巧

通常情况下，不需要为 select 子句的元素指定具体数据类型。另外，如果查询结果中的元素只在本语句内临时使用，应该尽量使用匿名类型，这样可以减少很多不必要类的定义。

8.2.5 where 子句

在实际查询时并不总是需要查询出所有数据，而是希望对查询结果的元素进行筛选。只有符合条件的元素才能最终显示。在 LINQ 中使用 where 子句来指定查询的条件，语法格式如下。

```
where 条件表达式
```

这里的条件表达式可以是任何符合 C#规则的逻辑表达式，最终返回 true 或者 false。当被查询的元素与条件表达式的运算结果为 true 时，该元素将出现在结果中。

【范例 8】

假设要从一个 int 类型数据源中查询出数字大于 4 的元素，实现代码如下。

```
int[] numbers ={ 1, 8, 2, 5,6,3,3,7,10 };  //创建数据源
 var result = from num in numbers
             where num>4
             select num;                    //使用where子句查询大于4的元素
 foreach (var num in result)                //遍历查询结果
 {
    Console.Write(num + "|");
 }
```

上述代码中，使用 where 子句对 num 进行筛选，只有满足 num>4 条件的元素会出现在结果集合中，运行结果如下。

```
8|5|6|7|10|
```

下面的语句从数据源中查询出大于 4 的偶数。

```
var result = from num in numbers
            where (num%2==0)&&(num>4)
            select num;
```

这里使用了与运算符&&连接两个表达式。

【范例 9】

从范例 6 创建的学生信息数据源中执行如下条件查询。

（1）查询性别为“男”的学生姓名和年龄。

```
var stus = from stu in students
        where stu.sex=="男"
        select new { stu.name, stu.age };
```

（2）查询年龄大于 22 的学生姓名。

```
var stus = from stu in students
        where stu.age>22
        select stu.name;
```

（3）查询年龄等于 25 并且性别为“女”的学生姓名。

```
var stus = from stu in students
        where (stu.age>25) && (stu.sex=="女")
        select stu.name;
```

（4）查询年龄大于 24 或者姓名为“祝红涛”的学生姓名、性别和年龄。


```
var stus = from stu in students
        where (stu.age>24) || (stu.name=="祝红涛")
        select new {stu.name, stu.sex , stu.age};
```

8.2.6 orderby 子句

LINQ 查询使用 orderby 子句来对结果中的元素进行排序，语法格式如下。

```
orderby 排序元素 [ascending | descending]
```

其中，排序元素必须在数据源中，中括号内是排序方式，默认是 ascending 关键字表示升序排列，descending 关键字表示降序排列。

【范例 10】

创建一个范例演示使用 orderby 子句对整型数据源的升序和降序操作，并输出结果。实现代码如下。

```
int[] numbers = { 1, 8, 2, 5, 6, 3, 3, 7, 10 };//定义数据源
var result1 = from num in numbers
          orderby num
          select num;                              //使用默认升序排列
Console.WriteLine("默认排序结果是：");
foreach (var num in result1){
   Console.Write(num + " ,");
}
var result2 = from num in numbers
```

```
            orderby num descending
            select num;                                //指定降序排列
    Console.WriteLine("\n 降序排列结果是：");
    foreach (var num in result2){
        Console.Write(num + " ,");
    }
```

输出结果如下。

```
默认排序结果是：
1 ,2 ,3 ,3 ,5 ,6 ,7 ,8 ,10 ,
降序排列结果是：
10 ,8 ,7 ,6 ,5 ,3 ,3 ,2 ,1 ,
```

【范例 11】

对学生信息按年龄降序排列，输出学生姓名和年龄，代码如下。

```
var stus = from stu in students
        orderby stu.age descending
        select new { stu.name, stu.age };
 foreach (var stu in stus)
 {
    Console.WriteLine("姓名：{0}    年龄:{1}", stu.name, stu.age);
 }
```

运行后的输出结果如下。

```
姓名：祝红涛    年龄:25
姓名：王静    年龄:24
姓名：张均焘    年龄:22
姓名：侯霞    年龄:21
```

8.2.7 group 子句

group 子句用于对 LINQ 查询结果中的元素进行分组，这一点与 SQL 中的 group by 子句作用相同。group 子句的语法格式如下。

```
group 结果元素 by 要分组的元素
```

其中，要分组的元素必须在结果中，而且 group 子句返回的是一个分组后的集合，集合的键名为分组的名称，集合中的子元素为该分组下的数据。因此，必须使用嵌套 foreach 循环来遍历分组后的数据。

【范例 12】

对学生信息按性别进行分组，输出每组下的学生姓名和年龄。实现代码如下。

```
var stus = from stu in students
```

```
        group stu by stu.sex;         //对 students 数据源按照 sex 元素进行分组
    foreach (var group in stus)       //遍历分组结果
    {
      Console.WriteLine("性别为{0}的共{1}个", group.Key, group.Count());
      foreach(var s in group)
      {
        Console.WriteLine("姓名: {0}   年龄: {1}", s.name, s.age);
      }
    }
```

上述代码将分组结果保存在 stus 变量中，此时该变量是一个二维数组。在遍历二维数组时通过调用 Key 属性获取分组的名称，调用 Count()方法获取该组子元素的数量，最后再使用一个 foreach 循环遍历子元素的内容。

运行后输出结果如下。

```
性别为男的共 2 个
姓名：祝红涛    年龄：25
姓名：张均焘    年龄：22
性别为女的共 2 个
姓名：侯霞    年龄：21
姓名：王静    年龄：24
```


8.3 join 子句

与 SQL 一样，LINQ 也允许根据一个或者多个关联键来联接多个数据源。join 子句实现了将不同的数据源在查询中进行关联的功能。

join 子句使用特殊的 equals 关键字比较指定的键是否相等，并且 join 子句执行的所有联接都是同等联接。join 子句的输出形式取决于所执行联接的类型，联接类型包括：内部联接、分组联接和左外部联接。

8.3.1 创建示例数据源

本节用到两个数据源，第一个是图书分类信息如表 8-2 所示，第二个是图书详细信息如表 8-3 所示。

表 8-2 图书分类信息

分类编号	分类名称	上级分类编号
1	软件开发	0
2	数据库	0
3	办公软件	0
4	C#程序设计	1
5	Java 程序设计	1
6	SQL Server 数据库	2

表 8-3 图书详细信息

图书编号	图书名称	图书价格	分类编号
1	C#入门与提高	105	4
2	C#程序设计标准教程	98	4
3	轻松学 Java 编程	58	5
4	轻松学 C#编程	59	4
5	轻松学 Word 软件	62	3
6	SQL 入门很简单	55	6

8.3.2 内联接

内联接是 LINQ 查询中最简单的一种联接方式。它与 SQL 语句中的 INNER JOIN 子句比较相似，要求元素的联接关系必须同时满足被联接的两个数据源，即两个数据源都必须存在满足联接关系的元素。

【范例 13】

使用内联接将分类编号作为关联查询图书名称、价格和分类名称。实现步骤如下.

（1）创建保存图书分类信息的数据源，代码如下。

```
var Types = new[]
{
    new {tid=1,tname="软件开发",pid=0},
    new {tid=2,tname="数据库",pid=0},
    new {tid=3,tname="办公软件",pid=0},
    new {tid=4,tname="C#程序设计",pid=1},
    new {tid=5,tname="Java 程序设计",pid=1},
    new {tid=6,tname="SQL Server 数据库",pid=2}
};
```

（2）创建保存图书信息的数据源，代码如下。

```
var Books = new[]
{
    new{bkid=1,bkname="C#入门与提高",price=105,tid=4},
    new{bkid=2,bkname="C#程序设计标准教程",price=98,tid=4},
    new{bkid=3,bkname="轻松学 Java 编程",price=58,tid=5},
    new{bkid=4,bkname="轻松学 C#编程",price=59,tid=4},
    new{bkid=5,bkname="轻松学 Word 软件",price=62,tid=3},
    new{bkid=6,bkname="SQL 入门与提高",price=55,tid=6}
};
```

（3）创建 LINQ 查询，使用 join 子句按 tid 元素关联分类信息和图书信息，并选择图书编号、价格和分类名称作为结果。实现语句如下。

```
var result = from bk in Books
        join t in Types
        on bk.tid equals t.tid
```

```
select new
{
   bookName = bk.bkname,
   bookPrice = bk.price,
   typeName = t.tname
};
```

上述语句指定以 Books 数据源为依据，根据 tid 键在 Types 数据源中查找匹配的元素。

提 示

与 SQL 不同，LINQ 内联接的表达式顺序非常重要。equals 关键字左侧必须是外部数据源的关联键（from 子句的数据源），右侧必须是内部数据源的关联键（join 子句的数据源）。

（4）使用 foreach 语句遍历结果集，输出每一项的内容，代码如下。

```
foreach (var item in result)
{
   Console.WriteLine("图书编号：{0}\t 价格：{1}\t 分类：{2}", item.bookName,
   item.bookPrice, item.typeName);
}
```


（5）运行上述代码，输出结果如下。

```
图书编号：C#入门与提高          价格：105        分类：C#程序设计
图书编号：C#程序设计标准教程    价格：98         分类：C#程序设计
图书编号：轻松学 Java 编程      价格：58         分类：Java 程序设计
图书编号：轻松学 C#编程         价格：59         分类：C#程序设计
图书编号：轻松学 Word 软件      价格：62         分类：办公软件
图书编号：SQL 入门与提高        价格：55         分类：SQL Server 数据库
```

8.3.3 分组联接

分组联接是指包含 into 子句的 join 子句的联接。分组联接将产生分层结构的数据，它将第一个数据源中的每个元素与第二个数据源中的一组相关元素进行匹配。第一个数据源中的元素都会出现在查询结果中。如果第一个数据源中的元素在第二个数据中找到相关元素，则使用被找到的元素，否则使用空。

【范例 14】

使用分组联接完成如下查询。

（1）从 Types 类中查询图书分类信息。

（2）使用 join 子句联接 Types 和 Books，联接关系为相等（equal），并设置分组的标识为 g。

（3）使用 select 子句获取结果集，要求包含分类名称及其分类下的图书名称。

实现上述查询要求的 LINQ 语句如下。

```
var result = from t in Types
```

```
            join bk in Books
            on t.tid equals bk.tid into g
            select new
            {
                typeName=t.tname,
                Books=g.ToList()
            };
```

上述语句在join子句中通过into关键字将某一分类下对应的图书信息放到g变量中。select子句使用g.ToList()方法将图书信息作为集合放在结果的Books属性中。

使用嵌套的foreach遍历分组及分组中的内容，语句如下。

```
foreach (var item in result)
{
    Console.WriteLine("分类名称“{0}”下的图书有：", item.typeName);
    foreach (var book in item.Books)
    {
        Console.WriteLine("\t{0}",book.bkname);
    }
    Console.WriteLine();
}
```

执行后的输出结果如图8-3所示。

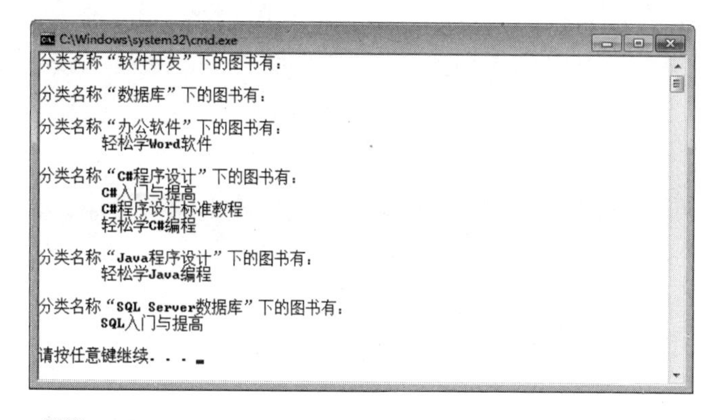

图8-3 按分类查看图书信息

8.3.4 左外联接

左外联接与SQL语句中的LEFT JOIN子句比较相似，它将返回第一个集合中的每一个元素，而无论该元素在第二个集合中是否具有相关元素。

LINQ为左外联接提供了DefaultIfEmpty()方法。如果第一个集合中的元素没有找到相关元素时，DefaultIfEmpty()方法可以指定该元素的相关元素的默认元素。

【范例15】

使用左外联接分类信息和图书信息，并显示分类编号、分类名称和图书信息。查询语句如下。

```
var result = from t in Types
        join bk in Books
        on t.tid equals bk.tid into g
        from left in g.DefaultIfEmpty(
            new { bkid = 0, bkname = "该分类下暂无图书", price = 0, tid =
            t.tid }
        )
        select new
        {
            id = t.tid,
            name = t.tname,
            bookName = left.bkname
        };
```

上述使用 left 指定使用左外联接，在联接时如果找不到右侧数据源中的匹配元素则使用 DefaultIfEmpty()方法创建一个匿名类型作为值。编写 foreach 语句遍历查询结果，语句如下。

```
foreach (var item in result)
{
    Console.WriteLine("分类编号"{0}"\t 分类名称:{1}\t 图书名称:{2}", item.id,
    item.name, item.bookName);
    Console.WriteLine();
}
```


执行后的结果如图 8-4 所示。

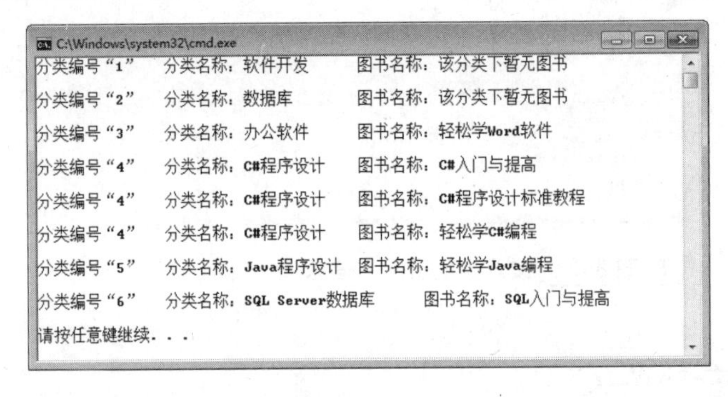

图 8-4　左外联接运行效果

注意

左外联接和分组联接虽然相似但是并非一样。分组联接返回的查询结果是一种分层数据结构，需要使用两层 foreach 才能遍历它的结果。而左外联接是在分组联接的查询结果上再进行一次查询，所以它在 join 之后还需要一个 from 子句进行查询。

8.4 查询方法

在前面详细介绍了 LINQ 查询的组成部分，各个 LINQ 查询子句的语法及应用示例。本节介绍 LINQ 查询的另一种实现方法，即通过面向对象的方式（调用属性和方法等）实现对数据源的查询。

8.4.1 认识查询方法

在 LINQ 中，数据源实际上是实现了 IEnumerable<T>接口的类，该接口定义了一组扩展方法用来对数据集合中的元素进行定位、遍历、排序和筛选等操作。通过 select 子句返回的结果也是一个实现了 IEnumerable<T>的类，所以使用上和成员方法很类似。

如表 8-4 所示列出了 LINQ 查询关键字与 IEnumerable<T>接口方法之间的对应关系。

表 8-4 LINQ 关键字与方法对应关系

关键字名称	方法名称	说明
from	Cast()	使用显式类型化的范围变量，例如 from int i in intAry
select	Select()	指定要选择的元素
select	SelectMany()	从多个 from 子句进行查询
where	Where()	条件过滤
join in on equals	Join()	内联接查询
join in on equals into	GroupJoin()	左外联接查询
orderby	OrderBy()	从小到大排序
orderby	ThenBy()	多个排序元素时，第二个排序元素按从小到大排序
orderby descending	OrderByDescending()	从大到小排序
orderby descending	ThenByDescending()	多个排序元素时，第二个排序元素按从大到小排序
group	GroupBy()	对查询结果进行分组

IEnumerable<T>接口提供了 LINQ 查询所需要的所有方法，在表 8-4 中仅列出了常用的方法。例如，如下是一个 LINQ 查询语句，查询出数据源中所有大于 4 的元素。

```
int[] numbers = { 1, 8, 2, 5, 6, 3, 3, 7, 10 };
var result = from num in numbers
        where num > 4
        select num;
```

在上述语句中使用 where 子句指定从数据源筛选数据的条件，可以使用表 8-4 中的 Where()方法实现该功能。如下所示为使用查询方法的替代实现语句。

```
var result= numbers.Where(num => num > 4);
```

上述语句实现上调用的是 IEnumerable<T>接口的 Where()方法，该方法的参数“num => num > 4”表示提取大于 4 的元素，这也是一种 Lambda 表达式的表示方法。

Lambda 表达式实际上是一个匿名函数，它包含表达式和语句，常用于创建委托或者表达式目标类型。所有 Lambda 表达式都使用“=>”运算符，该运算符的语法格式如下。

```
(输入参数) => 表达式
```

该运算符的左边是输入参数，只有一个参数时可以省略括号，多个参数时使用逗号分隔。表达式的参数都是可变类型的，由编译器自动确定它的具体类型。但有时编译器难于判断输入类型，就需要为参数显式指定类型，即在参数之前添加参数类型。

如下的 Lambda 表达式包括两个参数 x 和 y，其中 x 和 y 都是 int 类型。

```
( int x,int y)=> x > y
```

当 Lambda 表达式没有参数时，需要使用空的括号表示。例如，下面的示例表示直接调用 Count()方法，该方法的返回值就是 Lambda 表达式的返回值。

```
()=>Count()
```

8.4.2 筛选数据

LINQ 查询表达的 where 子句可以通过 IEnumerable<T>.Where()方法来实现。Where()方法接受一个函数委托作为参数，该委托指定过滤的具体实现，返回符合条件的元素集合。

【范例 16】

假设要从一个 int 类型数据源中查询出数字大于 4 的元素。实现代码如下。

```
int[] numbers ={ 1, 8, 2, 5,6,3,3,7,10 };        //创建数据源
var result = numbers.Where(num => num > 4);
                                        //使用 Where()方法查询大于 4 的元素
 foreach (var num in result)            //遍历查询结果
 {
     Console.Write(num + "|");
 }
```

运行结果如下。

```
8|5|6|7|10|
```

下面的语句从数据源中查询出大于 4 的偶数。

```
var result = numbers.Where (num => (num > 4) && (num % 2 == 0));
```

【范例 17】

假设要从一个字符串类型的数据源中查询出长度小于 6 的字符串。实现代码如下。

```
string[] fruits = { "apple", "passionfruit", "banana", "mango",
          "orange", "blueberry", "grape", "strawberry" };//创建数据源
var query = fruits.Where(fruit => fruit.Length < 6);//对元素的长度进行判断
foreach (string fruit in query)                     //遍历结果
{
```

```
    Console.Write(fruit.ToString() + "|");
}
```

在 Where()方法中 fruit 表示数据源中的一个字符串，调用它的 Length 属性获取长度再进行比较。运行结果如下。

```
apple|mango|grape|
```

Where()方法可以对数据源中元素的索引进行筛选。下面的语句筛选索引为偶数的元素。

```
var query = fruits.Where((fruit, index) => index%2==0);
```

索引从 0 开始，所以运行结果如下。

```
apple|banana|orange|grape|
```

8.4.3 排序

按特定顺序进行排序需要使用 OrderBy()方法。与 Where()方法一样，OrderBy()方法也要求以一个方法作为参数。该方法标识了对数据进行排序的表达式。

【范例 18】

对包含商品名称和商品价格的数据源按价格升序进行排列，实现代码如下。

```
var Products = new[]
{
    new{name="儿童读物",price=25},
    new{name="小学三年级数学",price=19},
    new{name="英语小故事",price=22},
    new{name="童话大王",price=24},
    new{name="字贴",price=14}
};
var result = Products.OrderBy(p => p.price);             //按价格升序排列
foreach (var item in result)
{
    Console.WriteLine("商品名称：{0}\t 价格：{1}",item.name,item.price);
}
```

运行结果如下。

```
商品名称：字贴              价格：14
商品名称：小学三年级数学    价格：19
商品名称：英语小故事        价格：22
商品名称：童话大王          价格：24
商品名称：儿童读物          价格：25
```

如果希望按价格降序方式排列可以调用 OrderByDescending()方法，语句如下。

```
var result = Products.OrderByDescending(p => p.price); //按价格降序排列
```

提 示

如果希望根据多个元素来进行排序，可以在 OrderBy()或者 OrderByDescending()方法之后使用 ThenBy()或者 ThenByDescending()方法。

8.4.4 分组

LINQ 中 group 子句对应的是 GroupBy()方法，该方法可以对数据源中的元素进行分组排列。GroupBy()方法返回的是带键分组后的元素集合，需要使用 foreach 嵌套遍历数据。

【范例 19】

使用 GroupBy()方法实现范例 12 的功能，即对学生信息按性别进行分组，输出每组下的学生姓名和年龄。实现代码如下。

```
//省略数据源创建
var result = students.GroupBy(stu => stu.sex);          //按 sex 进行分组
//省略遍历结果
```


运行结果如下。

```
性别为男的共 2 个
姓名：祝红涛    年龄：25
姓名：张均焘    年龄：22
性别为女的共 2 个
姓名：侯霞    年龄：21
姓名：王静    年龄：24
```

8.4.5 取消重复

在 SQL 中可以使用 DISTINCT 关键字对结果集中的重复元素进行过滤。LINQ 中的 Distinct()方法同样可以实现该功能，该方法的使用非常简单，下面通过一个范例介绍。

【范例 20】

假设有一个保存学生编号、课程名称和成绩的数据源，现在要查询出所有的课程名称。实现语句如下。

```
var scores = new[]
{
    new{id=1,clsname="数学",score=80 },
    new{id=2,clsname="语文",score=90 },
    new{id=3,clsname="语文",score=40 },
    new{id=4,clsname="数学",score=60 },
    new{id=5,clsname="英语",score=60 }
};                                                  //创建数据源
var result = scores.Select(s => s.clsname);         //查询课程名称
```

```
foreach (var item in result)                              //遍历结果
{
   Console.WriteLine("课程名称: {0}\n", item);
}
```

在上述语句中通过 Select()方法从数据源中查询出表示课程名称的 clsname 属性，查询结果保存在 result 变量中。此时 result 变量中包含数据源中的所有课程名称，运行后的输出效果如图 8-5 所示。

从结果中可以看出“数学”和“语文”出现了两次，为了筛选出这些重复的元素可以对结果集调用 Distinct()方法。如下为修改后的查询语句。

```
var result = scores.Select(s => s.clsname).Distinct();
                                                //查询不重复的课程名称
```

再次运行将看到正确的输出结果，如图 8-6 所示。

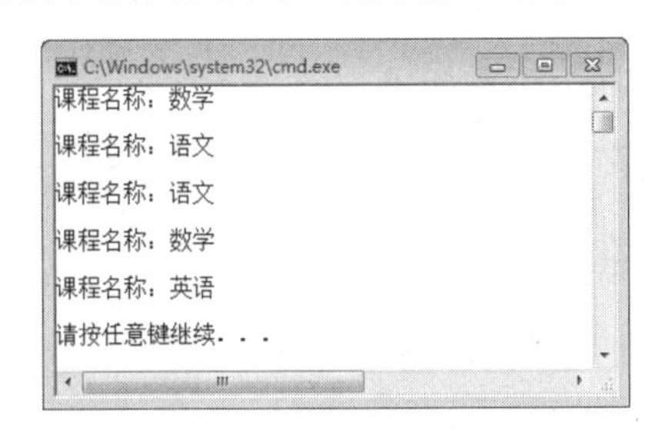

图 8-5　筛选重复元素前效果

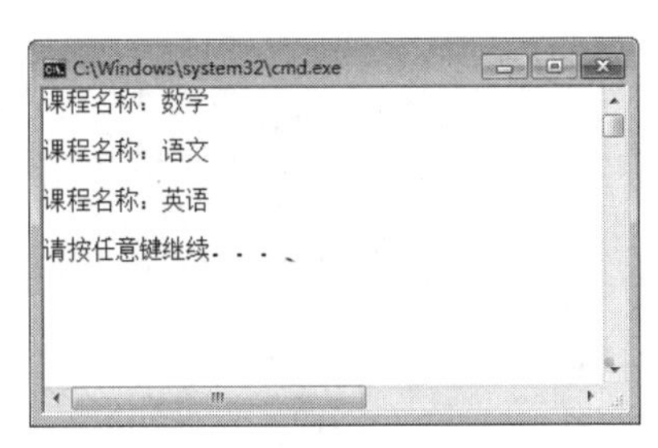

图 8-6　筛选重复元素后效果

8.4.6　聚合

如果读者熟悉 SQL，一定知道 SQL 除了对数据源进行筛选、查找、提取和分组之外，还提供了很多内置函数来对结果集中的行执行聚合计算。在 LINQ 中同样提供了实现聚合计算的方法，例如，Count()方法统计元素数量，Max()方法统计元素的最大值，Min()方法统计元素最小值等。下面介绍常用聚合方法的使用。

【范例 21】

假设有一个订单信息数据源，其中包含商品编号、商品名称、商品价格和订购数量。现在要求从订单数据源中获取如下信息。

（1）订单中商品的总数。

（2）价格在 4 元以上商品的总数。

（3）商品的最高价格、最低价格和平均价格。

（4）统计订单中所有商品的总订购数量。

具体实现步骤如下。

（1）创建订单信息数据源，语句如下。

```
var Orders = new[]
{
    new{id=1,name="纯净水",price=4,quality=40},
```

```
    new{id=2,name="可乐",price=5,quality=51},
    new{id=3,name="果汁",price=3,quality=38},
    new{id=4,name="绿茶",price=4,quality=90},
    new{id=5,name="凉茶",price=6,quality=80},
    new{id=6,name="啤酒",price=3,quality=66},
    new{id=7,name="苏打水",price=7,quality=72}
};
```

（2）调用 Count()方法实现统计商品的总数量，语句如下。

```
var result1 = Orders.Count();
```

（3）先调用 Where()方法返回价格在 4 元以上的商品，再调用 Count()方法统计数量，语句如下。

```
var result2= Orders.Where(p => p.price >= 4).Count();
```

（4）调用 Max()方法实现统计商品的最高价格，语句如下。

```
var result3 = Orders.Max(p => p.price);
```

（5）调用 Min()方法实现统计商品的最低价格，语句如下。


```
var result4 = Orders.Min(p => p.price);
```

（6）调用 Average()方法实现统计商品的平均价格，语句如下。

```
var result5 = Orders.Average(p => p.price);
```

（7）调用 Sum()方法实现统计商品订购的总量，语句如下。

```
var result6 = Orders.Sum(p => p.quality);
```

（8）输出统计结果，语句如下。

```
Console.WriteLine("统计结果如下：");
Console.WriteLine("订单中一共包含 {0} 件商品",result1);
Console.WriteLine("其中价格在 4 元以上的商品一共 {0} 件", result2);
Console.WriteLine("本次订单中商品的最高价格是 {0} 元", result3);
Console.WriteLine("本次订单中商品的最低价格是 {0} 元", result4);
Console.WriteLine("本次订单中商品的平均价格是 {0} 元", result5);
Console.WriteLine("本次订单中商品的订购总量是 {0} 件", result6);
```

（9）运行程序，查看输出结果，如图 8-7 所示。

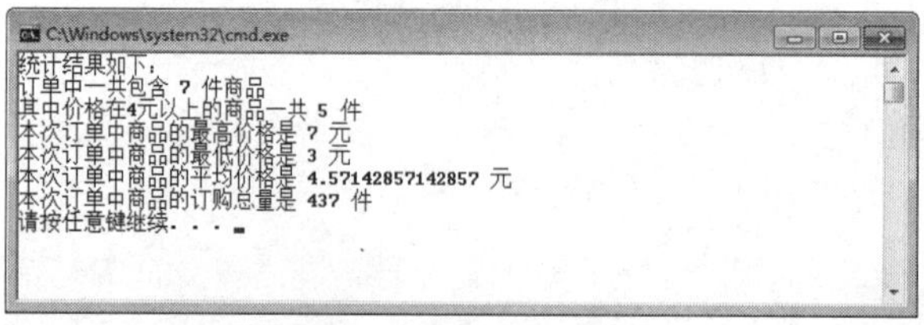

```
C:\Windows\system32\cmd.exe
统计结果如下：
订单中一共包含 7 件商品
其中价格在4元以上的商品一共 5 件
本次订单中商品的最高价格是 7 元
本次订单中商品的最低价格是 3 元
本次订单中商品的平均价格是 4.57142857142857 元
本次订单中商品的订购总量是 437 件
请按任意键继续. . .
```

图 8-7　订单统计结果

8.4.7 联接

在 LINQ 查询表达式中通过 join 子句实现多个数据源之间的关联，它对应的是 Join()方法。下面通过一个范例介绍 Join()方法联接两个数据源的应用。

【范例 22】

创建一个包含员工编号、员工姓名、性别和所在部门编号的数据源，语句如下。

```
var Employees = new[]
 {
    new{eid=1,ename="祝红涛",sex="男",did=3},
    new{eid=2,ename="侯霞",sex="女",did=4},
    new{eid=3,ename="王静",sex="女",did=2},
    new{eid=4,ename="张均焘",sex="男",did=2},
    new{eid=5,ename="刘洋",sex="女",did=1},
    new{eid=6,ename="王浩",sex="男",did=3}
 };
```

创建一个包含部门编号和部门名称的数据源，语句如下。

```
var Departments = new[]
{
   new{did=1,dname="人事部"},
   new{did=2,dname="销售部"},
   new{did=3,dname="网络部"},
   new{did=4,dname="财务部"}
};
```

使用部门编号作为键关联这两个数据源，并查询出员工编号、姓名、性别和部门名称，语句如下。

```
var result = Employees.Select(e => new { e.eid, e.ename,e,sex,e.did })
    .Join(Departments, e => e.did, d => d.did,
        (e, d) => new { e.eid,  e.ename, e.sex, d.dname }
    );
```

如上述代码所示，Join()方法需要 4 个参数，各个参数的含义如下。

(1) 第一个参数表示要关联的内部数据源，这里指定为部门信息数据源 Departments。

(2) 第二个参数表示外部数据源中作为关联的键，这里使用员工信息的 did 键。

(3) 第三个参数表示内部数据源中作为关联的键，这里使用部门信息的 did 键。

(4) 第四个参数表示关联后的结果集，这里指定结果集中包含 4 个属性。

遍历结果集输出员工信息，语句如下。

```
foreach (var item in result)
{
   Console.WriteLine("员工编号: {0}\t 姓名: {1}\t 性别: {2}\t 部门名称: {3}",
                     item.eid, item.ename,item.sex, item.dname);
}
```

运行结果如图 8-8 所示。

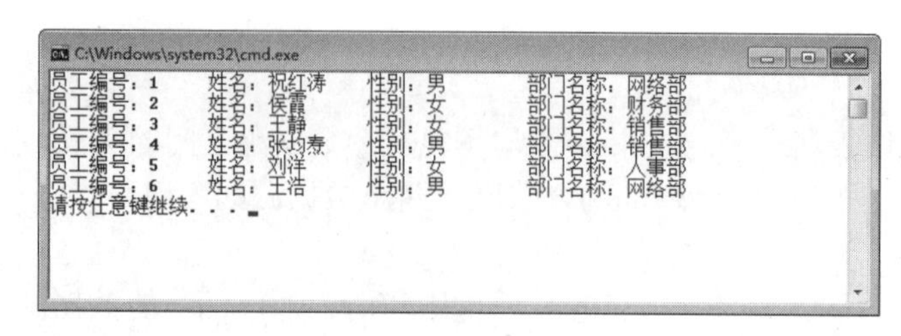

图 8-8　查看员工信息效果

8.5 实验指导——LINQ 查询的“延迟”问题

在本节之前详细介绍了如何使用 LINQ 查询表达式和查询方法实现对数据源中数据的提取、筛选、分组、排序和统计等操作。

无论是查询表达式还是查询方法在实际使用时都要注意：执行查询方法时，应用程序并不会真正构造结果集；而是只有在遍历结果集时，才会构造。也就是说，从一个 LINQ 查询方法执行之后，到取回这个结果集之前，如果原始数据源发生了变化，结果集也会随之进行更新。

例如，下面的语句从 intAry 数据源中查询所有元素。

```
var result=from i in intAry select i ;
```

此时 result 中的结果还不确定，除非使用如下语句对该结果集进行遍历，否则 result 变量中的数据一直为空。

```
foreach(var num in result)
{
    Console.WriteLine(num);
}
```

在 result 变量定义之后，遍历 result 之前，如果用户向 intAry 数据源中添加了新数据，那么该数据将会出现在遍历结果中。这也就是所谓的 LINQ 查询的“延迟”问题。

为了避免这个问题，可以在查询中对数据源进行强制求值，从而生成一个静态的、缓存的集合。这个集合复制的是数据源中的数据，如果数据源发生了变化，该集合不会相应地改变。具体解决方法是调用 ToList()方法来构造静态的集合，如下是修改后的语句。

```
var result=from i from intAry.ToList()
        select i ;
```

现在执行查询后会立即向 result 变量中添加数据，并且这些数据不会随数据源进行更新。

除了 ToList()方法还可以调用 ToArray()方法实现相同的功能。

下面通过一个具体的案例来演示“延迟”问题的解决方法，具体步骤如下。

（1）创建一个图书类，并定义图书编号、名称、作者和出版社属性，代码如下。

```
class Book {
    public int id { get; set; }                   //图书编号
    public string name { get; set; }              //名称
    public string author { get; set; }            //作者
    public string pub { get; set; }               //出版社
}
```

（2）在 Book 类中重写基类的 ToString()方法返回包含各个属性的字符串，代码如下。

```
public override string ToString()
{
   return String.Format("图书编号：{0}\t 名称：{1}\t 作者：{2}\t 出版社：{3}",
   id, name, author, pub);
}
```

（3）创建一个包含 4 本图书信息的数据源，代码如下。

```
List<Book> Books = new List<Book>
 {
    new Book{id=1,name="儿童读物",author="祝红涛",pub="少儿出版社"},
    new Book{id=2,name="小学三年级数学",author="吴丽",pub="人民教育出版社"},
    new Book{id=3,name="英语小故事",author="张浩太",pub="智慧树出版社"},
    new Book{id=4,name="童话大王",author="陈之清",pub="儿童出版社"}
 };
```

（4）使用 LINQ 查询表达式查询出数据源中图书的数量，代码如下。

```
int bkCount = (from b in Books select b.id).Count();
```

（5）使用 LINQ 查询表达式查询出所有图书信息，代码如下。

```
var allBook = from b in Books select b;
```

（6）输出图书总数及图书信息，代码如下。

```
Console.WriteLine("当前一共有{0}本图书", bkCount);
foreach (Book b in allBook)
{
   Console.WriteLine(b);
}
```

（7）向数据源中插入一本图书信息，代码如下。

```
Books.Add(new Book { id = 5, name = "字贴", author = "王楷", pub = "少儿
出版社" });
Console.WriteLine("\n 成功添加一条数据。\n");
```

（8）再次遍历查询结果集输出图书信息，此时的运行效果如图 8-9 所示。

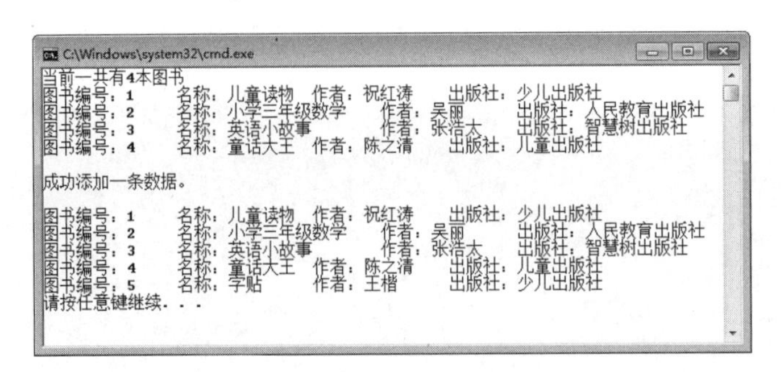

图 8-9 运行效果

从图 8-9 中可以看出，在第二次遍历 result 时新添加的编号为 5 的图书也出现在该结果中——虽然该图书是在 result 变量定义之后才添加的。

（9）为了解决 LINQ 查询表达式“延迟”求值的问题。下面为数据源添加 ToList()方法再进行查询，如下所示为修改后的查询语句。

```
var allBook = from b in Books.ToList() select b;
```

（10）再次执行程序，会发现添加图书前后 result 结果中的数据是一致的，如图 8-10 所示。这是因为 result 中的内容在图书添加之前已经被求值，而且是静态的。

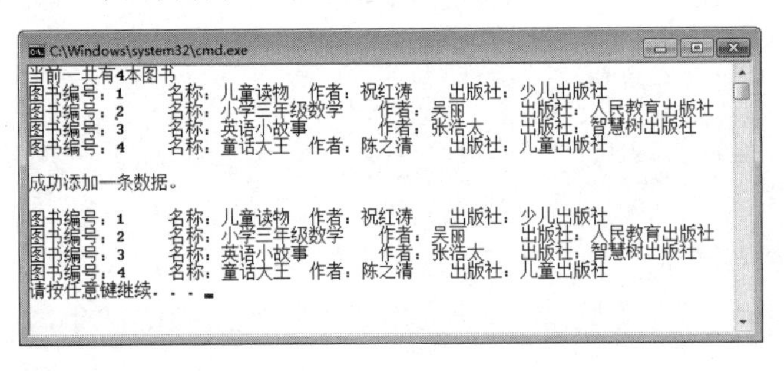

图 8-10 运行效果

思考与练习

一、填空题

1. 在.NET Framework 中与 LINQ 相关的类都在__________命名空间下。

2. __________类通过对 IQueryable<T>提供扩展方法，实现 LINQ 标准查询运算符。

3. 下列语句执行后，result 的结果是__________。

```
var sources = new[]{ new{x=3,
y=1}, new{x=4,y=2}};
var result = sources.Sum(s =>
s.x);
```

4. 使用 LINQ 查询表达式求下列数据源中的奇数和__________。

```
int[] numbers ={ 1, 8, 2,
5,6,3,3,7,10 };
```

5. 在使用 join 进行内联接时 equals 关键字左侧必须是__________子句的数据源。

6. 使用 LINQ 查询方法实现对下列数据源查询包含字母“G”的元素。

```
string[] Colors = new string[]
```

```
{ "Red", "Black", "Gray", "White",
 "Navy", "Green" };
var result1 = __________;
```

二、选择题

1. 下列选项中，不能使用 LINQ 进行查询的是________。

A. ICompare<T>接口

B. IEnumerable<T>接口

C. IQueryable<T>接口

D. Enumberable 类

2. 下列不属于 LINQ 查询表达式子句的是________。

A. select 子句

B. from 子句

C. create 子句

D. join 子句

3. 假设有如下的数据源，下面 LINQ 查询表达式不正确的是________。

```
int[] numbers ={ 1, 8, 2, 5,6,3,
3,7,10 };
```

A. from num in numbers select num;

B. from num in numbers where num>4 && num+1>5 select num;

C. from num in numbers orderby num descending select num;

D. from num in numbers group by num select num;

4. 使用 join 子句不能实现的联接方式是________。

A. 左外联接

B. 内联接

C. 外联接

D. 分组联接

5. 下面查询方法中可以实现降序排列的是________。

A. OrderByDescending()

B. ThenByDescending()

C. GroupBy()

D. JoinDescending()

三、简答题

1. 简述 LINQ 查询表达式的组成部分。

2. 简述使用查询表达式对数据源进行条件筛选的方法。

3. 简述 select 子句从数据源中选择元素的语法。

4. 举例说明 orderby 子句在 LINQ 中的应用。

5. 通过示例对比查询表达式与查询方法在筛选数据上的区别。

6. 阐述 LINQ 的延迟问题及解决办法。

第9章　LINQ to SQL

第 8 章首先介绍了 LINQ 的概念及其分类，然后详细介绍了使用 LINQ 查询普通数据的方法，本章将详细介绍 LINQ 查询数据库数据的方法——LINQ to SQL。

LINQ to SQL 全称是基于关系数据的.NET 语言集成查询，用于以对象形式管理关系数据，并提供了丰富的查询功能。其建立于公共语言类型系统中的基于 SQL 的模式定义的集成之上，当保持关系型模型表达能力和对底层存储的直接查询评测的性能时，这个集成在关系型数据之上提供强类型。

本章学习要点：

- 掌握 OR 设计器的使用
- 熟悉 DataContext 类的属性和方法
- 掌握手动创建实体和数据表映射的过程
- 掌握 LINQ to SQL 执行增加、修改和删除操作
- 掌握使用 OR 设计器设计多表关联的方法
- 掌握 LINQ to SQL 的多表查询

9.1 认识 LINQ 对象关系设计器

对象关系设计器（Object Relation 设计器，简称 OR 设计器）是 VS 2012 提供的一个可视化设计界面环境，用于创建基于数据库中对象的 LINQ to SQL 实体类和关联。OR 设计器会将数据库对象与 LINQ to SQL 类之间的映射保存到名为“.dbml”的文件中。

使用 OR 设计器可以在应用程序中创建映射到数据库对象的对象模型。同时还会生成一个 DataContext 类用于在实体类与数据库之间发送和接收数据。此外，OR 设计器还提供了将存储过程和函数映射到 DataContext 类的方法以返回数据并填充实体类的功能。OR 设计器还支持对实体类之间的继承关系进行设计。

O/R 设计器的设计界面有两个不同的区域：左侧的实体窗格以及右侧的方法窗格。实体窗格是主设计界面，其中显示实体类、关联和继承层次结构；方法窗格是显示映射到存储过程和函数的 DataContext 方法的设计界面。

【范例 1】

使用一个 OR 对象设计器创建一个到 studentsys 数据库中 student 数据表的映射关联，并显示该表中的学生信息。主要步骤如下所示。

（1）使用 VS 2012 创建一个 Windows 窗体应用程序。

（2）打开应用程序的【添加新项】对话框，选择其中的【LINQ to SQL 类】项，并定义名称为“StudentInfo.dbml”，最后单击【添加】按钮，如图 9-1 所示。

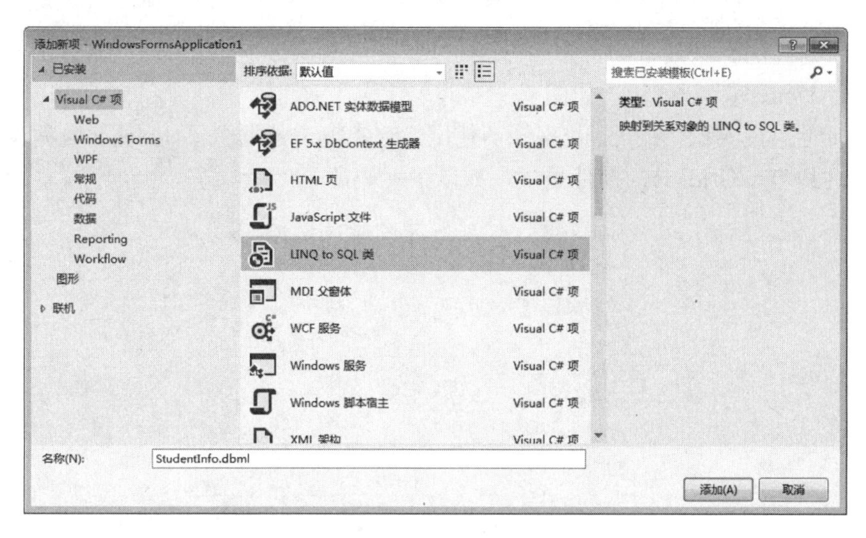

图 9-1 【添加新项】对话框

（3）打开【服务器资源管理器】窗格创建一个到 SQL Server 服务器 studentsys 数据库的连接。然后展开【表】节点，将 student 表名选中拖动到右侧的实体窗格。此时会自动生成名为 student 的实体，将 student 表中的列生成为实体属性，如图 9-2 所示。

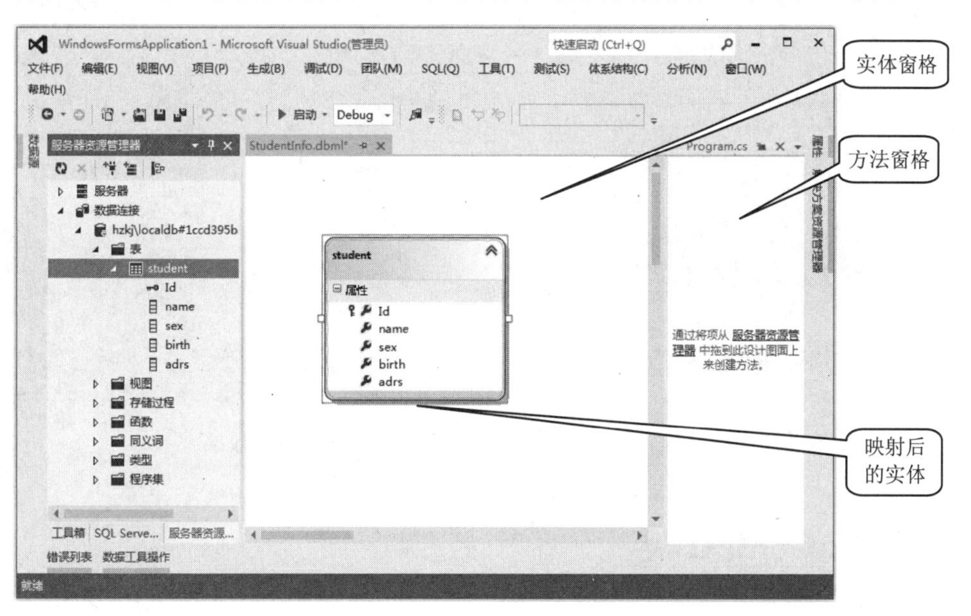

图 9-2 OR 设计器效果图

提示

通过将数据表从【服务器资源管理器】或者【数据库资源管理器】窗格拖动到 OR 设计器上可以创建基于这些表的实体类，并由 OR 设计器自动生成代码。

（4）将窗体的标题设置为“查看学生信息”，再向窗体上添加一个 DataGridView 控件，并设置 Dock 属性为 Fill，如图 9-3 所示。

（5）接下来进入窗体的 Load 事件，使用 LINQ 查询数据源（students 数据表）中的信息并绑定到 DataGridView 控件显示，如以下代码所示。

```
private void Form1_Load(object sender, EventArgs e)
{
    StudentInfoDataContext db =new StudentInfoDataContext();
                                        //初始化 StudentInfoDataContext 类
    var students = from s in db.student
                   select new {
                       学号=s.Id,
                       姓名=s.name,
                       性别=s.sex,
                       出生日期=s.birth,
                       籍贯=s.adrs
                   };                              //创建一个 LINQ 查询
    dataGridView1.DataSource = students;     //为 DataGridView 控件绑定数据
}
```

（6）执行程序，在窗体上会显示出 students 数据表中的学生信息，如图 9-4 所示。

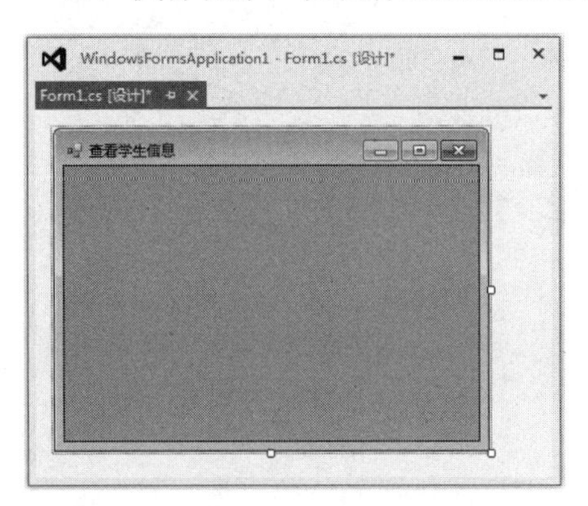

图 9-3　窗体布局效果

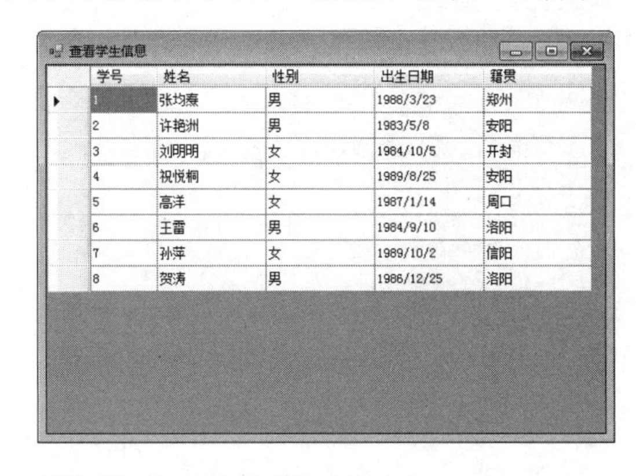

学号	姓名	性别	出生日期	籍贯
1	张均泰	男	1988/3/23	郑州
2	许艳洲	男	1983/5/8	安阳
3	刘明明	女	1984/10/5	开封
4	祝悦桐	女	1989/8/25	安阳
5	高洋	女	1987/1/14	周口
6	王雷	男	1984/9/10	洛阳
7	孙萍	女	1989/10/2	信阳
8	贺涛	男	1986/12/25	洛阳

图 9-4　窗体运行效果

9.2 DataContext 类

DataContext 类是一个 LINQ to SQL 类，它在 SQL Server 数据库与映射的数据库实体类之间建立了管道。DataContext 类包含用于连接数据库以及操作数据库数据的连接字符串信息和方法。

DataContext 类构造函数有很多，常用的构造函数形式如下。

```
public DataContext(IDbConnection connection)
```

这种形式将使用连接对象创建 DataContext 类的实例。

```
public DataContext(string fileOrServerOrConnection)
```

这种形式使用连接字符串、数据库所在的服务器的名称（将使用默认数据库）或数据库所在文件的名称创建 DataContext 类的实例。

```
public DataContext(IDbConnection connection,MappingSource mapping),
```

这种形式将使用连接对象和映射源创建 DataContext 类的实例。

```
public DataContext(string fileOrServerOrConnection,MappingSource mapping)
```

使用连接字符串、数据库所在的服务器的名称（将使用默认数据库）或数据库所在文件的名称和映射源创建 DataContext 类的实例。

DataContext 类包含多个可以调用的方法，例如，用于将已更新数据从 LINQ to SQL 类提交到数据库的 SubmitChanges()方法。如表 9-1 所示列出了 DataContext 类常用方法和说明。

表 9-1　**DataContext 类常用方法和说明**

方法名称	说明
DatabaseExists()	检测指定的数据库是否存在，如果存在，则返回 true，否则返回 false
CreateDatabase()	在 DataContext 类的实例的连接字符串指定的服务器上创建数据库
DeleteDatabase()	删除 DataContext 类的实例的连接字符串标识的数据库
ExecuteCommand()	执行指定的 SQL 语句，并通过该 SQL 语句来操作数据库
ExecuteQuery()	执行指定的 SQL 查询语句，并通过 SQL 查询语句检索数据，查询结果保存数据类型为 IEnumerable 或 IEnumerable<TResult>的对象
SubmitChanges()	计算要插入、更新或删除的已修改对象的集，并执行相应的修改提交到数据库，并修改数据库
GetCommand()	获取指定查询的执行命令的信息
GetTable()	获取 DataContext 类的实例的表的集合
GetChangeSet()	获取被修改的对象，它返回由三个只读集合（Inserts、Deletes 和 Updates）组成的对象
Translate()	将 DbDataReader 对象中的数据转换为数据类型为 IEnumerable<TResult>或 IMultipleResults 或 IEnumerable 的新对象
Refresh()	刷新对象的状态，刷新的模式由 RefreshMode 枚举的值指定。该枚举包含三个枚举值：KeepCurrentValues、KeepChanges 和 OverwriteCurrentValues

例如，下面的示例调用 DatabaseExists()方法判断 Northwind 数据库是否存在，如果存在则调用 DeleteDatabase()方法删除该数据库；否则就调用 CreateDatabase()方法创建该数据库。

```
//检测 Northwind 数据库是否存在
if (db.DatabaseExists()){
    Console.WriteLine("Northwind 数据库存在");
    db.DeleteDatabase();                    //删除数据库
}
else {
    Console.WriteLine("Northwind 数据库不存在");
    db.CreateDatabase();                    //创建数据库
}
```

在表 9-2 中列出了 DataContext 类的常用属性及其说明。

表 9-2 DataContext 类常用属性及说明

属性名称	说明
Connection	可以获取 DataContext 类的实例的连接（类型为 DbConnection）
Transaction	为 DataContext 类的实例设置访问数据库的事务。其中，LINQ to SQL 支持三种事务：显式事务、隐式事务和显式可分发事务
CommandTimeout	可以设置或获取 DataContext 类的实例的查询数据库操作的超时期限。该时间的单位为 s，默认值为 30 s
ChangeConflicts	返回 DataContext 类的实例调用 SubmitChanges()方法时导致并发冲突的对象的集合
DeferredLoadingEnabled	可以设置或获取 DataContext 类的实例是否延时加载关系
LoadOptions	可以获取或设置 DataContext 类的实例的 DataLoadOptions
Log	可以将 DataContext 类实例的 SQL 查询或命令显示在网页或控制台中

例如，下面的示例使用 Log 属性在 SQL 代码执行前在控制台窗口中显示此代码。可以将此属性与查询、插入、更新和删除命令一起使用。

```
//关闭日志功能
//db.Log = null;
//使用日志功能：日志输出到控制台窗口
db.Log = Console.Out;
var q = from c in db.Customers
     where c.City == "London"
     select c;
//日志输出到文件
StreamWriter sw = new StreamWriter(Server.MapPath("log.txt"), true);
db.Log = sw;
var q = from c in db.Customers
      where c.City == "London"
      select c;
sw.Close();
```


9.3 实验指导——手动映射数据库

使用 LINQ to SQL 技术访问 SQL 数据库就像访问内存中的集合一样。这是因为 DataContext 通过设置连接字符串参数后就能连接到数据库，而数据库中的表和实体通过 ORM 生成对象放在内存中。

如果不使用 OR 对象设计器，也可以手动将数据库表中的数据映射到实体类。下面通过一个案例说明如何手动将数据库表中的数据映射到实体类。具体步骤如下。

（1）在类中要使用 DataContext 类，必须添加对命名空间 System.Data.Linq 的引用。在【解决方案资源管理器】中右击【引用】选择【添加引用】选项，在弹出的【引用管理器】对话框中选择 System.Data.Linq，如图 9-5 所示。

（2）添加后在【引用】节点中将看到 System.Data.Linq 节点，如图 9-6 所示。

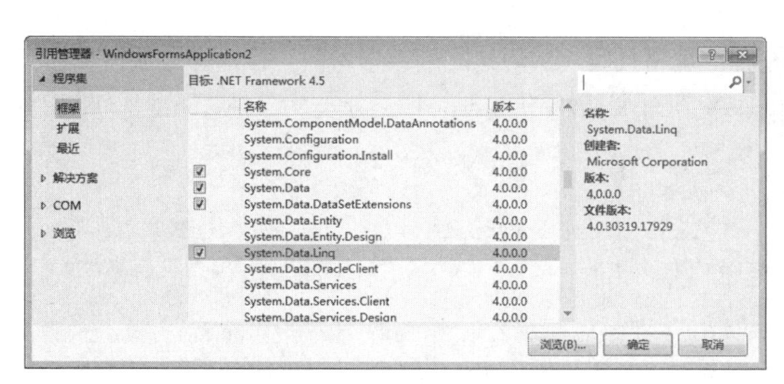

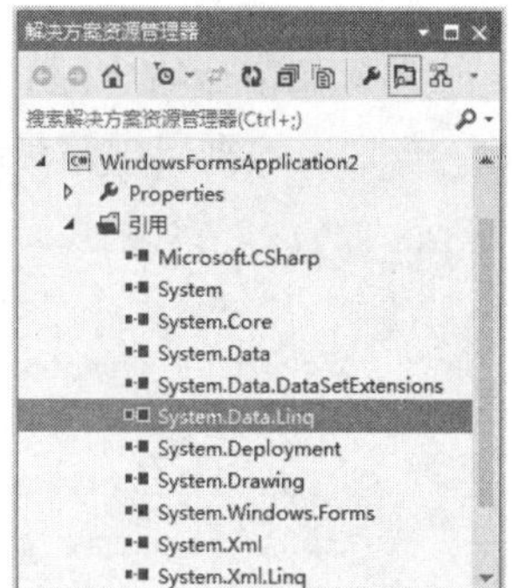

图 9-5 【添加引用】对话框　　　　图 9-6 添加后的效果

（3）创建一个要映射的实体类。这里以 9.1 节中的 student 表为例，创建的实体类名为 Student，再添加对映射所需命名空间的引用，代码如下。

```
using System.Linq;
using System.Data.Linq;
using System.Data.Linq.Mapping;
[Table(Name="student")]     //该类对应的数据表名为 student
class Student
{
}
```

上述语句使用 Table 关键字指定 Student 类将映射为数据表，Name 属性指定映射的表名为 student，如果忽略 Name 属性将默认使用类名作为要映射的表名。

（4）向 Student 类中添加属性，并指定属性与列名的映射关系，代码如下。

```
[Table(Name="student")]                  //该类对应的数据表名为 student
class Student
{
   [Column(IsPrimaryKey = true)]         //主键
   public int Id { get; set; }
   [Column(Name = "name")]
   public String name{ get; set; }
   [Column]
   public String sex { get; set; }
   [Column]
   public DateTime birth { get; set; }
   [Column]
   public String adrs { get; set; }
}
```

上述代码使用 Column 关键字的 IsPrimaryKey 属性指定 Id 为主键，Name 属性指定映射的列名；如果忽略 Name 属性默认使用类的属性名作为列名。

注意

注意，类名和属性名必须与数据表名和列名一致，而且数据类型也必须一致，否则将导致转换失败。

（5）创建一个窗体，设置标准为“查看学生信息”，再向窗体上添加一个 DataGridView 控件。

（6）在窗体的 Load 事件中编写代码，实现建立到数据库的连接，绑定数据表和实体，查询出数据表中籍贯包含汉字“阳”的学生信息，最后显示到窗体。实现代码如下。

```
private void Form1_Load(object sender, EventArgs e)
 {
    string connStr = @"Data Source=(localdb)\Projects;Initial Catalog=
    studentsys;Integrated Security = True;Connect Timeout=30;Encrypt=
    False;TrustServerCertificate=False";             //连接字符串
    DataContext db = new DataContext(connStr);       //实例化 DataContext
    Table<Student> students = db.GetTable<Student>(); //获取所有数据
    var result = from Student s in students
                 where s.adrs.Contains( "阳")
                 select new
                 {
                     学号 = s.Id,
                     姓名 = s.name,
                     性别 = s.sex,
                     出生日期 = s.birth,
                     籍贯 = s.adrs
                 };                                  //执行查询
    dataGridView1.DataSource = result;               //显示结果
 }
```


（7）执行程序，在窗体上会显示出 student 表中籍贯包含汉字“阳”的学生信息，如图 9-7 所示。

查看学生信息

学号	姓名	性别	出生日期	籍贯
2	许艳洲	男	1983/5/8	安阳
4	祝悦桐	女	1989/8/25	安阳
6	王雷	男	1984/9/10	洛阳
7	孙萍	女	1989/10/2	信阳
8	贺涛	男	1986/12/25	洛阳

图 9-7 查询结果显示

9.4 实验指导——操作数据

LINQ To SQL 在操作和保持对对象所做更改方面有着最大的灵活性。在 LINQ To SQL 中执行 Insert、Update 和 Delete 操作的方法是：向对象模型中添加对象、更改和移除对象模型中的对象。

除了使用标准 LINQ 对数据表进行查询外，LINQ to SQL 还可以对数据表的数据进行添加、更新和删除数据，这与 SQL 中的 INSERT、UPDATE 和 DELETE 语句实现的功能相同。在默认情况下，LINQ To SQL 会将所做的操作转换成 SQL，然后将这些更改提交至数据库。而且 LINQ To SQL 会跟踪在应用程序中所做的更改，最后调用 SubmitChanges()方法将这些更改提交到数据库。下面首先了解一下 SubmitChanges()方法。

SubmitChanges()方法计算要插入、更新或删除的已修改对象的集，并执行相应命令以实现对数据库的更改。因为在使用本地数据时无论对象做了多少项更改，都只是在更改内存中的副本，并未对数据库中的实际数据做任何更改。直到对 DataContext 显式调用 SubmitChanges()方法，所做的更改才会传输到服务器。调用时，DataContext 会设法将我们所做的更改转换为等效的 SQL 命令。也可以使用自己的自定义逻辑来重写这些操作，但提交顺序是由 DataContext 的一项称作“更改处理器”的服务来协调的。事件的顺序如下。

（1）当调用 SubmitChanges()方法时，LINQ to SQL 会检查已知对象的集合以确定新实例是否已附加到它们。如果已附加，这些新实例将添加到被跟踪对象的集合。

（2）所有具有挂起更改的对象将按照它们之间的依赖关系排序成一个对象序列。如果一个对象的更改依赖于其他对象，则这个对象将排在其依赖项之后。

（3）在即将传输任何实际更改时，LINQ to SQL 会启动一个事务来封装由各条命令组成的系列。

（4）对对象的更改会逐个转换为 SQL 命令，然后发送到服务器。

如果数据库检测到任何错误，都会造成提交进程停止并引发异常。将回滚对数据库的所有更改，就像未进行过提交一样。

9.4.1 插入数据

使用 LINQ to SQL 向数据库中插入数据时必须完成三个步骤：首先要创建一个包含要提交的列数据的新对象，其次将这个新对象添加到与数据库中的目标表关联的 LINQ To SQL Table 集合，最后将更改提交到数据库。此时，LINQ to SQL 会将在应用程序中所做的更改转换成相应的 INSERT 语句。

在 9.1 节的基础上创建一个新的学生信息对象，并将该对象添加到集合中，最后将所做的更改提交到数据库中，使之成为 student 表中的一个新行。

实现代码如下。

```
private void btnAdd_Click(object sender, EventArgs e)
{
    StudentInfoDataContext stuDC = new StudentInfoDataContext();
    student stu = new student                //设置新行中各列的值
    {
        Id = 9,
        name = "陈利杰",
        sex = "男",
        birth = DateTime.Parse("1984-08-25"),
        adrs = "郑州"
```

```
    };
    stuDC.student.InsertOnSubmit(stu);
    try {
        stuDC.SubmitChanges();
    }catch(Exception ex)
    {
        MessageBox.Show("出错了。信息: " + ex.ToString());
    }
}
```

上述代码首先创建了一个表示 student 表中所有数据的 DataContext 类 stuDC，然后创建了一个 student 类对象 stu 表示要新增的学生信息。然后调用 InsertOnSubmit()方法将 stu 插入到 stuDC 中，最后调用 SubmitChanges()方法将修改后的集合提交到 student 表。如图 9-8 所示为添加后的 student 表内容。

WindowsFormsApplication1 - dbo.student [数据]

dbo.student [数据]

最大行数(O): 1000

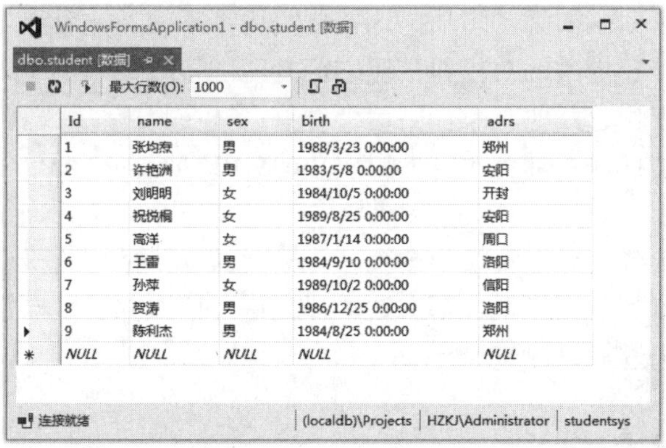

Id	name	sex	birth	adrs
1	张均森	男	1988/3/23 0:00:00	郑州
2	许艳洲	男	1983/5/8 0:00:00	安阳
3	刘明明	女	1984/10/5 0:00:00	开封
4	祝悦桐	女	1989/8/25 0:00:00	安阳
5	高洋	女	1987/1/14 0:00:00	周口
6	王雷	男	1984/9/10 0:00:00	洛阳
7	孙萍	女	1989/10/2 0:00:00	信阳
8	贺涛	男	1986/12/25 0:00:00	洛阳
9	陈利杰	男	1984/8/25 0:00:00	郑州
NULL	NULL	NULL	NULL	NULL

连接就绪 | (localdb)\Projects | HZKJ\Administrator | studentsys

图 9-8 添加后的 student 表内容

9.4.2 更新数据

使用 LINQ to SQL 更新数据库中的数据需要三个步骤：首先要创建一个包含所有数据的集合，然后在集合中对数据进行更改，最后将更改提交到数据库。此时，LINQ to SQL 会将所有更改转换成相应的 UPDATE 语句。

在 9.4.1 节的基础上对学生表进行如下更改。

（1）将编号为 5 的学生姓名修改为“石振飞”，出生日期修改为“1985-6-02”。

（2）将所有籍贯为“郑州”的学生性别修改为“女”。

实现代码如下。

```
private void btnUpdate_Click(object sender, EventArgs e)
{
    StudentInfoDataContext stuDC = new StudentInfoDataContext();
    student stu = stuDC.student.Where(s => s.Id == 5).First();
                                        //查询编号为 5 的学生
    stu.name = "石振飞";                 //修改学生姓名
```

```
    stu.birth = DateTime.Parse("1985-6-02");    //修改学生出生日期
    var result = from s in stuDC.student
                 where s.adrs.Equals("郑州")
                 select s;
    foreach (var s in result)  {                //批量修改学生性别
        s.sex = "女";
    }
    try {
        stuDC.SubmitChanges();
    }
    catch (Exception ex)
    {
        MessageBox.Show("出错了。信息: " + ex.ToString());
    }
}
```

如图 9-9 所示为更新后的 student 表内容。

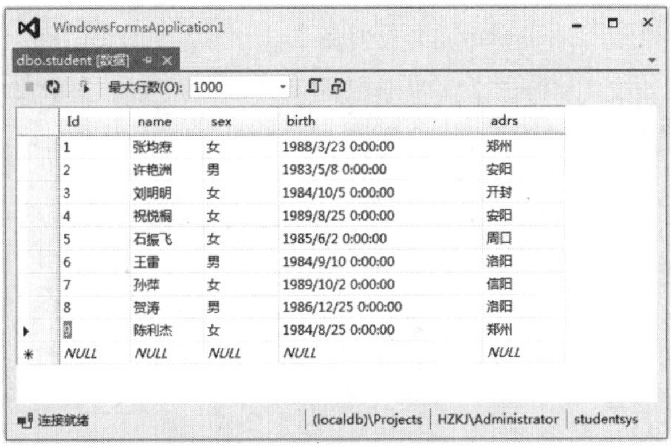

WindowsFormsApplication1
dbo.student [数据]
最大行数(O): 1000

Id	name	sex	birth	adrs
1	张均寿	女	1988/3/23 0:00:00	郑州
2	许艳洲	男	1983/5/8 0:00:00	安阳
3	刘明明	女	1984/10/5 0:00:00	开封
4	祝悦桐	女	1989/8/25 0:00:00	安阳
5	石振飞	女	1985/6/2 0:00:00	周口
6	王雷	男	1984/9/10 0:00:00	洛阳
7	孙萍	女	1989/10/2 0:00:00	信阳
8	贺涛	男	1986/12/25 0:00:00	洛阳
9	陈利杰	女	1984/8/25 0:00:00	郑州
NULL	NULL	NULL	NULL	NULL

连接就绪 (localdb)\Projects HZKJ\Administrator studentsys

图 9-9 更新后的 student 表内容

9.4.3 删除数据

如果要删除数据表中的数据，可以通过将表从对应的 LINQ to SQL 对象集合中删除来实现。此时，LINQ to SQL 会将更改转换为相应的 DELETE 语句。

在 9.4.2 节的基础上对学生表进行如下更改。

（1）删除编号为 5 的学生信息。

（2）删除所有籍贯为“郑州”的学生信息。

实现代码如下。

```
private void btnDelete_Click(object sender, EventArgs e)
{
    StudentInfoDataContext stuDC = new StudentInfoDataContext();
    student stu = stuDC.student.Where(s => s.Id == 5).First();
                                                  //查询编号为 5 的学生
```

```
    stuDC.student.DeleteOnSubmit(stu);                //删除该学生
    var result = from s in stuDC.student
                 where s.adrs.Equals("郑州")
                 select s;
    foreach (var s in result)                         //批量删除
    {
       stuDC.student.DeleteOnSubmit(s);
    }
    try
    {
       stuDC.SubmitChanges();
    }
    catch (Exception ex)
    {
       MessageBox.Show("出错了。信息：" + ex.ToString());
    }
}
```

如图 9-10 所示为删除后的 student 表内容。

WindowsFormsApplication1 - dbo.student [数据]

dbo.student [数据]

最大行数(O): 1000

Id	name	sex	birth	adrs
2	许艳洲	男	1983/5/8 0:00...	安阳
3	刘明明	女	1984/10/5 0:0...	开封
4	祝悦桐	女	1989/8/25 0:0...	安阳
6	王雷	男	1984/9/10 0:0...	洛阳
7	孙萍	女	1989/10/2 0:0...	信阳
8	贺涛	男	1986/12/25 0:...	洛阳
NULL	NULL	NULL	NULL	NULL

连接就绪 | (localdb)\Projects | HZKJ\Administrator | studentsys

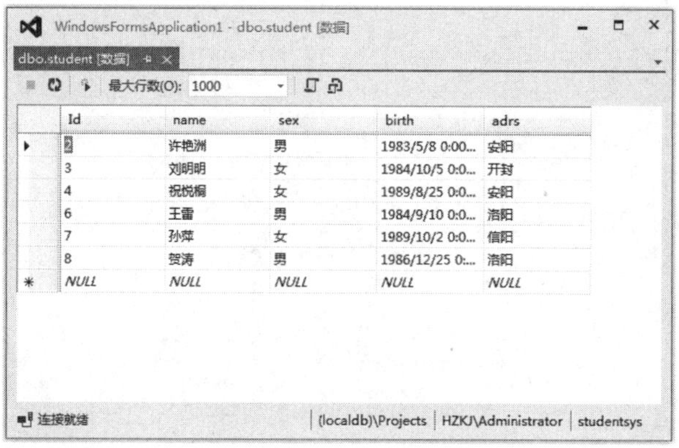

图 9-10 删除后的 student 表内容

注 意

LINQ to SQL 不支持且无法识别级联删除操作。如果要在对行有约束的表中删除行，则必须在数据库的外键约束中设置 ON DELETE CASCADE 规则，或者使用自己的代码首先删除防止删除父对象的子对象，否则会引发异常。

9.5 多表查询

在类的定义中，对其他对象或其他对象的集合的直接引用相当于数据库中的外键关系。可以通过使用点表示法在查询时利用这些关系来访问关系属性以及从一个对象定位到另一个对象。这些关系引用相当于数据库中的外键关系。使用这些关系的操作会转换成用等效的 SQL 表示的更为复杂的联接。

在 LINQ to SQL 中创建这些关系属性非常简单。只需要在表中设置好表之间的主外键关系，那么在 OR 设计器中就会自动生成这种关系属性。下面通过一个范例介绍 LINQ to SQL 的多表查询。

【范例 2】

在 9.1 节 student 表所在数据库 studentsys 中增加一个表示系部名称的 dept 表，该表包含一个 int 类型的 id 列，一个 varchar 类型的 dname 列。对学生信息表 student 进行修改，添加一个名为 did 的列关联 dept 表的 id 列，然后进行如下操作。

（1）打开 9.1 节的 OR 设计器首先将 student 实体删除，再将 student 表和 dept 表添加到实体设计器中。此时，OR 设计器将会自动显示 student 实体和 dept 实体之间的关联，如图 9-11 所示。

（2）如果没有出现关联，也可以右击空白处选择【添加】|【关联】命令在弹出的【关联编辑器】对话框中对关联进行编辑，如图 9-12 所示。

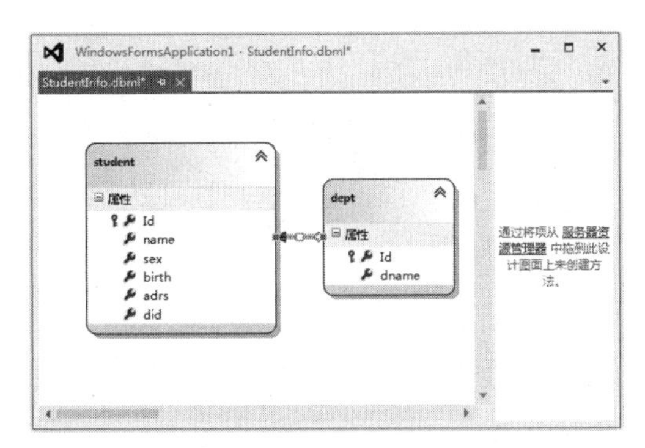

图 9-11　带关联的实体图

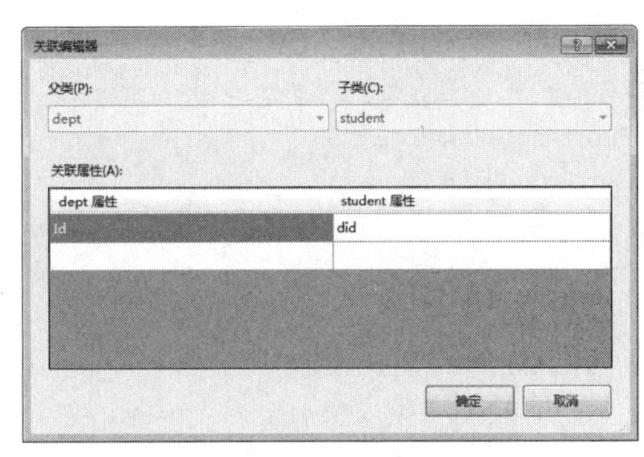

图 9-12　【关系编辑器】对话框

（3）此时 OR 设计器会在 dept 实体中生成关联 student 实体的代码，如下所示。

```
[global::System.Data.Linq.Mapping.TableAttribute(Name="dbo.dept")]
public partial class dept : INotifyPropertyChanging,
INotifyPropertyChanged
{
    //省略部分代码
    private EntitySet<student> _student;
    [global::System.Data.Linq.Mapping.AssociationAttribute(Name="dept_
    student", Storage="_student", ThisKey="Id", OtherKey="did")]
    public EntitySet<student> student
    {
    }
}
```

（4）同时 OR 设计器也会在 student 实体中生成关联 dept 实体的代码，如下所示。

```
[global::System.Data.Linq.Mapping.TableAttribute(Name="dbo.student")]
public partial class student : INotifyPropertyChanging,
INotifyPropertyChanged
```

```
{
    //省略部分代码
    private EntityRef<dept> _dept;
    [global::System.Data.Linq.Mapping.AssociationAttribute(Name="dept_
    student", Storage="_dept", ThisKey="did", OtherKey="Id",
    IsForeignKey=true)]
    public dept dept
    {
    }
}
```

（5）创建一个窗体并添加 DataGridView 控件。然后使用 LINQ to SQL 查询出学生学号、姓名、性别、出生日期和籍贯，以及对应的系部名称。实现代码如下。

```
private void Form1_Load(object sender, EventArgs e)
{
    StudentInfoDataContext db =new StudentInfoDataContext();
    var students = from s in db.student
                   select new {
                       学号=s.Id,
                       姓名=s.name,
                       性别=s.sex,
                       出生日期=s.birth,
                       籍贯=s.adrs,
                       系部名称=s.dept.dname      //关联 dept 表的 dname 列
                   };
    dataGridView1.DataSource = students;
}
```

（6）执行程序，窗体效果如图 9-13 所示。

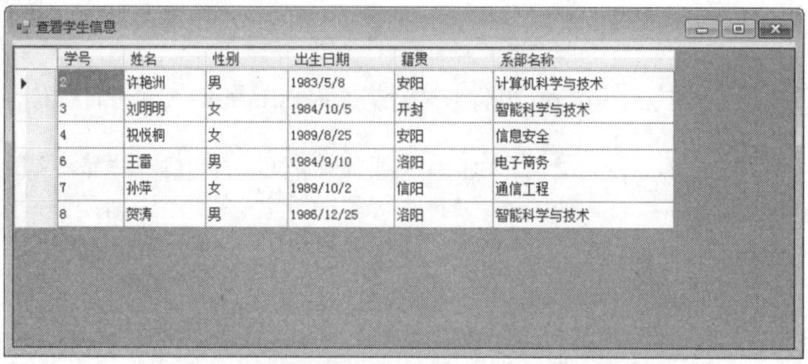

查看学生信息

学号	姓名	性别	出生日期	籍贯	系部名称
2	许艳洲	男	1983/5/8	安阳	计算机科学与技术
3	刘明明	女	1984/10/5	开封	智能科学与技术
4	祝悦桐	女	1989/8/25	安阳	信息安全
6	王雷	男	1984/9/10	洛阳	电子商务
7	孙萍	女	1989/10/2	信阳	通信工程
8	贺涛	男	1986/12/25	洛阳	智能科学与技术

图 9-13　学生信息效果

思考与练习

一、填空题

1. 使用字符串“server=kl;database=mast;uid=sa;pwd=sa”创建一个 DataContext 类实例 dc 的代码是__________。

2. 使用 DataContext 类__________方法判断一个数据库是否存在。

3. LINQ to SQL 支持三种事务，分别是显式事务、显式可分发事务和__________。

4. DataContext 类的__________属性可以获

取连接字符串。

5．在空白处填写代码实现将该类映射到OrderDetails数据表。

```
[Table(Name="__________")]
//该类对应的数据表名为OrderDetails
class TempOrder
{
}
```

二、选择题

1．OR 设计器将映射信息保存到扩展名为__________的文件中。

A．orcm

B．wmcs

C．orcs

D．dbml

2．调用DataContext类的__________方法可以删除一个数据库。

A．DatabaseExists()

B．DeleteDatabase()

C．DropDatabase()

D．CreateDatabase()

3．调用DataContext类的__________方法可以实现对数据表的删除操作。

A．SubmitChanges()

B．Submit()

C．Delete()

D．DeleteData()

三、简答题

1．简述LINQ对象关系设计器的操作。

2．简述OR设计器对实体的影响。

3．简述DataContext类的作用。

4．通过示例演示手动使用LINQ to SQL的方法。

5．通过示例演示多表查询的步骤及实现代码。

第 10 章　WPF 基础入门

WPF 全称 Windows Presentation Foundation（Windows 表示基础），是 Microsoft 用于 Windows 的新一代显示系统。WPF 统一了 Windows 创建、显示、操作文档、媒体和用户界面的方式，使开发人员和设计人员可以创建更好的视觉效果和不同的用户体验，是可以带给用户震撼视觉体验的 Windows 客户端应用程序。使用 WPF 既可以创建独立的窗体应用程序，也可以创建基于浏览器的 Web 应用程序。

本章将从 WPF 的诞生开始，向读者详细介绍 WPF 开发所需的基础知识，包括 WPF 的体系结构、WPF 项目的创建、XAML 标记基础和 Application 类的介绍。

本章学习要点：

- 了解 WPF 的诞生背景及其概念
- 了解 WPF 与 Silverlight 的关系
- 熟悉 WPF 的体系结构和类层次结构
- 掌握创建一个 WPF 应用程序的方法
- 掌握 XAML 的语法规则
- 掌握 XAML 根元素、命名空间和后台文件的使用
- 掌握在 XAML 中嵌套子元素的方法
- 掌握 Application 对象的创建和自定义方法
- 熟悉应用程序的几种关闭模式
- 熟悉 WPF 应用程序的事件执行顺序
- 掌握 Application 类处理命令行参数和子窗口的方法

10.1　了解 WPF

WPF 是一种 UI 框架，可创建丰富的交互式客户端应用程序。WPF 开发平台支持一组广泛的应用程序开发功能，包括应用程序模型、资源、控件、图形、布局、数据绑定、文档以及安全性。它是.NET Framework 的子集，因此如果读者曾使用.NET Framework 开发过 ASP.NET 或 Windows 窗体应用程序，那么对编程环境将十分熟悉。

10.1.1　WPF 的诞生

了解 WPF 之前，先来了解一下其背景。在 WPF 出现之前，Microsoft 主推的编程语言和平台 API 先后经历了 4 个阶段，如图 10-1 所示。

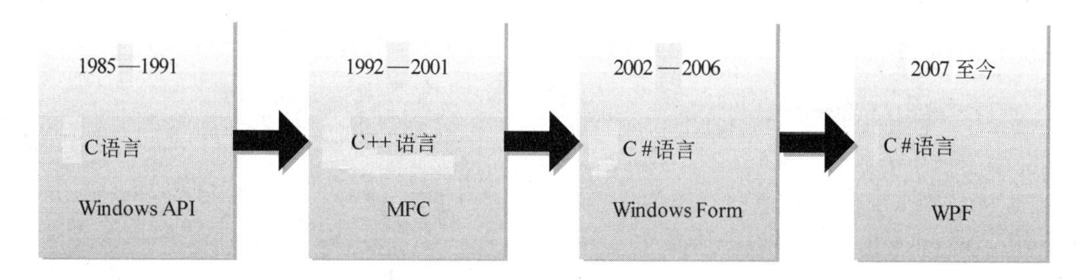

图 10-1 Microsoft 编程平台发展阶段

1. 第一阶段

这个阶段是指 1985—1991 年，Microsoft 创新式地推出 Windows API，使用 C 语言调用该 API 可以创建基于窗口的可视化程序。例如，创建一个窗口需要注册窗口类然后不断地在过程函数中 switch case。这也是当今窗体程序开发的最初原型。

2. 第二阶段

1992 年，Microsoft 对 Windows API 进行重写，并推出基于 C++的 Microsoft Foundation Class（MFC）的基础框架。尽管 MFC 一直以来被人诟病，但其至今却是历史上使用人数最多的 Windows 编程方法。

3. 第三阶段

2002 年，Microsoft 为了对抗 Java 发布了.NET 战略，C#即是为该战略产生的新语言。这个时期软件开发技术的焦点从桌面转向了网络。

4. 第四阶段

WPF 最初随 Windows Vista 操作系统一起出现，虽然 Windows Vista 已经失败，但是 WPF 作为一个桌面开发平台并没有被 Microsoft 抛弃。WPF 发展至今，虽然还没有广泛流行，但是如果希望在 Windows 平台上快速地打造够酷够炫的应用程序，则非 WPF 莫属。

在前三个阶段中，Windows 开发人员从本质上都是在使用两种技术——User 和 GDI 子系统。因为一个 Windows 窗口实际上只是做两件事情，一是等待用户的输入，可能是鼠标、键盘、手写笔以及单击菜单等，然后做出正确的响应；二是在窗口上渲染图形。前者使用 User 子系统，后者使用 GDI 子系统，MFC 也是使用这两个子系统。到了 Windows Form 阶段，Microsoft 在 GDI 的基础上封装成 GDI+，但是本质上还是 GDI，因此也是使用这两个子系统。

WPF 的出现几乎改变了原有的 Windows 技术，之所以是“几乎”是因为其仍然使用 User 子系统。但是绘制图片的工作则交给了新的图形平台——DirectX，准确地说是 DirectX 的一部分 DirectX3D。这意味着无论是绘制一个按钮还是显示文字，它们都会转换为 3D 三角形、材质和其他 DirectX3D 对象，并直接由硬件（显卡）渲染。

10.1.2 WPF 的概念

.NET 技术出现之时引入了一些重要的新技术，例如编写 Web 应用程序的全新方法（ASP.NET），连接数据库的全新方法（ADO.NET），新的类型安全语言（C#），以及托管的运行时（CLR）等。在这些技术中，一项重要的技术是 Windows 窗体，它是用于构造 Windows 应用程序的类库。

尽管 Windows 窗体是一个成熟且功能完整的工具包，但是它使用的是过去 10 年中基本没有变化的 Windows 技术。更重要的是，Windows 窗体依靠 Windows API 创建标准用户界面元素的可视化外观，如按钮、文本框和复选框等。所以，这些元素基本上是不可定制的。

例如，如果希望创建一个外观时尚的带光晕的按钮，则需要创建一个自定义控件，并使用低级的绘图模型为按钮绘制各个方面的细节。更糟糕的是，普通窗口被切割成不同的区域，每个按钮完全拥有自己的区域。所以，没有比较好的绘制方法可以将一个控件的内容（例如光晕效果）延伸到其他控件所占用的区域中，更无法实现动画效果，如旋转文件、闪烁按钮、收缩窗口以及实时预览等，因为对于这些效果必须手动绘制每个细节。

WPF 通过引入一个使用完全不同技术的新模型改变了所有这一切。尽管 WPF 也提供了人们熟悉的标准的控件，但是它“自行”绘制每个文本、边框和背景填充。所以，WPF 能提供更强大的功能，可以改变渲染屏幕上所有内容的方式。使用这些特性，可以重新设置常见控件的样式，并且通常不需要编写任何代码。同样，可以使用变换对象旋转、拉伸、缩放以及扭曲用户界面中的所有内容，甚至可以使用 WPF 动画系统对用户界面中的内容进行变换。并且，因为 WPF 引擎将在窗口上的内容作为单独操作的一部分，所以它能够处理任意多层相互重叠的控件，即使这些控件具有不规则的形式，并且是半透明的也同样如此。

在 WPF 这些特性的背后是基于 DirectX 的功能强大的基础结构。DirectX 是一套硬件加速的图形 API，通常用于开发计算机游戏。这意味着可以使用丰富的图形效果，而不会损失性能，而使用 Windows 窗体实现这类效果会严重影响程序运行的性能。实际上，甚至可以使用更高级的特性，例如对视频文件和 3D 图形的支持。使用这些特性可以创建出赏心悦目的用户界面和可视化效果，而使用传统 Windows 窗体技术是无法实现这些效果的。

尽管用户通常最关注 WPF 中最前沿的视频、动画及 3D 特性，但是有必要指出，可以使用 WPF 的标准控件和简单的可视化效果来构造常规的 Windows 应用程序。实际上，使用 WPF 中的通用控件与使用 Windows 窗体中的通用控件一样容易。更值得一提的是，WPF 增强了开发人员所需要的特性，包括大幅改进的数据绑定模型，以及用于显示大量格式化文本的新特性。甚至提供了用于构造基于 Web 页面的应用程序模型，这种应用程序可以在浏览器下无缝地运行，并且能够从 Web 站点加载，所有这些操作都不会出现常见的安全警告及安装提示。

总之，WPF 将以前 Windows 开发领域中的精华和当今的创建技术融为一体，来构建现代的、富图形用户界面。尽管 Windows 窗体应用程序还将继续使用，但是从事新的 Windows 开发项目的开发人员应该首选 WPF。

10.1.3　WPF 4.5 新增功能

WPF 作为.NET Framework 的一部分，也随.NET Framework 一起更新。WPF 第一个版本在.NET Framework 3.0 中出现，一起发布的还有 WCF（Windows Communication Foundation）和 WF（Windows Workflow Foundation）。

在本书编写时.NET Framework 4.5 中包含的是 WPF 4.5，其主要新增功能如下。

1．功能区控件

自带了一个快速访问工具栏，可以存放应用程序菜单、选项和 Ribbon 等控件。

2．绑定到静态属性

支持使用静态属性作为数据绑定源。例如，如果 SomeClass 类定义名为 MyProperty 的静态属性，SomeClass 可以定义一个静态事件当 MyProperty 属性值发生更改时触发。

该静态事件必须使用以下方法签名之一。

```
public static event EventHandler MyPropertyChanged;
public static event EventHandler<PropertyChangedEventArgs> StaticProperty
Changed;
```

3．在非 UI 线程中访问集合

除了创建集合之外，还可以在 WPF 中访问和修改线程中的集合。这使得用户可以使用后台线程接收来自外部数据源的数据，例如数据库，并显示线程中的数据。修改一个集合中的数据，用户界面将会实时响应。

4．同步和异步验证数据

INotifyDataErrorInfo 接口允许数据实体类实现自定义验证规则和显示验证结果异步。此接口还支持自定义错误对象、交叉属性错误和实体级错误。

5．自动更新数据绑定源

如果使用绑定到数据源的数据更新数据源，可以使用 Delay 属性指定时间间隔，属性在目标将更新数据源之前或者之后触发。

6．检查有效的 DataContext 对象

在某些情况下断开项目容器中的一个 DataContext。项目容器是显示在 ItemsControl

中的项目的 UI 元素。当 ItemsControl 的数据绑定到集合时，项目容器为每个项目生成。在某些情况下，项目容器从可视化树中移除。有两个典型情况，一个是项从底层集合中移除，一个是 ItemsControl 启用虚拟化。在这些情况下，项目容器的 DataContext 属性将设置为由 BindingOperations.DisconnectedSource 静态属性返回的 sentinel 对象。

7. 重新定位数据作为数据值

允许对一个集合的数据进行排序、分组和筛选，而且在集合被修改后对它进行重新排序。

8. 支持事件的标记扩展

9. 新增绑定到实现 ICustomTypeProvider 的类型

10. 允许从一个约束表达式检索数据绑定信息

10.1.4 WPF 与 Silverlight 的关系

为了使 WPF 程序能够运行在任何浏览器中，Microsoft 对 WPF 进行了精简并推出了 Silverlight。

Silverlight 是 WPF 的一个子集，是 WPF 的“Web 版本”。为了使 WPF 能够在浏览器下运行，Microsoft 在技术理念不变的情况下对 WPF 进行“瘦身”——去掉一些不常用的功能，简化一些功能的实现，对多组实现同一功能的类库进行删减，再添加一些网络通信的功能。如表 10-1 所示列出了 WPF 与 Silverlight 在功能上的对比。

表 10-1 WPF 与 Silverlight 功能对比

功能名称	WPF	Silverlight
XAML	完整	完整
控件	完整	完整
布局	完整	完整
Binding	完整	基本完整
依赖属性	完整	基本完整
路由事件	完整	简化
命令	完整	无
资源	完整	完整
数据模板	完整	基本完整
绘图	完整	基本完整
2D/3D 动画	完整	简化

目前，Microsoft 的新一代手机平台 Windows Phone 也采用 Silverlight 来作为开发平台。而且 Windows Phone 中运行的 Silverlight 和浏览器中运行的 Silverlight 也是一致的。

10.1.5 学习 WPF 的必要性

我们知道，WPF 是一套完整的用来编写程序表示层的技术和工具。读者可能会问，既然已经有很多种表示层技术，为什么还要使用 WPF 技术呢？学习 WPF 技术有什么收益和好处呢？这可以从以下两个方面来回答。

首先，只要开发表示层程序就必须要与如下几种功能性代码进行交互。

（1）数据模型：现实世界中事物和逻辑的抽象。

（2）业务逻辑：数据模型之间的关系与交互。

（3）用户界面：由控件构成的，与用户进行交互的界面，用于把数据展示给用户并响应用户的输入。

（4）界面逻辑：控件与界面逻辑之间的关系与交互。

以上 4 种代码的关系如图 10-2 所示。

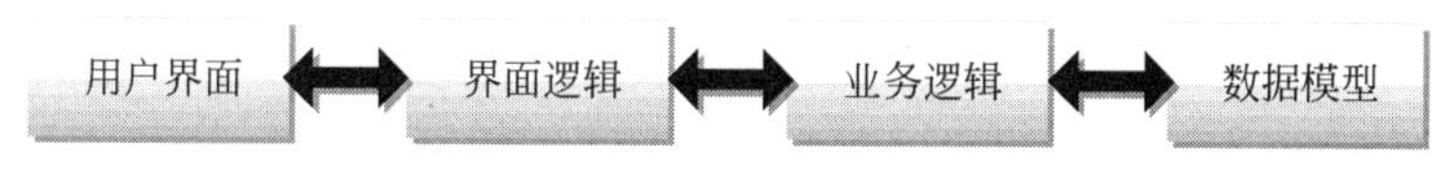

图 10-2 程序各层交互关系

在保持代码可维护性的前提下，如何让数据能够快速到达界面并灵活显示，同时方便地接收用户操作一直是表示层开发的核心问题。为此，人们研究出了各种各样的设计模式，其中包含经典的 MVC（Model View Controller）模式和 MVP（Model View Presenter）模式等。

在 WPF 出现之前，Windows Forms 和 ASP.NET 等技术均使用基于事件驱动的模式，即由“事件→订阅→事件处理器”关系交织在一起构成的程序。这时尽管可以使用 MVC、MVP 等设计模式，但是一不小心就会使界面逻辑和业务逻辑纠缠到一起，造成代码变得复杂难懂，漏洞难以排除。而 WPF 技术则是 Microsoft 在开发理念上的一次升级——由事件驱动变为数据驱动。

在事件驱动模式下，用户进行的每一个操作都会触发程序的一个事件，事件发生后用于响应事件的事件处理程序就会执行。事件处理程序通常是一个方法，在这个方法中可以处理数据或者调用别的方法，这样就在事件的驱动下执行了。可见，事件驱动模式下的数据是静态的、被动的，而用户界面是主动的，界面逻辑与业务逻辑之间的桥梁是事件。而在数据驱动模式下正好相反，当数据发生变化时会主动通知界面控件、推动控件展示最新的数据；同时，用户对控件的操作也会直接送达数据，就好像控件是“透明”的。可见，在数据驱动理念中，数据占据主动地位，控件和控件事件被弱化（控件事件一般只参与界面逻辑，不再涉及业务逻辑，使程序复杂度得到有效控制）。WPF 中数据与控件的关系是——数据驱动界面，数据与界面之间的桥梁是数据关联（Data Binding），通过这个桥梁数据可以流向界面，再从界面流回数据源。

简而言之，WPF 的开发理念更符合自然哲学的思想（除了 Data Binding 之外，还有 Data Template 和 Control Template 等）。使用 WPF 进行开发比 Windows Forms 开发更简单，程序更加简洁清晰。

其次，Microsoft 已经把 WPF 的理念扩展到了几乎全部开发平台，包括桌面平台、浏览器平台和手机平台，甚至 Windows 操作系统和 Visual Studio 等核心产品也已使用 WPF 进行开发。可见 Microsoft 在 WPF 技术方面的务实精神与决心。所以，学习 WPF 的发展前景非常好，投入精力也是非常值得的。

10.2 WPF 体系结构

WPF 使用一个多层的体系结构。在顶层，应用程序和一个完全由托管 C#代码编写的一组高层服务进行交互。至于将.NET 对象转换为 DirectX3D 纹理和三角形的实际工作是在后台由一个名为 milcore.dll 的低级非托管组件完成的。milcore.dll 是使用非托管代码编写的，因为它需要和 DirectX3D 紧密集成，并且它对性能的要求比较高。

10.2.1 了解 WPF 体系结构

如图 10-3 所示为 WPF 应用程序中各层的交互关系，下面对其中的各个组件进行简单介绍。

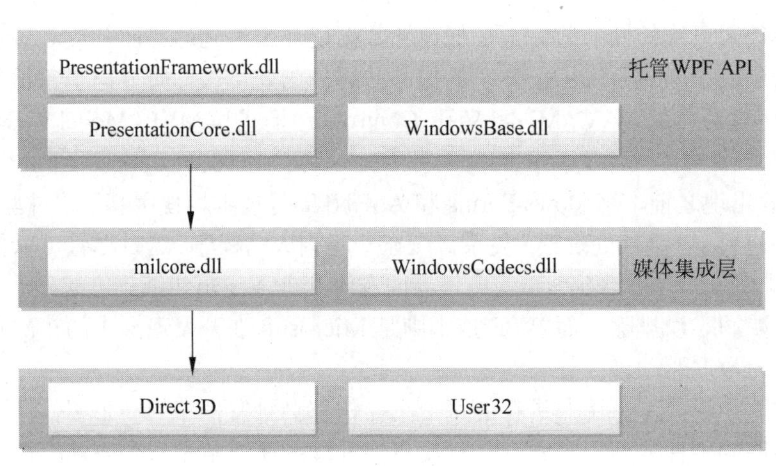

图 10-3 WPF 体系结构图

1. PresentationFramework.dll

该组件包含 WPF 顶层的类型，包括用来表示窗口、面板以及其他类型的控件。它还实现了高层编程抽象，如样式。开发人员直接使用的大部分类都来自这个程序集。

2. PresentationCore.dll

该组件包含基础类型，如 UIElement 类和 Visual 类，所有的形状类和控件类都继承自这两个类。如果不需要窗口和控件抽象层的全部特征，可以使用这一层，并且仍然能够利用 WPF 的渲染引擎。

3．WindowsBase.dll

该组件包含更多基本的组成要素，这些要素具有在 WPF 之外重用的功能，如 DispatcherObject 类和 DependencyObject 类，这两个类引入了依赖项属性。

4．WindowsCodecs.dll

该组件是一套提供图像支持的低级 API，如处理和显示以及缩放位图与 JPEG 图像。

5．milcore.dll

该组件是 WPF 渲染系统的核心，也是媒体集成层（Media Integration Layer，MIL）的基础。它的引擎可将可视化元素转换为 Direct3D 所期望的三角形和纹理。尽管把 milcore.dll 看作是 WPF 的一部分，但它也是 Windows 7 的一个核心系统组件。实际上，Windows 7 的桌面窗口管理器（Desktop Windows Manager，DWM）也是使用 milcore.dll 渲染桌面的。

提示

milcore.dll 又称为“托管图形”引擎。与 CLR 管理.NET 应用程序的生命周期非常类似，milcore.dll 管理显示状态。正如 CLR 开发人员不需要为释放对象和申请内存烦恼一样，该引擎让开发人员不用再考虑使窗口无效和重新绘制窗口，只需要使用希望显示的内容创建对象即可。当拖动窗口、窗口被覆盖、最小化窗口和还原窗口时，由该引擎负责绘制窗口的适当部分。

6．Direct3D

该组件是一套低级 API，WPF 应用程序中所有的图形都由它渲染。

7．User32

该组件用于决定哪些程序实际占有桌面的哪一部分，所以它仍然被包含进 WPF 中，但是它不再负责渲染通用控件。

在 WPF 中所有绘图的内容都是由 Direct3D 渲染的。不管是使用简单的显卡还是使用功能更加强大的显卡，不管是使用基本控件还是绘制更加复杂的内容，也不管是在 Windows XP 中还是在 Windows 7 上运行应用程序。甚至二维图形和普通的文本也被转换为三角形并被传送到 Direct3D 引擎，而不是使用 GDI+或 User32 渲染图形。

10.2.2 类层次结构

了解 WPF 体系结构之后，下面来分析一下 WPF 控件集合的类层次结构。如图 10-4 所示为 WPF 类层次结构中的几个重要节点，其中，圆角矩形表示抽象类，直角矩形表示实例类。

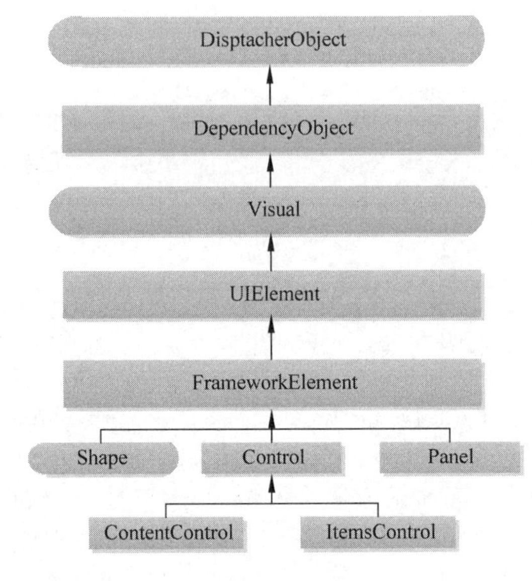

图 10-4 WPF 类层次结构

1．System.Threading.DispatcherObject 类

WPF 应用程序使用熟悉的单线程模型，这意味着整个用户界面由一个单独的线程拥有，而从另一个线程与用户界面元素进行交互是不安全的。为了更方便地使用此模型，每个 WPF 应用程序由一个协调消息的调度程序管理。通过继承自 DispatcherObject 类，用户界面中的每个元素都可以检查代码是否在正确的线程上运行，并且可以访问调度程序为用户界面线程发送代码。

2．System.Windows.DependencyObject 类

WPF 中屏幕上的元素进行交互时主要是通过属性进行的。在早期设计阶段，WPF 的设计者决定创建一个更加强大的属性模型，该模型支持许多特性，如更改通知、默认值继承以及减少属性存储空间。该模型的最终结果就是依赖项属性特性，而该特性就是由 DenpendencyObject 类实现的。

3．System.Windows.Media.Visual 类

在 WPF 窗口中显示的每个元素在本质上都是一个 Visual 对象。因此，可以将 Visual 类看作一个绘图对象，它封装了绘图命令、如何执行绘制的细节以及基本功能。Visual 类还在托管的 WPF 库和渲染桌面的 milcore.dll 程序集之间提供了链接。任何继承自 Visual 的子类都可以在窗口上被显示出来。

4．System.Windows.UIElement 类

UIElement 类为 WPF 的本质特征提供支持，包括布局、输入、焦点以及事件等。在该类中，原始的鼠标单击和按钮操作被转换为更有用的事件，如 MouseEnter 事件。在 UIElement 类中还添加了对命令的支持。

5. System.Windows.FrameworkElement 类

FrameworkElement 类是 WPF 核心继承树中的最后一个类，该类实现了一些全部由 UIElement 类定义的成员。例如，UIElement 类为 WPF 布局系统设置了基础，但是 FrameworkElement 类提供了重要属性，如 Margin 属性等。

6. System.Windows.Shapes.Shape 类

Shape 类是所有形状类的基类，如 Rectangle 类、Polygon 类、Ellipse 类和 Line 类等等。这些形状类可以和传统的 Windows 组件一起使用，例如按钮和文本框等。

7. System.Windows.Controls.Control 类

Control 类表示可以和用户进行交互的元素，它为控件提供了基本属性，如设置字体、边框、前景色和背景色等。

> **注意**
>
> 在 Windows 窗体编程中所有可视化的窗口都称为控件。但是 WPF 不同，可视化内容被称为元素（Element），只有部分元素是控件（指能够接收焦点并且能与用户进行交互的元素）。还要注意的是，虽然许多元素是在 System.Windows.Controls 命名空间中定义的，但它并不是继承 System.Windows.Controls 类，并且不被认为是控件，Panel 类就是其中的一个例子。

8. System.Windows.Controls.ContentControl 类

CotentControl 类是所有具有单一内容控件的基类，包括从简单的标签到窗口的所有内容。该类单一内容的范围非常广，可以是普通的字符串，其他形状和控件的组合，甚至是布局面板。

9. System.Windows.Controls.ItemsControl 类

ItemsControl 类是所有显示类集合控件的基类，如 ListBox 控件和 TreeView 控件。ItemsControl 类提供了很多特性，例如可以简单地将 ListBox 控件变换成单选按钮列表、复选按钮列表、平铺的图像或者任意完全不同的元素组合。实际上，WPF 中的菜单、工具栏以及状态栏都是一个列表，并且实现它们的类都继承自 ItemsControl 类。

10. System.Windows.Controls.Panel 类

Panel 类是所有布局容器类的基类。在布局容器中可以包含一个或者多个子元素，并根据指定的规则对子元素进行排列。这些容器是 WPF 布局系统的基础，并且使用它们是以最灵活的方式安排内容和控件的关键。

10.3 实验指导——创建第一个 WPF 程序

了解 WPF 的背景及体系结构之后，现在使用 VS 2012 创建一个 WPF 程序。在 VS

2012 中支持 4 种类型的 WPF 项目，如图 10-5 所示。

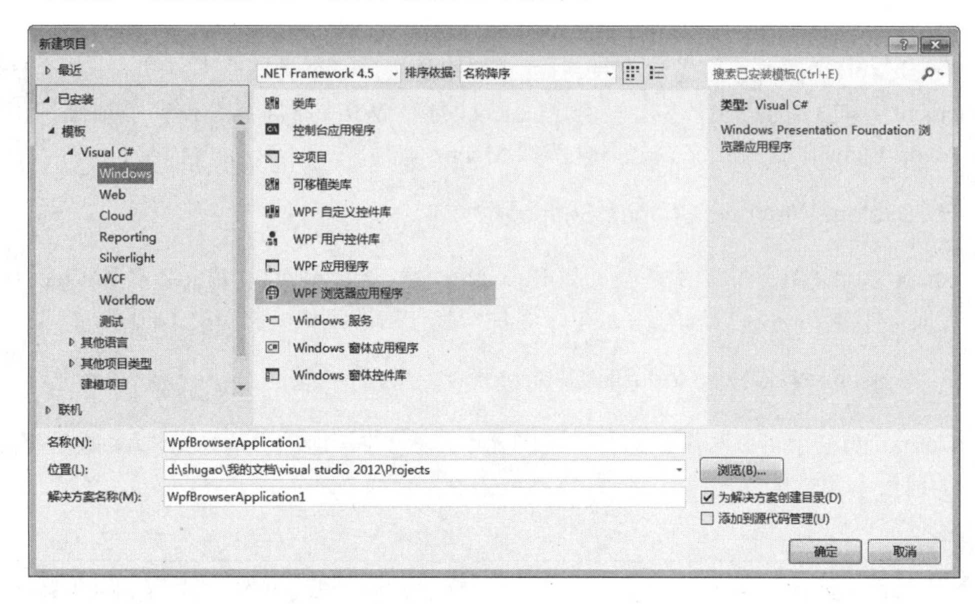

图 10-5 新建 WPF 项目

这里以 WPF 应用程序类型为例，具体步骤如下。

（1）在如图 10-5 所示的【新建项目】对话框中选择【WPF 应用程序】类型，将项目名称设置为“wpfDemo”，再单击【确定】按钮。

（2）进入 WPF 应用程序的设计界面，该界面与 Windows 窗体程序设计界面类似，如图 10-6 所示。

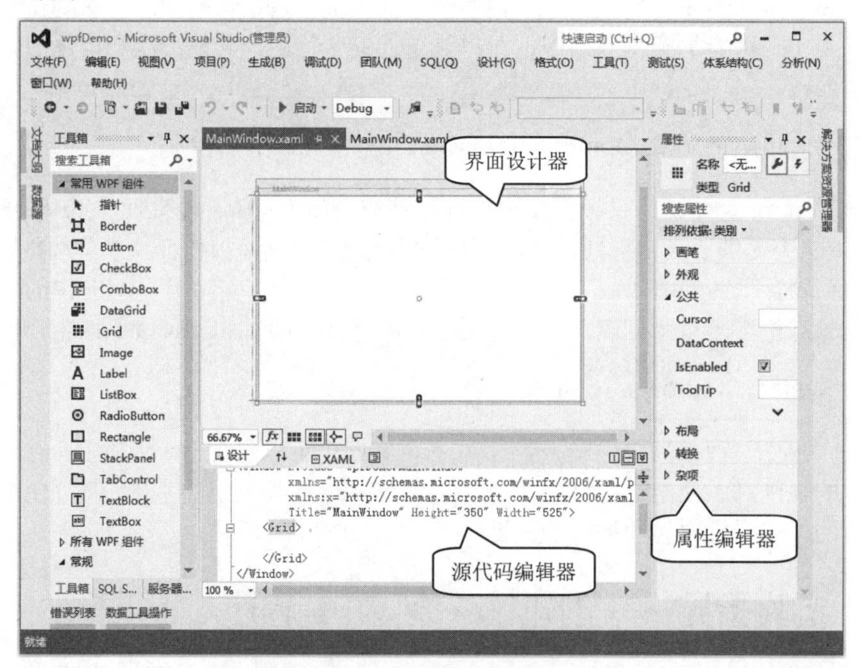

图 10-6 WPF 设计器

左边【工具箱】窗格中罗列了所有可用的 WPF 控件，中间上方区域是程序的可视化界面设计器，下方是界面对应的 XAML 源代码编辑器，最右侧是属性编辑器。

从【工具箱】窗格中拖动一个控件到界面设计器，同时在源代码编辑器中会自动添加相应地的代码。当然，对于熟练的开发人员也可以直接编写 XAML 代码，VS 2012 为代码提供了非常完美的智能提示。为了查看设计时与 XAML 代码生成时的变化，可以拖动调整控件的位置和大小，以查看代码的变化。

(3) 如图 10-7 所示为【解决方案资源管理器】窗格中当前 WPF 项目的文件结构。

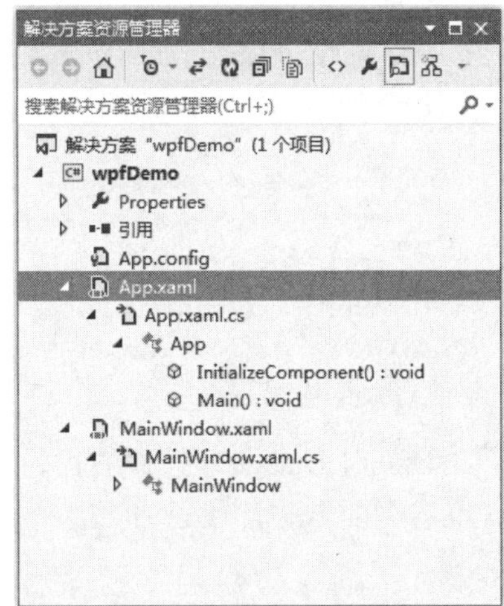

图 10-7 WPF 项目的文件结构

各个文件的作用如下。

① App.config：用于保存当前应用程序的配置信息。

② App.xaml 和 App.xaml.cs：这两个文件是 WPF 应用程序的入口点，也就是 WPF 中 Application 类的实例化表示。在每一个 WPF 应用程序中，只能有一个 Application 类存在。该类管理着 WPF 应用程序的生命周期，因此不能在一个 WPF 应用程序中创建多个 App.xaml 文件。

③ MainWindow.xaml 和 MainWindow.cs：这是 VS 2012 中默认生成的 WPF 程序窗体文件，一个 WPF 程序可以有多个窗体。

对一个 WPF 应用程序来说，可以没有 App.xaml 和 MainWindow.xaml 文件，但是必须有一个实例化的 Application 类用来管理 WPF 应用程序的生命周期。

提 示

通常情况下，一个 XAML 文件对应一个.cs 后台文件，但这不是必需的。一个 XAML 文件也可以对应多个后台文件，也可以没有 XAML 文件只有后台文件，甚至只有后台文件没有 XAML 文件。

(4) 在 XAML 源代码编辑器中对默认生成的 Window 元素进行修改。将 Title 属性设置为“第一个 WPF 程序”来更新 WPF 程序的标题。

(5) 在界面设计器中选中 Grid 控件并调整其大小，然后添加一个 DataGrid 控件。

(6) 从 XAML 源代码编辑器中为 Grid 控件添加一个 Grid.Resources 元素，并使用 XmlDataProvider 元素定义一个数据源，代码如下。

```
<Grid.Resources>
    <XmlDataProvider x:Key="PersonDataSource" XPath="PersonList">
        <x:XData>
            <PersonList xmlns="">
                <Person Name="祝红涛" Sex="男" Position="职员" WorkAge="1"
                Department="网络部"></Person>
                <Person Name="张浩太" Sex="男" Position="主管" WorkAge="2"
                Department="设备部"></Person>
```

```
                <Person Name="侯霞" Sex="女" Position="主任" WorkAge="3"
                Department="采购部"></Person>
                <Person Name="刘静" Sex="女" Position="经理" WorkAge="2"
                Department="人事部"></Person>
            </PersonList>
        </x:XData>
    </XmlDataProvider>
</Grid.Resources>
```

（7）在 Grid.Resources 元素中使用 Style 元素为 DataGrid 控件中的标题头定义一个样式，代码如下。

```
<Style x:Key="columnHeaderStyle" TargetType="{x:Type DataGridColumnHeader}">
    <Setter Property="Height" Value="40" />
    <Setter Property="Padding" Value="10" />
    <Setter Property="Background" Value="#4E87D4" />
    <Setter Property="Foreground" Value="White" />
</Style>
```

（8）对 DataGrid 控件的代码进行修改，使它引用上面定义的样式、绑定数据源，并定义各列的名称，代码如下。


```
<DataGrid ColumnHeaderStyle="{StaticResource columnHeaderStyle}" AutoGenerate
Columns="False"  RowHeaderWidth="0"  ItemsSource="{Binding  Source=
{StaticResource PersonDataSource}, XPath=Person}">
    <DataGrid.Columns>
        <DataGridTextColumn Header="姓名" Binding="{Binding XPath=@Name}"  />
        <DataGridTextColumn Header="性别" Binding="{Binding  XPath=@Sex}" />
        <DataGridTextColumn Header="职位"Binding="{Binding XPath=@Position}"/>
        <DataGridTextColumn Header="工龄"Binding="{Binding XPath=@WorkAge}"/>
        <DataGridTextColumn Header="所在部门"Binding="{Binding XPath=@De-
        partment}"/>
    </DataGrid.Columns>
</DataGrid>
```

（9）经过上面几步操作，第一个 WPF 程序就编写完成了。如下所示是完整的代码。

```
<Window x:Class="wpfDemo.MainWindow"
        xmlns="http://schemas.microsoft.com/winfx/2006/xaml/presentation"
        xmlns:x="http://schemas.microsoft.com/winfx/2006/xaml"
        Title="第一个 WPF 程序" Height="350" Width="525">
    <Grid Margin="10,0,10,10">
        <Grid.Resources>
            <XmlDataProvider x:Key="PersonDataSource" XPath="PersonList">
                <x:XData>
                    <PersonList xmlns="">
                        <Person Name="祝红涛" Sex="男" Position="职员"
                        WorkAge="1" Department="网络部"></Person>
                        <Person Name="张浩太" Sex="男" Position="主管" WorkAge="2"
                       Department="设备部"></Person>
```

```
                <Person Name="侯霞" Sex="女" Position="主任" WorkAge="3"
                Department="采购部"></Person>
                <Person Name="刘静" Sex="女" Position="经理" WorkAge="2"
                Department="人事部"></Person>
            </PersonList>
        </x:XData>
    </XmlDataProvider>
    <Style x:Key="columnHeaderStyle" TargetType="{x:Type DataGrid-
    ColumnHeader}">
        <Setter Property="Height" Value="40" />
        <Setter Property="Padding" Value="10" />
        <Setter Property="Background" Value="#4E87D4" />
        <Setter Property="Foreground" Value="White" />
    </Style>
  </Grid.Resources>
  <DataGrid ColumnHeaderStyle="{StaticResource columnHeaderStyle}"
  AutoGenerateColumns="False" RowHeaderWidth="0" ItemsSource="
  {Binding Source={StaticResource PersonDataSource}, XPath=Person}">
      <DataGrid.Columns>
          <DataGridTextColumn Header="姓名"Binding="{Binding XPath=
        @Name}"/>
          <DataGridTextColumn Header="性别"Binding="{Binding XPath=
          @Sex}"/>
          <DataGridTextColumn Header="职位"Binding="{Binding XPath=
          @Position}"/>
          <DataGridTextColumn Header="工龄"Binding="{Binding XPath=
          @WorkAge}"/>
          <DataGridTextColumn Header="所在部门"Binding="{Binding
          XPath=@Department}" />
      </DataGrid.Columns>
  </DataGrid>
 </Grid>
</Window>
```

（10）现在运行程序将会看到类似 Windows 的窗体，窗体上面有一个表格并包含 4 行数据，如图 10-8 所示。

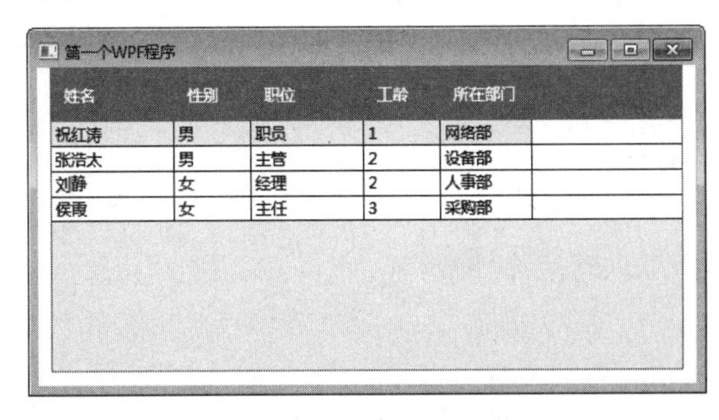

图 10-8 第一个 WPF 程序运行效果

10.4 认识 XAML

WPF 最显著的新特征是新开发的 XAML，它用于支持 WPF 渲染引擎。XAML（eXtensible Application Markup Language）是声明式语言，用于将构成 XML 的各个元素组成一个应用程序，而这些元素可用来表示一个结构化的.NET 类集合。下面对 XAML 的概念进行详细介绍。

10.4.1 XAML 简介

使用传统的显示技术时，要想从代码中分离出图形内容并不容易。对于 Windows 窗体应用程序，关键问题是创建的每个窗体都是由 C#代码定义的。当把控件拖动到设计器并配置控件时，VS 会在相应的窗体类中自动调整代码。但是图形设计人员没有任何可以使用 C#代码的工具。

相反，对于美工人员他们必须将工作内容导出为位图。然后可以使用这些位图确定窗体、按钮以及控件的外观。对于简单的固定用户界面这种方法还可行，但是在一些复杂布局界面中，将会变得非常麻烦和受限制。

而 WPF 通过 XAML 解决了这一问题。当在 VS 中设计一个 WPF 应用程序时，窗口不会被转换为代码，而是转换为一系列的 XAML。当运行应用程序时，这些标记用于生成构成用户界面的对象。

例如，要创建一个按钮则可以使用下面的 XAML：

```
<Button  HorizontalAlignment="Left"  Margin="95,85,0,0"  VerticalAlignment=
"Top" Width="75" Click="Button_Click_1">我要登录</Button>
```

XAML 中的元素名为 CLR 中的类名，上面的 Button 元素对应的是 WPF 中的 Button 类。XAML 的属性是相应类中的属性，例如，HorizontalAlignment、Margin 和 Width 等实际上是 Button 类中对应的属性。上述代码中，还定义了事件处理程序“Click="Button_Click_1"”，表示触发按钮 Click 事件时执行 Button_Click_1()方法，该方法在后台文件中进行了定义。

> **提示**
> 虽然 XAML 最初是为 WPF 而设计的，但它对于 WPF 不是必需的，也就是说 WPF 也可以使用后台代码来构造。但是，推荐使用 XAML 来设计 WPF 界面。

10.4.2 XAML 语法规则

首先介绍一下 XAML 的基本语法规则，如下所示。

（1）在 XAML 中的所有元素都映射为一个.NET 类的实例。元素的名称也完全对应于类名。例如，Window 元素表示在 WPF 中创建一个 System.Windows.Window 对象。

（2）与所有 XML 文档一样，可以在一个元素中嵌套另一个元素。例如，在 Grid 元素中嵌套一个 Button 元素。

（3）可以通过属性设置每个类的特征。但是，在某些情况下属性不能实现时，则需要通过特殊的语法使用嵌套的标签。

接下来看一个 XAML 文档的基本框架，如下所示。为了便于说明，对每行代码都添加了行号。

```
1  <Window x:Class="wpfDemo.Window1"
2         xmlns="http://schemas.microsoft.com/winfx/2006/xaml/presentation"
3         xmlns:x="http://schemas.microsoft.com/winfx/2006/xaml"
4         Title="Window1" Height="300" Width="300">
5      <Grid>
6      </Grid>
7  </Window>
```

在这个文档中只包含两个元素，一个根级的 Window 元素和一个 Gird 元素。其中，Window 元素表示 WPF 应用程序的窗口，Grid 元素表示一个容器，在该容器内可以放置其他控件。尽管可以使用任何元素作为根元素，但是 WPF 应用程序只使用以下几个元素作为根元素。

（1）Window 元素。

（2）Page 元素。

（3）Application 元素。

与在所有 XML 文档中一样，在 XAML 文档中有且只能有一个根级元素。在上面示例中根元素为 Window，在第 7 行使用</Window>标记结束了 Window 元素，此时文档也就结束了。也意味着在</Window>标记之后不允许有任何其他内容。

在第 1 行的 Window 元素开始标记中 Class 指定 WPF 程序对应的后台类名，第 2 行和第 3 行是两个 XML 命名空间（在 10.4.4 节介绍）。第 4 行定义了三个属性值，如下所示。

```
4         Title="Window1" Height="300" Width="300">
```

表示的含义为当前 WPF 窗口的标题为“Window1”，窗口的宽度为 300 像素，高度为 300 像素。

10.4.3 XAML 根元素

我们知道 XML 文件总是从一个单一元素开始的，在这个单一元素的里面可以放置任意个子元素。子元素中又可以包含其他子元素，如此下去，整个 XML 文件就像一棵倒挂的树。开始的这个单一元素就叫作根元素，XAML 也遵循 XML 这一规范。

通常 XAML 的根元素有两个：一个是 Window，表示这是一个桌面应用程序；另一个是 Page，表示这是一个 Web 应用程序。

例如，如下 XAML 代码使用 Window 根元素表示一个桌面应用程序。

```
<Window x:Class="wpfProject.Window1"
   xmlns="http://schemas.microsoft.com/winfx/2006/xaml/presentation"
   xmlns:x="http://schemas.microsoft.com/winfx/2006/xaml"
   Title="Window1" Height="300" Width="300" >
<StackPanel  Orientation ="Vertical"  >
  </StackPanel.LayoutTransform>
 </StackPanel>
</Window>
```

例如，如下 XAML 代码使用 Page 根元素表示一个 Web 应用程序。

```
<Page x:Class=" wpfProject.MyFrirstWebPage"
   xmlns=http://schemas.microsoft.com/winfx/2006/xaml/presentation
   xmlns:x=http://schemas.microsoft.com/winfx/2006/xaml Title="网页"
   Height="80" Width="300">
<StackPanel Orientation ="Horizontal " >
  </StackPanel>
</Page>
```

10.4.4 XAML 命名空间

我们知道，XAML 是从 XML 派生而来的。在 XML 中可以使用 xmlns 属性来定义命名空间，xmlns 的全称是 XML NameSpace。定义命名空间的好处是当来源不同的类重名时，可以使用命名空间来区分。

xmlns 属性的语法格式如下。

```
xmlns[:可选映射前缀]="命名空间 URL"
```

xmlns 关键字后跟一个可选的映射前缀，之间用冒号分隔。如果没有设置映射前缀，那默认所有来自该命名空间的标记前都不用加前缀名，没有前缀名的命名空间也称为默认命名空间。一个 XAML 文档只能有一个默认命名空间，通常选择元素最频繁使用的命名空间作为默认。

例如，在 10.4.2 节的 XAML 文档代码中，Window 元素和 Grid 元素都来自第 2 行声明的默认命名空间。而第 1 行中的 Class 属性则来自 x 前缀引用的命名空间，该命名空间在第 3 行进行了定义。

【范例 1】

对 10.4.2 节的 XAML 文档进行修改，将默认命名空间修改为 m 前缀，其他命名空间使用 s 前缀。修改后的代码如下。

```
<m:Window s:Class="wpfDemo.Window1"
        xmlns:m="http://schemas.microsoft.com/winfx/2006/xaml/presentation"
        xmlns:s="http://schemas.microsoft.com/winfx/2006/xaml"
        Title="Window1" Height="300" Width="300">
    <m:Grid>    </m:Grid>
</m:Window>
```

在上述代码中第 2 行引用命名空间时指定了前缀为 m，因此该命名空间下的 Window 元素和 Grid 元素应该使用 m:Window 和 m:Grid 进行标记。第 3 行指定命名空间前缀为 s，所以该命名空间下的 Class 被标记为 s:Class。

在 XAML 中引用其他程序集和.NET 命名空间的语法与 C#是不一样的。在 C#中，如果想使用 System.Windows.Controls 命名空间里的 Button 类，需要先把该命名空间所在的程序集通过添加引用的方式引用到项目中，然后在 C#代码的顶部使用“using System.Windows.Controls;”语句引入该命名空间。在 XAML 中实现相同的功能也需要添加对程序集的引用，然后再到根元素的开始标记中通过如下语句进行引用。

```
xmlns:c="clr-namespace:System.Windows.Controls;assembly=PresentationFr
amework"
```

其中，c 是命名空间的前缀，也可以是其他任意符合规范的名称。

命名空间 URL 并不是一个真实存在的 URL 地址，在这里只是 XAML 解析器的一个硬性编码，即看到这个 URL 就会引入一系列的程序集和程序集中包含的.NET 命名空间。无论是程序集还是命名空间 URL，用户都不需要去死记，因为 VS 2012 提供了强大的智能提示，如图 10-9 所示为输入“xmlns”之后的智能提示。

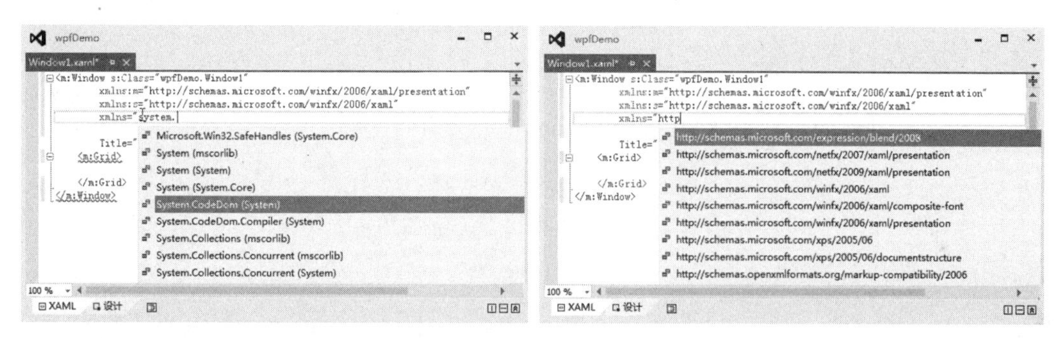

图 10-9 VS2012 的程序集和命名空间智能提示

WPF 默认引用的 http://schemas.microsoft.com/winfx/2006/xaml/presentation 命名空间中包含如下的.NET 命名空间。

```
System.Windows
System.Windows.Automation
System.Windows.Controls
System.Windows.Controls.Primitives
System.Windows.Data
System.Windows.Documents
System.Windows.Forms.Integration
System.Windows.Ink
System.Windows.Input
System.Windows.Media
System.Windows.Media.Animation
System.Windows.Media.Effects
System.Windows.Media.Imaging
System.Windows.Media.Media3D
```

```
System.Windows.Media.TextFormatting
System.Windows.Navigation
System.Windows.Shapes
```

因此，在 XAML 中可以直接使用上面.NET 命名空间下的类。

http://schemas.microsoft.com/winfx/2006/xaml 命名空间则对应一些与 XAML 语法和编译相关的.NET 命名空间。对于该命名空间中的类应该使用前缀 x 进行引用。

> **提示**
>
> 第一个命名空间对应的是与绘制 UI 相关的程序集，是表现层上的内容；第二个命名空间对应的是 XAML 解析处理相关的程序集，是语言层上的内容。

10.4.5 XAML 后台文件

与 ASP.NET 一样，XAML 也使用代码分离技术。一个 WPF 应用程序通常由两大部分组成，一部分是使用 XAML 描述 UI 元素在界面上的位置、大小等属性；另一部分是用来处理程序的逻辑、对传递事件的响应等操作。

在 XAML 中通过根元素的 Class 属性指定后台文件。例如，在 Window1.xaml 文件中有代码“s:Class="wpfDemo.Window1"”，此时 VS 2012 会自动创建一个后台文件 Window1.xaml.cs，并生成如下部分类代码。

```
namespace wpfDemo
{
    /// <summary>
    /// Window1.xaml 的交互逻辑
    /// </summary>
    public partial class Window1 : Window
    {
        public Window1()
        {
            InitializeComponent();
        }
    }
}
```

上述代码创建一个名为 Window1 的类，该类继承是 XAML 中的 Window 基类。该类创建时使用 partial 关键字指定这是一个部分类。在该类中仅包含一个构造函数，构造函数又调用了 InitializeComponent()方法。

InitializeComponent() 方法在 WPF 应用程序中扮演着非常重要的角色。InitializeComponent()方法在源代码中是不可见的，因为它是在编译应用程序时自动生成的。本质上，InitializeComponent()方法的所有工作是调用 System.Windows.Application 类的 LoadComponent()方法。LoadComponent()方法从程序集中提取编译过的 XAML，并使它来构造用户界面。当解析 XAML 时，它会创建每个控件对象，设置其属性，并关联所有事件处理程序。

10.4.6 子元素

在 XAML 中除了根元素之外的所有元素都是子元素。根元素只有一个，而子元素理论上可以有无限多个。子元素又可以包含一个或多个子元素，某个元素可以含有子元素的多少由 WPF 中具体的类决定。排版类元素可以包含多个子元素，而内容控件只能含有一个子元素。

假设有如下 XAML 代码：

```
<Window x:Class="wpfDemo.DockPanelDemo"
  xmlns="http://schemas.microsoft.com/winfx/2006/xaml/presentation"
   xmlns:x="http://schemas.microsoft.com/winfx/2006/xaml"
   Title="停靠面板属性" Height="500" Width="600"  >
  <DockPanel Background="White">
   <TextBlock FontSize="16" DockPanel.Dock="Top" Margin="20,0,0,10">停
   靠面板属性</TextBlock>
   <TextBlock FontSize="16" DockPanel.Dock="Top" Margin="20,0,0,10">测
   试</TextBlock>
  </DockPanel>
</Window>
```


在这个例子中，Window 是 XAML 的根元素，其中包含 DockPanel 子元素。由于 Window 是一个内容控件，它只能含有一个子元素。DockPanel 是一个排版控件，它可以含有任意多个子控件，这里在 DockPanel 中放入了两个 TextBlock。

如果用 C#来写这些元素之间的关系，上面的程序可以改写为：

```
namespace wpfDemo.
{
    public partial class DockPanelDemo :  System.Windows.Window
    {
        public DockPanelDemo()
        {
            InitializeComponent();
            DockPanel dp = new DockPanel();  //创建 DockPanel 控件
            dp.Background = "White";
            this.Content = dp;               //添加 DockPanel 控件
            TextBlock tb = new TextBlock();  //创建第一个 TextBlock 控件
             //设置 tb 属性
             dp.Children.Add(tb);            //添加第一个 TextBlock 控件
            TextBlock tb = new TextBlock();  //创建第二个 TextBlock 控件
             //设置 tb 属性
             dp.Children.Add(tb);            //添加第二个 TextBlock 控件
        }
    }
}
```

从上述代码中可以清楚地看出 Window、DockPanel 和 TextBlock 之间的关系。有关 Window、DockPanel 和 TextBlock 控件在本书后面章节中将会详细介绍，在这里只要了解 XAML 中子元素之间的关系就可以了。

10.5 认识 Application 类

当一个 WPF 应用程序启动时先会实例化一个全局唯一的 System.Windows. Application 对象。它类似于 Windows 窗体程序中的 Application 类用于控制整个应用程序的运行，跟踪应用程序打开的窗口，触发相应的事件等。下面详细介绍 WPF 中 Application 类的作用。

10.5.1 创建 Application 对象

Application 类是一个单实例类，为 UI 组件和 WPF 应用程序的创建与执行提供服务，该类贯穿 WPF 应用程序的整个生命周期。当 WPF 应用程序开始执行时 Application 对象被创建，然后会触发各种不同的应用程序事件，当应用程序退出时 Application 对象被释放，应用程序随之终止。

【范例 2】

当在 VS 2012 中创建一个 WPF 应用程序时会自动创建 Application 对象，无须用户手动创建。但是掌握 Application 对象的创建对于以后的开发非常有用。下面通过一个范例介绍手动创建 Application 对象的方法。

（1）在 VS 2012 中创建一个名为 wpfApplication 的 WPF 应用程序项目，并删除自动生成的 app.xaml 文件。

（2）向项目中添加一个名为 Init 的类，文件名为 Init.cs。

（3）打开 Init.cs 文件对 Init 类进行修改，最终代码如下所示。

```
using System;
using System.Windows;                                    //引入所需的命名空间
namespace wpfApplication
{
    class Init
    {
        [STAThread]
        public static void Main()                        //创建启动方法
        {
            Application app = new Application();  //手动创建一个 Application
                                                    对象
            MainWindow main = new MainWindow();   //创建一个 Window 窗口对象
            main.Title = "这是应用程序的主窗口";     //设置窗口的标题
            app.Run(main);                        //设置程序启动时打开窗口
        }
    }
}
```

（4）现在 Init 类已经具备了启动程序的功能，但是还需在 WPF 项目中进行设置，将该类作为项目的启动对象。方法是在【解决方案资源管理器】窗格中右击项目名称选择【属性】命令打开属性设置面板。然后从【启动对象】列表中选择当前项目下的 Init 类项，全称为 wpfApplication.Init，如图 10-10 所示。

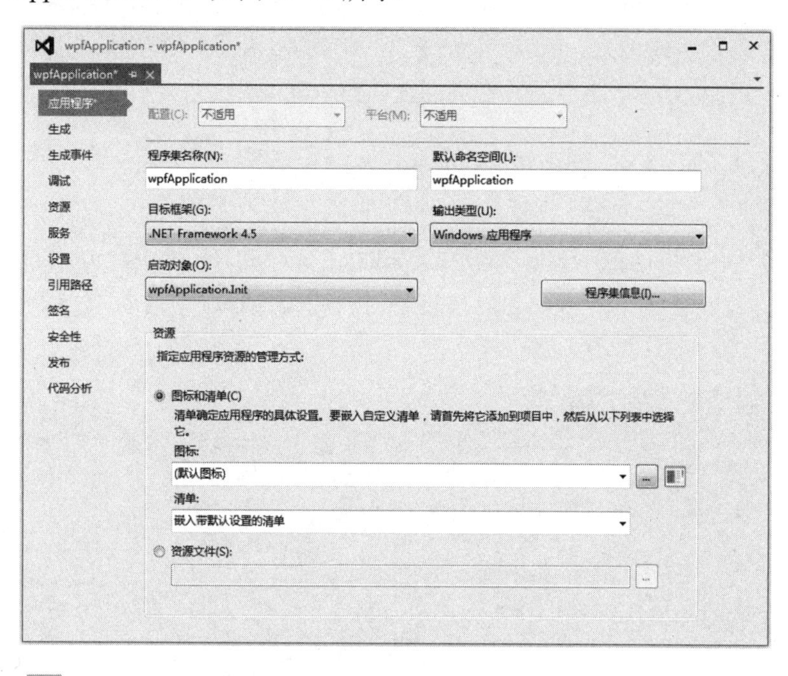

图 10-10　设置 Init 类为启动对象

（5）现在运行程序将会看到一个名为“这是应用程序的主窗口”的窗口，说明 Init 类被自动执行了。

在 Init 类中仅包含一个名为 Main()的方法，该方法上面使用“[STAThread]”进行修饰，这是必需的。该关键字用来将应用程序的初始线程模型设置为单线程模型。如果不添加该关键字，运行时将看到如图 10-11 所示异常信息。

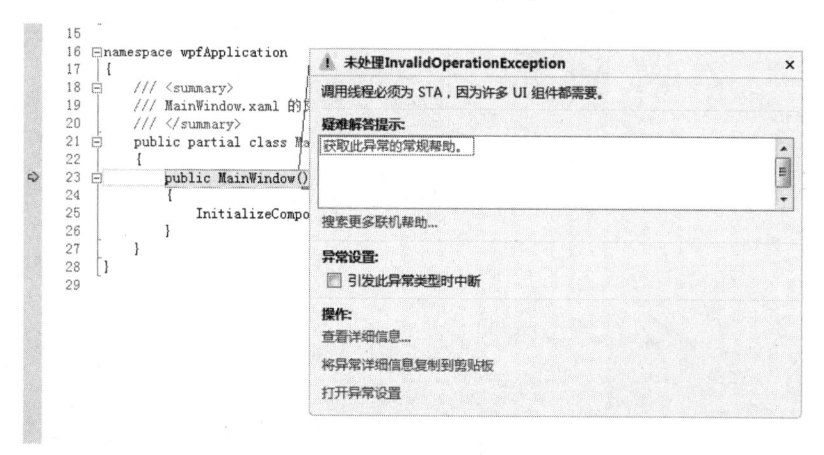

图 10-11　去掉 STAThread 时的异常提示

在 Main()方法类中创建了一个 Application 类对象和一个 Window 类对象，最后调用 Application 类的 Run()方法来开始应用程序的运行。Run()方法是整个应用程序中一个非常重要的方法。当调用 Run()方法时，Application 对象会将一个新的 Dispatcher 实例附加到 UI 线程，然后调用 Dispatcher 对象的 Run()方法。该方法将会开启一个消息循环，用于接收和处理各种窗口消息。所以，Run()方法将贯穿应用程序的整个生命周期，当应用程序退出时，Run()方法才会返回并在关闭前执行 Run()方法之后的其他代码。

10.5.2 创建自定义 Application 类

由于每个 WPF 应用程序都必须创建 Application 对象，所以 VS 2012 在创建 WPF 应用程序时会自动生成一个 Application 类模板。该模板保存到项目的 App.xaml 文件中，默认代码如下所示。

```
<Application x:Class="wpfDemo.App"
            xmlns="http://schemas.microsoft.com/winfx/2006/xaml/presentation"
            xmlns:x="http://schemas.microsoft.com/winfx/2006/xaml"
            StartupUri="MainWindow.xaml">
    <Application.Resources>
       <!--这里定义应用程序的资源 -->
    </Application.Resources>
</Application>
```


根元素 Application 表示对应的是 Application 类，Class 属性指定后台.cs 文件，StartupUri 属性指定程序启动时的主 XAML 文件。打开 App.xaml.cs 文件会发现其中并没有 Main()方法，也没有创建 Application 对象的代码。

这是因为 VS 2012 自动为 App.xml 生成了一个继承自 Application 类的局部类 App，App 类保存在项目\obj\Debug 文件夹下的 App.g.cs 文件中。

App.g.cs 文件的内容如下。

```
#pragma checksum "..\..\App.xaml" "{406ea660-64cf-4c82-b6f0-42d48172a
799}" "03E4C5B33FB82114FCA3EDBDB121793B"
//------------------------------------------------------------------------------
// <auto-generated>
//     此代码由工具生成。
//     运行时版本:4.0.30319.17929
//
//     对此文件的更改可能会导致不正确的行为，并且如果
//     重新生成代码，这些更改将会丢失。
// </auto-generated>
//------------------------------------------------------------------------------

using System;
using System.Windows;
```

```
//省略其他代码
namespace wpfDemo {
    /// <summary>
    /// App 局部类代码，该类继承 Application 类
    /// </summary>
    public partial class App : System.Windows.Application {

        /// <summary>
        /// InitializeComponent
        /// </summary>
        [System.Diagnostics.DebuggerNonUserCodeAttribute()]
        [System.CodeDom.Compiler.GeneratedCodeAttribute("Presentation
        BuildTasks", "4.0.0.0")]
        public void InitializeComponent() {

            #line 4 "..\..\App.xaml"              //指定 XAML 文件的路径
            this.StartupUri = new System.Uri("MainWindow.xaml", System.
            UriKind.Relative);

            #line default
            #line hidden
        }

        /// <summary>
        /// Application Entry Point.
        /// </summary>
        [System.STAThreadAttribute()]
        [System.Diagnostics.DebuggerNonUserCodeAttribute()]
        [System.CodeDom.Compiler.GeneratedCodeAttribute("Presentation
        BuildTasks", "4.0.0.0")]
        public static void Main() {                //生成的 Main()方法
            wpfDemo.App app = new wpfDemo.App();
            app.InitializeComponent();
            app.Run();
        }
    }
}
```

在上述自动生成的局部类中可以看到 Main()方法。Main()方法首先实例化一个 App 对象，然后调用对象的 InitializeComponent()方法。在 InitializeComponent()方法中将 Application 对象的 StartupUri 属性设置为一个相对路径的 XAML 文件。这个 XAML 文件将被编译并且作为二进制文件内嵌到程序的程序集中，资源名与原来的 XAML 文件类似。

指定应用程序的启动 XAML 文件后，便不需要显式地使用代码去创建一个 Window 类实例了。因为 XAML 解析器将会自动创建这个窗体实例，并将这个窗口作为应用程序的主窗口。

App.xaml 的 App.g.cs 文件和 App.xaml.cs 文件被编译器编译为一个类。开发人员还可以在 App.xaml.cs 中添加应用程序的事件处理程序来处理各种事件。

10.5.3 定义应用程序关闭模式

通过 Application 类的 ShutdownMode 属性可以定义应用程序的关闭模式。开发人员可以在 Application 类的 OnStartup 事件中为这个属性赋值，也可以在 XAML 文件中设置这个属性值。如果是拖动创建 Application 对象，则需要在 Run()方法之前指定该属性值。

ShutdownMode 属性是一个枚举值，可选值及说明如表 10-2 所示。

表 10-2 **ShutdownMode 属性枚举值**

值	说明
OnLastWindowClose	当最后一个窗口关闭或者调用 Application.Shutdown()方法时应用程序将关闭。这是默认值，只要有一个窗口在运行，应用程序就不会关闭。如果关闭了应用程序的主窗口，Application.MainWindow 属性仍然能引用被关闭的窗口
OnMainWindowClose	主窗口关闭或者在调用 Shutdown()方法时关闭应用程序
OnExplicitShutdown	所有窗口都被关闭时也不会结束应用程序，直到显式调用 Shutdown()方法时才会退出

【范例 3】

下面的范例代码演示了如何在 Application 类的 OnStartup 事件中设置 ShutdownMode 属性值。

```
protected override void OnStartup(StartupEventArgs e)
{
    base.OnStartup(e);
    //
    this.ShutdownMode = ShutdownMode.OnMainWindowClose;
}
```

【范例 4】

下面的范例演示了如何在 App.xaml 中设置 Application 类的 ShutdownMode 属性值。

```
<Application x:Class="wpfDemo.App"
             xmlns="http://schemas.microsoft.com/winfx/2006/xaml/
             presentation"
             xmlns:x="http://schemas.microsoft.com/winfx/2006/xaml"
             StartupUri="MainWindow.xaml"
             ShutdownMode="OnMainWindowClose">
```

无论使用了哪种方式设置 ShutdownMode 属性，以及 ShutdownMode 属性的值为哪个，只需要显式调用 Application.Shutdown()方法就可以立即终止应用程序的执行。一旦调用该方法应用程序的 Run()方法将立即被返回。

10.5.4 应用程序事件

与 Windows 窗体程序一样，WPF 应用程序提供了一些全局的应用程序事件，通过这些事件可以为应用程序添加更多的功能。理解 WPF 应用程序的生命周期将使开发人员更好地了解 WPF 应用程序事件的使用时机，如下按执行顺序列出了触发事件。

（1）Startup：在调用 Run()方法之后，并且在主窗口显示之前触发。可以使用该事件检查所有命令行参数，或者创建和显示主窗口。

（2）Activated：当应用程序中的一个窗口被激活时发生该事件。当从另一个 Windows 程序切换到该应用程序时，或者当第一次显示一个窗口时都会触发该事件。

（3）Deactivated：当应用程序中的一个窗口被取消激活时触发，当从一个窗口切换到另一个窗口时也会触发该事件。

（4）DispatcherUnhandleException：在应用程序中的任何位置，只要发生一个未处理的异常就会触发该事件。通过捕捉该事件可以记录重要错误，或者将 DispatcherUnhandledExecptionEventArgs.Handled 属性设置为 true 来忽略异常继续运行程序。

（5）SessionEnding：在 Windows 对话框关闭时触发。例如，当用户注销或者关闭计算机时。通过将 SeesionEndingEventArgs.Cancel 属性设置为 true 可以取消关闭应用程序，否则在事件处理程序结束时 WPF 将调用 Application.Shutdown()方法。

（6）Exit：在应用程序被关闭时，并在 Run()方法即将返回之前触发。这时不能取消关闭，但是可以在 Main()方法中重新启动应用程序。使用该事件可以设置从 Run()方法返回的整数类型的退出代码。

可以通过两个步骤来设置事件处理程序，第一步是在 App.xaml 中使用属性的方式为事件指定事件处理程序，第二步是在 App.xaml.cs 文件中对该事件处理程序进行实现。

例如，下面的 XAML 代码为 WPF 应用程序设置了发生异常时的处理程序。

```
<Application x:Class="wpfDemo.App"
    xmlns="http://schemas.microsoft.com/winfx/2006/xaml/presentation"
    xmlns:x="http://schemas.microsoft.com/winfx/2006/xaml"
    StartupUri="MainWindow.xaml"
    DispatcherUnhandledException="Application_DispatcherUnhandled
    Exception_1"
    >
```

在 App.xaml.cs 文件中创建 Application_DispatcherUnhandledException_1()方法处理 DispatcherUnhandledException 事件触发时的情况。代码如下所示。

```
 private void Application_DispatcherUnhandledException_1(object sender,
System.Windows.Threading.DispatcherUnhandledExceptionEventArgs e)
 {
     MessageBox.Show("发生类型为“" + e.Exception.GetType() + "”的异常信
     息");
 }
```

对于上述的每个应用程序事件，也可以通过在事件名称前添加 On 前缀作为方法名称，再调用该方法名称来触发对应的事件。例如，要触发 Startup 事件可以调用 OnStartup()方法，调用 OnExit()方法触发 Exit 事件。其中唯一例外的是 DispatcherUnhandledException 事件没有对应的事件方法，因此必须使用事件处理程序对该事件进行处理。

【范例 5】

下面的代码演示了一个自定义的 Application 类，在类中重写了 OnSessionEnding()方法并且设置了相应的标识，该方法会阻止用户的关闭操作。

```
public partial class App : Application
{
    private bool _isSaveData = false;
    public bool isSaveData
    {
        get { return _isSaveData; }
        set { _isSaveData = value; }
    }
    protected override void OnStartup(StartupEventArgs e)//Startup 事件方法
    {
        base.OnStartup(e);
    }
    protected override void OnSessionEnding(SessionEndingCancelEventArgs e)
    {                                                   //SessionEnding 事件方法
        base.OnSessionEnding(e);
        if (!isSaveData)
        {
            e.Cancel = true;                            //阻止关闭事件的执行
            MessageBox.Show("数据还没有保存，不允许退出程序。详情："
                + e.ReasonSessionEnding.ToString());
        }
    }
}
```

在重写事件的方法时，方法的第 1 行必须是调用基类的同名方法。

10.5.5 处理命令行参数

在 WPF 应用程序中可以使用两种方法来处理命令行参数，第一种是调用 Environment 对象的 GetCommandLineArgs()静态方法，另一种是在 Application 类的 Startup 事件中进行处理。Startup 事件包含一个 StartupEventArgs 类型的参数，该参数中包含的是从命令行向程序传递的参数。

【范例 6】

下面创建一个范例演示在 Startup 事件处理程序中获取命令行参数的方法。

（1）新建一个 WPF 应用程序，并在 App.xaml 文件中为 Application 设置 Startup 事件处理程序为 Application_Startup_1。

（2）在 App.xaml.cs 文件中创建 Application_Startup_1()方法，在该方法中输出参数数量，以及每个参数的值。代码如下所示。

```
public partial class App : Application
{
    private void Application_Startup_1(object sender, StartupEventArgse)
    {
        Console.Out.WriteLine("当前程序共包含{0}个参数", e.Args.Length);
        for (int i=0; i < e.Args.Length; i++)
        {
            Console.Out.WriteLine("参数{0}={1}",i+1,e.Args[i]);
        }
    }
}
```

（3）为了测试上述代码是否能够接收到传递的参数，可以打开程序的【属性】配置对话框。然后在【调试】分类下找到【命令行参数】文本框，在这里输入要传递的命令行参数，参数的形式为“/参数值”，多个参数之间使用空格分隔，如图 10-12 所示设置了 4 个参数。

（4）现在运行程序，在 VS 2012 中选择【视图】|【输出】命令打开【输出】窗格查看结果，如图 10-13 所示。

图 10-12 设置命令行参数

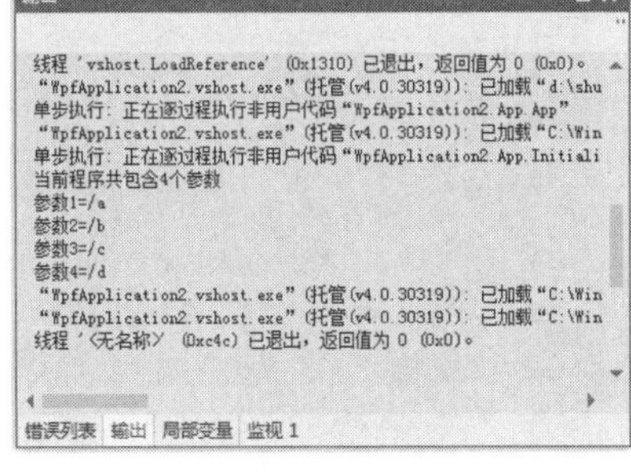

图 10-13 运行效果

10.5.6 处理子窗口

通过 Application 类的静态 Current 属性可以在应用程序的任何位置获取当前应用程

序实例，从而可以在窗口之间进行基本的交互。因为任何窗口都可以访问当前 Application 对象，并且通过 Application 对象还可以获取主窗口的引用。示例如下。

```
//获取主窗口的引用
Window main=Application.Curren.MainWindow;
//显示主窗口的标题
MessageBox.Show("当前主窗口的标题是: "+main.Title);
```

除了 MainWindow 属性，常用的还有如下几个属性。

（1）Windows 属性：可以获取当前打开的应用程序窗口集合。

（2）Properties 属性：可以访问和设置应用程序的属性信息。

（3）Resources 属性：可以访问和设置应用程序的资源。

【范例 7】

下面创建一个范例演示如何使用 Application 对象创建和更新子窗口。

（1）新建一个名为 WpfApplication3 的 WPF 应用程序，在 App.xaml 中设置关闭模式为 OnMainWindowClose。代码如下。

```
<Application x:Class="WpfApplication3.App"
       xmlns="http://schemas.microsoft.com/winfx/2006/xaml/presentation"
       xmlns:x="http://schemas.microsoft.com/winfx/2006/xaml"
       StartupUri="MainWindow.xaml"
       ShutdownMode="OnMainWindowClose" >
```


（2）对默认的窗口进行修改，添加两个 Button 控件和一个 ListBox 控件。其中，一个 Button 控件用于创建子窗口，一个 Button 控件用于更新子窗口的内容，ListBox 控件则用于显示子窗口的标题。布局代码如下。

```
<Window x:Class="WpfApplication3.MainWindow"
        xmlns="http://schemas.microsoft.com/winfx/2006/xaml/presentation"
        xmlns:x="http://schemas.microsoft.com/winfx/2006/xaml"
        Title="MainWindow" Height="350" Width="525">
    <Grid>
        <ListBox HorizontalAlignment="Left" Height="275" Margin="10,35,0,0"
        Vertical Alignment="Top" Width="497" Name="listbox1"/>
        <Button Content="创建子窗口" HorizontalAlignment="Left" Margin="10,8,
       0,0" Vertical Alignment="Top" Width="125" Click="Button_Click_1"/>
        <Button Content="批量更新" HorizontalAlignment="Left" Margin="150,
        8,0,0" VerticalAlignment="Top" Width="120" Click="Button_Click_2"/>
    </Grid>
</Window>
```

（3）单击【创建子窗口】按钮时将执行 Button_Click_1 事件处理程序。在 MainWindow.xaml.cs 文件中创建 Button_Click_1()方法，具体实现代码如下。

```
int winCount = 1;
 private void Button_Click_1(object sender, RoutedEventArgs e)
                                                    //创建一个子窗口
```

```
{
    Window win = new Window();
    win.Owner = this;                                   //设置子窗口在主窗口上显示
    win.Height = 100;
    win.Width = 300;
    win.Title = "这是第" + winCount + "个窗口";  //设置子窗口的标题
    win.Show();                                         //显示子窗口
    listbox1.Items.Add(win.Title);                      //将子窗口标题添加到列表
    winCount++;
}
```

（4）单击【批量更新】按钮时将执行 Button_Click_2 事件处理程序。在 MainWindow.xaml.cs 文件中创建 Button_Click_2()方法，具体实现代码如下。

```
private void Button_Click_2(object sender, RoutedEventArgs e)
{
    foreach (Window win in Application.Current.Windows)
                                                    //遍历子窗口并更新内容
    {
        if (win != Application.Current.MainWindow) //如果是主窗口则不更新
        win.Content = DateTime.Now.ToLocalTime();//将当前时间显示到窗口上
    }
}
```

上述代码对 Application.Current.Windows 获取的所有窗口集合进行遍历。在遍历时使用 if 语句判断当前窗口是否为主窗口，如果是则不更新，否则在窗口上显示当前时间。

（5）运行程序，当出现主窗口之后单击【创建子窗口】按钮创建三个子窗口。此时子窗口的标题将会递增显示，同时在主窗口上显示这些标题，如图 10-14 所示。

（6）单击【批量更新】按钮此时三个子窗口的内容会同时更新，如图 10-15 所示。

（7）此时关闭子窗口不影响其他子窗口和主窗口。而一旦关闭主窗口，所有子窗口也会随之关闭。

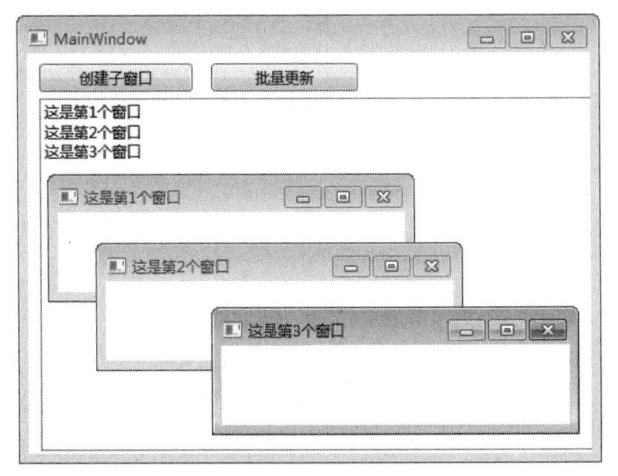

图 10-14　创建子窗口效果

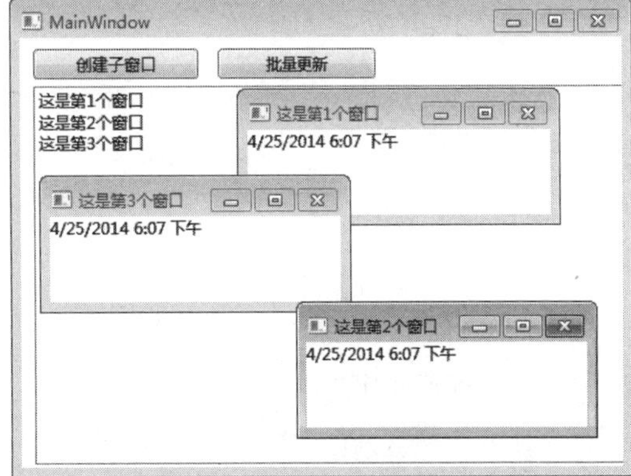

图 10-15　更新子窗口效果

思考与练习

一、填空题

1. Silverlight 是 WPF 的一个__________。

2. WPF 顶层的类型是__________，其中包括用来表示窗口、面板以及其他类型的控件。

3. WPF 渲染系统的核心是由__________文件实现的。

4. 在 WPF 窗口中显示的每个元素在本质上都是一个__________对象。

5. 在 WPF 中的 Rectangle 类是来自__________基类。

6. 在每一个 WPF 应用程序中有且只有能有一个__________类存在。

7. 假设创建了一个 System.Windows.Controls.Panel 类，也可以使用__________元素来表示。

8. 当创建一个 WPF 程序之后，在 XAML 中默认会引用__________命名空间。

9. 在调用 Application 对象的 Run()方法之后，并且在主窗口显示之前触发__________事件。

10. 调用 Application 对象的__________属性可以获取当前程序的主窗口。

二、选择题

1. 在 WPF 中图形渲染引擎是__________。
   A. DirectX
   B. GDI
   C. GDI+
   D. OpenGL

2. 下列不属于 WPF 4.5 新增功能的是__________。
   A. 绑定到静态属性
   B. 自动更新数据绑定源
   C. 检查有效的 DataContext 对象
   D. 支持多线程

3. 下列特性中 WPF 支持，但是 Silverlight 不支持的是__________。
   A. 数据绑定
   B. 数据模板
   C. 命令
   D. 依赖属性

4. WPF 中控件的基类是__________。
   A. System.Threading.DispatcherObject 类
   B. System.Windows.DependencyObject 类
   C. System.Windows.UIElement 类
   D. System.Windows.Object 类

5. 下列不属于 WPF 应用程序的是__________。
   A. App.config
   B. App.config.cs
   C. App.xaml
   D. App.xaml.cs

6. WPF 应用程序不可以使用__________元素作为根元素。
   A. Application
   B. Windows
   C. Page
   D. System

7. 在 XAML 中通过根元素的__________属性指定后台文件。
   A. Class
   B. CodeBehind
   C. Background
   D. CodeFile

8. 在 Main()方法上面必须使用__________进行修饰。
   A. STAThread
   B. System
   C. WPF.Startup
   D. void

9. 下列不属于 ShutdownMode 属性可选值的是__________。
   A. OnLastWindowClose
   B. OnMainWindowClose

C．OnExplicitShutdown

D．OnErrorClose

三、简答题

1．简述 WPF 的出现过程及其概念。

2．简述为什么要学习 WPF。

3．如何理解 WPF 的体系结构？

4．罗列 WPF 类层次结构的关系。

5．举例说明创建一个 WPF 程序的过程。

6．简述 XAML 的命名规范。

7．简述 XAML 命名空间的作用。

8．如何在 XAML 中嵌入一个子元素？

9．举例说明 Application 类的创建。

10．举例说明 Application 对象的应用。

第 11 章　WPF 控件布局

WPF 取代了原来 C#中的窗体，取而代之的是代码式的布局和控件使用。原有的 C#控件都有 WPF 控件相对应，另外 WPF 又增加了布局控件和其他实用控件。本章介绍 WPF 中的布局控件、内容控件和标准控件。

本章学习要点：

- 了解 WPF 窗体结构
- 了解常用的布局控件
- 掌握 StackPanel 控件的使用
- 熟悉 WrapPanel 和 DockPanel 控件
- 掌握 Grid 控件的使用
- 掌握 Canvas 自定义布局
- 了解 WPF 控件类型
- 理解内容控件及其常见的类
- 掌握几种常用的内容控件
- 熟悉 WPF 标准控件
- 掌握 WPF 常用标准控件的使用

11.1 WPF 布局

WPF 窗体总是以 Window 为根元素，在该元素下只能有一个根元素作为窗体的布局元素。布局元素可以作为 WPF 其他元素（包括布局元素）的父元素。

WPF 有着多种类型的布局元素，可以使用多种布局元素相结合的方式来对窗体进行布局。本节详细介绍 WPF 布局。

11.1.1 WPF 布局原理

创建 WPF 窗体时，通过按位置和大小排列控件来形成一种布局。任何布局的主要要求都是适应窗口大小和显示设置的变化。WPF 为开发人员提供了一个一流的可扩展布局系统，而不是强制编写代码以使布局适应这些情况。

布局系统的基础是相对定位，它提高了适应窗口和显示条件变化的能力。此外，布局系统还管理控件之间的协商以确定布局。协商过程分为两步：第一步，控件向父控件通知它所需的位置和大小；第二步，父控件通知该控件它可以具有多大空间。

布局系统通过基本 WPF 类公开给子控件。对于通用的布局，如网格、堆叠和停靠，WPF 包括几个布局控件，如表 11-1 所示。

表 11-1 布局控件及其说明

布局控件	说明
Canvas	子控件提供其自己的布局
DockPanel	子控件与面板的边缘对齐
Grid	子控件按行和列放置
StackPanel	子控件垂直或水平堆叠
VirtualizingStackPanel	子控件被虚拟化，并沿水平或垂直方向排成一行
WrapPanel	子控件按从左到右的顺序放置，如果当前行中的控件数多于该空间所允许的控件数，则换至下一行

11.1.2 StackPanel 布局

StackPanel 控件用于使其子元素根据单行或单列叠放的布局来显示。它的 HorizontalAlignment 和 VerticalAlignment 属性控制元素的排列类型。

默认情况下，该控件内的面板元素不接收焦点。若要强制面板接收焦点的元素，可以设置 Focusable 属性为 true。StackPanel 控件的属性如表 11-2 所示。

表 11-2 **StackPanel** 控件属性

属性名称	说明
ActualHeight	获取此元素的呈现高度（继承自 FrameworkElement）
ActualWidth	获取此元素的呈现宽度（继承自 FrameworkElement）
CanHorizontallyScroll	获取或设置一个值 StackPanel 是否在水平维度可以移动
CanVerticallyScroll	获取或设置一个值目录是否在垂直维度可以移动
Clip	获取或设置用于定义元素内容轮廓的几何图形
ClipToBounds	获取或设置一个值，该值指示是否剪切此元素的内容（或来自此元素的子元素的内容）使其适合包含元素的大小
Height	获取或设置元素的建议高度（继承自 FrameworkElement）
HorizontalAlignment	获取或设置在父元素（如 Panel 或项控件）中组合此元素时所应用的水平对齐特征（继承自 FrameworkElement）
Margin	获取或设置元素的外边距（继承自 FrameworkElement）
MaxHeight	获取或设置元素的最大高度约束（继承自 FrameworkElement）
MaxWidth	获取或设置元素的最大宽度约束（继承自 FrameworkElement）
MinHeight	获取或设置元素的最小高度约束（继承自 FrameworkElement）
MinWidth	获取或设置元素的最小宽度约束（继承自 FrameworkElement）
Name	获取或设置元素的标识名称。该名称提供一个引用，以便当 XAML 处理器在处理过程中构造标记元素之后，代码隐藏（如事件处理程序代码）可以对该元素进行引用（继承自 FrameworkElement）
Orientation	获取或设置一个维度子元素堆栈的值（子元素的排列方式）
RenderSize	获取或设置此元素的最终呈现大小
Style	获取或设置此元素在呈现时使用的样式（继承自 FrameworkElement）
VerticalAlignment	获取或设置在父元素（如 Panel 或项控件）中组合此元素时所应用的水平对齐特征（继承自 FrameworkElement）
Visibility	获取或设置此元素的用户界面可见性
Width	获取或设置元素的宽度（继承自 FrameworkElement）

上述属性中，继承 FrameworkElement 类的属性可同样被 WPF 中其他的图形元素所支持。利用上述属性可以单行或单列地排列控件。如向<Window>中添加 StackPanel 控件，并向控件中添加 4 个单选框和一个按钮，如范例 1 所示。

【范例 1】

创建 Window 并添加 StackPanel 控件，不使用任何属性。向 StackPanel 控件中添加 4 个单选框和一个按钮代码如下：

```
<Window x:Class="WpfApplication1.Window1" xmlns="http://schemas.microsoft.
com/winfx/2006/xaml/presentation"xmlns:x="http://schemas.microsoft.com
/winfx/2006/xaml" Title="Window1" Height="139" Width="236">
    <StackPanel>
        <CheckBox Content="春季"/>
        <CheckBox Content="夏季"/>
        <CheckBox Content="秋季"/>
        <CheckBox Content="冬季"/>
        <Button Content="苹果季节"/>
    </StackPanel>
</Window>
```

上述代码的执行结果如图 11-1 所示。图中的控件默认是排成一列，按钮占据了整个列的宽度。为 StackPanel 控件添加 Orientation 属性，使其内部控件排成一行，修改 StackPanel 控件代码如下。

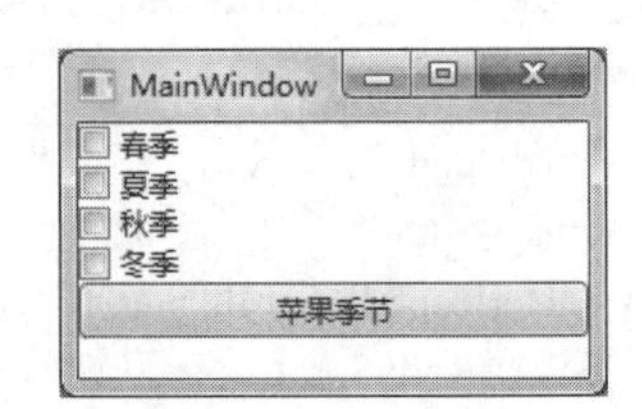

图 11-1　StackPanel 默认

```
<StackPanel Orientation="Horizontal">
```

修改后的效果如图 11-2 所示。按钮的高度占据了整个行的高度。为 StackPanel 控件添加 Margin 属性，使控件所在行距离窗体的上边距为 28、下边距为 36，修改 StackPanel 控件代码如下。

```
<StackPanel Orientation="Horizontal" Margin="0,28,0,36">
```

上述代码的执行效果如图 11-3 所示。

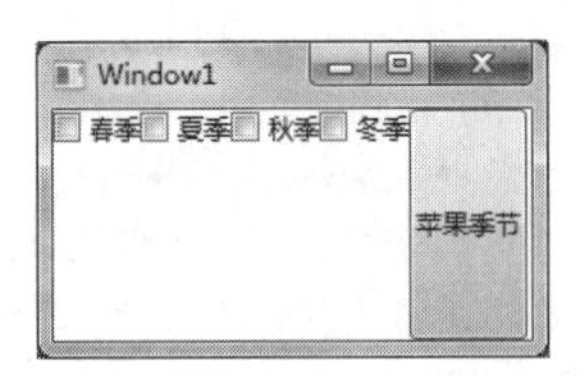

图 11-2　StackPanel 行布局

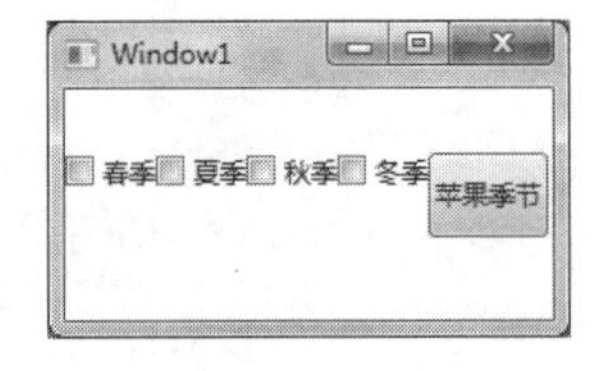

图 11-3　StackPanel 边距

11.1.3　WrapPanel 和 DockPanel 布局

StackPanel 布局只能够使其子元素根据单行或单列来排列，WrapPanel 布局弥补了 StackPanel 的不足：WrapPanel 同样可以实现控件根据行或列的叠放排列，但 WrapPanel

提供了控件的换行支持。DockPanel 控件提供了控件的停靠布局，能够使其子元素在 DockPanel 控件的上、下、左、右几个方向上停靠排列。

1. WrapPanel 布局

WrapPanel 默认将子元素根据列来排列，可修改其 Orientation 属性值为 Horizontal 将其修改为根据行来排列。

【范例 2】

借用范例 1 中的子元素，修改其 Window 大小使用 StackPanel 控件来布局子元素，代码如下。

```
    <Window x:Class="WpfApplication1.Window1"

xmlns="http://schemas.microsoft.com/winfx/2006/xaml/presentation"
          xmlns:x="http://schemas.microsoft.com/winfx/2006/xaml"
          Title="Window1" Height="139" Width="184">
       <StackPanel Orientation="Horizontal" Margin="0,28,0,36">
          <CheckBox Content="春季"/>
          <CheckBox Content="夏季"/>
          <CheckBox Content="秋季"/>
          <CheckBox Content="冬季"/>
          <Button Content="苹果季节"/>
       </StackPanel>
    </Window>
```

上述代码的执行结果如图 11-4 所示。使用上述 Window 代码并用 WrapPanel 替换 StackPanel 控件，WrapPanel 控件的代码如下。

```
    <WrapPanel  Orientation="Horizontal">
       <!--省略元素代码-->
    </WrapPanel>
```

上述代码的执行效果如图 11-5 所示。图 11-4 与图 11-5 相比较可以发现，WrapPanel 对超出范围的控件进行换行处理。

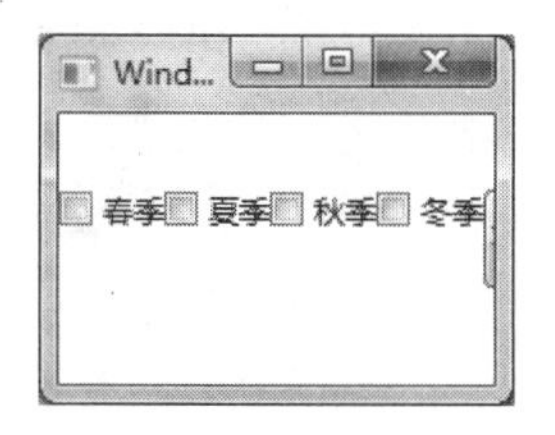

图 11-4　StackPanel 换行效果

图 11-5　WrapPanel 换行效果

2. DockPanel 布局

DockPanel 能够控制其子元素的停靠布局，将子元素停靠在 Window 的上、下、左、右边缘。

DockPanel 控件下可安排多个子元素，DockPanel 的子元素在屏幕上的位置取决于单个子元素的 Dock 属性以及这些子元素在 DockPanel 下的相对顺序。因此相同停靠属性值的子元素，可通过它们在 DockPanel 下不同的相对顺序在屏幕上不同的位置显示。

DockPanel 通过子元素的 Dock 属性和顺序，安排每个元素所占据的剩余空间。无论子元素的停靠设置如何，只要设置 DockPanel 的 LastChildFill 属性为 true（默认设置），DockPanel 的最后一个子元素将始终填满剩余的空间。

相反，如果要设置另一方向的子元素，那么 DockPanel 必须设置 LastChildFill 属性为 false，并且为其子元素指定一个显式停靠方向。

【范例 3】

新建 Window 并添加 DockPanel 控件，根据顶部、底部、左侧和右侧的顺序添加按钮，设置按钮的 DockPanel.Dock 属性，代码如下。

```
<DockPanel>
    <Button Content="顶部停靠" DockPanel.Dock="Top"/>
    <Button Content="底部停靠" DockPanel.Dock="Bottom"/>
    <Button Content="左侧停靠" DockPanel.Dock="Left"/>
    <Button Content="右侧停靠" DockPanel.Dock="Right"/>
</DockPanel>
```


上述代码的执行效果如图 11-6 所示。代码在执行时，首先根据顶部按钮和底部按钮安排控件的位置和空间，接着安排左侧按钮的位置和控件，因此上下两个按钮占据了控件的整个宽度；而左侧按钮被挤在中间。最后是右侧按钮，该按钮占据了 DockPanel 控件的剩余空间。

修改上述代码中的按钮顺序代码如下。

```
<DockPanel>
    <Button Content="左侧停靠" DockPanel.Dock="Left"/>
    <Button Content="右侧停靠" DockPanel.Dock="Right"/>
    <Button Content="顶部停靠" DockPanel.Dock="Top"/>
    <Button Content="底部停靠" DockPanel.Dock="Bottom"/>
</DockPanel>
```

上述代码的执行结果如图 11-7 所示。左右两端的按钮占据了整个 DockPanel 的高度，上下两个按钮被挤在中间。

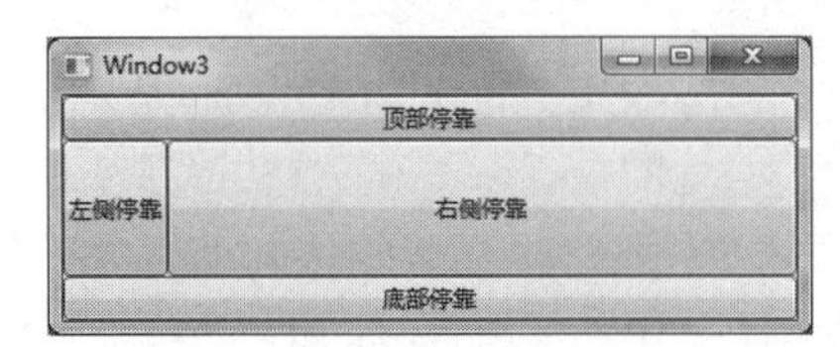

图 11-6　上下排列的按钮

图 11-7　左右排列的按钮

用户可设置 DockPanel 的 LastChildFill 属性为 false，查看 DockPanel 中剩余空间的效果。

11.1.4 Grid 布局

Grid 布局是 Window 的默认布局方式，提供表类型的布局。其常用属性如表 11-3 所示。

表 11-3 Grid 常用属性

属性名称	说明
ActualHeight	获取此元素的呈现高度
ActualWidth	获取此元素的呈现宽度
AllowDrop	获取或设置一个值，该值指示此元素能否用作拖放操作的目标
Background	获取或设置用于加载在 Panel 的边框的区域的 Brush
Clip	获取或设置用于定义元素内容轮廓的几何图形
ClipToBounds	获取或设置一个值，该值指示是否剪切此元素的内容（或来自此元素的子元素的内容）使其适合包含元素的大小
Height	获取或设置元素的建议高度
Margin	获取或设置元素的外边距
MaxHeight	获取或设置元素的最大高度约束
MaxWidth	获取或设置元素的最大宽度约束
MinHeight	获取或设置元素的最小高度约束
MinWidth	获取或设置元素的最小宽度约束
Name	获取或设置元素的标识名称
ShowGridLines	获取或设置一个值网格行是否位于 Grid 中可见
Style	获取或设置此元素在呈现时使用的样式
Uid	获取或设置此元素的唯一标识符（用于本地化）
VerticalAlignment	获取或设置在父元素（如 Panel 或项控件）中组合此元素时所应用的水平对齐特征
Visibility	获取或设置此元素的用户界面可见性
Column	获取或设置一个值应显示在 Grid 中的哪个列子目录
ColumnSpan	获取或设置一个总列数在 Grid 中的子内容区域设置的值
IsSharedSizeScope	获取或设置一个值的多个 Grid 元素共享范围信息
Row	获取或设置一个值应显示在 Grid 中的哪一行子目录
RowSpan	获取或设置一个总行数 Grid 中的子内容区域设置的值

上述属性大多需要在 Grid 的子元素中定义，如定义一个子元素，那么需要说明该元素在 Grid 中的第几行第几列。

在 Grid 中定义的列和行可以按比例分配剩余的空间。当使用可扩展应用程序标记语言时，此值表示为*或 2*。

（1）*表示行或列将得到一倍的可用空间。

（2）2*表示行或列将得到两倍的可用空间。

通过此技术按比例分配空间，可对空间的百分比划分布局空间。Grid 是能够分配空间的唯一布局面板。

默认情况下，行和列占需要最少量的空间容纳在特定行或列中包含的所有单元格内最大的内容。可以使用 Margin 属性和对齐属性的组合来精确地定位 Grid 的子元素。Grid

的子元素按其出现在标记或代码的顺序绘制。

Grid 和 Table 共享某些通用功能，但是 Grid 可以添加基于行和列索引的元素。Grid 元素允许分层目录，多个元素可以在同一个单元格内存在；Table 不支持分层。Grid 的子元素可以绝对定位相对于其"单元格"边界的左上角。Table 不支持此功能。Grid 比 Table 提供更灵活的调整大小行为。

Grid 使用 GridLength 对象定义 RowDefinition 或 ColumnDefinition 的大小调整特性。Grid 也可以像 Table 一样合并单元格，如范例 4 所示。

【范例 4】

定义有着 4 行 4 列的 Grid，分别向其单元格中添加子元素，实现会员信息登记，步骤如下。

（1）首先创建 WPF 窗体并在 Grid 中添加 4 行 4 列，代码如下。

```
<Window x:Class="WpfApplication1.Window4" xmlns="http://schemas.microsoft.
com/winfx/2006/xaml/presentation"mlns:x="http://schemas.microsoft.com/
winfx/2006/xaml"  Title="Window4" Height="150" Width="440">
    <Grid  Margin="20,10,20,10">
        <Grid.RowDefinitions>
            <RowDefinition></RowDefinition>
            <RowDefinition></RowDefinition>
            <RowDefinition></RowDefinition>
            <RowDefinition></RowDefinition>
        </Grid.RowDefinitions>
        <Grid.ColumnDefinitions>
            <ColumnDefinition></ColumnDefinition>
            <ColumnDefinition></ColumnDefinition>
            <ColumnDefinition></ColumnDefinition>
            <ColumnDefinition></ColumnDefinition>
        </Grid.ColumnDefinitions>
    </Grid>
</Window>
```

上述代码在 Grid 中添加了 4 行 4 列，但向其单元格中添加元素，并不是在其行或列的标记下直接添加，而是在 Grid 标记下单独添加，并在其子元素的标记内通过 Grid 属性定义该元素所处的单元格。

（2）添加标签和文本框，并为其定义所处的单元格。前两行为标准的行和列；第 3 行中后面三列合并为一个单元格放置一个文本框；第 4 行中的 4 列合并为一个单元格放置一个按钮。代码如下。

```
<Label>姓名</Label>
<TextBox Grid.Column="1" Grid.Row="0" Width="100" Height="22" ></TextBox>
<Label Grid.Column="2" Grid.Row="0" >性别</Label>
<TextBox Grid.Column="3" Grid.Row="0" Width="100" Height="22" ></TextBox>
<Label Grid.Row="1" >籍贯</Label>
<TextBox Grid.Column="1" Grid.Row="1"  Width="100" Height="22"></TextBox>
<Label Grid.Column="2" Grid.Row="1" >年龄</Label>
```

```
<TextBox Grid.Column="3" Grid.Row="1"  Width="100" Height="22"></TextBox>
<Label Grid.Row="2" >兴趣爱好</Label>
<TextBox Grid.Column="1" Grid.ColumnSpan="3"  Grid.Row="2" Width="300"
Height="22" ></TextBox>
<Button Grid.Column="3" Grid.Row="3" Height="22"  Content="提交"/>
```

由上述代码可以看出，第 1 行需要定义其 Grid.Row 属性为 0，行和列的值从 0 开始计数。上述代码的执行效果如图 11-8 所示。

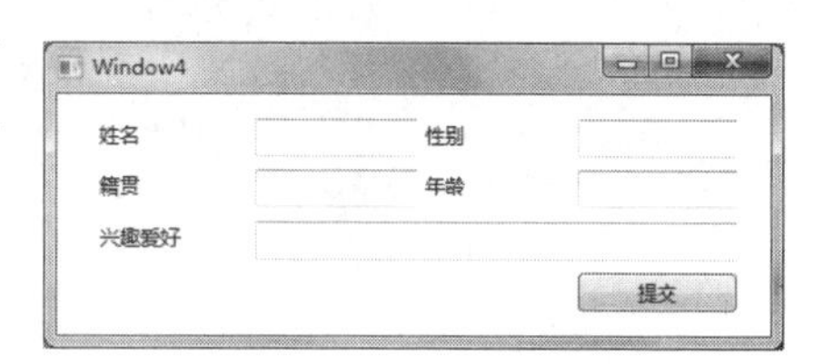

图 11-8　Grid 布局

11.1.5　Canvas 布局

Canvas 控件是一个没有固定布局特征的布局控件，其子元素可自定义各自的布局位置。该元素提供了属性来设置子元素的位置，如表 11-4 所示。

表 10-4　Canvas 属性

属性名称	说明
Bottom	获取或设置表示元素底部及其父级之间 Canvas 底部的距离的值
Left	获取或设置表示元素的左侧及其父级之间 Canvas 的左侧的距离的值
Right	获取或设置表示元素的右侧及其父级之间 Canvas 的右侧的距离的值
Top	获取或设置表示顶级元素及其父级之间 Canvas 顶部的距离的值

Canvas 的子元素不会自动调整布局，它们会确定指定的坐标。对于希望子内容自动调整大小和对齐方式的子元素，可以使用 Grid 布局控件。

Canvas 子元素是可以被覆盖的。当元素的位置有冲突，根据 Canvas 子元素的定义顺序可以使后定义的元素覆盖先定义的元素。

除此之外，子元素的 Canvas.ZIndex 属性定位子元素共享相同的坐标空间的显示顺序。一个子元素的较高的 ZIndex 值指示此元素在值较低的另一个子元素上显示。

【范例 5】

使用 Canvas 布局元素，并在其内部定义三个位置不同但有着共享坐标空间的子 Canvas，为这三个 Canvas 定义不同的背景色，代码如下。

```
<Window x:Class="WpfApplication1.Window5"
        xmlns="http://schemas.microsoft.com/winfx/2006/xaml/presentation"
        xmlns:x="http://schemas.microsoft.com/winfx/2006/xaml"
        Title="Window5" Height="400" Width="450">
    <Canvas>
        <Canvas Height="150" Width="150" Top="50" Left="50" Background=
        "YellowGreen">
            <Label Canvas.Top="40" Canvas.Left="25">姓名：</Label>
            <Label Canvas.Top="70" Canvas.Left="25">张百合</Label>
        </Canvas>
        <Canvas Height="150" Width="150" Top="100" Left="150" Background=
```

```
        "Aqua">
            <Label Canvas.Top="40" Canvas.Left="25">现住址：</Label>
            <Label Canvas.Top="70" Canvas.Left="25">张家界</Label>
        </Canvas>
        <Canvas Height="150" Width="150" Top="150" Left="250" Background=
        "Yellow">
            <Label Canvas.Top="40" Canvas.Left="25">爱好：</Label>
            <Label Canvas.Top="70" Canvas.Left="25">音乐、美食、影视</Label>
        </Canvas>
    </Canvas>
</Window>
```

上述代码的执行效果如图 11-9 所示。

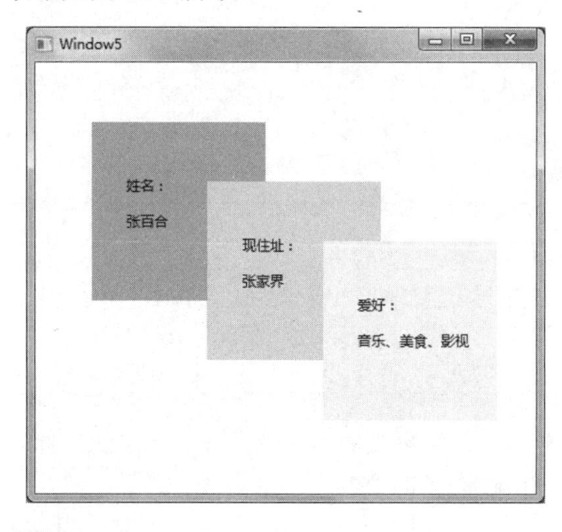

图 11-9 Canvas 布局

Canvas 块在图 11-9 中有着颜色的遮盖，根据 Canvas 控件中子元素的顺序，后面的 Canvas 将遮盖前面的 Canvas，包括前面 Canvas 中的子元素。

上述遮盖现象是在省略了元素的 Canvas.ZIndex 属性的情况下默认的遮盖。Canvas.ZIndex 属性能够设置元素的显示顺序，Canvas.ZIndex 属性值越大，元素的位置越靠前。如图 11-9 所示中，黄色 Canvas 的位置最靠前、黄绿色 Canvas 的位置最靠里面。

11.2 WPF 控件简介

上述布局控件也是 WPF 控件的一种，除此之外还有内容控件和标准控件。标准控件是之前版本中 C#的常用窗体控件，而内容控件是从 Control 继承的控件，能够包含内容的控件。本节详细介绍控件及其分类。

11.2.1 WPF 控件概述

WPF 附带了许多几乎在所有 Windows 应用程序中都会使用的常见 UI 组件，如

Button、Label、TextBox、Menu 和 ListBox。当前的术语“控件”泛指任何代表应用程序中可见对象的类。

可以通过使用可扩展应用程序标记语言（XAML）或以代码形式向应用程序添加控件。可以通过执行以下操作之一来更改控件的外观。

1．更改控件的属性值

许多控件具有允许更改控件外观的属性，例如 Button 的 Background。除此之外，还可以在 XAML 和代码中设置值属性。

2．为控件创建 Style

利用 WPF 的 Style，可以同时为许多控件指定相同的外观，而不是在应用程序中设置每个实例的属性。Style 通常是在 ResourceDictionary（例如 FrameworkElement 的 Resources 属性）中以 XAML 形式定义的。

利用 Style，通过将键分配给样式并在控件的 Style 属性中指定该键，还可将样式仅应用于某些特定类型的控件。

3．为控件创建新 ControlTemplate

从 Control 类继承的类具有 ControlTemplate，它用于定义 Control 的结构和外观。Control 的 Template 属性是公共的，因此开发人员可以为 Control 指定非默认 ControlTemplate。通常可以为 Control 指定新的 ControlTemplate（而不是从控件继承）以自定义 Control 的外观。

从 Control 类继承的大多数类具有包含丰富内容的能力。例如，Label 可以包含任意对象，例如字符串、Image 或 Panel。下列类支持丰富内容，可以用作 WPF 中大多数控件的基类。

（1）ContentControl：从此类继承的类的部分示例控件包括 Label、Button 和 ToolTip。

（2）ItemsControl：从此类继承的类的部分示例控件包括 ListBox、Menu 和 StatusBar。

（3）HeaderedContentControl：从此类继承的类的部分示例控件包括 TabItem、GroupBox 和 Expander。

（4）HeaderedItemsControl：从此类继承的类的部分示例控件包括 MenuItem、TreeViewItem 和 ToolBar。

11.2.2 WPF 控件类型

控件有多种分类方式，除了内容控件和布局控件以外，标准控件又有着自己的分类。其分类方式及其类型下的控件如表 11-5 所示。

表 11-5　标准控件

控件类型	说明
按钮	Button 和 RepeatButton
数据显示	DataGrid、ListView 和 TreeView
日期显示和选择	Calendar 和 DatePicker
对话框	OpenFileDialog、PrintDialog 和 SaveFileDialog
数字墨迹	InkCanvas 和 InkPresenter
文档	DocumentViewer、FlowDocumentPageViewer、FlowDocumentReader、FlowDocumentScrollViewer 和 StickyNoteControl
输入	TextBox、RichTextBox 和 PasswordBox
布局	Border、BulletDecorator、Canvas、DockPanel、Expander、Grid、GridView、GridSplitter、GroupBox、Panel、ResizeGrip、Separator、ScrollBar、ScrollViewer、StackPanel、Thumb、Viewbox、VirtualizingStackPanel、Window 和 WrapPanel
媒体	Image、MediaElement 和 SoundPlayerAction
菜单	ContextMenu、Menu 和 ToolBar
导航	Frame、Hyperlink、Page、NavigationWindow 和 TabControl
选择	CheckBox、ComboBox、ListBox、RadioButton 和 Slider
用户信息	AccessText、Label、Popup、ProgressBar、StatusBar、TextBlock 和 ToolTip

11.3 WPF 内容控件

WPF 的一些控件可以包含任何类型的对象，例如字符串、DateTime 对象或作为其他项的容器的 UIElement。例如，Button 可以包含一幅图像和一些文本；CheckBox 可以包含 DateTime.Now 的值。这些控件被称作内容控件，本节将详细介绍 WPF 中的内容控件。

11.3.1 ContentControl 类

ContentControl 控件类是从 Control 继承的类，有如表 11-6 所示的几种类型。

表 11-6　内容控件类

包含任意内容的类	控件包括内容
ContentControl	一个任意对象
HeaderedContentControl	一个标题和一个项，二者都是任意对象
ItemsControl	任意对象的集合
HeaderedItemsControl	一个标题和一组项，它们都是任意对象

ContentControl 类可以包含一段任意内容。其内容属性为 Content。以下控件继承自 ContentControl 并使用其内容模型：Button、ButtonBase、CheckBox、ComboBoxItem、ContentControl、Frame、GridViewColumnHeader、GroupItem、Label、ListBoxItem、ListViewItem、NavigationWindow、RadioButton、RepeatButton、ScrollViewer、StatusBarItem、

ToggleButton、ToolTip、UserControl、Window。

以 ScrollViewer 控件为例，ScrollViewer 是滚动条控件，可使内容在比其实际区域小的区域中显示时添加滚动条。当 ScrollViewer 的内容不是全部可见时，ScrollViewer 会显示滚动条，用户可利用这些滚动条来移动可见的内容区域。包括 ScrollViewer 的所有内容的区域称为范围。内容的可见区域称为视区。

物理滚动用于按预设的物理增量（通常按以像素为单位声明的值）滚动内容。逻辑滚动用于滚动到逻辑树中的下一项。如果需要物理滚动，而不是逻辑滚动，请将 Panel 元素包装在一个 ScrollViewer 中，并将其 CanContentScroll 属性设置为 false。物理滚动是大多数 Panel 元素的默认滚动行为。

如果 ScrollViewer 包含大量项目，则滚动性能可能会受影响。在这种情况下，可将 IsDeferredScrollingEnabled 设置为 true。这样可使内容视图在拖动 Thumb 时保持静态，并且仅当释放 Thumb 时才更新。

因为 ScrollViewer 元素的滚动栏是按元素的默认样式进行定义的，所以如果将自定义样式应用到 ScrollViewer，那么滚动栏将不再显示。滚动栏必须按自定义样式进行定义才能够显示。该控件有着如表 11-7 所示的属性。

表 11-7 **ScrollViewer 属性**

属性名称	说明
CanContentScroll	获取或设置一个值，该值指示是否允许滚动支持 IScrollInfo 接口的元素
ComputedHorizontalScrollBarVisibility	获取一个值，该值指示水平 ScrollBar 是否可见
ComputedVerticalScrollBarVisibility	获取一个值，该值表示垂直 ScrollBar 是否可见
ContentHorizontalOffset	获取可见内容的水平偏移量
ContentVerticalOffset	获取可见内容的垂直偏移量
ExtentHeight	获取一个值，该值包含范围的垂直大小
ExtentWidth	获取一个值，该值包含范围的水平大小
HorizontalOffset	获取一个值，该值包含滚动内容的水平偏移量
HorizontalScrollBarVisibility	获取或设置一个值，该值指示是否应显示水平 ScrollBar
IsDeferredScrollingEnabled	获取或设置一个值，该值指示当用户拖动 ScrollBar 的 Thumb 时，内容是否为静止状态
PanningDeceleration	获取或设置 ScrollViewer 在惯性运动时减慢的速率（与设备无关的单位（每个单位 1/96 英寸）/平方毫秒）
PanningMode	获取或设置 ScrollViewer 响应触摸操作的方式
PanningRatio	获取或设置滚动偏移与转换操作偏移的比例
ScrollableHeight	获取一个值，该值表示可滚动的内容元素的垂直大小
ScrollableWidth	获取一个值，该值表示可滚动的内容元素的水平大小
VerticalOffset	获取一个值，该值包含滚动内容的垂直偏移量
VerticalScrollBarVisibility	获取或设置一个值，该值指示是否应显示垂直 ScrollBar
ViewportHeight	获取一个值，该值包含内容视区的垂直大小
ViewportWidth	获取一个值，该值包含内容视区的水平大小

【范例 6】

为范例 5 添加 ScrollViewer，放置外部的 Canvas 外面，部分代码如下所示。

```
<Grid>
    <ScrollViewer  HorizontalScrollBarVisibility="Auto">
    <!--省略 Canvas 代码-->
    </ScrollViewer>
</Grid>
```

上述代码的执行结果如图 11-10 所示。

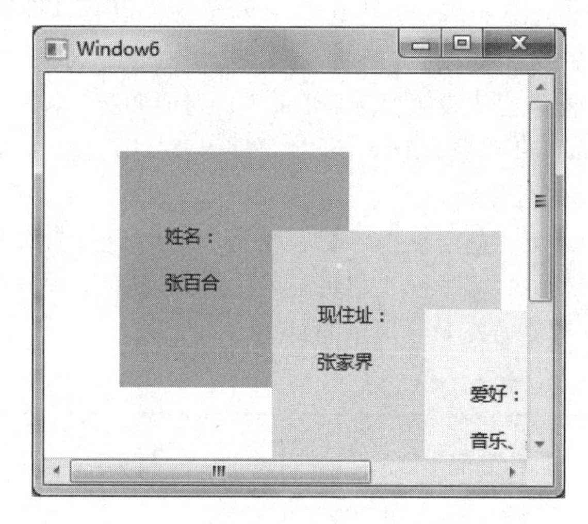

图 11-10 滚动条样式

11.3.2 HeaderedContentControl 类

HeaderedContentControl 类继承自 ContentControl 并显示内容和一个标题。它从 ContentControl 继承内容属性 Content，并定义类型为 Object 的 Header 属性；因此，这两者都可以是任意对象。

以下控件继承自 HeaderedContentControl 并使用其内容模型。

（1）GroupBox：组合框控件，为其内部的元素圈定一个范围，并有着对其内部元素的标题。

（2）Expander：折叠面板控件，能够隐藏其内部的元素，仅显示一个标题；当单击标题时可控制其内容的展开和折叠。

（3）TabItem：标签页控件，通常一个父控件下有多个标签页控件，一次只能够显示一个 TabItem。其标签在父控件的顶部左右排列，可单击标签选择当前显示的 TabItem 内容。

【范例 7】

为窗体的 Grid 设置两行单元格，分别向 Grid 中添加两个 GroupBox 控件，其内容是两个选择题，GroupBox 代码如下。

```
<GroupBox  Margin="20,10,20,10" Header="1.下列后进先出的集合是">
    <StackPanel  Margin="20,10,20,10">
        <CheckBox Content="A. ArrayList 集合"/>
        <CheckBox Content="B. HashTable 集合"/>
        <CheckBox Content="C. Queue 集合"/>
        <CheckBox Content="D. Stack 集合"/>
    </StackPanel>
</GroupBox>
<GroupBox Grid.Row="1"  Margin="20,10,20,10" Header="2.以下说法不正确的是">
    <StackPanel  Margin="20,10,20,10">
        <CheckBox Content="A. continue 语句不能用于选择语句"/>
        <CheckBox Content="B. 一个分号就能表示一条语句"/>
        <CheckBox Content="C. if 语句块{}后不需要分号"/>
        <CheckBox Content="D. if 条件语句的（）内有 3 个表达式，因此有 3 个分号"/>
    </StackPanel>
</GroupBox>
```

上述代码的执行结果如图 11-11 所示。

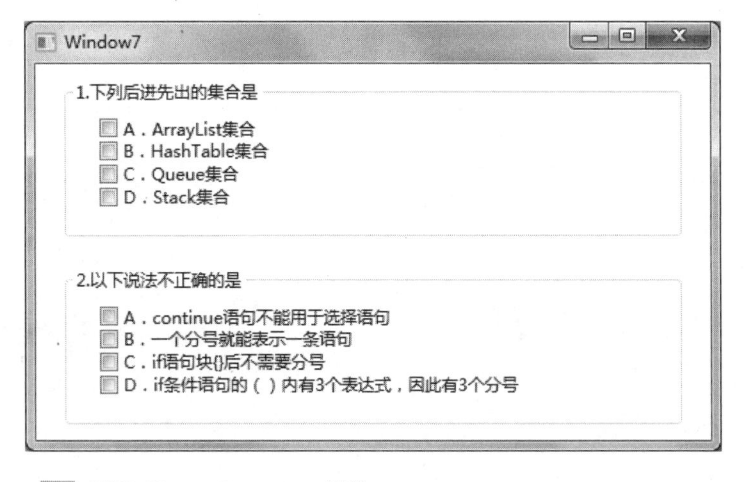

图 11-11 GroupBox 控件

【范例 8】

在范例 7 的基础上添加一行单元格，添加 Expander 控件，内容为上述两个选择题的答案，标题为“习题答案”，在上述代码中添加如下代码。

```
<Expander Grid.Row="2" Header="习题答案" Margin="20,10,20,0">
    <StackPanel  Margin="20,10,20,0">
        <Label>1. D</Label>
        <Label>2. D</Label>
    </StackPanel>
</Expander>
```

上述代码的执行结果如图 11-12 所示。单击打开折叠项，其效果如图 11-13 所示。

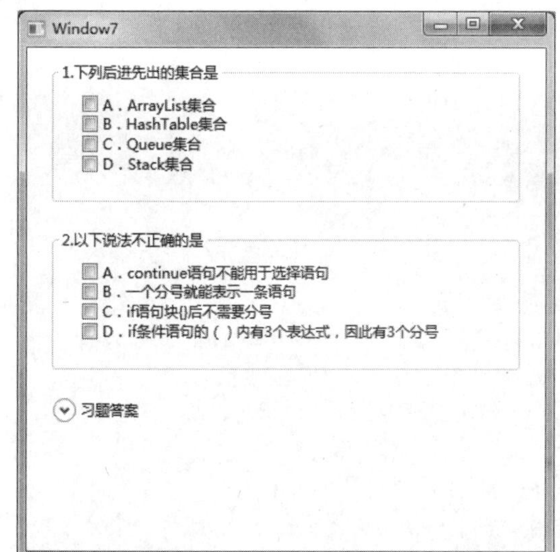

图 11-12 折叠面板样式

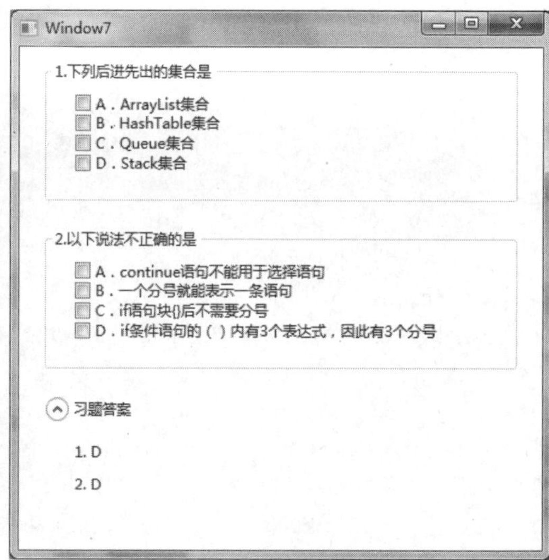

图 11-13 打开折叠的样式

【范例 9】

新建窗体并在 Grid 中添加两个 TabControl，其内容分别是李白和张九龄的诗词，代码如下。


```
<TabControl>
    <TabItem Header="关山月">
        <StackPanel Margin="20,20,20,20">
            <Label>作者：李白</Label>
            <Label>明月出天山，苍茫云海间。</Label>
            <Label>长风几万里，吹度玉门关。</Label>
            <Label>汉下白登道，胡窥青海湾。</Label>
            <Label>由来征战地，不见有人还。</Label>
            <Label>戍客望边邑，思归多苦颜。</Label>
            <Label>高楼当此夜，叹息未应闲。</Label>
        </StackPanel>
    </TabItem>
    <TabItem Header="望月怀远">
        <StackPanel Margin="20,20,20,20">
            <Label>作者：张九龄</Label>
            <Label>海上生明月，天涯共此时。</Label>
            <Label>情人怨遥夜，竟夕起相思。</Label>
            <Label>灭烛怜光满，披衣觉露滋。</Label>
            <Label>不堪盈手赠，还寝梦佳期。</Label>
        </StackPanel>
    </TabItem>
</TabControl>
```

上述代码的执行结果如图 11-14 所示。单击页面顶部的【望月怀远】标签，其效果如图 11-15 所示。

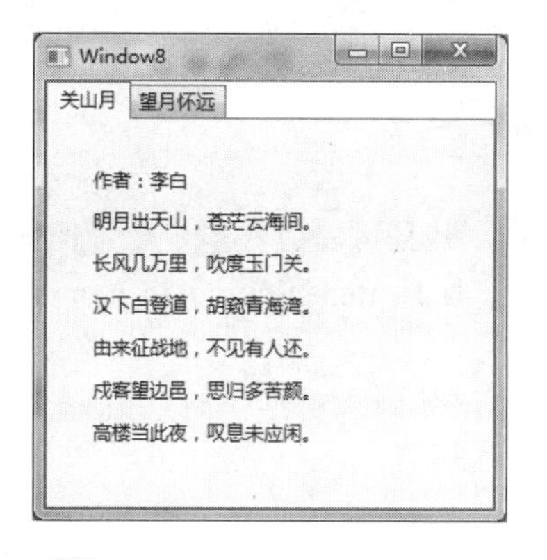

图 11-14 默认标签页

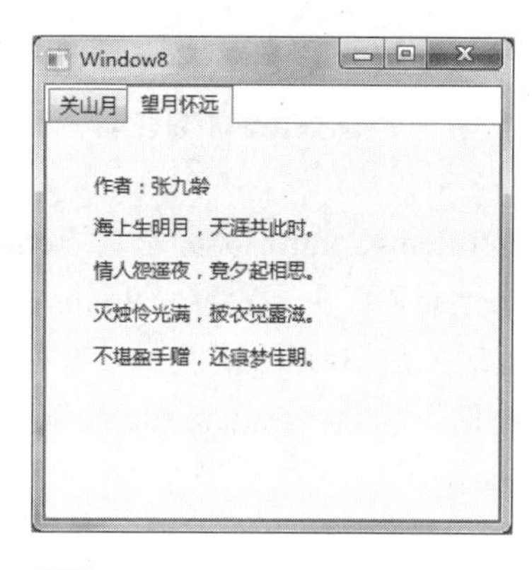

图 11-15 选择标签页

11.3.3 ItemsControl 类

ItemsControl 类继承自 Control，并且可以包含多个项，例如字符串、对象或其他元素。其内容属性为 ItemsSource 和 Items。ItemsSource 通常用于使用数据集合填充 ItemsControl。如果不想使用集合填充 ItemsControl，则可以使用 Items 属性添加项。

以下控件继承自 ItemsControl 并使用其内容模型：Menu、MenuBase、ContextMenu、ComboBox、ItemsControl、ListBox、ListView、TabControl、TreeView、Selector、StatusBar。

如添加一个 ListBox 可使用如下代码。

```
<ListBox>
    <ListBoxItem>
        <Label>李白</Label>
    </ListBoxItem>
    <ListBoxItem>
        <Label>杜甫</Label>
    </ListBoxItem>
    <ListBoxItem>
        <Label>白居易</Label>
    </ListBoxItem>
</ListBox>
<ListBox>
    <ListBoxItem>
        <Label>静夜思</Label>
    </ListBoxItem>
    <ListBoxItem>
        <Label>春望</Label>
    </ListBoxItem>
    <ListBoxItem>
        <Label>卖炭翁</Label>
    </ListBoxItem>
</ListBox>
```

11.3.4 HeaderedItemsControl 类

HeaderedItemsControl 类继承自 ItemsControl，并且可以包含多个项，例如字符串、对象或其他元素和标头。它继承 ItemsControl 内容属性 ItemsSource 和 Items，它还定义可以为任意对象的 Header 属性。

以下控件继承自 HeaderedItemsControl 并使用其内容模型：MenuItem、ToolBar、TreeViewItem。

11.4 标准控件

标准控件是之前版本下窗体的常用控件。其所包含的控件在 11.2.2 节有列举。本节详细介绍 WPF 标准控件，包括文本输入控件、文本显示控件、外观控件和设置文本格式的控件。

11.4.1 文本输入控件

WPF 提供了三个可让用户输入文本的主控件，每个控件都以不同的方式显示文本。表 11-8 中列出了这三个与文本相关的控件、其显示文本时的功能以及其包含控件文本的属性。

表 11-8 文本输入控件

控件	文本显示	内容属性
TextBox	纯文本	Text
RichTextBox	格式化文本	Document
PasswordBox	隐藏文本（字符被遮盖）	Password

对上述控件介绍如下。

（1）TextBox 文本框是最常用的文本框，没有特殊的样式，只用于输入少量的文字，如用户名、姓名、性别等。

（2）PasswordBox 密码框是供密码输入的文本框，可以实现密码输入时的隐藏效果。在该文本框输入时，将默认显示圆点替代用户的输入。

（3）RichTextBox 富文本框是有着文本格式的文本输入框，通常用于输入较多的文本，如段落、新闻等。

【范例 10】

新建窗体并在 Grid 中设置 3 行 4 列，在第一行分别使用 TextBox 和 PasswordBox 用于输入用户名和密码；第二行使用 RichTextBox 来输入爱好，主要代码如下。

```
<Grid Margin="20,10,20,10">
    <Grid.RowDefinitions>
        <RowDefinition Height="37*"></RowDefinition>
```

```
        <RowDefinition Height="74*"></RowDefinition>
        <RowDefinition Height="39*"></RowDefinition>
    </Grid.RowDefinitions>
    <Grid.ColumnDefinitions>
        <ColumnDefinition Width="66*"></ColumnDefinition>
        <ColumnDefinition Width="130*"></ColumnDefinition>
        <ColumnDefinition Width="57*"></ColumnDefinition>
        <ColumnDefinition Width="139*"></ColumnDefinition>
    </Grid.ColumnDefinitions>
        <Label>用户名</Label>
        <TextBox Grid.Row="0" Grid.Column="1" Margin="1,6,1,5" />
    <Label Grid.Row="0" Grid.Column="2" >密码</Label>
    <PasswordBox Grid.Row="0" Grid.Column="3" Margin="0,6,-2,5" />
    <Label Grid.Row="1" Grid.Column="0" >说明</Label>
    <RichTextBox Grid.Column="1" Grid.ColumnSpan="3" Grid.Row="1"
    Margin="0,6,-2,6" />
    <Button Grid.Column="3" Grid.Row="2" Content="提交" Margin="29,5,
    19,6"/>
</Grid>
```

运行上述代码，分别向文本框中输入文本，其效果如图 11-16 所示。

11.4.2 文本显示控件

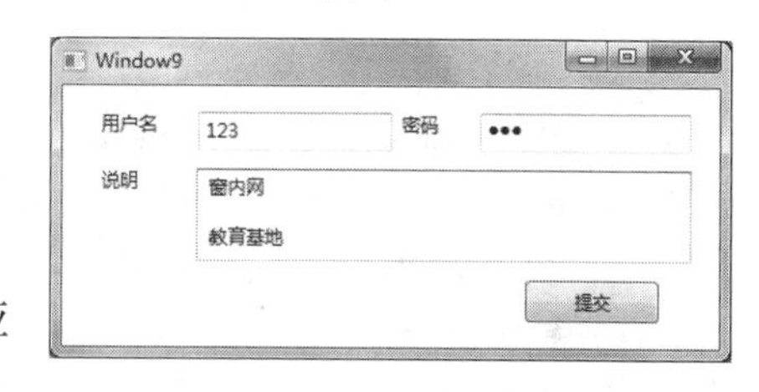

图 11-16 文本输入

文本输入控件用于用户在应用程序中的输入，而文本显示控件用于向用户显示信息，如用户在应用程序中查询时，显示查询到的信息。

WPF 中的一些控件可用于显示纯文本或格式化文本。开发人员可以使用 TextBlock 显示少量文本；使用 FlowDocumentReader、FlowDocumentPageViewer 或 FlowDocumentScrollViewer 控件显示大量文本。

TextBlock 具有两个内容属性：Text 和 Inlines。如果希望显示采用一致格式的文本，Text 属性通常是最佳选择。如果希望在整个文本中使用不同格式，使用 Inlines 属性。Inlines 属性是 Inline 对象的集合，这些对象指定如何设置文本的格式。

表 11-9 中列出了 FlowDocumentReader、FlowDocumentPageViewer 和 FlowDocument ScrollViewer 类的内容属性。

表 11-9 文本显示控件

控件	内容属性	内容属性类型
FlowDocumentPageViewer	Document	IDocumentPaginatorSource
FlowDocumentReader	Document	FlowDocument
FlowDocumentScrollViewer	Document	FlowDocument

FlowDocument 实现 IDocumentPaginatorSource 接口，因此这三个控件都可以将 FlowDocument 作为内容。FlowDocument 是上述三个控件的子元素，因此上述三个控件

在使用时，其本质是在使用 FlowDocument。FlowDocument 的属性如表 11-10 所示。

表 11-10 FlowDocument 属性

属性名称	说明
Background	获取或设置要用于填充内容区域背景的 Brush
Blocks	获取 FlowDocument 的内容的顶级 Block 元素
ColumnGap	获取或设置列间隔值，该值指示 FlowDocument 中各列之间的间距
ColumnRuleBrush	获取或设置用于绘制列之间标尺的 Brush
ColumnRuleWidth	获取或设置列标尺宽度
ColumnWidth	获取或设置 FlowDocument 中列的所需最小宽度
ContentEnd	获取表示 FlowDocument 中内容末尾的 TextPointer
ContentStart	获取表示 FlowDocument 中内容起始位置的 TextPointer
FlowDirection	获取或设置 FlowDocument 中内容流的相对方向
FontFamily	获取或设置 FlowDocument 的首选顶级字体系列
FontSize	获取或设置 FlowDocument 的顶级字体大小
FontStretch	获取或设置 FlowDocument 的顶级字体拉伸特征
FontStyle	获取或设置 FlowDocument 的顶级字形
FontWeight	获取或设置 FlowDocument 的顶级字体粗细
Foreground	获取或设置要应用于 FlowDocument 的文本内容的 Brush
IsColumnWidthFlexible	获取或设置一个值，该值指示 ColumnWidth 值是可变的还是固定的
IsHyphenationEnabled	获取或设置一个值，该值指示是否启用文字的自动断字功能
IsOptimalParagraphEnabled	获取或设置一个值，该值指示是否启用最佳段落布局功能
LineHeight	获取或设置各行内容的高度
LineStackingStrategy	获取或设置为 FlowDocument 内每行文本确定行框所依据的机制
MaxPageHeight	获取或设置 FlowDocument 中的最大页高
MaxPageWidth	获取或设置 FlowDocument 中的最大页宽
MinPageHeight	获取或设置 FlowDocument 中的最小页高
MinPageWidth	获取或设置 FlowDocument 中的最小页宽
PageHeight	获取或设置 FlowDocument 中的首选页高
PagePadding	获取或设置一个值，该值指示页面边界与页面内容之间的边距的宽度
PageWidth	获取或设置 FlowDocument 中的首选页宽
TextAlignment	获取或设置一个值，该值指示文本内容的水平对齐方式
TextEffects	获取或设置要应用于 FlowDocument 的文本的效果
Typography	获取 FlowDocument 的文本内容的当前有效的版式变体

FlowDocument 类的属性虽然可以修饰文本，但 FlowDocument 标记下是不能直接写文本的，可以通过文件读取的方式、使用 Block 类元素的方式或其他文本类元素的方式来呈现文本。其可用的子元素和其他类的属性如表 11-11 所示。

表 11-11 FlowDocument 下的子元素和属性

类型	说明
Bold 元素	一个内联级别的流内容元素，该元素使其内容以粗体形式呈现
BreakPageBefore 属性	获取或设置一个值，该值指示是否自动在此元素之前插入一个分页符
Italic 元素	提供一个内联级别的流内容元素，该元素使内容以斜体样式呈现

续表

类型	说明
LineBreak 元素	能够使内容发生换行的内联流内容元素
List 元素	提供用于在有序列表或无序列表中呈现内容的功能的块级别流内容元素
ListItem 元素	一个流内容元素，表示有序或无序的 List 中的一个特定内容项
Paragraph 元素	用于将内容分组到一个段落中的块级别流内容元素
Run 元素	应包含一连串格式化或未格式化文本的内联级别的流内容元素
Section 元素	用于分组其他 Block 元素，Section 元素中所包含的子元素必须派生自 Block，有效的子元素包括：BlockUIContainer、List、Paragraph、Section、Table
Span 元素	用于将其他内联流内容元素分组在一起，有效的子元素包括：Bold、Figure、Floater、Hyperlink、InlineUIContainer、Italic、LineBreak、Run、Span、Underline
Variants 属性	获取或设置一个 FontVariants 枚举值，该值指示使用的格式变体（上标和下标）
Underline 元素	一个内联级别的流内容元素，该元素使其内容以带下划线的文本修饰呈现

【范例 11】

新建窗体并在 Grid 中设置 4 行，分别使用上述 4 种文本显示控件。在 FlowDocumentReader、FlowDocumentPageViewer 和 FlowDocumentScrollViewer 中使用相同的 FlowDocument，步骤如下。

（1）新建窗体并在 Grid 中设置 4 行，代码如下。

```
<Window x:Class="WpfApplication1.Window11"
       xmlns="http://schemas.microsoft.com/winfx/2006/xaml/presentation"
       xmlns:x="http://schemas.microsoft.com/winfx/2006/xaml"
       Title="Window11" Height="500" Width="500">
    <Grid>
       <Grid.RowDefinitions>
           <RowDefinition></RowDefinition>
           <RowDefinition></RowDefinition>
           <RowDefinition></RowDefinition>
           <RowDefinition></RowDefinition>
       </Grid.RowDefinitions>
    </Grid>
</Window>
```

（2）在第 1 行添加 TextBlock 控件，放在 GroupBox 控件中，代码如下：

```
<GroupBox Grid.Row="0"  Margin="20,10,20,10" Header="TextBlock">
    <StackPanel  Margin="10,10,10,0">
       <TextBlock Text="明月出天山，苍茫云海间。长风几万里，吹度玉门关。 汉下白
       登道，胡窥青海湾。由来征战地，不见有人还。
    戌客望边邑，思归多苦颜。高楼当此夜，叹息未应闲。"></TextBlock>
    </StackPanel>
</GroupBox>
```

（3）在第 2 行添加 FlowDocumentPageViewer 控件，放在 GroupBox 控件中，代码如下。

```
<GroupBox Grid.Row="1" Margin="20,0,20,10" Header="FlowDocumentPageViewer">
```

```
    <StackPanel  Margin="10,0,10,10">
        <FlowDocumentPageViewer BorderBrush="Black" BorderThickness="1">
            <FlowDocument ColumnWidth="400" IsOptimalParagraphEnabled=
            "True" IsHyphenationEnabled="True" >
              <Section FontSize="12">
                  <Paragraph>
                      <Bold>关山月</Bold>
                  </Paragraph>
                  <Paragraph>明月出天山，苍茫云海间。长风几万里，吹度玉门关。汉下
                  白登道，胡窥青海湾。由来征战地，不见有人还。戍客望边邑，思归多苦颜。
                  高楼当此夜，叹息未应闲。
                   </Paragraph>
               </Section>
            </FlowDocument>
        </FlowDocumentPageViewer>
    </StackPanel>
</GroupBox>
```

（4）在第 3 行添加 FlowDocumentReader 控件，放在 GroupBox 控件中，代码如下。

```
<GroupBox Grid.Row="2"  Margin="20,0,20,10" Header="FlowDocumentReader">
    <StackPanel  Margin="10,0,10,10">
        <FlowDocumentReader>
            <FlowDocument ColumnWidth="400">
            <!--省略 FlowDocument 代码，参考步骤（3）-->
            </FlowDocument>
        </FlowDocumentReader>
    </StackPanel>
</GroupBox>
```

（5）在第 4 行添加 FlowDocumentScrollViewer 控件，放在 GroupBox 控件中，代码如下。

```
<GroupBox  Grid.Row="3"    Margin="20,0,20,10"  Header="FlowDocument
ScrollViewer">
    <StackPanel  Margin="10,0,10,10">
        <FlowDocumentScrollViewer>
            <FlowDocument ColumnWidth="400" IsOptimalParagraphEnabled=
            "True" IsHyphenationEnabled="True" >
             <!--省略 FlowDocument 代码，参考步骤（3）-->
             </FlowDocument>
         </FlowDocumentScrollViewer>
     </StackPanel>
 </GroupBox>
```

（6）运行上述代码，其效果如图 11-17 所示。

文本的其他样式可使用 TextElement 类，详见 11.4.4 节。

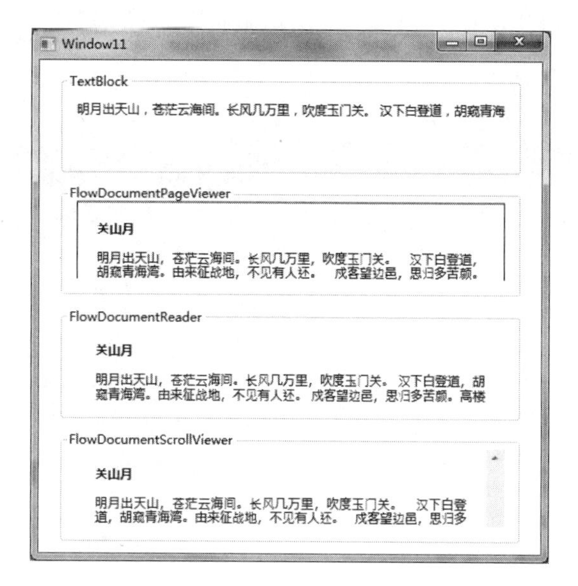

图 11-17　文本显示

11.4.3　外观控件

C#中的 Decorator 类可以控制单一子级 UIElement 之上或周围应用的视觉效果。其内容属性为 Child，用于获取或设置 Decorator 的单一子元素。

继承 Decorator 并使用其内容模型的控件有：AdornerDecorator、Border、BulletDecorator、ButtonChrome、ClassicBorderDecorator、InkPresenter、ListBoxChrome、SystemDropShadowChrome、Viewbox。

下面以 Border 控件为例，介绍 Decorator 下控件的使用，如范例 12 所示。

【范例 12】

新建窗体使用默认的 Grid 布局，为窗体设置宽度和高度，并在 Grid 下使用 Border 控件为该 Grid 绘制边框，要求左上角和右上角的弧度为半圆，左下角和右下角的弧度为直角。

在 Grid 下使用 StackPanel 控件来防止显示文本的控件，同时在 StackPanel 中使用没有内容的 Border，设置其高度和宽度为 60，并设置其 4 个角的弧度为直径 60 的半圆，形成一个圆形，代码如下。

```
<Window x:Class="WpfApplication1.Window10"
        xmlns="http://schemas.microsoft.com/winfx/2006/xaml/presentation"
        xmlns:x="http://schemas.microsoft.com/winfx/2006/xaml"
        Title="Window10" Height="350" Width="630">
    <Grid>
        <Border Background="Yellow" BorderBrush="orange" BorderThickness="5"
        CornerRadius ="300,300,0,0"></Border>
        <StackPanel  Margin="120,60,370,150">
            <Border Background="Yellow" BorderBrush="OrangeRed" BorderThickness
```

```
        ="30"CornerRadius="30,30,30,30" Height="60" Width="60"></Border>
    </StackPanel>
    <StackPanel  Margin="160,150,140,0">
        <Label>关山月</Label>
        <Label>明月出天山，苍茫云海间。长风几万里，吹度玉门关。</Label>
        <Label>汉下白登道，胡窥青海湾。由来征战地，不见有人还。</Label>
        <Label>戍客望边邑，思归多苦颜。高楼当此夜，叹息未应闲。</Label>
    </StackPanel>
  </Grid>
</Window>
```

上述代码的执行效果如图 11-18 所示。

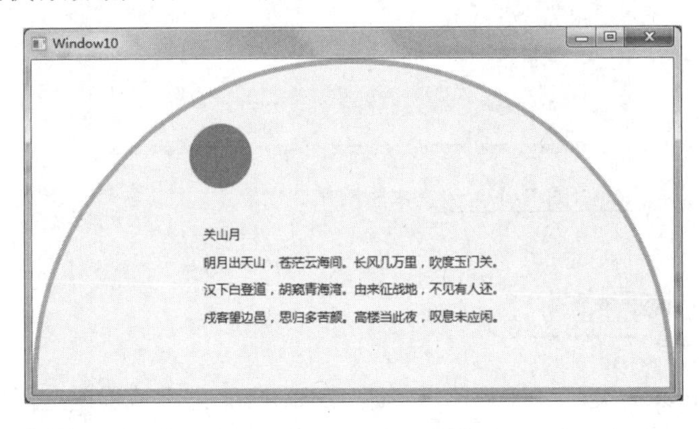

图 11-18　外观控件中的 **Border** 效果

11.4.4　设置文本格式的类

使用 TextElement 及其相关类可以设置文本的格式，包括 TextBlock 和 FlowDocument 中的文本。每个 TextElement 都具有它自己的内容模型，其常用的属性如表 11-12 所示。

表 11-12　**TextElement** 常用属性

属性名称	说明
Background	获取或设置用于填充内容区域背景的 Brush
ContentEnd	获取表示元素中内容末尾的 TextPointer
ContentStart	获取表示元素中内容开头的 TextPointer
ElementEnd	获取表示紧接元素末尾之后位置的 TextPointer
ElementStart	获取表示紧邻元素开头之前位置的 TextPointer
FontFamily	获取或设置元素内容的首选顶级字体系列
FontSize	获取或设置元素内容的字号
FontStretch	获取或设置元素内容的字体拉伸特征
FontStyle	获取或设置元素内容的字形
FontWeight	获取或设置元素内容的顶级字体粗细
Foreground	获取或设置要应用于元素内容的 Brush
TextEffects	获取或设置应用于元素内容的文本效果集合
Typography	获取该元素内容的当前有效的版式变体

【范例 13】

新建窗体并添加两个 TextBlock，第一个使用默认样式输出文字，第二个使用黄色背景 20 号加粗文本样式输出文字，代码如下。

```
<Window x:Class="WpfApplication1.Window12" xmlns="http://schemas. microsoft.
com/winfx/2006/xaml/presentation" xmlns:x="http://schemas.microsoft.com/winfx
/2006/xaml" Title="Window12" Height="150" Width="400">
    <Grid ShowGridLines="True">
        <Grid.RowDefinitions>
            <RowDefinition></RowDefinition>
            <RowDefinition ></RowDefinition>
        </Grid.RowDefinitions>
        <TextBlock Margin="20,10,20,10">
            文本默认样式
        </TextBlock>
        <TextBlock Margin="20,10,20,10" Grid.Row="1" Background="Yellow"
        FontSize="20" FontWeight="Bold">
            黄色背景 20 号加粗文本样式
        </TextBlock>
    </Grid>
</Window>
```


上述代码的执行效果如图 11-19 所示。

图 11-19 TextElement 文本格式

11.5 实验指导——在 C#中添加 WPF 控件

本章主要介绍了 WPF 中的布局和控件，而这些控件是可以在 C#的.cs 文件中直接添加并控制的。本节介绍在 C#中添加 WPF 控件。

新建 WPF 窗体，设置其 Grid 为三行，向首行添加按钮，并定义其按钮的单击事件，使单击按钮时显示文本（即向窗体中添加 TextBlock 控件），步骤如下。

（1）首先定义窗体的 XAML 代码如下所示。

```
<Grid Name="gri"  Margin="20,10,20,10">
    <Grid.RowDefinitions>
        <RowDefinition Height="26"></RowDefinition>
        <RowDefinition ></RowDefinition>
        <RowDefinition ></RowDefinition>
```

```
    </Grid.RowDefinitions>
    <Button Click="Button_Click_1">单击显示文本</Button>
</Grid>
```

（2）上述代码为 Grid 定义了 gri 名称，该名称可在窗体的.cs 文件中使用。上述代码的按钮 Click 属性定义了按钮的鼠标单击事件。接下来定义窗体的.cs 代码，定义 Button_Click_1 事件来添加按钮，代码如下。

```
private void Button_Click_1(object sender, RoutedEventArgs e)
{
//创建 TextBlock 名称为 text1
    TextBlock text1 = new TextBlock();
//定义 text1 的文本内容
    text1.Text = "新建的文本显示 TextBlock";
//定义 text1 的字体大小
    text1.FontSize = 20;
//定义 text1 的字体颜色
    text1.Foreground = new SolidColorBrush(Colors.Red);
//创建 TextBlock 名称为 text2
    TextBlock text2 = new TextBlock();
    text2.Text = "新建的默认 TextBlock";
//设置 Grid 的第 2 行为 text1
    Grid.SetRow(text1,1);
//向 gri 中添加子元素 text1
    gri.Children.Add(text1);
    Grid.SetRow(text2, 2);
    gri.Children.Add(text2);
}
```


上述代码的执行结果如图 11-20 所示。单击按钮，在 Grid 的第二行和第三行分别添加了两个 TextBlock 控件来显示文本，如图 11-21 所示。

图 11-20 文本添加前

图 11-21 添加文本

思考与练习

一、填空题

1．WPF 默认的布局控件是__________。

2．子元素自定义位置的布局控件是__________。

3．内容控件是从__________类继承的控件。

4．内容控件的类有 ContentControl、HeaderedContentControl、ItemsControl 和__________。

5．外观控件继承类__________。

二、选择题

1．ScrollViewer 控件继承自__________。
　A．ContentControl 类
　B．HeaderedContentControl 类
　C．ItemsControl 类
　D．HeaderedItemsControl 类

2．下列不是文本输入控件的是__________。
　A．TextBox
　B．RichTextBox
　C．CheckBox
　D．PasswordBox

3．下列不能够直接以文本为内容的是__________。
　A．TextBlock
　B．FlowDocument
　C．FlowDocumentScrollViewer
　D．Bold

4．Grid 中可以使用符号表示内容所占用的剩余空间，其中*表示__________。
　A．行或列将得不到可用空间
　B．行或列将得到 1 倍的可用空间
　C．行或列将得到随内容自动变化的可用空间
　D．行或列将得到全部的剩余空间

5．下列不属于文档控件的是__________。
　A．FlowDocumentReader
　B．FlowDocumentScrollViewer
　C．StickyNoteControl
　D．NoteControl

三、简答题

1．总结 WPF 中的布局控件。
2．总结 WPF 中的文本显示控件。
3．总结 WPF 中控件的外观设置。
4．总结 WPF 中的文本格式设置。

第 12 章　WPF 的属性和事件

在 WPF 应用程序中，用户界面可以被概念化为一个树状结构。使用 VS 2012 开发 WPF 应用程序时，可以从文档大纲窗口中看到用户界面的所有元素的树状视图。基于这个树状结构，WPF 实现了两个很重要的特性，即依赖属性和事件路由。属性和事件是.NET 抽象模型的核心部分，本章将向读者介绍 WPF 中的属性和事件。

本章学习要点：

- 了解依赖项属性与普通属性的区别
- 熟悉依赖项属性的优点
- 掌握如何自定义和使用依赖项属性
- 熟悉如何自定义和使用附加属性
- 了解路由事件的原因
- 熟悉三种事件路由策略
- 掌握如何自定义和使用路由策略

12.1 依赖项属性

WPF 中的属性相较于传统的 Windows Forms 编程发生了很大的变化。它提供了一组服务，这些服务可用于扩展公共语言运行时属性的功能，通常将这些服务统称为 WPF 属性系统。由 WPF 属性系统支持的属性称为依赖项属性，在有些资料中，依赖项属性会被称为依赖属性。

12.1.1 依赖项属性概述

依赖项属性的英文是 Dependency Property，它使用更高效的保存机制，并且支持附加的功能，更改通知、属性值继承（在元素树中向下传播默认属性值）和减少属性存储空间。依赖项属性是 WPF 动画、数据绑定和样式的基础。通过封装，依赖项属性和.NET 属性的访问方式一致，但是其背后的实现方式是不一样的。

依赖项属性的重点在于“依赖”二字，既然是依赖了，也就是说：依赖项属性的值的改变过程一定与其他内容相关，不是 A 依赖于 B 就是 B 依赖于 A，或者相互依赖。

1．普通属性和依赖项属性

当开发者开始用 WPF 编程时，就会碰到“依赖项属性”。它们看起来和一般的.NET 属性相似，但是简单概念之后则是更加的复杂和强大。依赖项属性和普通属性的主要区别在于：普通属性的值直接读取于类的一个私有属性，而依赖属性的值则是通过调用继承自 DependencyObject 的 GetValue()方法动态赋值的。

使用依赖项属性的原因很简单，出于性能考虑，如果 WPF 设计者只是简单地在.NET 属性系统之上添加额外的功能，那么就需要为编写代码创建一个复杂庞大的层次，如果不承受这一额外的负担，普通属性就不能支持依赖项属性的所有功能。

2．依赖项属性的优点

使用依赖项属性有多个优点，主要优点如下。

1）节约内存的使用

依赖项属性解决了仅通过存储改变属性的问题，默认值在依赖项属性中只存储一次。

2）值继承

当开发者访问一个依赖项属性时要用一个值解决策略。如果当前没有值需要设置，则依赖项属性会遍历整个逻辑树直至它找到一个值。当在根元素中设置字体大小时，它会应用于所有文本块，除非重写这个值。

3）修改通知

依赖项属性有一个内嵌的修改通知机制。当属性的值被改变后，通过在属性元数据注册一个回调函数就能得到修改的通知，同样也可以用在数据绑定中。

4）值访问策略

每次访问一个依赖项属性，它的内部会按照下列的顺序由高到低处理该值。首先确认自身的值是否可用，如果值不可用，则会触发一个自定义的样式触发器，继续直到它找到一个值。

3．依赖项属性和 CLR 属性

在 WPF 中，属性通常公开为公共语言运行时（CLR）属性。在基本级别，开发者可以直接与这些属性交互，而不必了解它们是以依赖项属性的形式实现的。但是，开发者需要熟悉 WPF 属性系统的部分或者全部功能，这样才能利用这些功能。

依赖项属性的用途在于提供一种方法来基于其他输入的值计算属性值，这些其他输入可以包括系统属性（例如主题和用户首选项）、实时属性确定机制（例如数据绑定和动画/演示图板）、重用模板（例如资源和样式）或者通过与元素树中其他元素的父子关系来公开的值。另外，可以通过实现依赖项属性来提供独立验证、默认值、监视其他属性的更改的回调以及可以基于可能的运行时信息来强制指定属性值的系统。派生类还可以通过重写依赖项属性元数据（而不是重写现有属性的实际实现或者创建新属性）来更改现有属性的某些具体特征。

依赖属性支持 CLR 属性，在属性的 MSDN 帮助文档中，可以根据某个属性的托管引用页上是否存在“依赖项属性信息”部分来确定该属性是否为依赖项属性。“依赖项属性信息”部分包括指向一个该依赖项属性的 DependencyProperty 标识符字段的链接，还包括一个为该属性设置的元数据选项的列表、每个类的重写信息以及其他详细信息。

4．依赖项属性的应用场景

在使用依赖项属性时，将所有的属性都设置为依赖属性并不总是正确的解决方案，具体取决于其应用场景。有时，使用私有字段实现属性的典型方法就能满足要求，MSDN 中给出了依赖项属性的使用场景。

（1）希望可以在样式中设置属性。

（2）希望属性支持数据绑定。

（3）希望可以使用动态资源引用设置属性。

（4）希望从元素树中的父元素自动继承属性值。

（5）希望属性可以进行动画处理。

（6）希望属性系统在属性系统、环境或者用户执行的操作或者读取并使用样式更改了属性以前的值时报告。

（7）希望使用已建立的、WPF 进程也使用的元数据约定，例如报告更改属性值时是否要求布局系统重新编写元素的可视化对象。

在上述所示的 7 种场景中，前三条最经常被使用到，下面是一个典型的依赖项属性在数据绑定上的应用场景。

【范例 1】

在 WPF 程序的窗体界面中添加 ImageA 和 ImageB 两张图片控件，图片的大小一致。在实现时，开发者需要在改变图片 A 大小的时候，同时也更改图片 B 的大小，让它们的大小总保持一致。通常情况下，开发者需要在 ImageA 图片的 SizeChanged 事件中添加处理 ImageB 图片的方法，把 ImageA 图片的 Size 赋值给 ImageB 图片，代码如下。


```
private void Image_SizeChanged_1(object sender, SizeChangedEventArgs e) {
    ImageB.Width = ImageA.Width;
    ImageB.Height = ImageA.Height;
}
```

更改 ImageA 图片的大小时同时更改 ImageB 图片的大小，这么一个小的功能通过上述描述显得有些复杂。但是，如果使用依赖项属性，那么可以直接为 ImageB 指定下面的实现代码。

```
ImageB.DataContext = ImageA;
imageB.SetBinding(Image.WidthProperty, "Width");
imageB.SetBinding(Image.HeightProperty, "Height");
```

其中，第一行代码表示 ImageB 参与数据绑定时的数据上下文为 ImageA，即 ImageB 上绑定的数据都到 ImageA 上去找；其他两行代码表示将 ImageB 的宽度和高度通过 SetBinding()方法绑定到 Width 和 Height 属性上，这两个属性的值需要在 DataContext 中找，即 ImageA 的 Width 和 Height 属性。

通过上述代码就可以将 ImageA 和 ImageB 的 Width 及 Height 绑定在一起，其中一个图片的 Width 及 Height 发生改变时，另一张图片的 Size 也会相应地发生改变。

12.1.2 属性值继承特性

属性值继承是 WPF 属性系统的一项功能，属性值继承使元素树中的子元素可以从父元素那里获取特定属性的值，并继承该值，就好像它是在最近的父元素中的任意位置设置的一样。父元素还可以通过属性值继承来获得其值，因此系统有可能一直递归到页面根元素。

属性值继承不是属性系统的默认行为，属性必须用特定的元数据设置来建立，以便使该属性能够对子元素启动属性值继承。下面通过 4 点对属性值继承进行了说明。

（1）属性值继承与传统的类的继承不同，它指的是属性值自顶向下沿着元素树传递。

（2）并不是每个依赖属性都参与属性值的继承。

（3）属性的值可能由一些优先级更高的源设置。

（4）属性值可以被传递给一些并非逻辑树或可视树中的子元素，例如元素的触发器等。

【范例 2】

为了充分理解依赖属性在 WPF 中的使用，下面通过范例演示其属性值继承的特性。实现步骤如下。

（1）创建一个 WPF 程序，程序的默认生成窗体全称是 MainWindow.xaml。

（2）打开 MainWindow.xaml 窗体，更改窗体界面中 Window 控件的 Title 属性，将该属性的值设置为“依赖属性示例”，Height 和 Width 属性的值分别为 350 和 525。另外，还需要指定 FontSize 和 FontFamily 属性的值。代码如下。

```
<Window x:Class="WpfApplication1.MainWindow"
      xmlns="http://schemas.microsoft.com/winfx/2006/xaml/presentation"
      xmlns:x="http://schemas.microsoft.com/winfx/2006/xaml"
      Title="依赖属性示例" Height="350" Width="525" FontSize="20" Font
      Family="黑体">
```

（3）在 Window 控件下添加 StackPanel 布局控件，在 StackPanel 控件下添加多个子控件，如 Label、ListBox、StackPanel 和 StatusBar 等。窗体代码如下。

```
<StackPanel>
   <Label FontWeight="Bold" FontSize="20" Foreground="White">
      WPF Unleashed (Version 3.0)
   </Label>
   <Label> © 2014 ****出版社</Label>
   <Label> 安装步骤：</Label>
   <ListBox FontSize="15" FontFamily="仿宋">
      <ListBoxItem>步骤 1</ListBoxItem>
      <ListBoxItem>步骤 2</ListBoxItem>
   </ListBox>
   <StackPanel Orientation="Horizontal" HorizontalAlignment="Center">
      <Button MinWidth="75" Margin="10">帮助</Button>
      <Button MinWidth="75" Margin="10">确定</Button>
   </StackPanel>
   <StatusBar>您已经成功注册了该产品。</StatusBar>
</StackPanel>
```

（4）运行 MainWindow.xaml 窗体查看效果，如图 12-1 所示。

在范例2中，对Window设置其FontSize属性和FontFamily属性，它们将传递到其下元素树的每个元素。由于ListBox已经显式地设置了FontSize和FontFamily属性的值，这将重载从Window继承的Font和FontFamily属性，因此字体大小与设置的值相同。StutusBar和Label等不会受到任何值的影响，因此其字体大小和类型都不会发生变化。

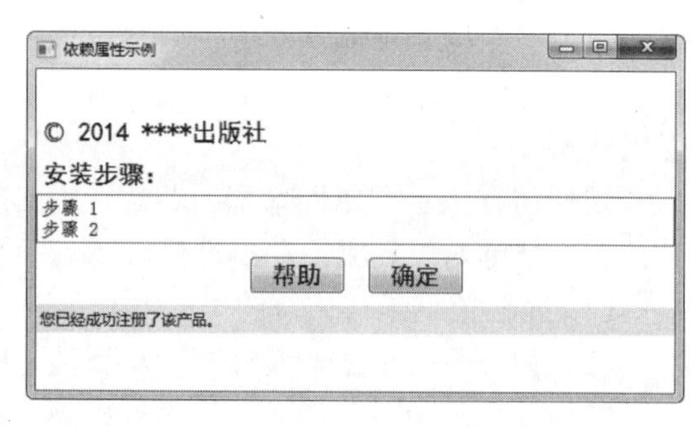

图 12-1 属性值继承特性的运行效果

12.1.3 自定义依赖项属性

DependencyObject 和 DependencyProperty 两个类是 WPF 属性系统的核心。在 WPF 中，依赖对象的概念被 DependencyObject 类实现；依赖项属性的概念则由 DependencyProperty 类实现。必须使用依赖对象作为依赖项属性的宿主，二者结合起来，才能实现完整的 Binding 目标被数据所驱动，DependencyObject 具有 GetValue()和 SetValue()两个方法，它们分别用来获取和设置依赖属性的值。

DependencyObject 是 WPF 系统中相当底层的一个基类，WPF 的所有 UI 控件都是依赖对象。WPF 的类库在设计时充分利用了依赖属性的优势，UI 控件的绝大多数属性都已经依赖化了。

开发者自定义依赖项属性时主要涉及两个步骤：一是注册依赖项属性；二是添加属性包装器。

1. 注册依赖项属性

为了让依赖属性可用，必须在 WPF 中注册依赖项属性，而且必须在使用属性前进行注册。因此，必须在相应类的静态构造函数中实现依赖项属性的注册。

DependencyObject 类并没有 public 级别的构造函数，目的是为了确保 DependencyProperty 不会被直接实例化。要实例化 DependencyProperty，只能使用 DependencyProperty.Register()方法。WPF 也确保 DependencyProperty 对象在创建后不能被改变，因为所有的 DependencyProperty 对象成员都是只读的。

在 Register()方法中，可以提供参数来为 DependencyProperty 属性的值赋值。下面是 DependencyObject 类的静态构造函数，基本语法如下。

```
public static DependencyProperty Register(string name, Type propertyType,
Type ownerType)
public static DependencyProperty Register(string name, Type propertyType,
Type ownerType,
    PropertyMetadata typeMetadata )
public static DependencyProperty Register(string name, Type propertyType,
Type ownerType,
    PropertyMetadata typeMetadata, Validate valueCallback)
```

从上述语法中可以看出，上述为 Register()方法的三个重载形式，第一种形式包含三个参数；第二种形式包含 4 个参数；第三种形式包含 5 个参数。这三种形式的参数说明如下。

（1）name：这是一个 string 类型的参数，表示属性名称。

（2）propertyType：指定依赖项属性的类型。

（3）ownerType：拥有这个依赖项属性的类型。

（4）typeMetadata：具有附加属性设置的 FramWorkPropertyMetadata 对象。

（5）valueCallback：属性的验证回调函数。

【范例 3】

利用 DependencyProperty 类的 Register()方法注册依赖项属性，代码如下。

```
public static DependencyProperty TextProperty = DependencyProperty.
Register("Text", typeof(string), typeof(TestDependencyPropertyWindow),
new PropertyMetadata(""));
```

其中，Text 是依赖项属性的名称；typeof(string)指定依赖项属性的类型是 string 类型；typeof(TestDependencyPropertyWindow)指定依赖项属性的所有者，即将属性注册到那个类中；new PropertyMetadata("")指定属性默认值。

2. 添加属性包装器

注册依赖项属性完毕之后，需要添加属性包装器，通过标记的.NET 属性进行包装。对于传统的属性定义来说，需要先定义一个私有域，然后在 get 访问器和 set 访问器中获取和设置该私有域。依赖项属性则定义在 DependencyObject 类中的 SetValue()和 GetValue()两个方法中，前者用于设置属性值，后者用于获取属性值。基本语法如下。

```
public object GetValue(DependencyProperty dp) {}
public void SetValue(DependencyProperty dp, object value) {}
```

由于在属性元数据中定义了验证及属性值变更的回调函数，对于依赖项属性，不用像在传统属性定义那样在 set 访问器中定义事件等操作。

【范例 4】

在范例 3 的基础上添加对 Text 依赖项属性的封装，代码如下。

```
public string Text
{
   get {
        return (string)GetValue(TextProperty);
   }
   set {
        SetValue(TextProperty, value);
   }
}
```

从前面介绍的属性中可以了解到，依赖项属性与普通属性有许多不同之处，说明如下。

（1）字段必须为 static，且类型为 DependencyProperty，字段名需遵守命名约定，即后缀为 Property。

（2）字段的修饰符须设置为 public，否则在外部不能通过 SetBinding()方法绑定此属性的值。

（3）字段的值通过 DependencyProperty.Register()方法来设置。

（4）设置属性值时，通过 SetValue()和 GetValue()方法而不是 set 和 get 访问器。

注 意

当开发者给一个依赖项属性赋值时，它不是存储在对象的字段中，而是存储在基类 DependencyObject 提供的一个键/值配对的字典中。一条记录中的键（Key）就是该属性的名称，而值（Value）就是想要设置的值。

12.2 实验指导——定义和使用完整的依赖项属性

在 12.1.3 节中简单了解了如何自定义依赖项属性，本节实验指导完成一个完整的例子，详细介绍如何自定义依赖项属性且如何使用。实现步骤如下。

（1）右击解决方案资源管理器中的项目名称，创建全称为 MyTest.cs 的类文件。

（2）打开 MyTest.cs 文件，首先通过 using 关键字向 MyTest 类中引入 System.Windows 命名空间，然后让 MyTest 类继承 DependencyObject 类，其目的是为了在 MyTest 类中添加一个依赖属性，依赖属性将使用 DependencyObject 类提供的方法来设置属性，代码如下。

```
using System.Windows;
namespace WpfApplication1
{
    class MyTest : DependencyObject {
        /* 其他代码 */
    }
}
```

（3）向 MyTest 为中添加代码，首先创建名称为 UserInfoProperty 的依赖项属性，代码如下。

```
public static readonly DependencyProperty UserInfoProperty;
```

依赖属性与普通的对象实例不同，依赖属性的属性值可能在多个对象之间传递，因此必须定义为静态属性。至于属性值的实际存储位置，则由 WPF 属性系统内部实现。

（4）在 WPF 中注册依赖属性，创建 MyTest 的无参静态构造函数，在这个静态的构造函数中调用 DependencyProperty 类的 Register()方法，并向该方法中传入 5 个参数。

```
static MyTest(){
    UserInfoProperty = DependencyProperty.Register("UserInfo",typeof
```

```
    (string),typeof(MyTest), new PropertyMetadata("No Name", new Property
    ChangedCallback(UserInfoChangedCallback), new CoerceValueCallback
    (UserInfoCoerceValueCallback)), new ValidateValueCallback(UserInfo
    ValidateValueCallback));
}
```

（5）创建名称是 UserInfoChangedCallback 的回调函数，当属性发生变化时会触发这个函数。在该函数中，需要通过 System.Diagnostics.Debug.WriteLine()输出旧值和新值，即属性值，代码如下。

```
private static void UserInfoChangedCallback( DependencyObject obj,
DependencyPropertyChangedEventArgs e)
{
        System.Diagnostics.Debug.WriteLine(e.OldValue+" "+e.NewValue);
}
```

（6）创建名称是 UserInfoCoerceValueCallback 的回调函数，当属性系统调用 CoerceValue 时（如 UserInfo 属性值发生变化时），可以强制属性遵守一些规则，代码如下。


```
private static object UserInfoCoerceValueCallback(DependencyObject
obj,object o)
{
    string s = o as string;
    if (s.Length > 8) {
        s = s.Substring(0, 8);
    }
    return s;
}
```

在上述代码中，通过 s.Length 判断字符的长度，如果字符的长度大于 8，那么将会截取前 8 个字符，并且将截取后的内容返回。

（7）创建名称是 UserInfoValidateValueCallback 的回调函数，在该函数中判断值是否为空，并返回一个布尔值，代码如下。

```
private static bool UserInfoValidateValueCallback(object value){
    return value != null;
}
```

（8）为依赖属性定义标准的.NET 属性的封装，代码如下。

```
public string UserInfo {
    get { return (string)GetValue(UserInfoProperty); }
    set { SetValue(UserInfoProperty, value); }
}
```

（9）在当前解决方案资源管理器的程序中添加一个新的 WPF 窗体，将其命名为 MyTestWindow.xaml。

（10）从工具箱中拖动 Label、Text 和 Button 等控件到窗体界面中，然后为这些界面的 Name、Content 等属性赋值。窗体代码如下。

```
<Window x:Class="WpfApplication1.MyTestWindow"
        xmlns="http://schemas.microsoft.com/winfx/2006/xaml/presentation"
        xmlns:x="http://schemas.microsoft.com/winfx/2006/xaml"
        Title="MyTestWindow" Height="300" Width="525">
    <Grid>
        <Label Content="请随便输入一些内容：" HorizontalAlignment="Left"
        Margin="25,41,0,0" VerticalAlignment="Top" />
        <TextBox Name="txtName" HorizontalAlignment="Left" Height="23"
        Margin="160,44,0,0" TextWrapping = "Wrap" Text="TextBox" Vertical
         Alignment="Top" Width="230"/>
        <Button Content="Button" HorizontalAlignment="Left" Margin="410,
        44,0,0" VerticalAlignment = "Top" Width="75" Click="Button_Click_1"/>
        <Label MaxWidth="460" Margin="25,83,32,127">
            <TextBlock Name="showInfo" TextWrapping="Wrap" Text="" />
        </Label>
    </Grid>
</Window>
```

（11）从上个步骤中可以看出，为 Button 控件添加 Click 事件，向窗体的后台中添加事件代码，代码如下。


```
private void Button_Click_1(object sender, RoutedEventArgs e) {
    Brush b = new SolidColorBrush();
    MyTest my = new MyTest();
    my.UserInfo = txtName.Text;
    showInfo.FontSize = 16;                     //设置显示时的字体大小
    showInfo.Foreground  =  new  SolidColorBrush(Colors.BlueViolet);
                                                //设置字体颜色
    showInfo.Text = "    您输入的内容如下，如果您输入的内容过多，您只能查看前 10
     个字符。查看到的内容是："+my.UserInfo;
}
```

在上述代码中，首先通过 SolidColorBrush 类实例化画刷对象，接着实例化 MyTest 类的实例对象，然后为 my 对象的 UserInfo 属性赋值，最后设置 Name 属性值为 showInfo 的控件指定 FontSize 属性、Foreground 属性和 Text 属性。其中，FontSize 属性用于指定字体大小，Foreground 属性用于显示字体颜色，Text 属性显示文本内容。

（12）打开 App.xaml 文件，在该文件中更改运行的启动窗体界面，这里将其指定为 MyTestWindow.xaml 窗体，代码如下。

```
<Application x:Class="WpfApplication1.App"
             xmlns="http://schemas.microsoft.com/winfx/2006/xaml/presentation"
             xmlns:x="http://schemas.microsoft.com/winfx/2006/xaml"
             StartupUri="MyBubbleWindow.xaml">
</Application>
```

（13）运行 MyTestWindow.xaml 查看窗体的初始效果，如图 12-2 所示。从图 12-2 中可以看到，默认情况下输入框的文本内容为 TextBox，直接单击 Button 按钮，如图 12-3 所示。

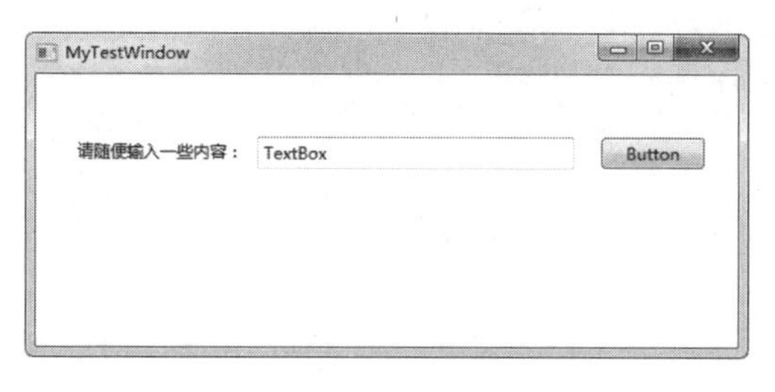

图 12-2 运行界面时的初始效果

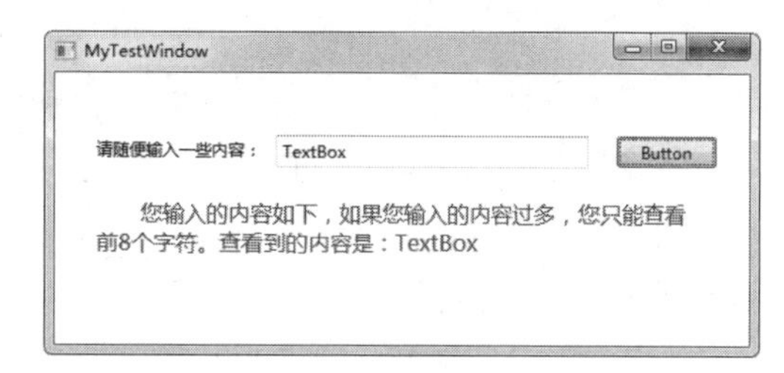

图 12-3 单击 Button 按钮的效果

（14）重新向界面中输入内容，用户输入一段中文时的效果如图 12-4 所示。输入完毕后单击 Button 按钮查看效果，如图 12-5 所示。

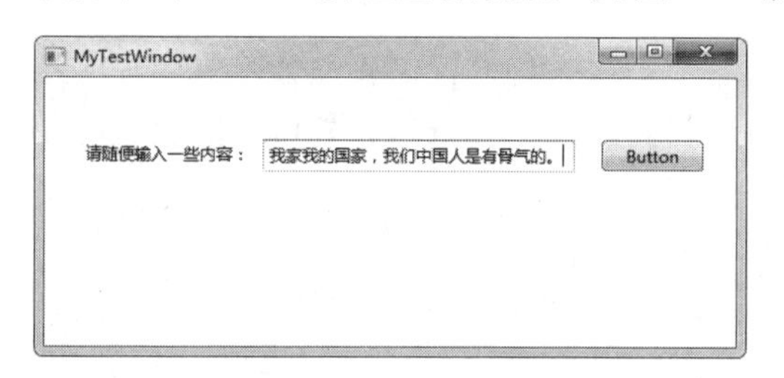

图 12-4 输入一段中文内容

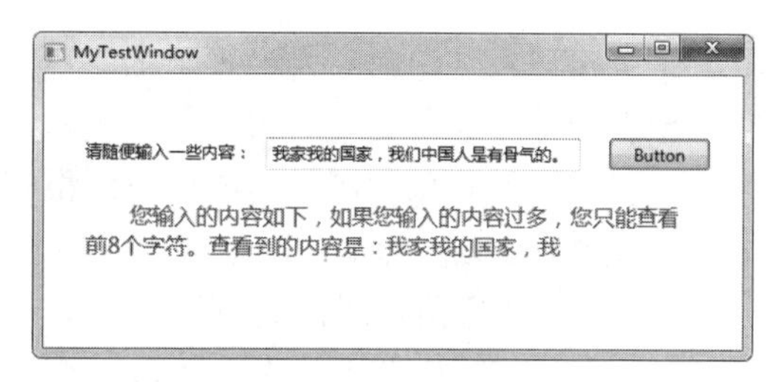

图 12-5 单击 Button 按钮

12.3 附加属性

附加属性是依赖项属性的一种，由 WPF 的属性系统管理。下面简单介绍附加属性。

12.3.1 附加属性概述

附加属性是指一个属性本来不属于某个对象，但由于某种需求而后来被附加上。也就是把对象放入一个特定环境后对象才具有的属性。附加属性的作用就是将属性与数据类型解耦，让数据类型的设计更加灵活。

简单来说，附加属性是在一个类中定义，在其他的类中使用。举例来说，一个 TextBox 被放在不同的布局容器时就会有不同的布局属性，这些属性就是由布局容器为 TextBox 附加上的，附加属性的本质就是依赖项属性，二者仅在注册和包装器上有区别。

1. XAML 中的附加属性

在 XAML 中，通过使用语法 AttachedPropertyProvider.PropertyName 来设置附加属性。

【范例 5】

下面的内容是在 XAML 中设置 Canvas.Left 的示例，其中 Canvas.Left 就是一个附加属性，代码如下。

```
<Canvas>
   <Button Canvas.Left="50"><TextBlock>Hello</TextBlock></Button>
</Canvas>
```

附加属性与静态属性有些类似，它始终引用拥有注册该附加属性的类型 Canvas，而不是引用通过名称指定的任何实例。

另外，由于 XAML 中的附加属性是 Web 开发者在标记中设置的属性，因此，只有集运算与用户代码直接相关。获取操作可用于用户代码，但是实际上是由定义附加属性的类的实例使用。

2. 所属类型如何使用附加属性

尽管可以在任何对象上设置附加属性，但这并不意味着设置该属性会产生实际的结果，或者该值将会被其他对象使用。通常，附加属性是为了使来自各种可能的类层次结构或逻辑关系的对象都可以向所属类型报告公用信息。

定义 Silverlight 的附加属性的类型通常采用以下模型之一。

（1）设计定义附加属性的类型，以便它可以是将为附加属性设置值的元素的父元素。之后，该类型将在内部逻辑中循环访问其子元素，获取值，并以某种方式作用于这些值。

（2）定义附加属性的类型将用作各种可能的父元素和内容模型的子元素。

（3）附加属性向某个服务报告信息。

3. 代码中的附加属性

附加属性没有像其他依赖项属性使用的用于简化 get 和 set 访问器的典型的 CLR 包装方法。其原因在于：附加属性对于在其中设置它的实例，不是必须属于对应 CLR 命名空间的一部分。

XAML 处理器可以在 XAML 被解析为对象树时设置这些值。附加属性的所有者类型必须以 GetPropertyName 和 SetPropertyName 形式实现专用访问器方法。这些专用的访问器方法也就是 Web 开发者必须在代码中用来获取或设置附加属性的方法。从代码的角度而言，附加属性类似于具有方法访问器（而不是属性访问器）的支持字段，并且该支持字段可以存在于任何对象上，而不需要专门定义。

【范例 6】

下面演示如何在代码中设置附加属性，在下面这段内容中，myCheckBox 是 CheckBox 类的一个实例，代码如下。

```
Canvas myC = new Canvas();
CheckBox myCheckBox = new CheckBox();
myCheckBox.Content = "Hello";
myC.Children.Add(myCheckBox);
Canvas.SetTop(myCheckBox, 75);
```

上述代码与 XAML 的设置类似，如果 myCheckBox 没有通过代码的第 3 行添加为 myC 的一个子元素，则代码的第 4 行将不会引发异常，但是属性值将不会与 Canvas 父项交互，因此也就不会执行任何操作。只有既在子元素上设置了 Canvas.Top 值，又存在 Canvas 父元素时，才会在所呈现的应用程序中产生有效的行为。

12.3.2 自定义附加属性

除了上面介绍使用的三种附加属性外，Web 开发者也可以自定义附加属性。有些资料上，会将其称为注册附加属性。注册附加属性与自己注册依赖项属性相同，但是使用的是 DependencyProperty 类的 RegisterAttached()方法。基本语法如下。

```
public static DependencyProperty RegisterAttached(
    string name,
    Type propertyType,
    Type ownerType,
    PropertyMetadata defaultMetadata)
```

从上述语法中可以看出，RegisterAttached()方法包含 4 个参数，参数说明如下。

（1）name：要注册的依赖项对象的名称。

（2）propertyType：属性的类型。

（3）ownerType：正注册依赖项对象的所有者类型。

（4）defaultMetadata：属性元数据实例，实例中可以包含一个 PropertyChangedCallback 实现引用。

RegisterAttached()方法的返回值是 DependencyProperty 对象，它是一个依赖项对象标识符，可以使用它在类中设置 public static readonly 字段的值。然后可以使用该标识符在将来引用附加属性用于某些操作，如以编程方式设置属性的值。

【范例 7】

通过 RegisterAttached()方法注册名称是 IsBubbleSource 的附加属性，代码如下。

```
public static readonly DependencyProperty IsBubbleSourceProperty =
    DependencyProperty.RegisterAttached(
        "IsBubbleSource",typeof(Boolean),typeof(AquariumObject),new
        PropertyMetadata(false)
);
```

附加属性不需要像标准依赖项属性一样提供标准属性包装，而是需要提供静态的 Get 和 Set 访问器。一般的命名规则是 SetPropertyName 和 GetPropertyName。语法规则如下。

```
public static valueType GetPropertyName (DependencyObject target )
public static void SetPropertyName (DependencyObject target , valueType
value)
```

【范例 8】

范例 7 中创建了名称是 IsBubbleSource 的附加属性，通过 Get 和 Set 访问器对附加属性进行封装。在对附加属性进行封装时，访问器的名称必须是 GetIsBubbleSource 和 SetIsBubbleSource，代码如下。

```
public static void SetIsBubbleSource(UIElement element, Boolean value){
    element.SetValue(IsBubbleSourceProperty, value);
}
public static Boolean GetIsBubbleSource(UIElement element){
    return (Boolean)element.GetValue(IsBubbleSourceProperty);
}
```

技巧

开发者在 Visual Studio 开发工具中输入“propa”后，连续两次按 Tab 键，可以添加好一个附加属性的框架，继续按 Tab 键，可以继续修改附加属性的内容。

12.4 实验指导——定义和使用完整的附加属性

假设当前存在 MyHuman 和 MySchool 两个类，MyHuman 类中的一个人，他如果在学校里，那么就会有成绩；如果在公司里，他就有部门。这时，成绩和部门就是附加属性。在 12.3.2 节中简单了解了附加属性，本节实验指导完成一个完整的例子，详细介绍附加属性的定义与使用。实现步骤如下。

（1）右击解决方案资源管理器中的项目名称，创建名称为 MySchool.cs 的类文件。

（2）打开 MySchool.cs 类文件，MySchool 类继承 DependencyObject 类，然后通过 using 关键字在该类中引入 System.Windows 命名空间，

（3）在 MySchool 类中添加代码，通过 DependencyProperty.RegisterAttached()方法创建名称是 Grade 的附加属性，并且对该属性进行封装，代码如下。

```
using System.Windows;
namespace WpfApplication1
{
    public class MySchool : DependencyObject {
        public static readonly DependencyProperty GradeProperty =
            DependencyProperty.RegisterAttached("Grade", typeof(int), typeof
            (MySchool),
                    new UIPropertyMetadata(0));
        public static int GetGrade(DependencyObject obj) {
            return (int)obj.GetValue(GradeProperty);
        }
        public static void SetGrade(DependencyObject obj, int value) {
            obj.SetValue(GradeProperty, value);
        }
    }
}
```

（4）创建继承自 DependencyObject 类的 MyHuman 类，代码如下。

```
using System.Windows;
namespace WpfApplication1
{
    public class MyHuman : DependencyObject
    {
    }
}
```

（5）创建 MySchoolWindow.xaml 窗体界面，在该窗体中创建三行三列的表格，并且在表格的最中间一格放置一个按钮，代码如下。

```
<Window x:Class="WpfApplication1.MySchoolWindow"
        xmlns="http://schemas.microsoft.com/winfx/2006/xaml/presentation"
        xmlns:x="http://schemas.microsoft.com/winfx/2006/xaml"
        Title="MainWindow" Height="420" Width="525">
    <Grid ShowGridLines="True">
        <Grid.RowDefinitions>
            <RowDefinition />
            <RowDefinition />
            <RowDefinition />
        </Grid.RowDefinitions>
        <Grid.ColumnDefinitions>
            <ColumnDefinition />
            <ColumnDefinition />
            <ColumnDefinition />
        </Grid.ColumnDefinitions>
        <Button Grid.Row="1" Grid.Column="1" Content="OK" Name="GetMessage"
         Click = "GetMessage_Click" />
    </Grid>
</Window>
```

（6）在后台 MySchoolWindow.xaml.cs 文件中为按钮添加 Click 事件代码，这段代码使用附加属性，代码如下。

```
private void GetMessage_Click(object sender, RoutedEventArgs e) {
    MyHuman my = new MyHuman();
    MySchool.SetGrade(my, 16);
    MessageBox.Show("这里获取到的结果是：" + MySchool.GetGrade(my).ToString(), "
    提示信息", MessageBoxButton.OK, MessageBoxImage.Information);
}
```

在上述代码中，首先创建 MyHuman 类的实例，接着通过 MySchool.SetGrade()为其赋值，最后通过 MessageBox.Show()弹出对话框提示。

（7）打开 App.xaml 文件，并在该文件中更改启动的窗体。

（8）运行窗体查看初始效果，如图 12-6 所示。单击 OK 按钮进行测试，如图 12-7 所示。

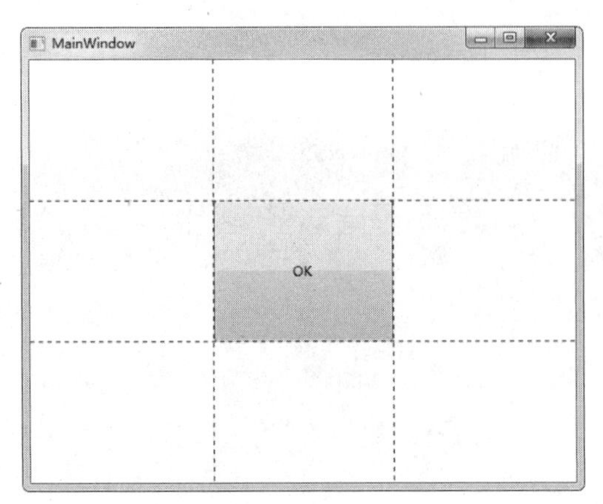

图 12-6 界面初始效果

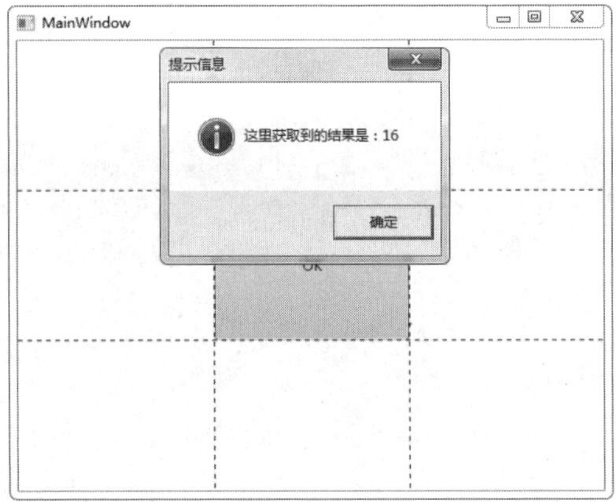

图 12-7 单击按钮效果

12.5 路由事件

在标准的.NET 事件处理过程中，为某个对象定义一个事件，调用方只有显示订阅该事件之后，才会触发该事件的事件监听器。路由事件则不同，允许一个事件经由传递路径传到其他对象被触发。在 WPF 中引入了路由事件，这些事件可以在应用程序的元素树中调用存在于各个侦听器上的处理程序。

12.5.1 路由事件概述

对于标准.NET 事件来说，事件可以与一个或者多个元素关联，但是每个要关联的元素需要显示订阅事件，否则.NET 将忽略该对象。WPF 中的路由事件使用了一种不同的机制，事件可以在 WPF 的元素树中向上或者向下进行传递，无论是否显式地关联，位于元素树上下级的元素都有机会处理事件。

概括来说，路由事件与一般事件的区别在于：路由事件是一种用于元素树的事件，当路由事件触发后，它可以向上或向下遍历可视树和逻辑树，它用一种简单而持久的方式在每个元素上触发，而不需要任何定制的代码。

既然.NET 已经支持事件，为什么 WPF 还需要额外提供对路由事件的支持呢？这是因为在 WPF 开发模型下，原始的 CLR 事件已经不能满足开发者的要求，从而导致对事件的处理异常烦琐。下面从控件的封装、丰富的组合模型和丰富的功能等 3 个方面进行说明。

1. 控件的封装

在 WPF 中，开发者可以将一个控件作为另一个控件的子控件，从而呈现丰富的效果。如开发者可以在一个按钮中包含一张图像，这种情况下，对图像的单击实际就是对按钮的单击。正是如此，开发者期望真正被触发被单击的事件是按钮，而不是图像，这正好要求 WPF 将单击事件沿着视觉树依次传递，即路由事件的路由功能。可以说，这是

WPF 添加路由事件的最直观理由。

2．丰富的组合模型

WPF 提供了丰富的组合模型，一小块程序界面组成中可能包含多个相同的界面元素。为了能在一处执行对特定事件的侦听，而不是为这些界面组成依次添加事件处理函数。路由事件为这种情况提供了一种较为简单的处理方式：在它们的公共父元素中添加事件的处理函数，在该路由事件的路由到该元素时，事件处理函数才会被调用。

3．更加丰富的实现功能

除了前两个比较明显的优点外，路由事件还提供了更为丰富的功能。首先，路由事件允许开发者通过 EventManager.RegisterClassHandler()使用由类定义的静态处理程序。另外，通过对路由事件进行管理的类型 EventManager，可以通过函数调用 GetRoutedEvents()得到相应的路由事件，而不再需要运用反射等较为耗时的方法。

12.5.2 路由策略

WPF 中的路由事件传递的线路称为路由策略，在注册路由事件时，可以用 RoutingStrategy 枚举类型来指定路由策略，WPF 可以使用以下三种路由策略。

1．冒泡策略

冒泡策略是系统默认的传递策略，它针对事件源调用事件处理程序。路由事件随后会路由到后续的父元素，直到到达元素树的根。大多数路由事件都使用冒泡路由策略。冒泡路由事件通常用来报告来自不同控件或其他 UI 元素的输入或状态变化。

【范例 9】

下面通过详细步骤演示冒泡事件。

（1）选择解决方案资源管理器中的 WPF 程序，然后右击添加名称是 MyBubbleWindow 的窗体。

（2）打开 MyBubbleWindow.xaml 窗体，并向窗体中添加一个 Button 控件，然后分别为 Window、Grid 和 Button 添加 MouseDown 事件，代码如下。

```
<Window x:Class="WpfApplication1.MyBubbleWindow"
      xmlns="http://schemas.microsoft.com/winfx/2006/xaml/presentation"
      xmlns:x="http://schemas.microsoft.com/winfx/2006/xaml"
      Title="冒泡策略" Height="300" Width="300" MouseDown="Window_
      MouseDown" >
   <Grid MouseDown="Grid_MouseDown" x:Name="grid">
      <Button Height="30" Width="100" Content="点击我" MouseDown="Button_
      MouseDown"/>
   </Grid>
</Window>
```

（3）在 MyBubbleWindow.xaml.cs 后台文件中添加不同的事件代码，通过

MessageBox.Show()弹出对话框提示，代码如下。

```
private void Window_MouseDown(object sender, MouseButtonEventArgs e) {
    MessageBox.Show("Window 被点击");
}
private void Grid_MouseDown(object sender, MouseButtonEventArgs e) {
    MessageBox.Show("Grid 被点击");
}
private void Button_MouseDown(object sender, MouseButtonEventArgs e) {
    MessageBox.Show("Button 被点击");
}
```

（4）在 App.xaml 文件中更改启动窗体界面后运行该界面，鼠标右键（一定是鼠标右键，否则引发不了事件）单击按钮，这时会依次弹出三个对话框，这三个对话框提示依次是“Button 被点击”、“Grid 被点击”和“Window 被点击”。

虽然 Window、Grid 和 Button 都添加了 Click 事件代码，但是用户明明选择按钮单击右键，那么为什么还会引发 Grid 事件和 Window 事件呢？这是由 WPF 路由事件的机制引发的事件，由源元素逐级传到上层的元素，即 Button 到 Grid 再到 Window，这样就导致这几个元素都接收到了事件。

如果不让 Grid 和 Window 处理事件，那么需要在 Button 控件的 MousDown 事件代码中添加一行新代码。内容如下。

```
private void Button_MouseDown(object sender, MouseButtonEventArgs e) {
    MessageBox.Show("Button 被点击");
    e.Handled = true;
}
```

其中，e.Handled=true 表示事件已经被处理，其他元素不需要再处理这个事件了。再次运行界面窗体时，右击按钮只会弹出“Button 被点击”的对话框提示。

如果想要让 Grid 也参与事件处理，这时只需要给它添加一个事件即可，相关代码如下。

```
public MyBubbleWindow() {
    InitializeComponent();
    grid.AddHandler(Grid.MouseDownEvent, new RoutedEventHandler(Grid_
    MouseDown1), true);
}
private void Grid_MouseDown1(object sender, RoutedEventArgs e) {
    MessageBox.Show("Grid 被点击");
}
```

2. 隧道策略

隧道最初将在元素树的根处调用事件处理程序。随后，路由事件将朝着路由事件的源节点元素（即引发路由事件的元素）方向，沿路由线路传播到后续的子元素。在合成控件的过程中通常会使用或处理隧道路由事件，这样，就可以有意地禁止显示复合控件中的事件，或者将其替换为特定于整个控件的事件。在 WPF 中提供的输入事件通常是以隧道/冒泡对实现的。隧道事件有时称作 Preview 事件，这是由隧道/冒泡对所使用的命名约定决定的。

【范例 10】

下面通过简单的程序测试路由事件中的隧道事件，步骤如下。

（1）右击解决方案资源管理器中的 WPF 程序，添加 MyTunnelWindow.xaml 窗体。

（2）打开新添加的窗体界面，向窗体中拖动一个 Button 控件，然后分别为 Window、Grid 和 Button 指定 PreviewMouseDown 事件，代码如下。

```
<Window x:Class="WpfApplication1.MyTunnelWindow"
        xmlns="http://schemas.microsoft.com/winfx/2006/xaml/presentation"
        xmlns:x="http://schemas.microsoft.com/winfx/2006/xaml"
        Title="MyTunnelWindow" Height="300" Width="300" PreviewMouseDown
        = "Window_Previe wMouseDown" >
    <Grid PreviewMouseDown="Grid_PreviewMouseDown" x:Name="grid">
        <Button Height="30" Width="100" Content="点击我" PreviewMouseDown=
        "Button_PreviewM ouseDown"/>
    </Grid>
</Window>
```

（3）打开窗体界面的后台文件 MyTunnelWindow.xaml.cs，为不同的控件添加事件代码。以 Button 控件的 PreviewMouseDown 事件代码为例，内容如下。

```
private void Button_PreviewMouseDown(object sender, MouseButtonEventArgs e) {
    MessageBox.Show("Button 被点击");
}
```

（4）在 App.xaml 文件中更改启动窗体界面，这时再右键单击按钮，此时弹出的对话框提示依次是“Window 被点击”、“Grid 被点击”和“Button 被点击”。从弹出的提示中可以看出，隧道事件的传递刚好与 WPF 路由事件中的冒泡事件相反。

3. 直接策略

直接策略只有源元素本身才有机会调用处理程序以进行响应。这与 Windows 窗体用于事件的“路由”相似。但是，与标准 CLR 事件不同的是，直接路由事件支持类处理，而且可以由 EventSetter 和 EventTrigger 使用。

12.5.3 自定义路由事件

与依赖项属性类似，WPF 也为路由事件提供了 WPF 事件系统这一组成。开发者可以自定义路由事件，自定义路由事件与自定义依赖项属性相似。自定义路由事件的步骤如下：

（1）声明并注册路由事件。

（2）利用 CLR 事件包装路由事件，即为路由事件添加 CLR 事件包装。

（3）创建可以激发路由事件的方法。

开发者需要通过 EventManager 的 RegisterRoutedEvent()函数向事件系统注册路由事件。基本语法如下。

```
public static RoutedEvent RegisterRoutedEvent(string name, RoutingStrategy
routingStrategy, Type handlerType, Type ownerType);
```

其中，第一个参数 name 表示事件在 WPF 事件系统中的名称；第二个参数 routingStrategy 则表明了路由事件的路由原则；第三个参数 handlerType 用来表明事件处理函数的类型；最后一个参数 ownerType 则用来表明拥有该路由事件的类型。

【范例 11】

下面是 Control 类注册 MouseDoubleClick 事件的代码：

```
public static readonly RoutedEvent MouseDoubleClickEvent = EventManager.
RegisterRoutedEvent("MouseDoubleClick",RoutingStrategy.Direct,typeof
(Mouse Button EventHandler), typeof(Control));
```

EventManager.RegisterRoutedEvent()返回一个 RoutedEvent 类型的实例。一般情况下，该实例将由一个 public static readonly 字段所保存，并且可以通过 add 和 remove 访问符模拟为 CLR 事件。

【范例 12】

Control 类中的 MouseDoubleClick 事件的实现如下。

```
public event MouseButtonEventHandler MouseDoubleClick
{
    add {
        base.AddHandler(MouseDoubleClickEvent, value);
    }
    remove {
        base.RemoveHandler(MouseDoubleClickEvent, value);
    }
}
```

【范例 13】

下面自定义一个 WPF 路由事件，并且给事件携带参数，步骤如下。

（1）创建继承自 RoutedEventArgs 类的 MyReportTimeRoutedEventArgs 类，代码如下。

```
using System.Windows;
namespace WpfApplication1
{
    class MyReportTimeRoutedEventArgs:RoutedEventArgs {
        public MyReportTimeRoutedEventArgs(RoutedEvent routedEvent, object
        source)
                : base(routedEvent, source) { }
```

```
        public DateTime ClickTime { get; set; }
    }
}
```

（2）创建 Button 类的派生类 TimeButton，并按照前面的步骤为其添加路由事件。完整代码如下。

```
using System.Windows;
using System.Windows.Controls;
namespace WpfApplication1
{
    public class TimeButton:Button {
        //声明和注册路由事件
        public static readonly RoutedEvent ReportTimeRoutedEvent =
            EventManager.RegisterRoutedEvent("ReportTime",
            RoutingStrategy.Bubble,
                typeof(EventHandler<MyReportTimeRoutedEventArgs>),
                typeof(TimeButton));
        public event RoutedEventHandler ReportTime {        //CLR 事件包装
            add { this.AddHandler(ReportTimeRoutedEvent, value); }
            remove { this.RemoveHandler(ReportTimeRoutedEvent, value); }
        }
        protected override void OnClick() {    //激发路由事件，借用 Click 事件
                                                 的激发方法
            base.OnClick();//保证 Button 原有功能正常使用，Click 事件被激发
            MyReportTimeRoutedEventArgs args =
                    new MyReportTimeRoutedEventArgs(ReportTimeRoutedEvent,
                    this);
            args.ClickTime = DateTime.Now;
            this.RaiseEvent(args);                  //UIElement 及其派生类
        }
    }
}
```

提示

UIElement 类是路由事件和附加事件的分水岭，因为从该类开始才具备了在界面上显示的能力，RaiseEvent()、AddHandler()和 RemoveHandler()这些方法也定义在 UIElement 类中。

（3）创建名称是 MyReportTimeRoutedEventArgsWindow 的 WPF 窗体，在该窗体中使用路由事件，代码如下。

```
<Window x:Class="WpfApplication1.MyReportTimeRoutedEventArgsWindow"
    xmlns="http://schemas.microsoft.com/winfx/2006/xaml/presentation"
        xmlns:x="http://schemas.microsoft.com/winfx/2006/xaml"
        xmlns:local="clr-namespace:WpfApplication1"
```

```
        Title="MainWindow" Height="350" Width="525">
    <Grid x:Name="grid1" local:TimeButton.ReportTime="TimeButton_ReportTime">
        <Grid x:Name="grid2">
            <Grid x:Name="grid3">
                <StackPanel x:Name="stackPanel1">
                    <ListBox x:Name="listBox1"/>
                    <local:TimeButton Width="200" Height="200" Background=
                    "Aquamarine" ReportTime="TimeButton_ReportTime" />
        </StackPanel>
    </Grid>
    </Grid>
    </Grid>
</Window>
```

（4）上个步骤用到了自定义的路由事件，在 MyReportTimeRoutedEventArgs Window.xaml.cs 后台中添加该事件，将自定义的 MyReportTimeRoutedEventArgs 事件作为参数传递，代码如下。

```
private void TimeButton_ReportTime(object sender, MyReportTimeRouted
EventArgs e) {
    listBox1.Items.Add(e.ClickTime.ToLongTimeString() + "进行了单击");
}
```


（5）在 App.xaml 文件中更改启动的窗体，然后运行查看初始效果，如图 12-8 所示。单击窗体中的按钮，如图 12-9 所示。

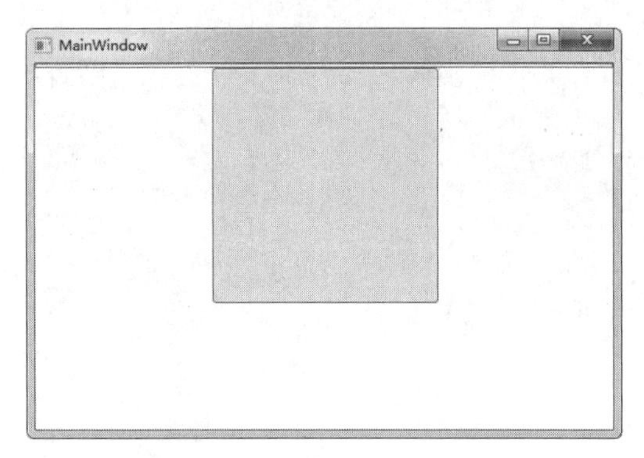

图 12-8 初始效果

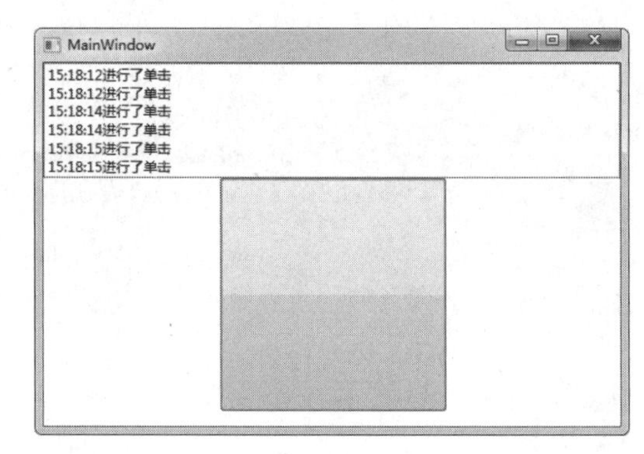

图 12-9 单击按钮

12.6 附加事件

和附加属性与依赖项属性之间的关系相对应，WPF 的事件系统也支持普通的路由事件以及附加事件。与附加属性具有完全不同的语法实现不同，附加事件所使用的语法与普通的路由事件没有什么不同。附加事件也只能算是路由事件的一种用法而不是一个新的概念，其本质还是路由事件。

【范例 14】

下面通过简单的程序演示附加事件的使用，步骤如下：

（1）在当前的 WPF 程序中创建名称为 MyAddtionalEventWindow 的窗体。

（2）在新创建窗体中添加一个 StackPanel 控件，然后在该控件中添加三个 Button 控件，代码如下。

```
<Window x:Class="WpfApplication1.MyAddtionalEventWindow"
      xmlns="http://schemas.microsoft.com/winfx/2006/xaml/presentation"
      xmlns:x="http://schemas.microsoft.com/winfx/2006/xaml"
      Title="MyAddtionalEventWindow" Height="118" Width="525">
   <StackPanel Name="stackPanel" Button.Click="OnClick">
      <Button Name="btn1">按钮 1</Button>
      <Button Name="btn2">按钮 2</Button>
      <Button Name="btn3">按钮 3</Button>
   </StackPanel>
</Window>
```

Button 类的 Click 事件是定义在 ButtonBase 基类中，但是 ButtonBase 是所有按钮控件的基类，包括 RadioButton 和 CheckBox 等。如果只是想要处理 Button 的单击事件，则使用 Button.Click。

StackPanel 不具有对 Click 事件的定义，因此可以为它指定附加事件，其语法和附加属性类似，使用 ClassName.EventName。从上述代码中可以看出，这里使用的是 Button.Click。

（3）在当前窗体的后台中添加 OnClick 事件，在 OnClik 事件处理器中，根据 Source 属性的返回类型，弹出显示当前按钮内容的对话框提示，代码如下。

```
private void OnClick(object sender, RoutedEventArgs e) {
   if (e.Source is Button)
      MessageBox.Show(((Button)e.Source).Content.ToString());
}
```

（4）在 App.xaml 文件中更改启动窗体，窗体的初始运行效果如图 12-10 所示。单击其中一个按钮进行测试，弹出的提示如图 12-11 所示。

图 12-10 初始效果

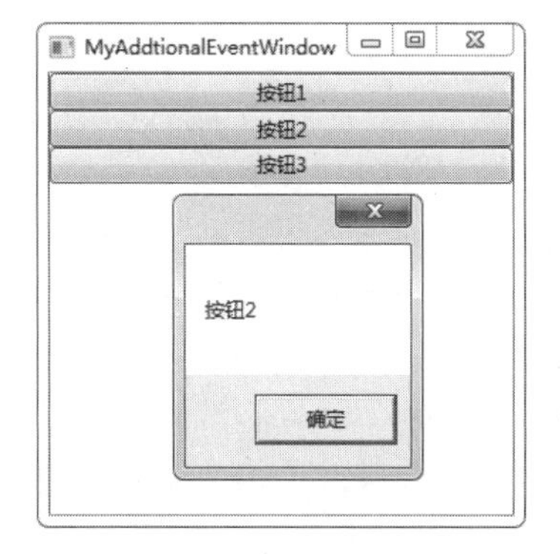

图 12-11 单击按钮

可以在代码文件中关联事件，附加事件的代码与标准.NET 事件定义有些不同，不能使用+=或者-=来附加或者移除事件，必须要调用 AddHandler()方法。AddHandler()方法定义在 UIElement 类中，使用时需要传入两个参数：第一个参数是事件类型，第二个参数是事件处理器，代码如下。

```
public MyAddtionalEventWindow() {
    InitializeComponent();
    this.stackPanel.AddHandler(Button.ClickEvent, new RoutedEventHandler
    (OnClick));
}
```

注意

本章重点对 WPF 中的依赖项属性和路由事件（包括附加属性和附加事件）进行介绍。以事件为例，在 WPF 中，每个控件都提供了大量的事件，例如 Loaded、Unloaded、MouseEnter 和 MouseMove 等，这里不再对它们进行详细解释。

思考与练习

一、填空题

1．DependencyObject 类的__________方法用来获取依赖项属性的值。

2．把对象放入一个特定环境后对象才具有的属性被称为__________。

3．调用 RegisterAttached()方法定义附加属性时，该方法的返回值是__________对象。

4．__________针对事件源调用事件处理程序。路由事件随后会路由到后续的父元素，直到到达元素树的根。

二、选择题

1．WPF 属性系统的两个核心类是__________。

A．DependencyObject 和 RoutedEvent

B．DependencyObject 和 DependencyProperty

C．DependencyProperty 和 RoutedEvent

D．RoutedEvent 和 UIElement

2．WPF 中注册依赖项属性时需要调用__________方法。

A．DependencyObject.Register()

B．DependencyObject.RegisterAttached()

C．DependencyProperty.Register()

D．DependencyProperty.RegisterAttached()

3．事件路由策略不包括__________。

A．冒泡策略

B．隧道策略

C．直接策略

D．间接策略

4．自定义和使用路由事件时，第一个步骤应该是__________。

A．声明并注册路由事件

B．利用 CLR 事件包装路由事件

C．创建可以激发路由事件的方法

D．向窗体中添加指定路由的代码

5．假设当前已创建名称是 MyTestSource 的附加属性，当通过 get 和 set 对其封装时，下面横线处的内容应该依次是__________。

```
public static void ___________
(UIElement element, Boolean value){
    element.SetValue(IsBubble
    SourceProperty, value);
}
public static Boolean ___________
```

```
(UIElement element){
        return (Boolean)element.GetValue
        (IsBubbleSourceProperty);
    }
```

A．SetMy 和 GetMy

B．SetMyTest 和 GetMyTest

C．SetMyTestSource 和 GetMyTestSource

D．MyTestSourceGet 和 MyTestSourceSet

三、简答题

1．简单概述自定义依赖项属性时的步骤。

2．自定义附加属性时需要用到哪个方法？请简单说明。

3．请说出自定义路由事件的一般步骤。

第13章　WPF图形和多媒体

在使用 WPF 取代窗体的情况下，图形和多媒体的使用有了升级。WPF 窗体下可以直接绘制图形，使用图像、自定义动画、播放多媒体等。本章详细介绍图形和多媒体的使用，包括图形的绘制、颜色的控制、动画的制作、图像的处理和多媒体的使用等。

本章学习要点：

- 了解 WPF 图形控件
- 能够在 WPF 中绘制线条、矩形和圆形
- 掌握图形的拉伸
- 掌握图形的旋转、缩放、斜切和转换
- 掌握渐变色的线性渐变
- 掌握渐变色的径向渐变
- 理解动画的制作原理
- 掌握对属性应用动画
- 理解图像的编码和解码
- 掌握多媒体的使用

13.1　WPF 图形

使用 Shape 可以在屏幕上绘制图形形状。由于 Shape 对象派生于 FrameworkElement 类，因此它们可以在面板和大多数控件中使用。本节介绍 WPF 图形的使用，包括常见形状的绘制和形状的变化。

13.1.1　WPF 图形对象

本节概述如何使用 Shape 对象绘图。Shape 是一种允许在屏幕中绘制形状的 UIElement 类型。由于它们是 UI 元素，因此 Shape 对象可以在 Panel 元素和大多数控件中使用。

WPF 提供了对图形和呈现服务的若干层访问。在顶层，Shape 对象很容易使用，并且提供了许多有用功能，例如布局和参与 WPF 事件系统。

WPF 提供了许多易于使用的 Shape 对象。所有形状对象都是从 Shape 类继承的。可用的 Shape 对象包括 Ellipse、Line、Path、Polygon、Polyline 和 Rectangle。对上述控件的说明如表 13-1 所示。

表 13-1　Shape 图形控件

控件名称	说明
Ellipse	绘制一个椭圆
Line	在两点之间绘制一条直线
Path	绘制一系列相互连接的直线和曲线
Polygon	绘制一个多边形，其实质是形成闭合形状的一系列相互连接的直线
Polyline	绘制一系列相互连接的直线
Rectangle	绘制一个矩形

表 13-1 中的 Shape 对象共享以下通用属性。

（1）Stroke：说明如何绘制形状的轮廓。

（2）StrokeThickness：说明形状轮廓的粗细。

（3）Fill：说明如何绘制形状的内部。

上述属性是用于指定坐标和顶点的数据属性，使用像素来度量。由于形状对象派生于 UIElement，因此可以在面板和大多数控件中使用。Canvas 面板是用于创建复杂绘图的特别理想的选择，因为它支持对其子对象的绝对定位。

使用 Path 元素可以绘制曲线和复杂形状，若要使用 Path，需要首先创建一个 Geometry 并使用它来设置 Path 对象的 Data 属性。

Geometry 元素包括 LineGeometry、RectangleGeometry、EllipseGeometry 和 PathGeometry。其中前三个元素说明了相对简单的形状；若要创建更复杂的形状或创建曲线，需要使用 PathGeometry。

PathGeometry 元素由一个或多个 PathFigure 元素组成；每个 PathFigure 代表一个不同的图形或形状。每个 PathFigure 自身又由一个或多个 PathSegment 元素组成，每个元素均代表图形或形状的已连接部分。Segment 类型包括 LineSegment、BezierSegment 和 ArcSegment。

【范例 1】

本节介绍了多种图形控件，使用这些控件分别绘制椭圆、曲线、矩形和直线，步骤如下。

（1）首先将 Grid 设置为 4 行 2 列，代码省略。接下来向 Grid 第 1 行中添加两个椭圆，一个填充黄色，使用默认设置；一个填充绿色，设置其宽度、高度、边框颜色为黑色、边框宽度为 2，代码如下。

```
<Grid Height="350" Width="525" Margin="15,15,15,15">
    <!--省略 4 行 2 列设置-->
    <Ellipse Fill="Yellow" />
    <Ellipse Grid.Column="1" Fill="Lime" StrokeThickness="2" Stroke=
     "Black" Width="200" Height="70"/>
</Grid>
```

（2）向 Grid 第 2 行中添加两条对称的曲线，Grid 的高度为 350，宽度为 525，因此每个单元格的高度为 175，宽度为 262.5。设置第一条曲线的起始点为（22,10），曲线中间点为（112,70），终点为（202,30），代码如下。

```
<Path Grid.Row="1" Stroke="Black" StrokeThickness="1">
    <Path.Data>
        <PathGeometry>
            <PathGeometry.Figures>
                <PathFigureCollection>
                    <PathFigure StartPoint="22,10">
                        <PathFigure.Segments>
                            <PathSegmentCollection>
                                <QuadraticBezierSegment Point1="112,70" Point2=
                                "202,30" />
                            </PathSegmentCollection>
                        </PathFigure.Segments>
                    </PathFigure>
                </PathFigureCollection>
            </PathGeometry.Figures>
        </PathGeometry>
    </Path.Data>
</Path>
```

（3）设置第二条曲线起始点为（240,10），中间点为（150,70），终点为（60,30）。可修改上述代码的<PathFigure StartPoint="22,10">为<PathFigure StartPoint="22,10">；修改<QuadraticBezierSegment Point1="112,70" Point2="202,30" />为<QuadraticBezierSegment Point1="150,70" Point2="60,30" />，代码省略。

（4）向 Grid 第 3 行中添加两个矩形，第一个是正常的矩形，填充亮红色，第二个是圆角矩形，设置其椭圆的水平长度为 100、垂直长度为 20，填充亮粉色，代码如下。

```
<Rectangle Grid.Row="2" Fill="Salmon" Width="200" Height="70"></Rectangle>
<Rectangle Grid.Row="2" Grid.Column="1" Fill="LightPink" StrokeThickness= "2"
Stroke="Black" Width="200" Height="70" RadiusX="100" RadiusY="20">
</Rectangle>
```

（5）分别在 Grid 第 4 行的两个单元格中添加一条直线，要求两条直线长度都是 100，一个靠右绘制一个靠左绘制，连成一条直线，线条的颜色为红色，宽度为 7，代码如下。

```
<Line Grid.Row="3" X1="162.5" Y1="55" X2="262.5" Y2="55" Stroke="Red"
StrokeThickness="7"/>
<Line Grid.Row="3" Grid.Column="1" X1="0" Y1="55" X2="100" Y2="55"
Stroke="Red" StrokeThickness="7"/>
```

上述步骤（2）～（5）的代码都需要放在步骤（1）的 Grid 标记下。运行上述窗体，其效果如图 13-1 所示。

13.1.2 形状拉伸

图形是可以进行拉伸和变形的。拉伸的方式较为简单，只需要设置 Stretch 属性。Line、Path、Polygon、Polyline 和 Rectangle 类都有一个 Stretch 属性。该属性确定如何拉伸 Shape

对象的内容（要绘制的形状）以填充 Shape 对象的布局空间。

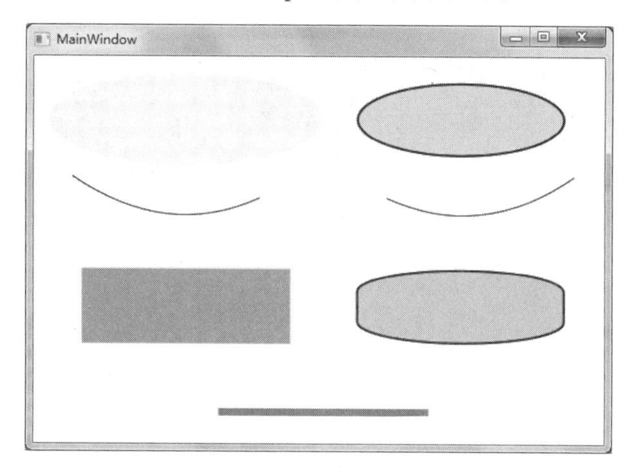

图 13-1 图形绘制

Shape 对象的布局空间是布局系统分配给 Shape（根据显式的 Width 和 Height 设置，或其 HorizontalAlignment 和 VerticalAlignment 设置）的空间量。Stretch 属性使用以下值之一：

（1）None：不拉伸 Shape 对象的内容。

（2）Fill：拉伸 Shape 对象的内容以填充其布局空间。不保留长宽比。

（3）Uniform：尽可能地拉伸 Shape 对象的内容以填充其布局空间，同时保留其原始长宽比。

（4）UniformToFill：完全拉伸 Shape 对象的内容以填充其布局空间，同时保留其原始长宽比。

注意

在拉伸 Shape 对象的内容时，会在拉伸之后绘制 Shape 对象的轮廓。

【范例 2】

分别使用上述三种图形拉伸方式来拉伸图形。创建窗体并设置 Grid 为 1 行 4 列，在第 1 列绘制线条并添加填充色；在第 2 列对图形进行 Fill 拉伸；在第 3 列对图形进行 Uniform 拉伸；在第 4 列对图形进行 UniformToFill 拉伸，步骤如下。

（1）创建窗体并设置 Grid 为 1 行 4 列，代码省略。绘制线条代码如下。

```
   <Path   Stroke="Black"   StrokeThickness="1"   Fill="red"   Height="100"
Width="120">
       <Path.Data>
           <PathGeometry>
               <PathGeometry.Figures>
                   <PathFigureCollection>
                       <PathFigure StartPoint="5,10">
                           <PathFigure.Segments>
```

```
                <PathSegmentCollection>
                    <QuadraticBezierSegment Point1="70,100" Point2=
                    "100,70" />
                </PathSegmentCollection>
            </PathFigure.Segments>
        </PathFigure>
    </PathFigureCollection>
  </PathGeometry.Figures>
 </PathGeometry>
</Path.Data>
</Path>
```

（2）Grid 第 2 列的图形与第 1 列一样，代码省略，同时修改其拉伸属性，其 Path 标记的代码如下所示。

```
<Path Grid.Column="1" Grid.Row="1" Stroke="Black" StrokeThickness="1"
Fill="red" Height="100" Width="120" Stretch="Fill">
```

（3）Grid 第 3 列的图形与第 1 列一样，代码省略，同时修改其拉伸属性，其 Path 标记的代码如下所示。

```
<Path Grid.Column="2" Stroke="Black" StrokeThickness="1" Fill="red"
Height="100" Width="120" Stretch="Uniform">
```


（4）Grid 第 4 列的图形与第 1 列一样，代码省略，同时修改其拉伸属性，其 Path 标记的代码如下所示。

```
<Path Grid.Column="3" Stroke="Black" StrokeThickness="1" Fill="red"
Height="100" Width="120" Stretch="UniformToFill">
```

上述代码的执行结果如图 13-2 所示。

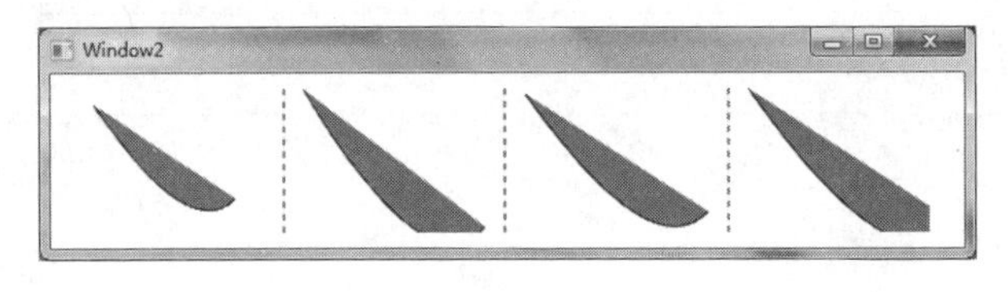

图 13-2　图形拉伸

由图 13-2 可以看出，Fill 拉伸保留了线条的两个端点，在区域最大限度内进行拉伸；Uniform 拉伸保持原比例和形状，完整地在区域内拉伸；UniformToFill 拉伸只保留了线条的初始点和转折点。

13.1.3　形状变换

Transform 类提供了在二维平面中变换形状的方法。不同类型的变换包括旋转（RotateTransform）、缩放（ScaleTransform）、扭曲（SkewTransform）和平移（TranslateTransform）。

1. 旋转

经常应用于形状的变换操作是旋转。若要旋转形状，需要创建一个 RotateTransform 并指定其 Angle。45° 的 Angle 将元素沿顺时针方向旋转 45°；90° 将元素沿顺时针方向旋转 90°；以此类推。CenterX 和 CenterY 属性控制旋转图形的中心点坐标。其常用属性如表 13-2 所示。

表 13-2 旋转属性

属性名称	说明
Angle	获取或设置顺时针旋转角度（以度为单位）
CanFreeze	获取一个值对象是否可以使旋转无法修改
CenterX	获取或设置旋转中心点的 x 坐标
CenterY	获取或设置旋转中心点的 y 坐标
HasAnimatedProperties	获取一个值，该值指示一个或多个 AnimationClock 对象是否与此对象的任何依赖项属性相关联
Inverse	获取此变换的逆变换（如果存在）
IsFrozen	获取一个值，该值指示对象当前是否可修改
Value	以 Matrix 对象的形式获取当前的旋转变换

【范例 3】

绘制圆角矩形并对其进行 30° 和 70° 旋转，步骤如下。

（1）创建窗体并设置 Grid 为 1 行 3 列，代码省略。绘制矩形代码如下。

```
<Rectangle  Fill="LightPink"  StrokeThickness="2"  Stroke="Black"
Width="100" Height="70" RadiusX="100" RadiusY="20"></Rectangle>
```

（2）Grid 第 2 列的图形与第 1 列一样，为其添加旋转样式，代码如下。

```
<Rectangle  Grid.Column="1"  Fill="LightPink"  StrokeThickness="2"
Stroke="Black" Width="100" Height="70" RadiusX="100" RadiusY="20">
    <Rectangle.RenderTransform>
        <RotateTransform CenterX="44" CenterY="30" Angle="30" />
    </Rectangle.RenderTransform>
</Rectangle>
```

（3）Grid 第 3 列的图形与第 2 列一样，代码省略。其旋转设置的代码如下所示。

```
<RotateTransform CenterX="44" CenterY="30" Angle="70" />
```

上述代码的执行结果如图 13-3 所示。

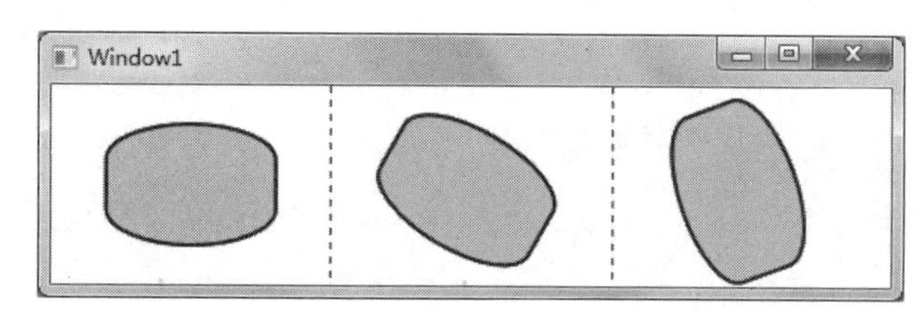

图 13-3 图形旋转

2. 缩放

缩放使用 ScaleTransform 控件执行，为图形设置水平缩放或垂直缩放的比例，即可对其进行缩放控制。其常用属性如表 13-3 所示。

表 13-3 缩放属性

属性名称	说明
CanFreeze	获取一个值对象是否可以使缩放无法修改
CenterX	获取或设置此 ScaleTransform 的中心点的 x 坐标
CenterY	获取或设置此 ScaleTransform 的中心点的 y 坐标
HasAnimatedProperties	获取一个值，该值指示一个或多个 AnimationClock 对象是否与此对象的任何依赖项属性相关联
Inverse	获取此变换的逆变换（如果存在）
ScaleX	获取或设置 x 轴的缩放比例
ScaleY	获取或设置 y 轴的缩放比例
Value	获取 Matrix 对象形式的当前缩放转换

【范例 4】

使用范例 3 中的矩形和 Grid，对图形进行缩放控制，步骤如下。

（1）绘制矩形代码省略。在第 2 列使用垂直方向 1.5 倍放大，代码如下。

```
<Rectangle Grid.Column="1" Fill="LightPink" StrokeThickness="2" Stroke=
"Black"  Width="100" Height="70" RadiusX="100" RadiusY="20">
    <Rectangle.RenderTransform>
        <ScaleTransform CenterX="44" CenterY="30" ScaleY="1.5"></Scale
        Transform>
    </Rectangle.RenderTransform>
</Rectangle>
```

（2）使用步骤（1）中的矩形代码，修改其缩放代码，使图形沿着水平方向 1.5 倍放大，代码如下。

```
<ScaleTransform CenterX="44" CenterY="30" ScaleX="1.5"></ScaleTransform>
```

上述代码的执行结构如图 13-4 所示。

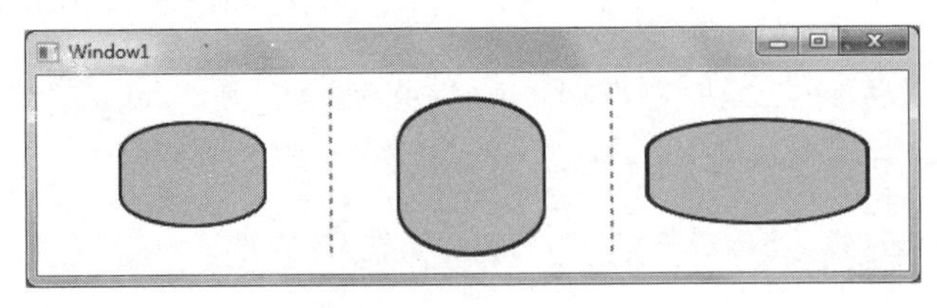

图 13-4 图形缩放

3. 扭曲

图形的扭曲是将图形在 x 轴或 y 轴方向上扭曲，设置其在 x 轴或 y 轴方向上的扭曲角度和转换时的中心坐标即可。扭曲使用 SkewTransform 属性，其常用属性如表 13-4 所示。

表 13-4 扭曲属性

属性名称	说明
AngleX	获取或设置 x 轴扭曲角度，该角度从 y 轴开始沿逆时针方向测量，以° 为单位
AngleY	获取或设置 y 轴扭曲角度，该角度从 x 轴开始沿逆时针方向测量，以° 为单位
CanFreeze	获取一个值对象是否可以使扭曲无法修改
CenterX	获取或设置变换中心的 x 坐标
CenterY	获取或设置变换中心的 y 坐标
Inverse	获取此变换的逆变换（如果存在）
IsFrozen	获取一个值，该值指示对象当前是否可修改
Value	以 Matrix 形式获取当前的变换值

【范例 5】

利用范例 4 中的矩形和 Grid，省略其矩形和 Grid 设置，使用下列两条扭曲设置，代码如下。

```
<SkewTransform CenterX="44" CenterY="30" AngleX="45" AngleY="0" />
<SkewTransform CenterX="44" CenterY="30" AngleX="0" AngleY="45" />
```


上述代码分别进行水平方向 45° 扭曲和垂直方向 45° 扭曲，其效果如图 13-5 所示。

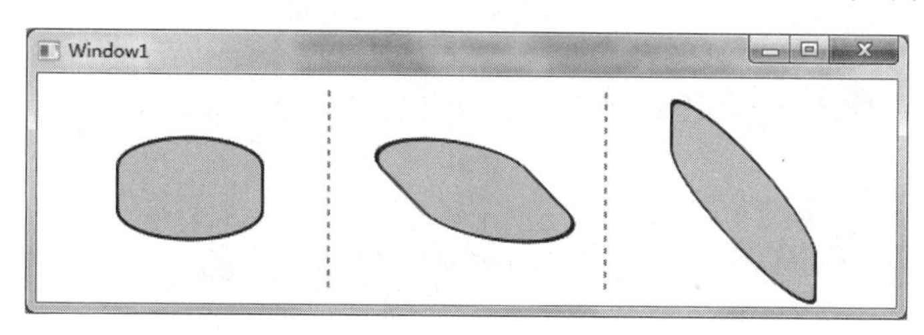

图 13-5 图形扭曲

4．平移

图形的平移是一种简单的效果，是将图形根据水平方向移动的距离和垂直方向移动的距离来重新绘制图形，平移使用 TranslateTransform 控件，其常用属性如表 13-5 所示。

表 13-5 转换属性

属性名称	说明
CanFreeze	获取一个值对象是否可以使转换无法修改
Inverse	获取此变换的逆变换（如果存在）
Value	获取此 TranslateTransform 的 Matrix 表示形式
X	获取或设置沿 x 轴平移的距离
Y	获取或设置沿 y 轴平移（移动）对象的距离

【范例 6】

利用范例 4 中的矩形和 Grid，省略其矩形和 Grid 设置，使用下列两条平移设置，代码如下。

```
<TranslateTransform X="40" Y="-20" />
<TranslateTransform X="-40" Y="20" />
```

上述代码分别进行水平方向向右 40、垂直向上 20 移动；水平向左 40、垂直向下 20 的移动，其效果如图 13-6 所示。

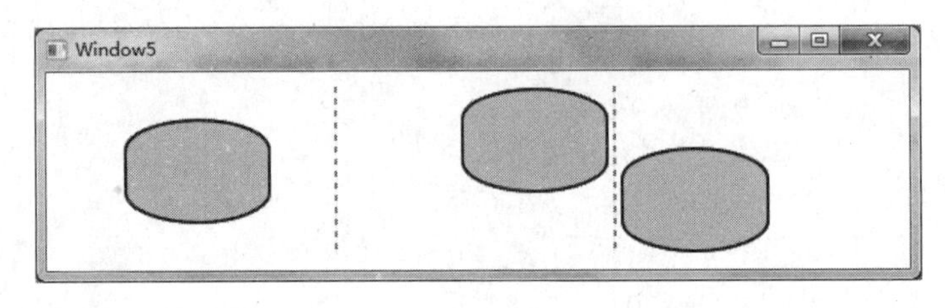

图 13-6 图形移动

13.2 画刷

13.1 节介绍了图形的绘制，本节介绍画刷对颜色的控制。在 WPF 中有纯色和渐变色的支持，在纯色和渐变色的基础上可设置颜色的透明度。而在渐变色的使用中，可以使颜色发生线性渐变和径向渐变，还可以设置渐变停止点。

13.2.1 纯色和渐变色

任何平台上的一个最常见的操作是使用纯绘制区域。为了实现此任务，WPF 提供了 SolidColorBrush 类。若要在 XAML 中用纯色绘制区域，有以下三种定义色彩的方式。

（1）通过名称选择一个预定义的纯色画笔。例如，可以将按钮的 Background 设置为 Red 或 MediumBlue。

（2）通过指定红色、绿色和蓝色的分量以组合成单一纯色，从 32 位调色板中选择一种颜色。从 32 位调色板中指定一种颜色时使用的格式为“#rrggbb”，其中 rr 是指定红色相对量的两位十六进制数，gg 指定绿色相对量，bb 指定蓝色相对量。

（3）按“#aarrggbb”格式指定颜色，其中 aa 指定颜色的透明度。通过此方法可以创建部分透明的颜色。

上述色彩只能是属性值，而要在窗体中使用色彩，可以使用如下几种方式。

（1）Brushes 类提供的预定义画笔之一。

（2）SolidColorBrush 的 Color 属性。

（3）使用 SolidColorBrush 的静态 FromArgb()方法创建 Color。

使用静态 FromArgb 可以指定颜色的 alpha 值、红色值、绿色值和蓝色值。以上每种值的典型范围都是 0～255。alpha 值为 0 表示颜色完全透明，而值 255 表示颜色完全不透明。

渐变色可以使用渐变画笔沿一条轴或一个点，混合多种颜色绘制区域。渐变色可以形成光和影的效果，使控件具有三维外观。还可以使用渐变色来模拟玻璃、镶边、水和其他光滑表面。WPF 提供两种类型的渐变画笔控件：LinearGradientBrush（线性渐变）和 RadialGradientBrush（径向渐变）。

13.2.2 线性渐变

线性渐变是颜色沿一条直线（即渐变轴）进行渐变，如颜色从左向右依次由黄色变为红色、再变为紫色。

WPF 提供 LinearGradientBrush 控件用于实现线性渐变、提供 RadialGradientBrush 实现径向渐变。而无论是哪种渐变方式，都可以使用 GradientStop 控件指定渐变的颜色及其在渐变轴上的位置。

使用 GradientStop 对象还可以修改渐变轴，这样能够创建水平和垂直渐变并反转渐变方向。渐变轴将在默认情况下创建对角线渐变，即从左上角渐变到右下角。

对一个区域实现线性渐变，需要为其执行一个渐变轴和颜色渐变顺序。渐变轴可以设置起始点和终点，使用画笔的 StartPoint 和 EndPoint 属性更改直线的方向和大小，创建水平和垂直渐变、反转渐变方向以及压缩渐变的范围等。

StartPoint 和 EndPoint 的属性值是 0～1 之间的浮点数，0 指示边界框的 0%，1 指示边界框的 100%。

默认情况下，线性渐变画笔的 StartPoint 和 EndPoint 与绘制区域相关。点（0,0）表示绘制区域的左上角，(1,1)表示绘制区域的右下角。LinearGradientBrush 的默认 StartPoint 为（0,0），默认 EndPoint 为（1,1）。

可以通过将 MappingMode 属性设置为值 Absolute，更改此坐标系，绝对坐标系与边界框不相关。

GradientStop 是渐变画笔的基本构造块。其内部需要设置 Color 属性和 Offset 属性，如下所示。

（1）Color 属性指定渐变停止点的颜色。

（2）Offset 属性指定渐变停止点的颜色在渐变轴上的位置。偏移量是一个范围从 0～1 的 Double 值。渐变停止点的偏移量值越接近 0，颜色越接近渐变起点。渐变偏移量值越接近 1，颜色越接近渐变终点。

每一个颜色 Color 对应一个 Offset 属性，描述该颜色的偏移量。LinearGradientBrush 控件的常用属性如表 13-6 所示。

表 13-6 LinearGradientBrush 常用属性

属性名称	说明
ColorInterpolationMode	获取或设置一个 ColorInterpolationMode 枚举，该枚举指定内插渐变颜色的方式
EndPoint	获取或设置线性渐变的二维终止坐标
GradientStops	获取或设置画笔的渐变停止点
MappingMode	获取或设置一个 BrushMappingMode 枚举，该枚举指定渐变画笔的定位坐标相对于输出区域是绝对的还是相对的

续表

属性名称	说明
Opacity	获取或设置 Brush 的不透明度
RelativeTransform	获取或设置要使用相对坐标应用于画笔的变换
SpreadMethod	获取或设置扩展方法的类型，该类型指定如何在要绘制对象的边界内绘制开始或结束的渐变
StartPoint	获取或设置线性渐变的二维起始坐标
Transform	获取或设置应用于画笔的变换，此变换在完成画笔输出的映射和定位后应用

【范例 7】

使用黄色和紫色的交替来设置颜色的渐变，设置 Grid 为三行，分别进行不同类型的渐变，步骤如下。

（1）窗体和 Grid 代码省略，沿着水平方向进行黄色、紫色、黄色、紫色的渐变，使用 1.0、0.75、0.25、0.0 的色彩偏移量，代码如下。

```
<Rectangle Width="400" Height="100">
    <Rectangle.Fill>
        <LinearGradientBrush StartPoint="0,0.5" EndPoint="1,0.5">
            <GradientStop Color="Yellow" Offset="1.0" />
            <GradientStop Color="BlueViolet" Offset="0.75" />
            <GradientStop Color="Yellow" Offset="0.25" />
            <GradientStop Color="BlueViolet" Offset="0.0" />
        </LinearGradientBrush>
    </Rectangle.Fill>
</Rectangle>
```


（2）沿着水平方向进行黄色、紫色、黄色、紫色的渐变，使用 0.0、0.25、0.75、1.0 的色彩偏移量，代码如下。

```
<Rectangle Grid.Row="1" Width="400" Height="100">
    <Rectangle.Fill>
        <LinearGradientBrush StartPoint="0,0.5" EndPoint="1,0.5">
            <GradientStop Color="Yellow" Offset="0.0" />
            <GradientStop Color="BlueViolet" Offset="0.25" />
            <GradientStop Color="Yellow" Offset="0.75" />
            <GradientStop Color="BlueViolet" Offset="1.0" />
        </LinearGradientBrush>
    </Rectangle.Fill>
</Rectangle>
```

（3）沿着左上角到右下角对角线的方向进行黄色、玫红色、紫色、深紫色的渐变，使用 1.0、0.75、0.25、0.0 的色彩偏移量，代码如。

```
<Rectangle Grid.Row="2" Width="400" Height="150">
    <Rectangle.Fill>
        <LinearGradientBrush StartPoint="1,1" EndPoint="0,0">
            <GradientStop Color="Yellow" Offset="1.0" />
            <GradientStop Color="Magenta" Offset="0.75" />
```

```
            <GradientStop Color="Indigo" Offset="0.25" />
            <GradientStop Color="DarkBlue" Offset="0.0" />
        </LinearGradientBrush>
    </Rectangle.Fill>
</Rectangle>
```

上述代码的执行效果如图 13-7 所示。

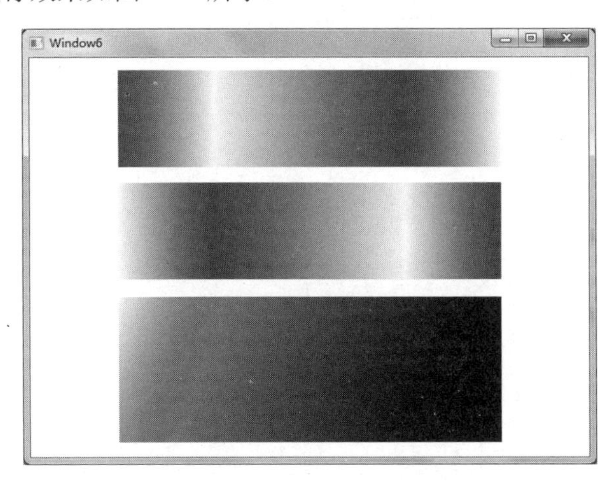

图 13-7 线性渐变

13.2.3 径向渐变

RadialGradientBrush 控件沿一个圆点，从内向外渐变颜色。RadialGradientBrush 使用 GradientOrigin 指定径向渐变画笔的渐变轴的起点。渐变轴从渐变原点辐射至渐变圆。画笔的渐变圆由其 Center、RadiusX 和 RadiusY 属性定义，其常用属性如表 13-7 所示。

表 13-7 RadialGradientBrush 常用属性

属性名称	说明
CanFreeze	获取一个值对象是否可以使渐变无法修改
Center	获取或设置径向渐变最外面的圆的圆心
ColorInterpolationMode	获取或设置一个 ColorInterpolationMode 枚举，该枚举指定内插渐变颜色的方式
DependencyObjectType	获取包装此实例的 CLR 类型的 DependencyObjectType
Dispatcher	获取与此 DispatcherObject 关联的 Dispatcher
GradientOrigin	获取或设置定义渐变开始的二维焦点的位置
GradientStops	获取或设置画笔的渐变停止点
HasAnimatedProperties	获取一个值，该值指示一个或多个 AnimationClock 对象是否与此对象的任何依赖项属性相关联
IsFrozen	获取一个值，该值指示对象当前是否可修改
IsSealed	获取一个值，指示此实例当前是否已密封（只读）
MappingMode	获取或设置一个 BrushMappingMode 枚举，该枚举指定渐变画笔的定位坐标相对于输出区域是绝对的还是相对的

续表

属性名称	说明
Opacity	获取或设置 Brush 的不透明度
RadiusX	获取或设置径向渐变最外面的圆的水平半径
RadiusY	获取或设置径向渐变最外面的圆的垂直半径
RelativeTransform	获取或设置要使用相对坐标应用于画笔的变换
SpreadMethod	获取或设置扩展方法的类型，该类型指定如何在要绘制对象的边界内绘制开始或结束的渐变
Transform	获取或设置应用于画笔的变换，此变换在完成画笔输出的映射和定位后应用

【范例 8】

使用黄色和紫色的交替来设置颜色的渐变，设置 Grid 为两行，分别进行不同类型的渐变，步骤如下。

（1）窗体和 Grid 代码省略，根据默认的圆心进行黄色、紫色、黄色、紫色的渐变，使用 0.0、0.25、0.75、1.0 的色彩偏移量，代码如下。

```
<Rectangle Width="400" Height="100">
    <Rectangle.Fill>
        <RadialGradientBrush>
            <GradientStop Color="Yellow" Offset="0.0" />
            <GradientStop Color="BlueViolet" Offset="0.25" />
            <GradientStop Color="Yellow" Offset="0.75" />
            <GradientStop Color="BlueViolet" Offset="1.0" />
        </RadialGradientBrush>
    </Rectangle.Fill>
</Rectangle>
```

（2）根据指定的的圆心进行黄色、紫色、黄色、紫色的渐变，使用 1.0、0.75、0.25、0.0 的色彩偏移量，代码如下。

```
<Rectangle Grid.Row="1" Width="400" Height="100">
    <Rectangle.Fill>
        <RadialGradientBrush Center="0.7,0.5">
            <GradientStop Color="Yellow" Offset="1.0" />
            <GradientStop Color="BlueViolet" Offset="0.75" />
            <GradientStop Color="Yellow" Offset="0.25" />
            <GradientStop Color="BlueViolet" Offset="0.0" />
        </RadialGradientBrush>
    </Rectangle.Fill>
</Rectangle>
```

上述代码的执行结果如图 13-8 所示。

由于渐变停止点不提供 opacity 属性，因此必须使用标记中的 ARGB 十六进制表示法指定颜色的 alpha 通道，或使用 Color.FromScRgb()方法创建透明或部分透明的渐变停止点。在范例 8 中添加一行，使用第一行的色彩设置，为其添加透明为 80，即黄色#FFFF00

添加透明之后为#80FFFF00，代码如下。

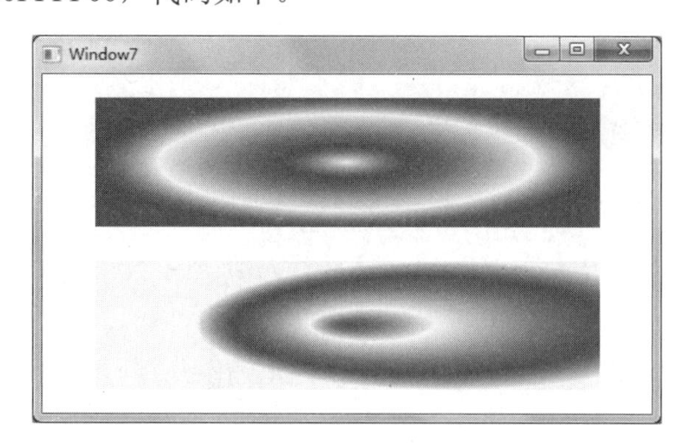

图 13-8　径向渐变

```
<Rectangle Grid.Row="2" Width="400" Height="100">
    <Rectangle.Fill>
        <RadialGradientBrush>
            <GradientStop Color="#80FFFF00" Offset="0.0" />
            <GradientStop Color="#808A2BE2" Offset="0.25" />
            <GradientStop Color="#80FFFF00" Offset="0.75" />
            <GradientStop Color="#808A2BE2" Offset="1.0" />
        </RadialGradientBrush>
    </Rectangle.Fill>
</Rectangle>
```

上述代码的执行结果如图 13-9 所示。

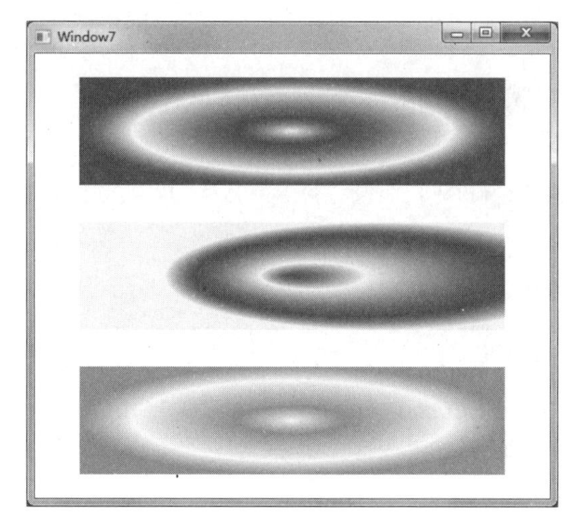

图 13-9　透明效果

13.3 动画

WPF 中可创建图形的动画效果。利用 13.1 节和 13.2 节中的图形和色彩，为程序添加一个计时器，通过动画元素即可使图形和色彩在指定的值之间内发生指定的变化，本节介绍 WPF 中的动画。

13.3.1 动画概述

动画是快速播放一系列图像（其中每个图像与下一个图像略微不同）给人造成的一种幻觉。大脑感觉这组图像是一个变化的场景。在电影中，摄像机每秒钟拍摄许多照片（帧），便可使人形成这种幻觉。用投影仪播放这些帧时，观众便可以看电影了。

计算机上的动画与此类似。例如，使一个矩形逐渐从视野中消失的程序可能按以下方式工作。

（1）程序创建一个计时器。

（2）程序按照设置的时间间隔检查计时器以查看经历了多长时间。

（3）程序每次检查计时器时，它将根据经历的时间来计算矩形的当前不透明度值。

（4）然后程序用新值更新矩形并重画此矩形。

在 WPF 出现之前，Microsoft Windows 开发人员必须创建和管理自己的计时系统或使用特殊的自定义库。WPF 包括一个通过托管代码和可扩展应用程序标记语言 XAML 公开的高效计时系统，该系统紧密地集成到 WPF 框架中。通过使用 WPF 动画，可以轻松地对控件和其他图形对象进行动画处理。

WPF 可以高效地处理管理计时系统和重绘屏幕的所有后台事务。它提供了计时类，使用这些类，可以重点关注要创造的效果，而非实现这些效果的机制。此外，WPF 通过公开动画基类（可以继承自这些类）可以轻松创建自己的动画，这样便可以制作自定义动画。这些自定义的动画获得了标准动画类的许多性能优点。

13.3.2 WPF 属性动画

在 WPF 中，通过对控件的个别属性应用动画，可以对控件进行动画处理。例如，若要使框架元素增大，请对其 Width 和 Height 属性进行动画处理。若要使对象逐渐从视野中消失，可以对其 Opacity 属性进行动画处理。

要使属性具有动画功能，属性必须满足以下三个要求。

（1）它必须是依赖项属性。

（2）它必须属于继承自 DependencyObject 并实现 IAnimatable 接口的类。

（3）必须存在可用的兼容动画类型（如果 WPF 未提供可用的兼容动画类型，则可以创建自己的兼容动画类型）。

WPF 包含许多具有 IAnimatable 属性的对象。诸如 Button、TabControl 和 Panel 控件以及 Shape 对象都继承自 DependencyObject。它们的大多数属性都是依赖项属性。

可以在任何地方使用动画，包括在样式和控件模板中使用。通常对于 Double 类型属性值的动画，首先要创建 DoubleAnimation，该元素能够产生一个双精度值的动画。

DoubleAnimation 创建两个双精度值之间的过渡。若要指定其起始值，可设置其 From 属性。若要指定其终止值，可设置其 To 属性。

若要向元素应用动画，需要创建 Storyboard 并使用 TargetName 和 TargetProperty 附加属性指定要进行动画处理的对象和属性。

Storyboard 必须知道要在哪里应用动画。使用 Storyboard.TargetName 附加属性指定要进行动画处理的对象。使用 TargetProperty 附加属性指定要进行动画处理的属性。

【范例 9】

定义一个矩形，通过改变其 4 个角的弧度定义动画，使矩形由圆变方再变圆，代码如下。

```
<Rectangle  Name="MyRectangle"  Fill="LightPink"  StrokeThickness="2"
Stroke="Black"  Width="200" Height="120" RadiusX="200" RadiusY="120">
    <Rectangle.Triggers>
        <EventTrigger RoutedEvent="Rectangle.Loaded">
            <BeginStoryboard>
                <Storyboard>
                    <DoubleAnimation
                            Storyboard.TargetName="MyRectangle"
                            Storyboard.TargetProperty="RadiusX"
                            From="0.0" To="200.0" Duration="0:0:5"
                            AutoReverse="True" RepeatBehavior="Forever" />
                </Storyboard>
            </BeginStoryboard>
        </EventTrigger>
    </Rectangle.Triggers>
</Rectangle>
```

上述代码中的“From="0.0" To="200.0" Duration="0:0:5"”设置矩形弧度初始为 0.0，在 5s 的时间内变为 200.0。From、To、Duration 属性分别定义矩形的初始属性值、变化后的最终属性值和变化过程经历的时间。其执行过程如图 13-10～图 13-12 所示。

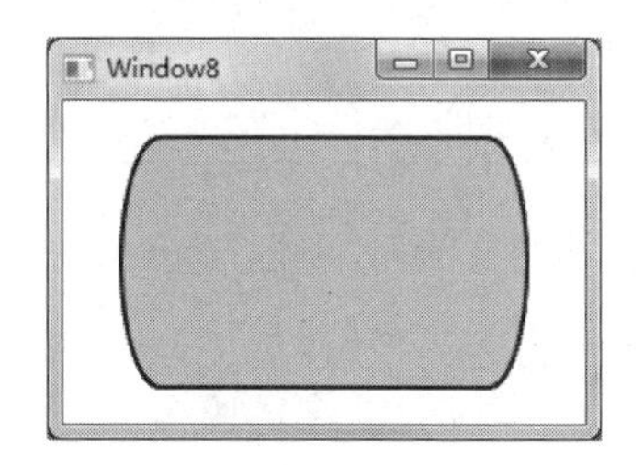

图 13-10　弧度变化 1

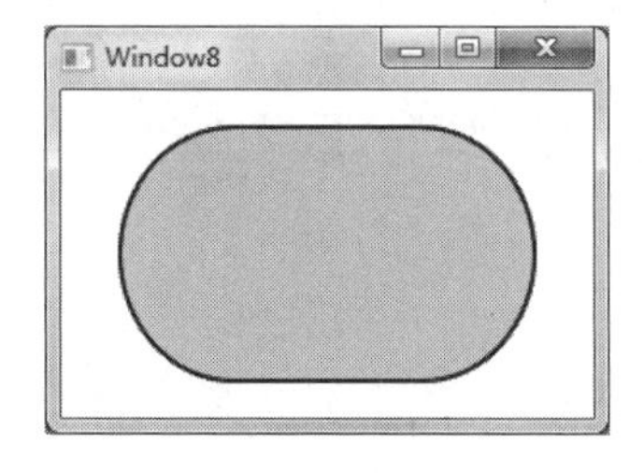

图 13-11　弧度变化 2

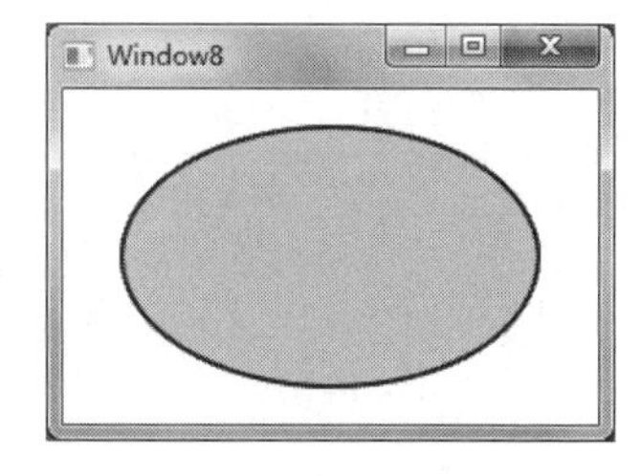

图 13-12　弧度终值

13.3.3　动画类型

13.2 节使用 DoubleAnimation 修改 Double 类型属性值，来制作简易的动画。元素的属性值有多种，如字符串类型、颜色类型等。对于不同的属性类型，会有不同的动画类型相对应。

如要对采用 Double 的属性（例如元素的 Width 属性）进行动画处理，则使用生成

Double 值的动画。若要对采用 Point 的属性进行动画处理，使用生成 Point 值的动画。

由于存在许多不同的属性类型，因此 System.Windows.Media.Animation 命名空间中存在一些动画类，如表 13-8 所示。

表 13-8 动画类型

类型	说明
Animation	这些动画称为“From/To/By”或“基本”动画，它们在起始值和目标值之间进行动画处理，或者通过将偏移量值与其起始值相加来进行动画处理。 （1）若要指定起始值，设置动画的 From 属性。 （2）若要指定终止值，设置动画的 To 属性。 （3）若要指定偏移量值，设置动画的 By 属性
AnimationUsingKeyFrames	关键帧动画的功能比 From/To/By 动画的功能更强大，因为可以指定任意多个目标值，甚至可以控制它们的插值方法。某些类型的内容只能用关键帧动画进行动画处理。关键帧动画概述中详细描述了关键帧动画
AnimationUsingPath	路径动画能够使用几何路径来生成动画值
AnimationBase	在实现时对<类型>值进行动画处理的抽象类。此类用作<类型>Animation 和<类型>AnimationUsingKeyFrames 类的基类。只有在想要创建自己的自定义动画时，才必须直接处理这些类。否则，请使用<类型>Animation 或 KeyFrame<类型>Animation

在大多数情况下使用 Animation 类修改元素的属性值，例如，DoubleAnimation 修改 Double 类型的属性值，ColorAnimation 修改颜色属性值。不同类型的属性值及其动画元素如表 13-9 所示。

表 13-9 不同类型属性的动画类型

类型	动画元素	关键帧动画	用法
Color	ColorAnimation	ColorAnimationUsingKeyFrames	对 Color 进行动画处理
Double	DoubleAnimation	DoubleAnimationUsingKeyFrames	对 Width 或 Height 进行动画处理
Point	PointAnimation	PointAnimationUsingKeyFrames	对位置进行动画处理
String	无	StringAnimationUsingKeyFrames	对 Text 或 Content 进行动画处理

所有动画类型均继承自 Timeline 类，因此所有动画都是专用类型的时间线。Timeline 定义时间段。因为动画是 Timeline，所以它还表示一个时间段。

在动画的指定时间段（即 Duration 属性值）内运行动画时，动画还会计算输出值。在运行或“播放”动画时，动画将更新与其关联的属性。Duration、AutoReverse 和 RepeatBehavior 是三个常用的计时属性。

1. Duration 属性

如前文所述，时间线代表一个时间段。该时间段的长度由时间线的 Duration（通常用 TimeSpan 值来指定）来决定。当时间线达到其持续时间的终点时，表示时间线完成了一次重复。

动画使用其 Duration 属性来确定其当前值。如果没有为动画指定 Duration 值，它将使用默认值（1s）。其语法格式如下所示：

```
Duration="小时:分钟:秒"
```

在代码中指定 Duration 的另一种方法是使用 FromSeconds()方法创建 TimeSpan，然后使用该 TimeSpan 声明新的 Duration 结构。

2. AutoReverse 属性

AutoReverse 属性指定时间线在到达其 Duration 的终点后是否倒退。如果将此动画属性设置为 true，则动画在到达其 Duration 的终点后将倒退，即从其终止值向其起始值反向播放。默认情况下，该属性为 false。

3. RepeatBehavior 属性

RepeatBehavior 属性指定时间线的播放次数。默认情况下，时间线的重复次数为 1.0，即播放一次时间线，根本不进行重复。

除了使用上述属性类设置动画的播放时间、循环和次数，还可使用以下几个元素来设置动画颜色的过渡方式。

（1）LinearColorKeyFrame：线性关键帧，在各个值之间创建平滑的线性过渡。

（2）DiscreteColorKeyFrame：离散关键帧，在各个值之间创建突然变化。

（3）SplineColorKeyFrame：样条关键帧，根据 KeySpline 属性的值（时间列表）在各个值之间创建可变过渡。

【范例 10】

在范例 9 的基础上添加一行，添加边框控件并为其制作动画，动态地改变边框颜色，在其各个颜色值之间创造线性过渡，代码如下。

```
<Border Grid.Row="1" Background="Yellow" BorderThickness="20" CornerRadius=
"160,160,0,0" Margin="15,15,15,15">
    <Border.BorderBrush>
        <SolidColorBrush x:Name="BorderColor" Color="White" />
    </Border.BorderBrush>
    <Border.Triggers>
        <EventTrigger RoutedEvent="Border.Loaded">
            <BeginStoryboard>
                <Storyboard>
                    <ColorAnimationUsingKeyFrames  Storyboard.TargetProperty=
                    "Color" Storyboard.TargetName="BorderColor" Duration="0:0:5"
                    AutoReverse="True" RepeatBehavior="Forever">
                        <ColorAnimationUsingKeyFrames.KeyFrames>
                            <LinearColorKeyFrame Value="Red" KeyTime="0:0:5" />
                        </ColorAnimationUsingKeyFrames.KeyFrames>
                    </ColorAnimationUsingKeyFrames>
                </Storyboard>
            </BeginStoryboard>
        </EventTrigger>
    </Border.Triggers>
</Border>
```

执行上述代码，边框的颜色变化是跟圆角矩形弧度变化一起进行的，截取变化过程中的三个点，如图 13-13～图 13-15 所示。

图 13-13 刚开始变化

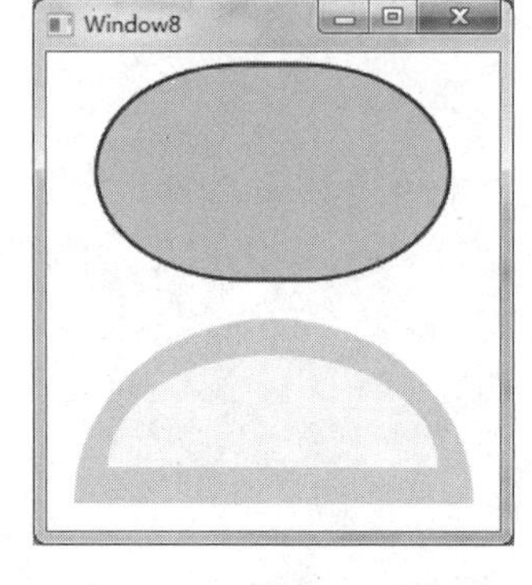

图 13-14 变化中

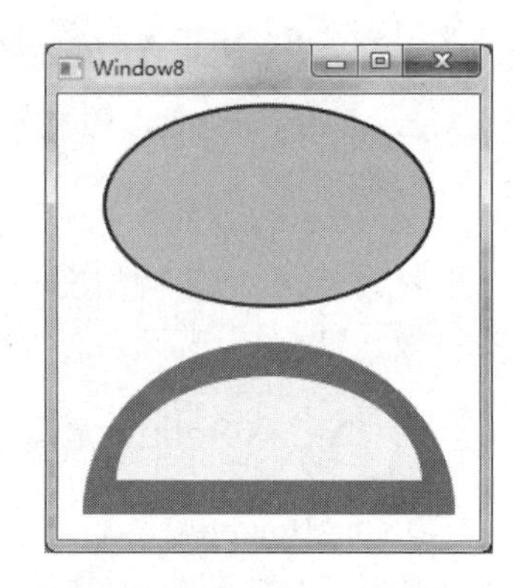

图 13-15 变化完成

若修改其变化过程为突然变化或过渡变化，使用下面的语句。

```
<DiscreteColorKeyFrame Value="Red" KeyTime="0:0:5" />
<SplineColorKeyFrame  Value="Red"  KeyTime="0:0:5"  KeySpline="0.6,0.0,
0.9,0.00" />
```


13.3.4 对属性应用动画

前面几节描述动画的不同类型及其计时属性。本节介绍如何对要进行动画处理的属性应用动画。Storyboard 对象提供了对属性应用动画的一种方法。Storyboard 是一个为其所包含的动画提供目标信息的容器时间线。

Storyboard 类提供 TargetName 和 TargetProperty 附加属性。通过在动画上设置这些属性，告诉动画对哪些内容进行动画处理。但是，通常必须为对象提供唯一的名称，动画才能以该对象作为处理目标。

为 FrameworkElement 分配名称不同于为 Freezable 对象分配名称。大多数控件和面板是框架元素；而大多数纯图形对象（如画笔、转换和几何图形）是可冻结的对象。

（1）若要使 FrameworkElement 成为动画目标，应通过设置其 Name 属性为其提供一个名称。在代码中，还必须使用 RegisterName()方法向元素名称所属的页面注册该元素名称。

（2）若要使 Freezable 对象成为 XAML 中的动画目标，应使用 x:Name 指令为其分配一个名称。在代码中，只需使用 RegisterName()方法向对象所属的页面注册该对象。

若要使用 XAML 启动演示图板，应将其与 EventTrigger 关联。EventTrigger 是一个描述在发生指定事件时执行哪些操作的对象。这些操作中的一个操作可以是 BeginStoryboard 操作，可以使用此操作启动演示图板。事件触发器与事件处理程序的概念类似，因为通过使用它们，可以指定应用程序如何响应特定事件。与事件处理程序不同的是，可以直接使用 XAML 来描述事件触发器，而无须使用其他代码。

若要使用代码启动 Storyboard，可以使用 EventTrigger 或使用 Storyboard 类的 Begin()方法。

动画可以在 Storyboard 启动后以交互方式控制它：可以暂停、继续和停止它，并可以使其进入到其填充期，还可以查找和移除 Storyboard。

FillBehavior 属性指定时间线结束时的行为方式。默认情况下，时间线结束时将启动 Filling。处于 Filling 状态的动画将保持其最终输出值。

在代码中重新获得对动画属性的控制的一种方法是使用 BeginAnimation()方法，并将 AnimationTimeline 参数指定为 null。

13.4 图像

图像在之前的 VS 版本中，可以使用控件来显示，对图像的处理依赖于 GDI 接口和 GDI+库。但之前的 API 只是提供了基线图像处理功能，缺乏诸如编解码器扩展性支持和高保真图像支持之类的功能。

WPF 图像处理旨在克服 GDI 和 GDI+的缺点，并提供一组新的 API，用以在应用程序内显示和使用图像，本节介绍 WPF 中的图像处理。

13.4.1 WPF 图像处理

WPF 图像处理 API 有两种方式可以访问：托管组件和非托管组件。非托管组件提供以下功能。

（1）适用于新的或专用图像格式的扩展性模型。

（2）对包括位图（.bmp）、联合图像专家组（.jpeg）、可移植网络图形（.png）、标记图像文件格式（.tiff）、Microsoft Windows Media 照片、图形交换格式（.gif）和图标（.ico）在内的本机图像格式增强了性能和安全性。

（3）高位深图像数据的保留最多 8 位/通道（32 位/像素）。

（4）非破坏性图像缩放、裁切和旋转。

（5）简化的颜色管理。

（6）支持文件内的专用元数据。

托管组件利用非托管基础结构提供图像与其他 WPF 功能（如用户界面、动画和图形）的无缝集成。托管组件还可以从 WPF 图像处理编解码器扩展性模型获益，利用该模型可以自动识别 WPF 应用程序中的新图像格式。

大部分托管的 WPF 图像处理 API 驻留在 System.Windows.Media.Imaging 命名空间中，不过，几个重要的类型（如 ImageBrush 和 ImageDrawing）都驻留在 System.Windows.Media 命名空间，Image 驻留在 System.Windows.Controls 命名空间。

13.4.2 WPF 图像格式

不同的图形格式需要进行不同的解码和编码，编解码器用于对特定媒体格式进行解码或编码。WPF 图像处理包括一个适用于 bmp、jpeg、png、tiff、Windows Media 照片、gif 和图标图像格式的编解码器。利用上述每个编解码器，应用程序可以对其各自的图像格式进行解码（icon 除外）和编码。

WPF 图像处理中有两个重要的类：BitmapSource 和 BitmapFrame。对其解释如下。

（1）BitmapSource 用于对图像进行解码和编码。它是 WPF 图像处理管线的基本构造块，表示具有特定大小和分辨率的单个不变的像素集。BitmapSource 可以是多个帧图像中的单个帧，或者可以是在 BitmapSource 上执行转换的结果。它是 WPF 图像处理中使用的许多主要类（如 BitmapFrame）的父级。

（2）BitmapFrame 用于存储图像格式的实际位图数据。许多图像格式仅支持单一 BitmapFrame，不过 GIF 和 TIFF 等格式的图像支持每个图像有多个帧。帧由解码器用作输入数据，并传递到编码器以创建图像文件。

图像处理主要是对图像格式的处理，表现为图像解码和图像编码，对其解释如下。

（1）图像解码是指将某种图像格式转换为可以由系统使用的图像数据。然后，此图像数据可以用于显示、处理或编码为其他格式。解码器的选择是基于图像格式做出的。编解码器的选择是自动做出的，除非指定了特定的解码器。在 WPF 中显示图像小节中的示例演示了自动解码。使用非托管 WPF 图像处理界面开发并向系统注册的自定义格式解码器会自动加入到解码器选择队列。这将使得自定义格式可以自动显示在 WPF 应用程序中。

（2）图像编码是指将图像数据转换为特定图像格式的过程。然后，已编码的图像数据可以用于创建新图像文件。WPF 图像处理为上面介绍的每种图像格式提供编码器。

某些图像文件包含用于描述文件的内容或特征的元数据。例如，大多数数码相机创建的图像中包含用于捕获该图像的照相机的品牌和型号的元数据。每个图像格式处理元数据的方式不同，但 WPF 图像处理提供一种统一的方式来为每个支持的图像格式存储和检索元数据。

对元数据的访问是通过 BitmapSource 对象的 Metadata 属性提供的。Metadata 返回一个 BitmapMetadata 对象，其中包含该图像所包含的所有元数据。此数据可以位于一个元数据架构中或位于不同方案的组合中。WPF 图像处理支持以下图像元数据架构：可交换图像文件（Exif）、tEXt（png 文本数据）、图像文件目录（IFD）、国际新闻通信委员会和可扩展元数据平台（XMP）。

为了简化读取元数据的过程，BitmapMetadata 提供易于访问的若干命名属性（如 Author、Title 和 CameraModel）。许多命名属性还可以用于编写元数据。元数据查询读取器提供对读取元数据的其他支持。GetQuery()方法用于检索元数据查询读取器，这是通过提供字符串查询（如“/app1/exif/”）来实现的。

若要编写元数据，请使用元数据查询编写器。SetQuery 包含查询编写器并设置所需的值。

WPF 图像处理的核心功能是用于新图像编解码器的扩展性模型。通过这些非托管的接口，编解码器开发人员可以将编解码器与 WPF 集成，这样 WPF 应用程序就可以自动使用新的图像格式。

13.4.3 图像显示

在 WPF 应用程序中显示图像有多种方式。通常使用 Image 控件显示图像、使用 ImageBrush 在可视图面板上绘制图像或使用 ImageDrawing 绘制图像。

Image 是一个框架元素，是在应用程序中显示图像的主要方式。在 XAML 中，有两种方式可以使用 Image：特性语法或属性语法。

通常使用 BitmapImage 对象引用图像文件。BitmapImage 是一个为加载可扩展应用程序标记语言而优化的专用 BitmapSource，并且是一种将图像显示为 Image 控件的 Source 的简便方式。

还可以由用户自行绘制图像，使用画笔 Brush 可以利用任意内容（从简单的纯色到复杂的图案和图像集）绘制 UI 对象。绘制图像使用 ImageBrush。ImageBrush 是一种 TileBrush 类型，用于将其内容定义为位图图像。ImageBrush 显示由其 ImageSource 属性指定的单个图像。图像和图形都可以使用 13.1.2 节和 13.1.3 节中的拉伸和形状变换。

13.5 多媒体

图形和图像都是静态的没有声音的，虽然可以控制其属性使其有动画的效果，但图形和多媒体的操作是完全不同的。本节介绍多媒体在 WPF 中的使用，包括音频和视频。

13.5.1 多媒体概述

MediaElement 和 MediaPlayer 控件用于播放音频或视频内容。这些类可以通过交互方式或通过时钟进行控制。这些类可控制 Microsoft Windows Media Player 10 控件的媒体播放。

MediaElement 是一个 UIElement，它受布局支持并可用作多种控件内容。MediaElement 也可用在 XAML 以及代码中。

MediaPlayer 用于 Drawing 对象，因而缺少对布局的支持。只能使用 VideoDrawing 或通过直接与 DrawingContext 进行交互来呈现媒体。不能在 XAML 中使用 MediaPlayer。

提示

MediaElement 和 MediaPlayer 具有类似的成员。除非明确说明，MediaElement 类中的成员也可在 MediaPlayer 类中找到。

若要了解 WPF 中的媒体播放，需要先了解可播放媒体的不同模式。MediaElement 和 MediaPlayer 可以用于两种不同的媒体模式中：独立模式和时钟模式。媒体模式由 Clock 属性确定。如果 Clock 为 null，则媒体对象处于独立模式。如果 Clock 不为 null，则媒体对象处于时钟模式。默认情况下，媒体对象处于独立模式。

1. 独立模式

在独立模式下，由媒体内容驱动媒体播放。独立模式实现了下列功能选项。

（1）可直接指定媒体的 Uri。

（2）可直接控制媒体播放。

（3）可修改媒体的 Position 和 SpeedRatio 属性。

通过设置 MediaElement 对象的 Source 属性或者调用 MediaPlayer 对象的 Open()方法来加载媒体。

若要在独立模式下控制媒体播放，可使用媒体对象的控制方法。WPF 提供了下列控制方法：Play()、Pause()、Close()和 Stop()。对于 MediaElement，仅当将 LoadedBehavior 设置为 Manual 时，使用这些方法的交互式控件才可用。当媒体对象处于时钟模式时，这些方法将不可用。

2. 时钟模式

在时钟模式下，由 MediaTimeline 驱动媒体播放。时钟模式具有下列特征。

（1）媒体的 Uri 是通过 MediaTimeline 间接设置的。

（2）可由时钟控制媒体播放。不能使用媒体对象的控制方法。

（3）可通过以下方法加载媒体：设置 MediaTimeline 对象的 Source 属性，从时间线创建时钟，并将时钟分配给媒体对象。当位于 Storyboard 中的 MediaTimeline 针对 MediaElement 时，也可用这种方法加载媒体。

若要在时钟模式下控制媒体播放，必须使用 ClockController 控制方法。ClockController 是从 MediaClock 的 ClockController 属性获取的。如果尝试在时钟模式下使用 MediaElement 或 MediaPlayer 对象的控制方法，则会引发异常。

> **提 示**
>
> 在将媒体与应用程序一起分发时，不能将媒体文件用作项目资源。在项目文件中，必须将媒体类型改设为 Content，并将 CopyToOutputDirectory 设置为 PreserveNewest 或 Always。

13.5.2 MediaElement 类

向应用程序添加媒体的操作十分简单，只需向应用程序的用户界面添加 Media Element 控件，并为要包含的媒体提供 Uri。WPF 中支持 Microsoft Windows Media Player 10 所支持的所有媒体类型。

媒体在加载后即会自动播放。播放完后，就会关闭媒体，并且会释放所有媒体资源（包括视频内存）。此行为是 MediaElement 对象的默认行为，由 LoadedBehavior 和 UnloadedBehavior 属性控制。

当 IsLoaded 为 true 或 false 时，可分别使用 LoadedBehavior 和 UnloadedBehavior 属性控制 MediaElement 的行为。设置 MediaState 属性的目的是影响媒体播放行为。例如，

默认的 LoadedBehavior 为 Play，而默认的 UnloadedBehavior 为 Close。这意味着加载 MediaElement 并完成预播放后，即会开始播放媒体。播放完后，就会关闭媒体，并且会释放所有媒体资源。

LoadedBehavior 和 UnloadedBehavior 属性不是控制媒体播放的唯一方法。在时钟模式下，时钟可以控制 MediaElement，并且这些交互式控制方法在 LoadedBehavior 为 Manual 时具有控制权。MediaElement 通过计算下列优先级来处理对控制权的这种竞争。

（1）UnloadedBehavior 在卸载媒体时发生。这可确保默认情况下释放所有媒体资源，即使 MediaClock 与 MediaElement 关联也是如此。

（2）MediaClock 在媒体具有 Clock 时发生。如果卸载媒体，则只要 UnloadedBehavior 为 Manual，MediaClock 就会生效。时钟模式始终重写 MediaElement 的加载行为。

（3）LoadedBehavior 在加载媒体时发生。

（4）交互式控制方法。在 LoadedBehavior 为 Manual 时发生。提供了下列控制方法：Play()、Pause()、Close()和 Stop()。

若要显示 MediaElement，它必须具有要呈现的内容、控件相对于容器的水平对齐方式和垂直对齐方式。如果设置 Width 和 Height 属性，则会导致拉伸媒体来填充为 MediaElement 提供的区域。若要保持媒体的原始纵横比，应设置 Width 或 Height 属性，但不能同时设置这两者。如果同时设置 Width 和 Height 属性，则会使媒体以固定元素大小显示，可能无法达到预期效果。

为避免元素大小固定，WPF 可以预播放媒体。为此，需要将 LoadedBehavior 设置为 Play 或 Pause。在 Pause 状态下，媒体将预先缓冲，并将显示第一帧。在 Play 状态下，媒体将预先缓冲，然后再开始播放。

【范例 11】

创建页面并添加 MediaElement 媒体播放，设置其播放路径为“D:\one_piece.mp4”，主要代码如下所示。

```
MediaElement Name="media" HorizontalAlignment="Center" VerticalAlignment=
"Center" Source="D:\one_piece.mp4" Width="450"  />
```

上述代码的执行结果如图 13-16 所示。由于没有设置 LoadedBehavior 属性，该元素默认在加载时播放，截取播放中的效果图如图 13-17 所示。

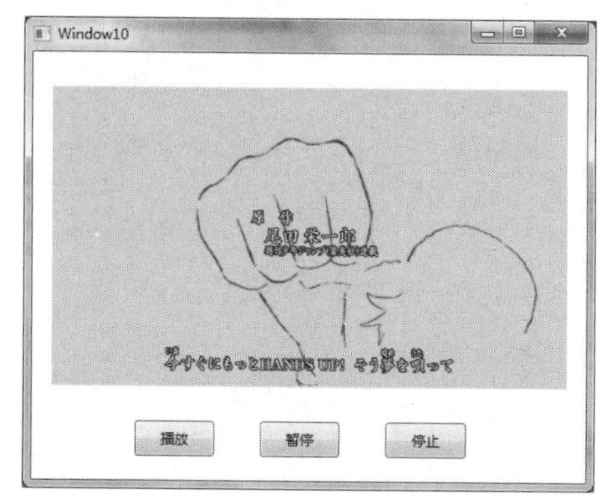

图 13-16 媒体开始播放

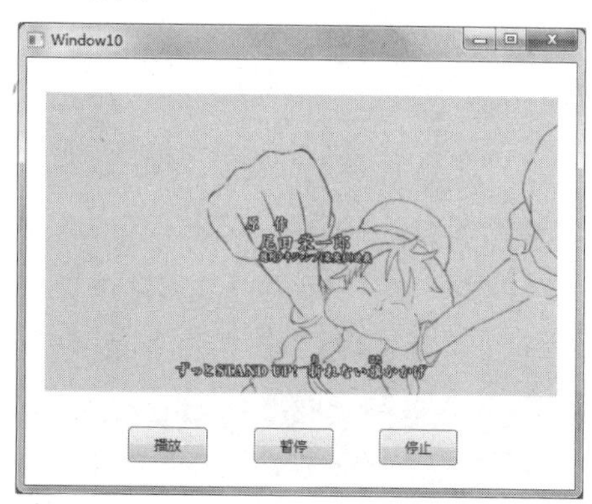

图 13-17 媒体播放中

若要在运行时控制视频的播放和暂停等操作，需要先设置其 LoadedBehavior 属性值为 Manual，再进行对媒体播放的操作。对视频的常用设置如下所示。

（1）MediaElement 控件的 Play()、Pause()和 Stop()方法分别用于播放、暂停和停止媒体。

（2）MediaElement 控件的 Position 属性用来在媒体中回退和快进。

（3）MediaElement 控件的 Volume 和 SpeedRatio 属性用于调整媒体的音量和播放速度。

13.6 实验指导——自定义播放器

本章主要介绍了图形、图像和多媒体的使用，结合本章内容，自定义一个播放器，要求如下。

（1）使用图像显示控件作为播放器的开始、暂停和结束按钮。

（2）使用进退滚动条和音量控制条来控制视频的快进快退和音量。

完成上述要求，步骤如下。

（1）创建页面并设置 Grid 为两行两列，代码如下。


```
<Grid>
    <Grid.RowDefinitions>
        <RowDefinition></RowDefinition>
        <RowDefinition Height="50"></RowDefinition>
    </Grid.RowDefinitions>
    <Grid.ColumnDefinitions>
        <ColumnDefinition Width="150"></ColumnDefinition>
        <ColumnDefinition></ColumnDefinition>
        <ColumnDefinition Width="150"></ColumnDefinition>
    </Grid.ColumnDefinitions>
</Grid>
```

（2）在页面中第 1 行第 2 列添加播放器，代码如下。

```
<MediaElement Grid.Column="1" Name="media" HorizontalAlignment="Center"
VerticalAlignment="Center"    Source="D:\one_piece.mp4"    Width="5500"
LoadedBehavior="Manual" />
```

（3）在页面第 2 行第 2 列添加图形，并添加图形的单击事件，代码如下。

```
<StackPanel   Grid.Column="1"   Grid.Row="1"   Orientation="Horizontal"
Background="#EAEAEA">
     <Image Source="img\播放.JPG" MouseDown="onPlay" Margin="25, 5,20,5"/>
     <Image Source="img\暂停.JPG" MouseDown="onPause"  Margin="5,5,20,5"/>
     <Image Source="img\停止.JPG" MouseDown="onStop"  Margin="5,5,20,5"/>
</StackPanel>
```

（4）在上述代码中添加三个文本显示和三个控制条，为控制条添加进度改变事件，代码如下。

```
<TextBlock Foreground="Black" Margin="5"  VerticalAlignment="Center">进
退</TextBlock>
<Slider  Name="timelineSlider"  Margin="5"  VerticalAlignment="Center"
ValueChanged="PositionChange" Width="200"/>
<TextBlock Foreground="Black" VerticalAlignment="Center" Margin="5"  >
音量</TextBlock>
<Slider  Name="volumeSlider"  VerticalAlignment="Center"  ValueChanged=
"VolumeChange"
Minimum="0" Maximum="1" Value="0.5" Width="100"/>
```

（5）在后台代码中添加播放器的播放、暂停和停止事件，代码如下所示。

```
void onPlay(object sender, MouseButtonEventArgs args)
{
   media.Play();
}
void onPause(object sender, MouseButtonEventArgs args)
{
   media.Pause();
}
void onStop(object sender, MouseButtonEventArgs args)
{
   media.Stop();
}
```

（6）在后台添加进退和音量的控制条改变事件，代码如下。

```
private  void  PositionChange(object  sender,  RoutedPropertyChanged
EventArgs<double> args)
{
   int SliderValue = (int)timelineSlider.Value;
   TimeSpan ts = new TimeSpan(0, 0, 0, 0, SliderValue);
   media.Position = ts;
}
private  void  VolumeChange(object  sender,  RoutedPropertyChanged
EventArgs<double> args)
{
   media.Volume = (double)volumeSlider.Value;
}
```

（7）合并 Grid 的第 1 行第 1 列和第 2 行第 1 列并设置其背景色；合并 Grid 的第 1 行第 3 列和第 2 行第 3 列并设置其背景色，代码省略。其运行效果如图 13-18 所示。

如图 13-18 所示，由于设置了播放器的 LoadedBehavior 属性值为 Manual，因此视频并没有自动播放。单击播放图形，视频有了播放效果，如图 13-19 所示。

图 13-18 自制播放器

图 13-19 视频播放

思考与练习

一、填空题

1. 绘制椭圆的控件是__________。

2. System.Windows.Media.Animation 命名空间中常用的播放类型有 Animation、AnimationUsingKeyFrames、AnimationUsingPath 和__________。

3. 图形的拉伸属性是__________。

4．多媒体播放模式有独立模式和__________。

5．常用的多媒体播放控件是 MediaElement 和__________控件。

二、选择题

1．渐变色在线性渐变时，默认的渐变方向是__________。

A．从左向右
B．从右向左
C．从左上角到右下角
D．从右下角到左上角

2．从左向右使用黄色、紫色、蓝色、黑色的渐变，使用 1.0、0.75、0.25、0.0 的色彩偏移量，那么最左端的颜色是__________。

A．黄色
B．紫色
C．蓝色
D．黑色

3．下列不属于动画颜色过渡方式的是__________。

A．LinearColorKeyFrame
B．DiscreteColorKeyFrame
C．SplineColorKeyFrame
D．RadialColorKeyFrame

4．表示动画在指定时间播放次数的是__________。

A．Duration
B．AutoReverse
C．RepeatBehavior
D．RepeatTimes

5．下列不属于媒体独立播放模式下可执行的是__________。

A．可直接指定媒体的 Uri
B．可直接控制媒体播放
C．可修改媒体的 Position 和 SpeedRatio 属性
D．可由时钟控制媒体播放

三、简答题

1．总结图形可以进行变换的类型。
2．总结渐变色的使用方法。
3．简述动画的使用原理。
4．总结常用的动画类型。

第 14 章　WPF 数据绑定技术

数据绑定是指从一个对象中提取信息，并在应用程序的用户界面中显示所提取的信息，而不用编写枯燥的代码就可以完成所有的工作。通常，富客户端（Rich Internet Applications，RIA）使用双向的数据绑定，这种数据绑定提供了从用户界面向一些对象推送信息的能力。

曾经进行过 Windows 窗体开发的 WPF 开发人员，会发现 WPF 数据绑定和 Windows 窗体数据绑定有许多类似的地方。与在 Windows 窗体中一样，WPF 数据绑定允许创建从任何对象的任何属性获取信息的绑定，并且可以使用创建的绑定填充任何元素的任何属性。WPF 还提供了一系列能够处理整个信息集合的列表控件，并且允许通过这些控件定位信息。然而，数据绑定在底层的实现方式却有重大的改变，增加了一些非常强大的新功能，进行了一些修改和细微的调整。

本章将详细讨论 WPF 中有关数据绑定的内容，包括如何绑定一个属性，更改绑定模式，绑定到多个属性，绑定不可见元素，以及绑定数据库中的数据。

本章学习要点：

- ❑ 了解 WPF 中数据绑定的概念
- ❑ 掌握绑定一个属性和多个属性的方法
- ❑ 理解各个绑定模式之间的差异
- ❑ 熟悉绑定不可见元素的方法
- ❑ 掌握将数据库数据绑定到界面的方法

14.1 数据绑定的概念

一般情况下，应用程序会具有三层结构，即数据存储层、业务逻辑层和数据表示层。数据存储层主要是由数据库和文件系统构成；业务逻辑层用于加工、处理数据的算法；数据表示层用于把加工后的数据通过可视的界面展示给用户，或者通过其他种类的接口展示给别的应用程序，还需要收集用户的操作，把它们反馈给逻辑层。

程序的本质是“数据+算法”。数据会在存储层、逻辑层和表示层三个层传递，所以站在数据的角度来看，这三层都非常重要。但是，算法在程序中的分布就不均匀了。对于一个三层结构的程序来说，算法可以分布在如下位置。

（1）数据库内部。

（2）读取和写入数据。

（3）业务逻辑层。

（4）数据表示层。

（5）界面与逻辑的交互。

在（1）和（2）位置的算法一般都比较固定，不会轻易去改动，复用性也很高，位置（3）与客户的需求关系最紧密、复杂，变动也最大，大多数算法都集中在这里；位置（4）和位置（5）负责 UI 与逻辑的交互，也有一些算法。

显然位置（3）中的算法是程序的核心，也是开发的重点。然而，位置（4）和位置（5）的算法却经常成为麻烦的来源。首先，这两个位置都与逻辑层紧密相关，一不小心就可能把本来该放在逻辑层的算法写在这两个位置；其次，这两个位置以消息或者事件的方式与逻辑层沟通，一旦出现同一个数据需要在多处显示和修改时，用于同步的代码将变得错综复杂；最后，位置（4）和位置（5）本来是相同的，但却要分开来写算法（显示数据一个算法，修改数据一个算法）。总之导致的结果就是位置（4）和位置（5）的算法会占用大量工作量。

产生这个问题的原因在于逻辑层与表示层的位置不固定——当实现用户需求的时候，逻辑层处在中心位置，但到了实现 UI 交互时表示层又处于中心位置。WPF 作为一种专门的展示层技术，华丽的外观和动画只是它的外在表现形式，更重要的是它在深层次上帮助开发人员把思维的重点固定在了逻辑层，让表示层永远处于次要位置。为了实现上述功能，WPF 引入了数据绑定（Data Binding）的概念，以及有关的依赖属性和数据模板技术。

在从传统的 Windows Form 迁移到 WPF 之后，对于一个三层程序而言，数据存储层由数据库文件组成，数据传输和处理仍然使用.NET Framework 提供的 ADO.NET 类，表示层则使用 WPF 类库来实现，而表示层与逻辑层的交互使用数据绑定来实现。可见数据绑定在 WPF 中的作用非常重要。有了数据绑定，加工好的数据会自动发送到用户界面以显示，被用户修改的数据也会同步传递到逻辑层，数据在逻辑层处理好之后又会自动更新到用户界面。

现在来看看引用数据绑定之后数据的传递方式。首先，数据在逻辑层与用户界面之间直接进行交互，不涉及逻辑问题，这样用户界面部分几乎不包含算法；另外，由于数据绑定是双向的，所以相当于把位置（4）和位置（5）合二为一；对于多个 UI 元素使用同一数据的情况，只需要使用数据绑定把这些 UI 元素绑定同一数据源，当数据变化后这些 UI 元素会同步更新。

有了数据绑定技术，所有与业务逻辑相关的算法都处在数据逻辑层，逻辑层也为一个能够独立运转的，完整的体系；而用户界面层则不包含任何代码，完全依赖和从属于数据逻辑层。

14.2 简单绑定

在 WPF 中数据绑定主要在源对象和目标对象之间，当源对象或者目标对象的属性发生改变时，所绑定的对象也会跟着发生变化。这里的目标对象必须是派生自 DependencyObject 的对象，并且目标属性必须是依赖属性；否则数据绑定操作将会失败。绑定的源对象可以不是依赖对象和依赖属性。

下面介绍 WPF 中将数据绑定简单目标元素的方法，例如绑定到属性、使用代码实现绑定、绑定到多个属性等。

14.2.1 绑定到属性

数据绑定最简单的情况是，源对象是 WPF 元素并且源属性是依赖项属性。此时，当在源对象中改变依赖项属性的值时，绑定目标可以立即得到更新，而开发人员不需要去响应来手动编写更新代码。

【范例 1】

假设在窗口上有一个 Slider 控件和一个 Button 控件。现在要实现在 Slider 控件中拖动滑块位置的时候可以同时改变 Button 控件的宽度。

如果要使用代码来实现这个功能非常简单，只需要为 Slider 控件添加一个 ValueChange 事件处理程序，并将滑块的当前值赋给 Button 控件的 Width 属性即可实现。

使用数据绑定的方法实现这个功能更加简单。首先需要分析在这个需求中源对象是 Slider 控件，即不需要对源对象进行任何改变，只需要配置其属性具有正确的值即可。最终代码如下。

```
<Slider Name="slider1"  HorizontalAlignment="Left" Margin="19,33,0,0"
VerticalAlignment="Top"
   Width="348"  Minimum="20" Maximum="300" Value="140"/>
```


要绑定的目标控件是 Button，绑定的属性是 Width，该属性的值来自源对象的 Value 属性。最终代码如下。

```
<Button Content="数据简单绑定" HorizontalAlignment="Left"  Height="65"
VerticalAlignment="Top"
   Margin="19,87,0,0"
   Width="{Binding ElementName=slider1,Path=Value}"
   />
```

在上述代码中使用 XAML 标记扩展（大括号）来指定绑定语法，Binding 关键字将创建一个 System.Windows.Data.Binding 对象。这里 ElementName 属性指定要绑定的元素，Path 属性指定要绑定的属性。

运行程序，在窗口上拖动 Slider 控件中滑块位置的同时 Button 控件的宽度会随之改变，如图 14-1 所示。

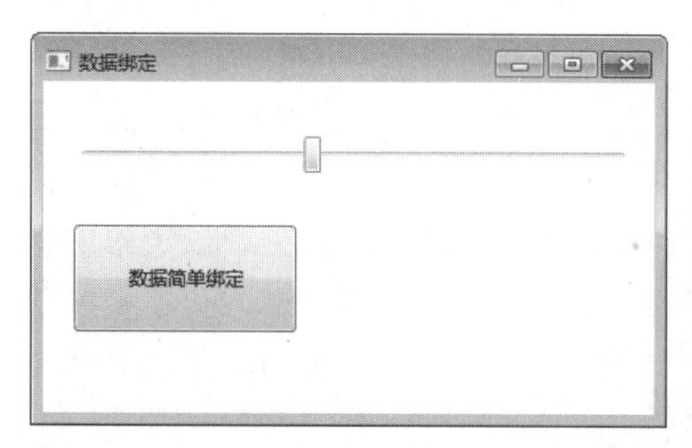

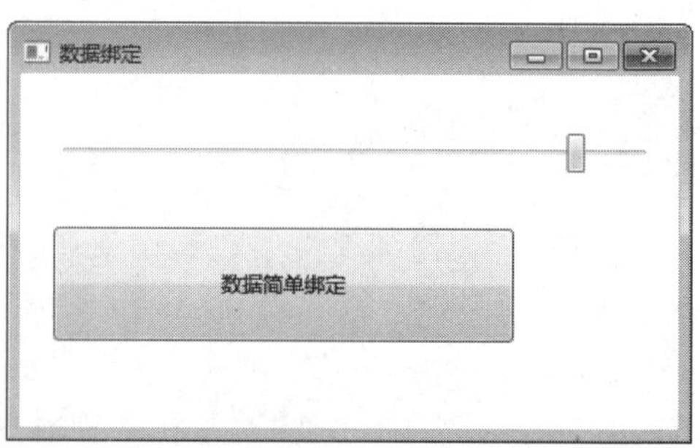

图 14-1　数据绑定运行效果

14.2.2 绑定模式

System.Windows.Data.Binding 对象有很多属性，在 14.2.1 节中使用它的 ElementName 属性和 Path 属性，这两个属性也是绑定时必需的。除此之外，还可以使用 Mode 属性来指定绑定模式，该属性的值是一个 System.Windows.Data.BindingMode 枚举，可选值如下。

（1）OneWay：当源属性变化时更新目标属性，即单向绑定。

（2）TwoWay：当源属性变化时更新目标属性，并且当目标属性变化时更新源属性，即双向绑定。

（3）OneTime：仅在源属性第一次变化时设置目标属性，在此之后的改变都会被忽略。

（4）OneWayToSource：与 OneWay 作用相同，但是作用方向相反。当目标属性变化时更新源属性，但是目标属性永远不会被更新。

（5）Default：具体绑定模式依赖于目标属性。它既可以是双向的，也可以是单向的。

如图 14-2 所示为各个绑定模式的作用示意图。

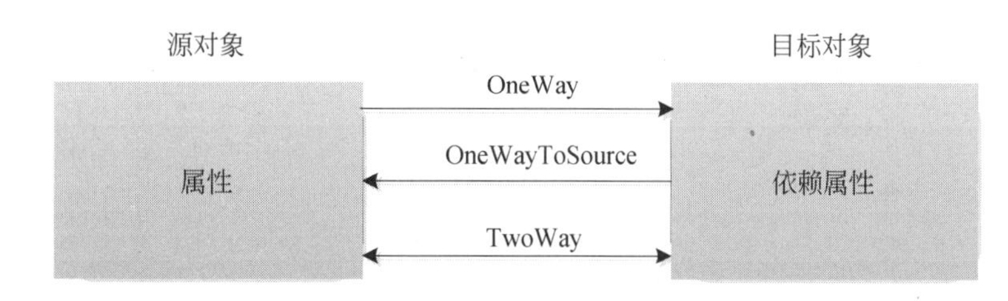

图 14-2 绑定模式作用示意图

在范例 1 中，当滑块改变位置时，按钮的宽度会发生改变，这属于 OneWay 模式；如果按钮的宽度在改变时滑块的位置也会变化，这属于 TwoWay 模式。

【范例 2】

对范例 1 进行修改，实现双向绑定。具体步骤如下。

首先需要对源代码中的绑定表达式进行修改，添加值为 TwoWay 的 Mode 属性表示双向绑定，并为按钮设置一个 Name 属性。修改后的代码如下所示。

```
<Button Content="数据简单绑定" HorizontalAlignment="Left" Margin=
"19,87,0,0" VerticalAlignment="Top" Height="65"
    Width="{Binding ElementName=slider1,Path=Value,Mode=TwoWay}" Name=
    "btnTarget" />
```

现在 Slider 控件和 Button 控件之间已经建立了双向绑定关系。为了测试 Button 控件宽度调整时 Slider 控件滑块位置是否也会变化，下面添加了三个按钮用于更改 Button 控件的宽度。

```
<Button Content="宽度 100" HorizontalAlignment="Left" Margin="19,229,0,0"
    VerticalAlignment="Top" Width="75" Click="Button_Click_1"/>
<Button Content="宽度 200" HorizontalAlignment="Left" Margin="116,
```

```
229,0,0"
    VerticalAlignment="Top" Width="75" Click="Button_Click_2"/>
<Button  Content=" 宽 度  300"  HorizontalAlignment="Left"  Margin="216,
229,0,0"
    VerticalAlignment="Top" Width="75" Click="Button_Click_3"/>
```

在后台文件中添加单击【宽度 100】按钮时的代码，如下所示。

```
private void Button_Click_1(object sender, RoutedEventArgs e)
 {
    btnTarget.Width = 100;
 }
```

上述代码将会更新目标按钮的宽度为 100，由于该宽度与滑块是双向绑定关系，因此此时 Slider 控件也会更新。如图 14-3 所示为单击【宽度 300】按钮时的运行效果。

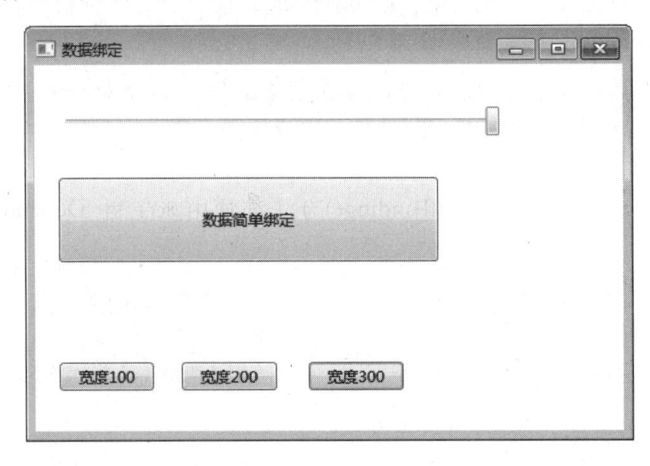

图 14-3 测试双向绑定

14.2.3 使用代码实现绑定

我们知道，在 XAML 中使用 Binding 关键字绑定时实际上是创建了一个 System.Windows.Data.Binding 对象，因此也可以通过代码创建该对象并实现数据绑定。

【范例 3】

假设要使用代码的形式实现范例 1 的功能，即 Slider 控件单向绑定到 Button 控件的 Width 属性。实现代码如下。

```
public void Binding()
 {
    Binding bd = new Binding();                    //创建 Binding 对象
    bd.Source = slider1;                           //指定绑定的源对象
    bd.Path = new PropertyPath("Value");           //指定绑定的属性
    bd.Mode = BindingMode.OneWay;                  //指定绑定模式
```

```
    btnTarget.SetBinding( WidthProperty,bd);   //执行绑定
}
```

Binding 对象使用 Path 而不直接使用 Property 指定绑定属性是有原因的。因为 Path 提供了更大的灵活性，使开发人员可以沿树状层次结构来指定绑定元素。在代码中使用 Mode 属性指定为单向绑定。最后一行代码调用 Button 的 SetBinding()方法将一个 Binding 对象绑定到当前控件的 Width 属性。现在运行即可看到与图 14-1 相同的效果。

如果希望使用代码来移除绑定可调用 BindingOpeerations 类的如下静态方法。

（1）ClearAllBinding()：从指定的绑定目标中移除所有绑定属性。

（2）ClearBinding()：需要一个要移除的绑定属性作为参数，如果该属性存在绑定则移除。

下面的示例演示了这两个方法的用法。

```
//移除 btnTarget 对象上的所有绑定
BindingOperations.ClearAllBindings(btnTarget);
//将 btnTarget 对象上针对 WidthProperty 属性的绑定移除
BindingOperations.ClearBinding(btnTarget,WidthProperty);
```

ClearBinding()方法和 ClearAllBinding()方法都使用派生自 DependencyObject 类的 ClearValue()方法来移除属性的绑定。在 XAML 标记中直接删除绑定表达式即可实现移除绑定。

一般情况下，建议读者使用 XAML 的形式设置绑定，因为这种方式不仅代码简洁，而且维护工作量少。但是，在如下情况下则应该考虑使用代码创建绑定。

1．创建动态绑定

例如，希望在运行时动态设置绑定，或者根据不同的条件设置不同的绑定。也可以在资源中定义所有的绑定，然后在代码中使用 SetBinding()方法指定合适的资源对象。

2．动态移除绑定

如果希望在程序运行时移除绑定可以调用 ClearBinding()方法或者 ClearAllBinding()方法。无论是使用代码还是 XAML 标记创建的绑定，都可以使用这两个方法移除。

3．创建自定义控件

在创建一个自定义控件时，一般都需要通过代码来添加或者移除绑定以适应控件的需要。

14.2.4 绑定到多个属性

在上面几节详细介绍了如何使用 XAML 和代码实现两个控件之间的单向和双向绑定。在 WPF 中允许绑定任意多个数量的属性，下面的示例为 TextBlock 控件绑定了 4 个属性，其中，FontSize 属性绑定了字体大小、Text 属性绑定了字体的内容、Background

属性绑定了字体的背景颜色，Foreground 属性绑定了字体的前景颜色。

```
<TextBlock  Grid.Row="6" Name="lblSampleText"  Margin="0,20,0,0"
    FontSize="{Binding ElementName=sliderFontSize, Path=Value}"
    Text="{Binding ElementName=txtContent, Path=Text}"
    Background="{Binding ElementName=fntBgColors, Path=SelectedItem. Tag}"
    Foreground="{Binding ElementName=fntColors, Path=SelectedItem.Tag}"  />
```

创建一个 Slider 控件允许用户拖动滑块更改字体大小，示例代码如下。

```
<Label Content="选择字体大小：" HorizontalAlignment="Left" Grid.Row="0"  />
<Slider  HorizontalAlignment="Left"  Minimum="12"  Maximum="28"  Name=
"sliderFontSize"
    Grid.Row="1" VerticalAlignment="Top" Width="250" />
```

创建一个 TextBox 控件允许用户更改效果图中显示的文本，示例代码如下。

```
<Label Content="输入内容： " HorizontalAlignment="Left"  Grid.Row="2" />
<TextBox  HorizontalAlignment="Left"  Height="23"  Grid.Row="3"  TextWra
pping="Wrap" Text="TextBox"
    Name="txtContent"  VerticalAlignment="Top" Width="250"/>
```


创建一个 ListBox 控件允许用户来更改字体的颜色，示例代码如下。

```
<StackPanel Grid.Row="4" Orientation="Horizontal"  Margin="0,20,0,0">
    <Label Content="选择字体颜色："/>
    <ListBox  Name="fntColors" Width="155">
        <ListBoxItem Tag="Red">红色</ListBoxItem>
        <ListBoxItem Tag="Black">黑色</ListBoxItem>
        <ListBoxItem Tag="Green">绿色</ListBoxItem>
    </ListBox>
</StackPanel>
```

创建一个 ListBox 控件允许用户来更改字体的背景颜色，示例代码如下。

```
<StackPanel  Orientation="Horizontal" Grid.Row="5"  Margin="0,20,0,0">
    <Label Content="选择字体背景颜色："/>
    <ListBox  Name="fntBgColors" Width="155">
        <ListBoxItem Tag="White">白色</ListBoxItem>
        <ListBoxItem Tag="Gray">灰色</ListBoxItem>
        <ListBoxItem Tag="Pink">粉色</ListBoxItem>
    </ListBox>
</StackPanel>
```

现在运行程序，用户可以从字体大小、字体内容、前景色和背景色 4 个方面来对最终效果进行设置，如图 14-4 所示。

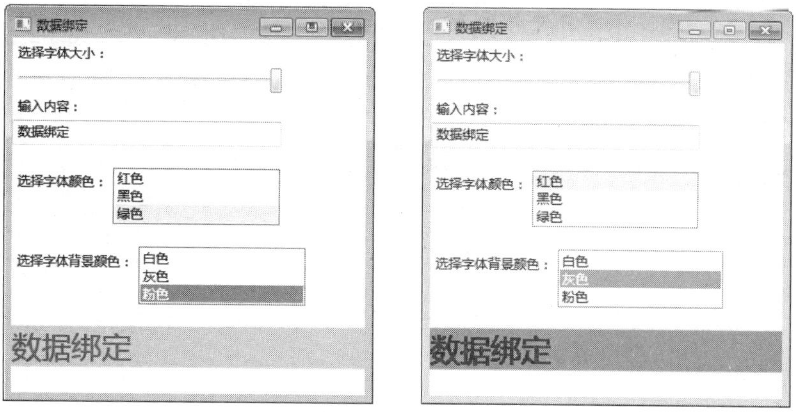

图 14-4　绑定多属性运行效果

14.2.5　设置绑定更新模式

在介绍绑定时更新之前首先来看如下的示例代码。

```
<Slider Name="slider1" HorizontalAlignment="Left" VerticalAlignment= "Top"
    Width="392" Maximum="100" Minimum="0"/>
<TextBox  HorizontalAlignment="Left"  Height="23"  TextWrapping="Wrap"
VerticalAlignment="Top"
    Text="{Binding ElementName=slider1,Path=Value,Mode=TwoWay}" Width=
    "120"  />
```

上述代码使用双向绑定在滑块和文本框之间建立关联。当滑块被拖动时，文本框会实时进行更新；但是，当在文本框中输入值时，滑块会一直保持不变，直到文本框失去焦点（按下 Tab 键）。

为了实现反向的自动更新，开发人员需要定义 Binding.UpdateSourceTrigger 属性。该属性是一个枚举值，可选值如下。

（1）Default：使用目标属性的 UpdateSourceTrigger 值。多数依赖属性的默认值为 PropertyChanged，而 Text 属性的默认值是 LostFocus，这也是为什么失去焦点才会更新的原因。

（2）Explicit：仅在调用 UpdateSource()方法时更新绑定源。

（3）LostFocus：当绑定目标元素失去焦点时更新绑定源。

（4）PropertyChanged：当绑定目标属性值发生更改时更新绑定源。

下面对本节开始的代码进行修改，在 TextBox 控件绑定时将更新模式设置为 PropertyChanged。最终代码如下。

```
<TextBox  HorizontalAlignment="Left"  Height="23"  TextWrapping="Wrap"
VerticalAlignment="Top"
    Text="{Binding ElementName=slider1,Path=Value,Mode=TwoWay,UpdateSource
    Trigger= PropertyChanged }" Width="120"  />
```

再次运行程序，当在 TextBox 中输入值时 Slider 控件的滑块位置也会随之发生变化。

如果将 UpdateSourceTrigger 属性设置为 Explicit 必须显式调用 UpdateSource()方法才会执行更新操作。这在某些场合下非常实用，例如，希望用户在一次性输入所有设置之后，单击一个按钮后将用户所做的改变提交并更新。

【范例 4】

下面创建一个范例演示在 Explicit 更新模式下如何编写代码实现更新。

本范例仍然是在 Slider 和 TextBox 之间建立双向绑定，不同的是使用 UpdateSourceTrigger 属性指定 Explicit 值来手动更新。更新的时机是用户单击一个按钮之后。

具体实现代码如下。

```
<Slider Name="slider1" Width="392" Maximum="100" Minimum="0"/>
<TextBox HorizontalAlignment="Left" Height="23" Name="textbox1" Width=
"120"
    Text="{Binding ElementName=slider2,Path=Value,Mode=TwoWay,UpdateSource
    Trigger=Explicit}" />
<Button Content="Button" HorizontalAlignment="Left" VerticalAlignment=
"Top"
    Width="75" Click="Button_Click_1"/>
```


上述代码为 Button 定义了单击事件，该事件首先获取 TextBox 的 BindingExpression 对象，再调用该对象的 UpdateSource()方法更新源对象。实现代码如下。

```
private void Button_Click_1(object sender, RoutedEventArgs e)
{
    //获取针对 TextBox 控件 Text 属性的 BindingExpression 对象
    BindingExpression bde = textbox1.GetBindingExpression(TextBox. Text
    Property);
    //更新 Slider 控件中滑块的位置
    bde.UpdateSource();
}
```

BindingExpression 类封装了与绑定有关信息。例如，可以使用该对象的 ParentBinding 属性返回当前的 Binding 对象，使用 DataItem 属性来获取此绑定所使用的源对象。BindingExpression 对象的 UpdateSource()方法会将 TwoWay 或者 OneWayToSource 绑定模式的当前目标值发送给源对象。

14.2.6 绑定不可见元素

在前面介绍的绑定都是基于两个可见元素的。但是，在实际基于数据的驱动程序中经常需要从一个不可见的对象中绑定数据，例如绑定到自定义的数据类。

在 WPF 中要绑定到这些不可见元素的前提是，这些信息必须具有 public 作用域。同时为了绑定一个不可见元素，还需要使用如下的 Binding 属性来替换 ElementName 属性。

（1）Source：表示指向源对象的引用，也就是数据对象的引用。

（2）RelativeSource：使用一个 RelativeSource 对象指向元素自身，通常用来绑定到其自身的属性。

（3）DataContext：如果没有指定 Source 和 RelativeSource 属性，WPF 将从当前元素开始在元素树中向上查找。检查每个元素的 DataContext 属性，并使用最先找到的 DataContext 属性。

> 提示
> 如果需要将同一个对象的多个属性绑定到不同的元素，DataContext 属性将非常有用。因为，在更高层次的容器对象上设置 DataContext 属性，此时容器内的所有子元素都会进行绑定。

1. Source 属性

Source 属性非常简单，允许绑定到一个对象，可以是一个自定义的业务类或者系统本身的其他类。最常用的方法是将 Source 指定一个静态属性。开发人员也可以创建一个静态对象，或者使用.NET 类库中的静态对象。

【范例 5】

调用 SystemColors 对象的 DesktopColor 静态属性获取桌面的颜色值，再将该值绑定到 Label 控件的 Content 属性，代码如下。

```
<Label HorizontalAlignment="Left" VerticalAlignment="Top"
    Content="{Binding Source={x:Static SystemColors.DesktopColor}}"  />
```

【范例 6】

创建一个自定义的 Url 类，该类包含一个 Str 属性。在 XAML 中创建一个 Url 对象并绑定到 TextBox 界面进行显示。

在 WPF 应用程序中创建一个 Url.cs 文件，编写 Url 类并实现 INotifyPropertyChanged 接口。因为该接口提供了单向和双向绑定，因此 Url 也可以绑定。具体代码如下。

```
public class Url : INotifyPropertyChanged  //支持单向和双向绑定
{
   public Url() { }                         //默认空构造函数
   public Url(string url)                   //带参数构造函数
    {
       str = url;
    }
    private string str;
    public string Str {                     //公有属性
       get { return str; }
       set {
           str = value;
```

```
            OnPropertyChanged("Str");           //属性值改变时触发 Property
            Changed 事件
        }
    }
    //当类中的属性变改时触发 PropertyChanged 事件
    public event PropertyChangedEventHandler PropertyChanged;
    //属性更改时的事件处理代码
    protected void OnPropertyChanged(string name)
    {
        PropertyChangedEventHandler pceHandler = PropertyChanged;
        if (pceHandler != null)                  //如果属性的值发生了变化
        {                                        //更新属性
            pceHandler(this,new PropertyChangedEventArgs(name));
        }
    }
}
```


接下来在 XAML 中创建一个针对当前窗口的 Url 类实例，并进行初始化。实现代码如下。

```
<Window.Resources>
    <src:Url x:Key="mySite" Str="itZcn.com"/>
</Window.Resources>
```

最后在 XAML 中使用两种方式来绑定 Url 类的 Str 属性，实现代码如下。

```
<StackPanel>
    <Label>请输入官方网址:</Label>
    <TextBox>
        <!--使用属性元素语法绑定到 Url 类，指定 Path 为 Str 公共属性-->
        <TextBox.Text>
            <Binding Source="{StaticResource mySite}" Path="Str"
            UpdateSourceTrigger="PropertyChanged"/>
        </TextBox.Text>
    </TextBox>
    <Label>我们的官方网址是:</Label>
    <!--使用 Source 属性获取更新后的属性值，由于 Url 类实现了 INotifyProperty
    Changed 接口，因此更改会立即被显示-->
    <TextBlock Text="{Binding Source={StaticResource mySite}, Path=Str}"/>
</StackPanel>
```

运行程序，在窗口上会默认显示出创建 Url 实例时为 Str 属性设置的初值，如图 14-5 所示。当在文本框中对值进行修改时会触发 PropertyChanged 事件，此时会立即更新绑定并显示到下方的 TextBlock 控件中，如图 14-6 所示。

图 14-5 默认运行效果

图 14-6 修改时效果

2. RelativeSource 属性

RelativeSource 属性允许为目标对象指定一个相对于资源对象的目标对象。例如，使用 RelativeSource 属性可以为目标对象指定绑定到其自身的其他属性，或者其父元素的某个属性。设置 Binding.RelativeSource 属性的方法有些复杂，因为需要在 Binding.RelativeSource 内部创建一个内嵌的 RelativeSource 对象。通常使用属性元素语法来代替直接使用绑定表达式。

【范例 7】

例如，下面的示例代码为 TextBlock 控件的 Text 属性创建了一个 Binding 对象。该对象使用 RelativeSource 属性来搜索父窗口，并显示窗口标题。

```
<TextBlock>
    <TextBlock.Text>
        <Binding Path="Title">
            <Binding.RelativeSource>
                <RelativeSource Mode="FindAncestor" AncestorType="{x:Type
                 Window}"/>
            </Binding.RelativeSource>
        </Binding>
    </TextBlock.Text>
</TextBlock>
```

上述代码中 RelativeSource 的 Mode 属性指定为 FindAncestor 值，表示要指定的是一个父类型，需要结合 AncestorType 属性指定具体的父类型名称。AncestorType 中使用 x:Type 标记指定一个扩展，运行时将查找该扩展指定的类型。

RelativeSource 的 Mode 属性是一个 RelativeSourceMode 枚举类型，可选值如下。

（1）PreviousData：允许绑定所显示数据项列表中以前的数据项。

（2）TemplatedParent：引用使用了模板的元素。

（3）Self：引用用户对其设置绑定的元素，并允许将该元素的一个属性绑定到同一元素中的其他属性。

（4）FindAncestor：引用数据绑定元素链中的上级。可以使用它来绑定特定的类型或者元素的上级，需要结合 AncestorType 一起使用。

提示

RelativeSource 属性在创建数据模板和控件模板时非常有用。对于大多数的绑定情况使用 Source 和 ElementName 即可。

3. DataContext 属性

如果希望多个元素绑定到同一个对象，而且这些元素使用相同的表达式，此时可以考虑将这些元素的父元素级别使用 DataContext 来指定数据绑定对象。DataContext 也可称为数据上下文，允许元素从它们的父元素继承有关绑定的数据源及绑定的其他特性。

【范例 8】

假设要将 FontFamily 对象的不同属性绑定到一组 TextBlock 控件中。由于 FontFamily 对象是由 SystemFonts.IconFontFamily 属性实现的，因此绑定代码类似如下。

```
<StackPanel>
    <TextBlock Text="{Binding Source={x:Static SystemFonts.IconFont
    Family},Path=Source}"/>
    <TextBlock Text="{Binding Source={x:Static SystemFonts.IconFont
    Family},Path=LineSpacing}"/>
    <TextBlock Text="{Binding Source={x:Static SystemFonts.IconFont
    Family},Path=FamilyTypeFaces[0].Style}"/>
</StackPanel>
```


上述代码使用了 FontFamily 对象的三个属性，每个 FontFamily 对象都必须指定完全名称 SystemFonts.IconFontFamily，非常冗长。下面使用 DataContext 属性对代码进行简化，即在 StockPanel 级别使用 DataContext 属性定义绑定上下文。此时在 StockPanel 容器下的子元素将会自动继承绑定数据源，因此在子元素中只需要指定 Path 属性即可。如下是修改后的代码。

```
<StackPanel DataContext="{x:Static SystemFonts.IconFontFamily}">
    <TextBlock Text="{Binding Path=Source}"/>
    <TextBlock Text="{Binding Path=LineSpacing}"/>
    <TextBlock Text="{Binding Path=FamilyTypeFaces[0].Style}"/>
</StackPanel>
```

上述代码更加简洁和容易维护。但是要注意，如果在 DataContext 指定绑定源的上下文中使用 Binding.Source 属性指定了其他源，那么此时新的源将取代 DataContext 指定的绑定源。

14.3 实验指导——数据库绑定

在前面介绍的都是 WPF 中静态属性与元素之间的绑定。在实际应用程序中数据通常都保存在数据库中，因此这就需要将数据库中的数据绑定到界面元素。本节通过具体的案例来介绍如何绑定一个数据表、绑定一行，以及对绑定的数据进行更新。

14.3.1 创建数据访问代码

本案例使用的 SQL Server 数据库，数据库名称为 studentsys，数据表名称为 Students，该表的设计如表 14-1 所示。

表 14-1 Students 表设计

列名	数据类型	允许 Null	备注
Id	int	否	主键，学生编号
name	nvarchar(50)	是	姓名
sex	nvarchar(2)	是	性别
birth	datetime	是	出生日期
adrs	nvarchar(50)	是	籍贯

接下来向 Students 数据表中插入一些示例数据。

为了提供对 Students 数据表的统一操作接口。通常需要创建数据访问代码，并封装对数据的查找、修改和删除，同时提供外部的调用方法。在案例中使用 LINQ to SQL 来作为数据访问层代码，具体创建步骤如下。

（1）创建一个 WPF 应用程序项目。

（2）在【解决方案资源管理器】窗格中为项目添加一个类型为【LINQ to SQL 类】的新项，并将名称定义为 DataClasses1.dbml。

（3）在【服务器资源管理器】窗格中创建一个到 SQL Server 服务器 studentsys 数据库的链接。然后展开【表】节点，将 Students 表拖动到 LINQ OR 设计器，如图 14-7 所示。

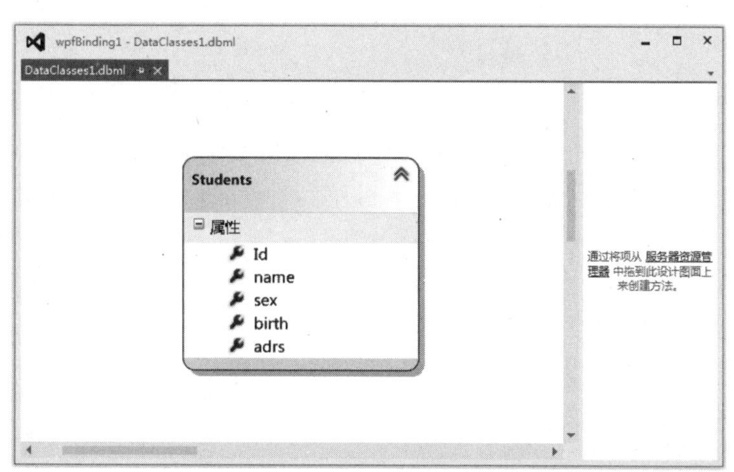

图 14-7 添加 Students 表

最后保存 DataClasses1.dbml。这样一来，使用 LINQ To SQL 的数据访问代码就搭建好了，有关 LINQ To SQL 的具体内容可阅读本书第 9 章。

14.3.2 查看学生信息列表

在 WPF 应用程序中添加一个窗口，将标题修改为“查看学生信息”。

向窗口中添加 DataGrid 控件，并设计与 Students 表对应的列名，最终 XAML 代码如下所示。

```
<Border Margin="5" BorderBrush="Black" BorderThickness="1" Padding="8"
CornerRadius="3"  >
<!-- 为 DataGrid 指定 Name 属性方便在后台为其指定 DataContext  -->
    <DataGrid Name="dgStudents" AutoGenerateColumns="False" CanUserAddRows=
    "False" CanUserDeleteRows="False" CanUserSortColumns="False"
            SelectionMode="Single" SelectionUnit="CellOrRowHeader" Items
            Source="{Binding}" RowHeaderWidth="10" CanUserResize Rows=
            "False">
        <DataGrid.Columns>
            <!-- 每一列都对应 Students 表中的一列，Header 为显示时的列名，
            Binding.Path 属性指定为 Students 表中的列名 -->
            <DataGridTextColumn Width="40" Header="学号" Binding="{Binding
            Path=Id}" IsReadOnly="True"></DataGridTextColumn>
            <DataGridTextColumn Width="100" Header="姓名" Binding=
           "{Binding Path=name}"></DataGridTextColumn>
            <DataGridTextColumn Width="40" Header="性别" Binding="{Binding
            Path=sex, ValidatesOnExceptions=True}"></DataGridTextColumn>
            <DataGridTextColumn Width="100" Header="出生日期" Binding=
           "{Binding Path=birth}"></DataGridTextColumn>
            <DataGridTextColumn Width="*" Header="籍贯" Binding="{Binding
            Path=adrs}"></DataGridTextColumn>
        </DataGrid.Columns>
    </DataGrid>
</Border>
```

在上述代码中要注意几点，首先必须为 DataGrid 指定 Name 属性，否则将无法在后台使用 DataContext 属性为其指定数据源。另外，DataGrid 中的每一列都映射到 Students 实体的一个属性，并且在绑定时只需指定名称。

为当前的窗口添加一个 Loaded 事件处理程序，在这里编写获取数据并绑定到 DataGrid 的代码，如下所示。

```
private void Window_Loaded_1(object sender, RoutedEventArgs e)
{
    //创建一个 LINQ to SQL 类实例
    DataClasses1DataContext dc = new DataClasses1DataContext();
    //使用 LINQ 查询出所有学生信息
    var result = dc.Students.Select(s=>s);
    //通过 DataContext 属性绑定到 DataGrid，这里 dgStudents 为 DataGrid 的 Name
```

```
    属性值
    dgStudents.DataContext = result;
}
```

上述代码非常简单，这里就不再解释。将当前窗口设置为启动项，运行程序将看到如图 14-8 所示学生信息表格。

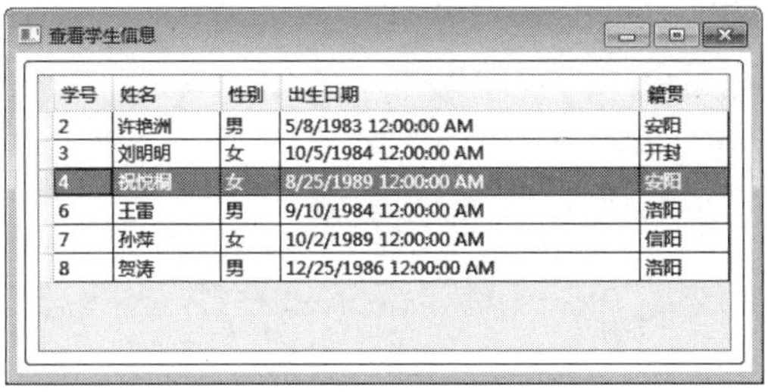

查看学生信息

学号	姓名	性别	出生日期	籍贯
2	许艳洲	男	5/8/1983 12:00:00 AM	安阳
3	刘明明	女	10/5/1984 12:00:00 AM	开封
4	祝悦桐	女	8/25/1989 12:00:00 AM	安阳
6	王雷	男	9/10/1984 12:00:00 AM	洛阳
7	孙萍	女	10/2/1989 12:00:00 AM	信阳
8	贺涛	男	12/25/1986 12:00:00 AM	洛阳

图 14-8 查看学生信息效果

14.3.3 查找学生信息

在 14.3.2 节从 Students 表中查询出所有信息并绑定到 DataGrid 中进行显示。下面介绍如何从 Students 表中查询出一行数据，并绑定到界面元素，查询的条件为按编号。

（1）创建一个新的窗口，将标题设置为“查找学生信息”。

（2）在窗口中设计布局。主要包括两部分，一部分用于设置查询条件，另一部分用显示查询结果。如下所示为第一部分的 XAML 代码。

```
<StackPanel  Margin="10"  VerticalAlignment="Top">
    <Label Content="请输入学号： " />
    <TextBox Height="23" TextWrapping="Wrap" Text="" Width="200" Horizontal
    Alignment="Left" Name="txtId"/>
    <Button Content="查找" HorizontalAlignment="Left" Click=
    "Button_Click_1"/>
</StackPanel>
```

上述代码中有两个重点，第一个是用于输入学号的 TextBox 控件必须指定 Name 属性，该属性值将在后台使用；第二个是需要为查找按钮的 Click 事件创建一个事件处理程序，上述代码中为 Button_Click_1。

（3）使用 Grid 控件制作一个 5 行 2 列的表格布局，XAML 代码如下所示。

```
<Grid Name="stuGrid">
    <!-- 定义每行共两列  -->
    <Grid.ColumnDefinitions>
        <ColumnDefinition Width="auto"></ColumnDefinition>
        <ColumnDefinition Width="*"></ColumnDefinition>
    </Grid.ColumnDefinitions>
    <Grid.RowDefinitions>
        <RowDefinition Height="Auto"></RowDefinition>
```

```
        <!--省略部分代码，共定义 5 行-->
    </Grid.RowDefinitions>
    <TextBlock Margin="3">学生编号：</TextBlock>
    <TextBox Height="23" TextWrapping="Wrap" Text="{Binding Path=Id}"
        Width="200" HorizontalAlignment="Left"     Grid.Column="1" />
    <TextBlock Margin="3" Grid.Row="1">学生姓名：</TextBlock>
    <TextBox Height="23" TextWrapping="Wrap" Text="{Binding Path=name}"
        Width="200" HorizontalAlignment="Left"  Grid.Column="1"
        Grid.Row="1" />
    <TextBlock Margin="3" Grid.Row="2">学生性别：</TextBlock>
    <TextBox Height="23" TextWrapping="Wrap" Text="{Binding Path=sex}"
        Width="200" HorizontalAlignment="Left" Grid.Column="1"
        Grid.Row="2"/>
    <TextBlock Margin="3" Grid.Row="3">出生日期：</TextBlock>
    <TextBox Height="23" TextWrapping="Wrap" Text="{Binding Path=birth}"
        Width="200" HorizontalAlignment="Left"    Grid.Column="1"
        Grid.Row="3"/>
    <TextBlock Margin="3" Grid.Row="4">学生籍贯：</TextBlock>
    <TextBox Height="23" TextWrapping="Wrap" Text="{Binding Path=adrs}"
        Width="200" HorizontalAlignment="Left"   Grid.Column="1"
        Grid.Row="4"/>
</Grid>
```


注意上述代码中的 Grid 控件需要分配 Name 属性以备后台使用。另外，每个 TextBox 控件都需要指定 Binding.Path 属性，该属性为 Students 实体的属性。

（4）创建按钮 Click 事件中指定的事件处理程序，实现代码如下。

```
private void Button_Click_1(object sender, RoutedEventArgs e)
 {
     //获取要查询的学生编号
     int id=Int32.Parse(txtId.Text);
    //创建一个 LINQ to SQL 类实例
     DataClasses1DataContext dc = new DataClasses1DataContext();
     //查询出符合条件的学生信息
     var result = dc.Students.Where(s => s.Id == id);
     //将结果绑定到 stuGrid 控件
     stuGrid.DataContext = result;
 }
```

上述代码使用 txtId.Text 获取要查询的学生编号，然后使用 LINQ 中的 Where()方法按该编号进行查找。再将查找到的结果（Students 类实例）作为 stuGrid 的数据源。

（5）在 App.xaml 中将查找窗口设置为启动项。然后在查找窗口中输入要查询的学号并单击【查找】按钮将会显示该编号的具体学生信息，如图 14-9 所示。

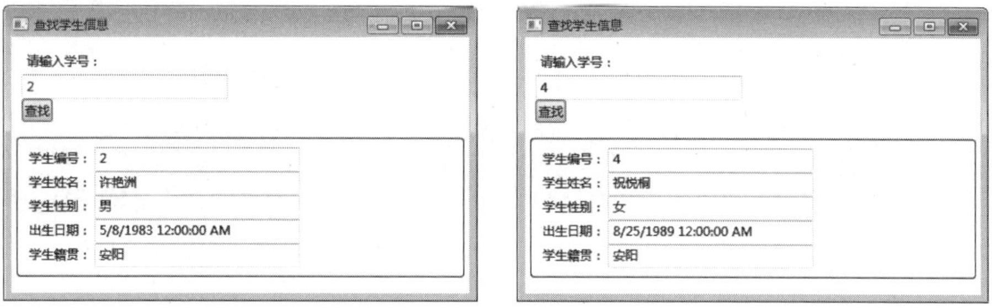

图 14-9　按编号查找学生信息

14.3.4　更新学生信息

在 14.3.3 节查找到学生信息之后可以在 TextBox 中对学生信息进行修改。默认情况下 TextBox.Text 属性使用双向绑定，即当文本框失去焦点时会更新数据源（Students 实例）。为了使数据源中的信息能够及时保存到数据库中，还需要手动进行提交。

在查找窗口上添加一个 Button 控件，设置 Click 事件，示例代码如下。

```
<Button Content="更新" HorizontalAlignment="Left" Grid.Column="1" Grid.
Row="5"
        Width="49" Height="22" VerticalAlignment="Top" Click="Button_
        Click_2"  />
```


创建 Button_Click_2 事件处理程序，调用 stuGrid 控件的 DataContext 属性获取修改后的数据源。再从数据源中获取每一项的修改信息，最后提交到数据库。实现代码如下。

```
private void Button_Click_2(object sender, RoutedEventArgs e)
{
    //获取数据源
    IQueryable<Students> aStu = (IQueryable<Students>) stuGrid.Data
    Context;
    //获取数据源中的学生信息
    Students newStu = aStu.First();
    //创建一个 LINQ to SQL 类实例
    DataClasses1DataContext dc = new DataClasses1DataContext();
    //从数据库中查找到要更新的学生信息
    Students upStu = dc.Students.Where(p => p.Id == newStu.Id).First();
    upStu.name = newStu.name;                //更新姓名
    upStu.sex = newStu.sex;                  //更新性别
    upStu.birth = newStu.birth;              //更新出生日期
    upStu.adrs = newStu.adrs;                //更新籍贯
    try
    {
        dc.SubmitChanges();                  //提交修改
        MessageBox.Show("修改成功");
    }
    catch (Exception ex)
```

```
        {
            MessageBox.Show("出错了，信息：" + ex.ToString());
        }
    }
```

运行程序，查找编号为 2 的学生信息，将姓名修改为“张丽”、性别修改为“女”，籍贯修改为“南阳”，再单击【更新】按钮，效果如图 14-10 所示。修改成功后再次运行 14.3.2 节的窗口查看最新学生信息，如图 14-11 所示。

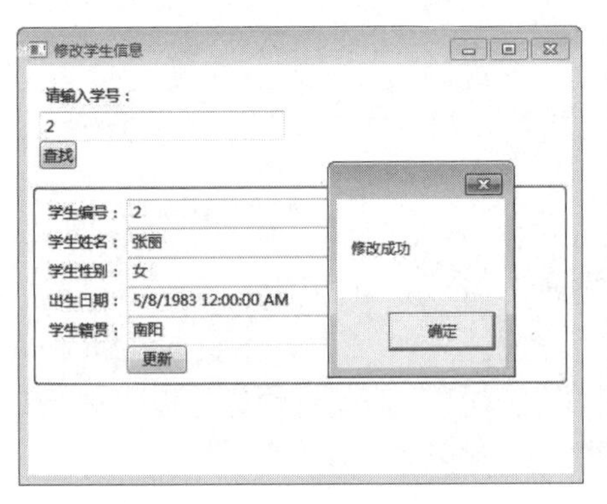

图 14-10　更新学生信息

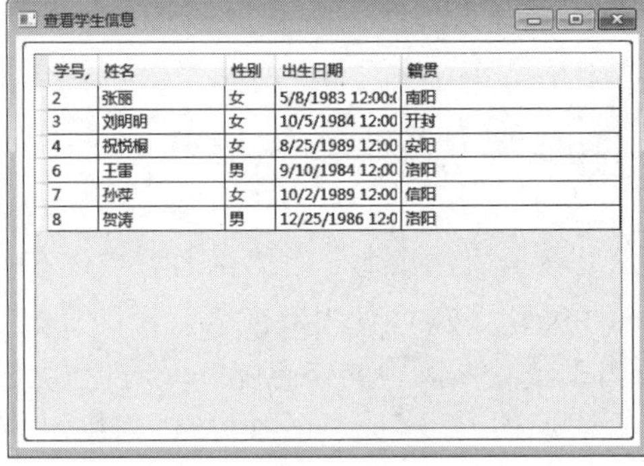

查看学生信息

学号	姓名	性别	出生日期	籍贯
2	张丽	女	5/8/1983 12:00(	南阳
3	刘明明	女	10/5/1984 12:00	开封
4	祝悦桐	女	8/25/1989 12:00	安阳
6	王雷	男	9/10/1984 12:00	洛阳
7	孙萍	女	10/2/1989 12:00	信阳
8	贺涛	男	12/25/1986 12:0	洛阳

图 14-11　查看更新后的信息

思考与练习

一、填空题

1．Binding 关键字将创建一个__________对象。

2．假设要绑定 TextBox1 的 Text 属性，在下面空白处填写合适的代码。

```
<TextBox  HorizontalAlignment  =
"Left" Height="23" TextWrapping=
"Wrap" Name="textbox1"
        Text="{Binding ________ }"
         VerticalAlignment="Top"
         Width="120"/>
```

3．假设要移除 lblResult 控件上的所有绑定属性，应该使用代码__________。

4．假设希望 Person 类实现进行绑定，该类必须实现__________接口。

5．调用 SystemColors 对象的 DesktopColor 静态属性获取桌面的颜色值，再将该值绑定到 Label 控件的 Content 属性。代码如下。

```
<Label HorizontalAlignment= "Le
ft" VerticalAlignment="Top"
     Content="{Binding Source={x:
    Static ___________}}"  />
```

二、选择题

1．下列不属于 Binding 对象属性的是__________。

A．ElementName

B．Path

C．BindingMode

D．Mode

2．假设希望第一次源属性变化时更改目标属性，需要使用__________绑定模式。

A．OneTime

B．TwoWay

C．OneWayToSource

D．Default

3．UpdateSourceTrigger 属性为__________值时必须调用 UpdateSource()方法才会更新绑定源。

A．Default

B．Explicit

C．LostFocus

D．PropertyChanged

4．依赖属性的值为__________时表示失去焦点时更新绑定源。

A．Default

B．Explicit

C．LostFocus

D．PropertyChanged

5．RelativeSource 的 Mode 属性为__________值时可以匹配父级容器。

A．PreviousData

B．TemplatedParent

C．Self

D．FindAncestor

6．如果希望多个元素绑定到同一个对象，需要使用__________属性。

A．DataContext

B．RelativeSource

C．Source

D．UpdateSourceTrigger

三、简答题

1．简述数据绑定在 WPF 中的作用。

2．举例说明绑定一个和多个属性的步骤。

3．简述在代码下绑定数据和解除绑定的方法。

4．简述绑定模式的适用场合。

5．简述在绑定时自定义更新模式的方法。

6．举例说明绑定数据库数据的步骤。

第 15 章　WCF 概述

WCF 是微软基于 SOA（Service Oriented Architecture，面向服务架构）推出的.NET 平台下的框架产品，它代表软件架构设计与开发的一种发展方向，在微软的战略计划中占有非常重要的地位。了解和掌握 WCF，对于开发者（特别是基于微软产品的开发者）而言是非常有必要的。本章只对 WCF 进行简单的介绍，通过本章的学习，读者可以创建和使用简单的 WCF 程序。

本章学习要点：

- ❑ 熟悉 WCF 的概念和优势
- ❑ 熟悉 WCF 中的几个基础知识
- ❑ 掌握 WCF 中的契约
- ❑ 熟悉 WCF 中的服务和宿主程序
- ❑ 熟悉 WCF 中如何实现客户端
- ❑ 了解 WCF 的应用场景
- ❑ 掌握 WCF 程序的完整创建和使用

15.1　了解 WCF

WCF 是英文 Windows Communication Foundation 的缩写，中文可以翻译为 Windows 通信接口。WCF 的最终目标是通过进程或者不同的系统、通过本地网络或者是通过 Internet 收发客户和服务之间的消息。

15.1.1　WCF 概念

在.NET Framework 2.0 以及之前版本中，微软发展了 Web Service（SOAP with HTTP communication），.NET Remoting（TCP/HTTP/Pipeline communication）以及基础的 Winsock 等通信支持。由于各个通信方法的设计方法不同，而且彼此之间也有相互的重叠性（例如，.NET Remoting 可以开发 SOAP，HTTP 通信）。对于开发者来说，不同的选择会有不同的程序设计模型，而且必须要重新学习，这样导致开发者在使用中有许多不便。同时，面向服务架构（Service-Oriented Architecture）也开始盛行于软件工业中，因此微软重新查看了这些通信方法，并设计了一个统一的程序开发模型，对于数据通信提供了最基本最有弹性的支持，这就是 WCF。

WCF 是.NET 框架的一部分，由.NET Framework 3.0 开始引入，与 Windows Presentation Foundation 和 Windows Workflow Foundation 并行为新一代 Windows 操作系统以及 WinFX 的三个重大应用程序开发类库。

WCF 框架专门用于面向服务开发，它是下一代.NET 平台通信应用程序的核心，它合并了 Web 服务、.NET Remoting、消息队列（MSMQ）和 Enterprise Services（企业服务）的功能并集成在 Visual Studio 中。

15.1.2 WCF 优势

通常情况下，利用 WCF 可以解决包括安全、可依赖、互操作、跨平台通信等需求。这样，Web 开发者不用再去分别了解.NET Remoting 和 Web 服务等技术了。概括来说，使用 WCF 包含以下几个优势。

1. 统一性

前面已经提到过，WCF 是由 Web 服务、.NET Remoting 和 Enterprise Service 等多项技术的整合。由于 WCF 完全是由托管代码编写，因此开发 WCF 的应用程序与开发其他的.NET 应用程序没有太大的区别，开发者仍然可以像创建面向对象的应用程序那样，利用 WCF 来创建面向服务的应用程序。

2. 互操作性

由于 WCF 最基本的通信机制是 SOAP，这就保证了系统之间的互操作性，即使是运行在不同的上下文中，这种通信也可以是基于.NET 到.NET 之间的通信。

另外，只要支持标准的 Web 服务，WCF 就可以跨进程、跨机器甚至于跨平台进行通信。应用程序可以运行在 Windows 操作系统下，也可以运行在其他的操作系统下，例如 Sun Solaris、HP UNIX 和 Linux 等。

3. 安全与可依赖

WS-Security、WS-Trust 和 WS-SecureConversation 均被添加到 SOAP 消息中，以用于用户认证、数据完整性验证，数据隐私等多种安全因素。

在 SOAP 的 header 中增加了 WS-ReliableMessaging 允许可信赖的端对端通信。而建立在 WS-Coordination 和 WS-AtomicTransaction 之上的基于 SOAP 格式交换的信息，则支持两阶段的事务提交。

对于 Messaging 而言，SOAP 是 Web Service 的基本协议，它包含消息头（header）和消息体（body）。在消息头中，定义了 WS-Addressing 用于定位 SOAP 消息的地址信息，同时还包含 MTOM（Message Transmission Optimization Mechanism，表示消息传输优化机制）。

4. 兼容性

WCF 充分考虑到了与旧系统的兼容性，安装 WCF 并不会影响原有的技术（例如.NET Remoting）。对于 WCF 和 Web 服务，虽然两者都用到了 SOAP，但是基于 WCF 开发的应用程序，仍然可以直接与 Web 服务进行交互。

15.2 WCF 技术要素

WCF 框架中包含大量的基础概念，15.1 节简单介绍了 WCF 的概念和使用优势，本节介绍组成 WCF 的技术要素。

15.2.1 组成元素

从技术层面理解 WCF 框架时，可以分为三个要素，即 Address、Binding 和 Contract。一般情况下，将 WCF 框架的这三要素简称为 ABC。

1. Address（地址）

在 WCF 框架中，每一个服务都具有唯一的地址，在 SOA 系统中，其他服务和客户端通过服务的地址来对服务进行访问。一个服务的地址由一个统一资源标示符（URI）来表示。

一个地址包含通信所使用的协议，协议指的是传输使用的协议。常见的有 Http（使用 HTTP），net.tcp（使用 TCP），net.msmq（使用 MSMQ 协议），地址并不是负责定义服务传输所使用的协议，而只是提供一个和通信协议兼容的地址。

【范例 1】

下面三行分别显示常见的地址，代码如下。

```
http://localhost /Service
net.tcp://dc3web1:9023/MyService
net.msmq://localhost/MyMsMqService
```

实际上，地址的形式不远远止于上面的三种，它们的构成形式如下。

```
http://[Hostname]:[Port]/[ServiceAddress]
https://[Hostname]:[Port]/[ServiceAddress]
net.tcp://[Hostname]:[Port]/[ServiceAddress]
net.pipe://[Hostname]:[Port]/[ServiceAddress]
net.msmq://[Hostname]/public(private)/[QueueName]
msmq.formatname://{msmq format name}
```

2. Binding（绑定）

绑定定义了服务与外部通信的方式。它由一组称为绑定元素的元素而构成，这些元素组合在一起形成通信基础结构。一个绑定可以包含以下内容。

（1）通信所使用的协议，如 HTTP、TCP、P2P 等。

（2）消息编码方式，如纯文本、二进制编码、MTOM 等。

（3）消息安全保障策略。

（4）通信堆栈的其他任何要素。

3．Contract（契约）

在有些资料中，会将契约称为合约。从 SOA 的概念上来看，契约属于一个服务公开接口的一部分。一个服务的契约，定义了服务端公开的服务方法、使用的传输协议、可访问的地址、传输的消息格式等内容。

从系统层面理解 WCF 框架时，可以分为 4 个要素：Contract、Service、Host 和 Client。下面简单介绍 Service、Host 和 Client。

1．Service（服务）

服务是基于契约实现的一个具体服务。通常情况下，它是一些类型（class）定义，实现了业务逻辑。简单来说，服务定义实现契约的方法。

2．Host（宿主）

既然服务是一个 Class 类，那么它自身是无法对客户端请求进行响应的。所以需要有一个宿主程序来提供持续的监听。WCF 的宿主可以是任意的应用程序，非常灵活。

3．Client（客户端）

任何客户端（例如 Windows Forms，WPF，Silverlight，Console Application，甚至 JavaScript，或者 Java 和 PHP 等）都可以通过自己的方式来访问 WCF 程序。

除了前面介绍的技术要素外，WCF 中还涉及其他的知识概念，简单说明如下。

1．终结点

终结点是用来发送或者接收消息（或同时执行这两种操作）的构造。一个终结点由三个要素组成，它们分别是：地址、绑定和契约。在终结点的三要素中，地址是为了定位服务，绑定定义了消息在服务与服务、服务与客户端之间如何传输，而契约则定义了消息以何种格式进行传输，这里消息的格式，本质上也就代表了服务的内容，因此可以说服务的定义是由契约完成的。以 SOA 的思想来看，一个终结点就相当于服务的公共接口。

注意

终结点的配置或者编程并不属于业务逻辑的编程，因此 WCF 设计目的之一就是分离终结点的定义和契约的具体实现。

2．元数据

服务的元数据描述服务的特征，外部实体需要了解这些特征以便与该服务进行通信。服务所公开的元数据包括 XML 架构文档（用于定义服务的数据协定）和 WSDL 文档（用于描述服务的方法）。启用元数据后，WCF 通过检查服务及其终结点自动生成服务的元数据。

15.2.2 契约

在使用 WCF 时，对其制定各种各样的规则，这就叫作契约。任何一个分布式的应用程序在传递消息的时候都需要实现制定一个规则。

1. 契约的分类

在 WCF 中，契约可以分为 4 种：它们分别是服务契约、数据契约、错误契约和消息契约。

1）服务契约

服务契约将多个相关的操作联系在一起，组成单个功能单元。这种级别的契约又包括两种：ServiceContract 和 OperationContract，前者用于类或结构上，用于指定 WCF 此类或者结构能够被远程调用，而 OperationContract 用于类的方法（Method）上，用于指示 WCF 该方法可被远程调用。

2）数据契约

数据类型的说明称为数据契约。服务使用的数据类型必须在元数据中进行描述，以使其他各方面可以与该服务进行交互操作。这种级别的数据契约也分为两种：DataContract 和 DataMember。前者用于类或者结构上，指示 WCF 此类或结构能够被序列化并传输；而 DataMemeber 只能用在类或结构的属性（Property）或者字段（Field）上，指示 WCF 该属性或者字段能够被序列化传输。

3）错误契约

错误类型的说明称为错误契约。错误契约用于自定义错误异常的处理方式，默认情况下，当服务端抛出异常时，客户端能够接收到异常信息的描述，但是这些描述往往格式统一，有时比较难以从中获取有用的信息，这时，可以自定义异常消息的格式，将开发者所关心的消息放到错误消息中传递给客户端，这时需要在方法上添加自定义一个错误消息的类，然后在要处理异常的函数上加载错误契约，并将异常信息指示返回为自定义格式。

4）消息契约

消息契约描述消息的格式。简单来说，消息契约能够自定义消息格式，包括消息头、消息体，还能指示是否对消息内容进行加密和签名。

2. 自定义契约

通常情况下，需要把契约放在一个类库项目中实现，下面的范例通过一个完整的步骤创建一个 WCF 服务类库。

【范例 2】

通过创建 WCF 类库应用程序自定义契约的步骤如下。

（1）单击菜单栏中的 File|New|Project 命令，弹出如图 15-1 所示的对话框。在弹出的

对话框左侧选中 WCF 项，并在中间区域选择 WCF Service Library 项，它表示 WCF 服务类库，如图 15-1 所示。

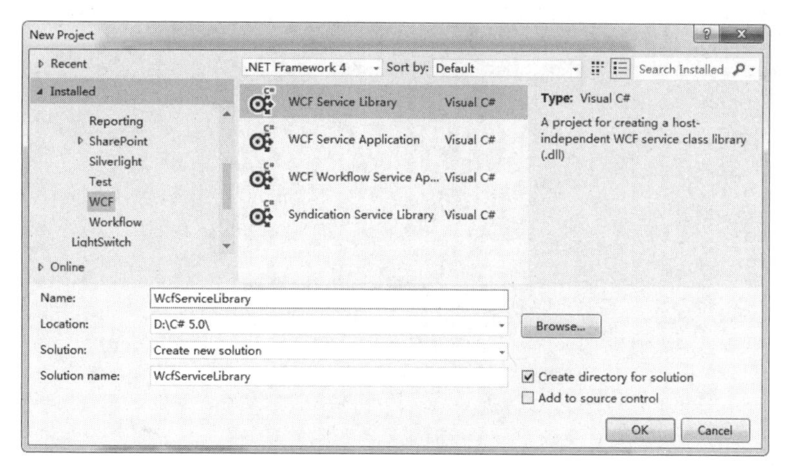

图 15-1 创建 WCF 服务类库

（2）在图 15-1 中输入 WCF 服务类库的名称，输入完毕后单击 OK 按钮。使用 WCF 类库项目模板创建项目完毕后，开发者可以发现系统会自动提供一个简单的契约和服务，如图 15-2 所示。在图 15-2 中，IService1.cs 是提供的契约，而 Service1.cs 是实现契约的服务。

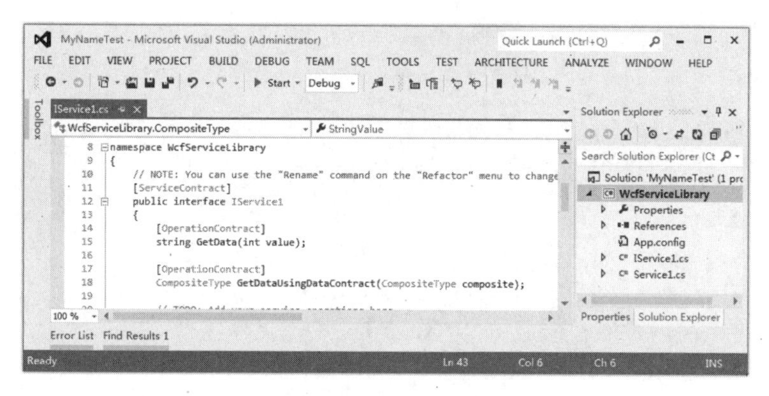

图 15-2 自动生成的契约和服务

（3）打开 IService.cs 文件查看系统提供的契约，在该文件中包含一个服务契约和一个数据契约，开发者可以改变该文件中的代码和配置文件。如下代码为 Iservice.cs 文件自动生成的内容。

```
[ServiceContract]
public interface IService1 {
    [OperationContract]
    string GetData(int value);
    [OperationContract]
    CompositeType GetDataUsingDataContract(CompositeType composite);
}
```

```
[DataContract]
public class CompositeType {
    bool boolValue = true;
    string stringValue = "Hello ";
    [DataMember]
    public bool BoolValue {
        get { return boolValue; }
        set { boolValue = value; }
    }
    [DataMember]
    public string StringValue {
        get { return stringValue; }
        set { stringValue = value; }
    }
}
```

15.2.3 服务

服务是对契约的实现，通常情况下，契约和服务都在同一个类库项目下。例如，在范例 2 中创建 WCF 类库程序时，自动生成了两个文件，Service.cs 就是生成的一个服务文件。代码如下。


```
public class Service1 : IService1 {
    public string GetData(int value) {
        return string.Format("You entered: {0}", value);
    }
    public CompositeType GetDataUsingDataContract(CompositeType com
    posite) {
        if (composite == null) {
            throw new ArgumentNullException("composite");
        }
        if (composite.BoolValue) {
            composite.StringValue += "Suffix";
        }
        return composite;
    }
}
```

从上述代码中可以发现，该类实现了在契约中声明的 IService 接口（服务契约），也使用到了 CompositeType 类（数据契约），实现了 GetData()以及 GetDataUsingDataContract()中的功能，这些功能即为 WCF 服务允许外部程序进行调用的功能。

当开发者实现定义的服务和契约后，可以按 Ctrl+F5 键直接进行测试。虽然开发者还没有开始编写客户端，但是系统会自动提供一个 WCF 程序的测试客户端供用户使用。初始运行效果如图 15-3 所示。

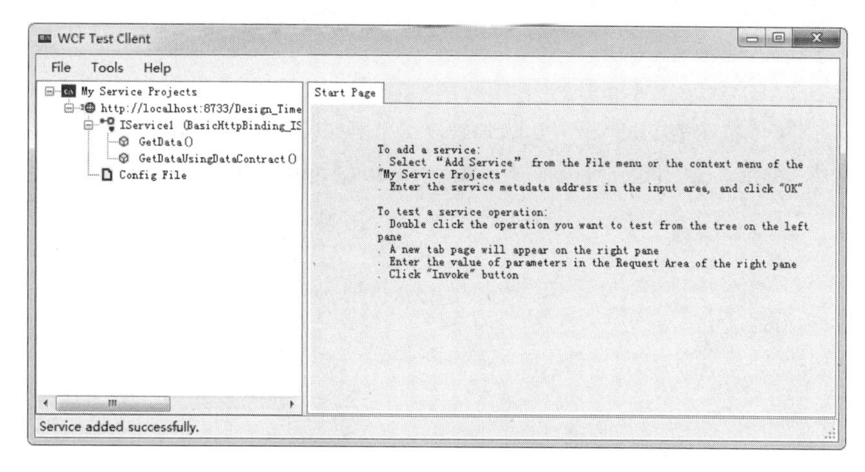

图 15-3 初始运行效果

在图 15-3 中单击左侧的内容进行查看，如单击 GetData()方法，并且在右侧输入测试内容后单击 Invoke 按钮执行调用，如图 15-4 所示。

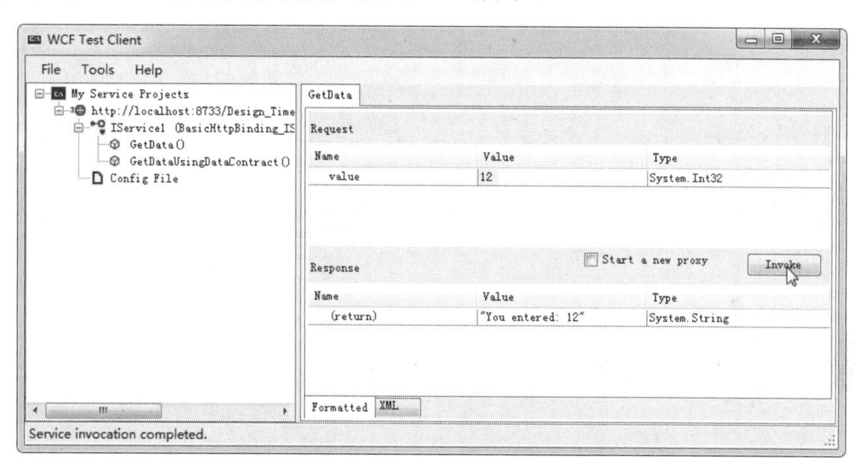

图 15-4 测试输入的内容

15.2.4 宿主程序

从前面两节中可以看到，编写 WCF 服务端程序时，虽然开发者没有实现宿主程序，但是在客户端仍然能够访问服务，这是因为在测试 WCF 类库时，系统自动启动了一个宿主程序，即 WcfSvcHost.exe，并加载了该服务，以便开发者能够测试访问。但是 WcfSvcHost.exe 只是一个轻量级的宿主程序，主要用于测试使用。对于实际的开发项目，开发者可以将它部署到 IIS 中，可以不用编写自己的宿主程序。

除了 IIS 外，开发者可以编写自己的宿主程序。一般情况下，宿主程序可以通过一个控制台或者窗口程序实现。这样，也可以在没有 IIS 的机器上运行开发者的服务，也可以更改低层传输协议，从而获取到更高的传输效果。

【范例 3】

在 VS 2012 中，创建 Windows 窗体应用程序作为托管程序，步骤如下。

（1）单击菜单栏中的 File|New|Project 命令，弹出如图 15-5 所示的对话框。在该对话框中选择 Windows 项，在中间区域选择 Windows Forms Application 子项创建窗体应用程序。

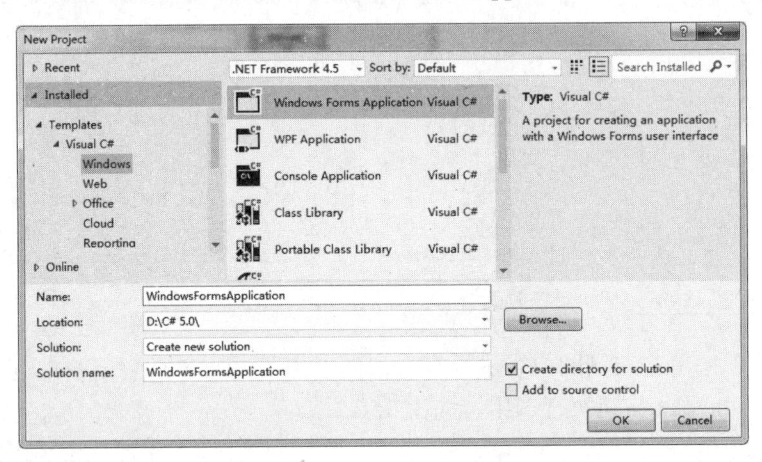

图 15-5 创建窗体应用程序

（2）在图 15-5 的对话框中输入窗体应用程序的名称后单击 OK 按钮，这时会自动生成一个名称为 Form1 的窗体。

（3）选择当前的窗体应用程序后单击右键，然后选择 Add Reference（添加引用）项弹出如图 15-6 所示的引用对话框。

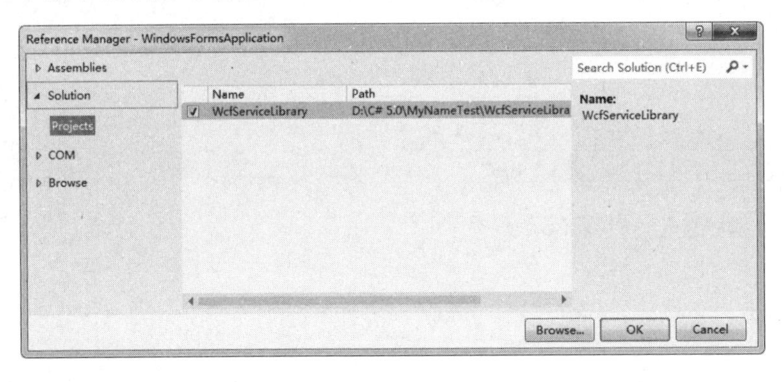

图 15-6 添加引用

在图 15-6 中，首先找到 Assemblies 选项并打开 Framework 子项，在显示的列表项中找到 System.ServiceMode 项并选中。然后找到 Solution 选项并打开 Projects 子项，在显示的列表中找到 WcfServiceLibrary 项并选中。添加这两项分别表示对 System.ServiceMode 和 WcfServiceLibrary 的引用，添加完毕后单击 OK 按钮。

（4）在窗体程序中添加对托管的 WCF 服务的描述，描述既可以通过代码实现，也可以通过工具生成，这里选择工具生成。首先单击菜单栏中 TOOLS 下的 WCF Service Configuration Editor 命令，在弹出的对话框中选择 File|New Config 命令，如图 15-7 所示。

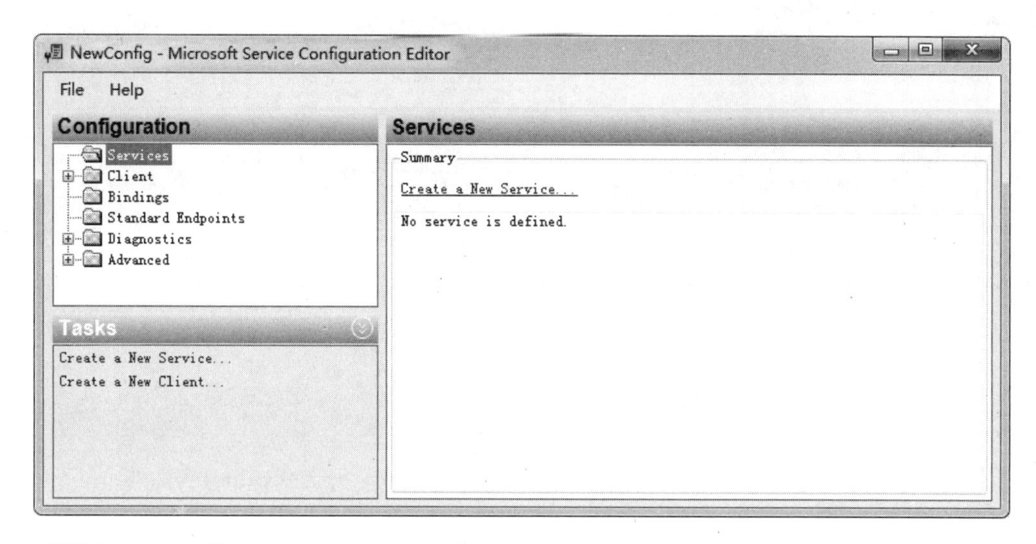

图 15-7 单击 **File | New Config** 子项

（5）单击图 15-7 中右侧的 Create a New Service 链接弹出如图 15-8 所示的界面。

（6）单击图 15-8 界面中的 Browser 按钮，在弹出的对话框中选择生成的 WcfServiceLibrary.dll 文件，单击 Next 按钮后需要选择弹出的契约，这里使用默认值，如图 15-9 所示。

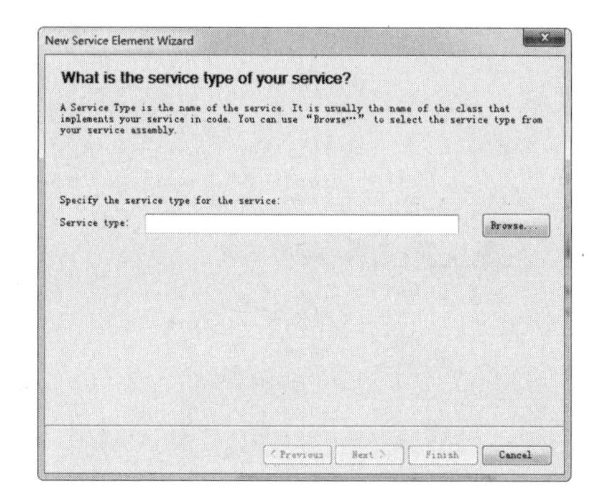

图 15-8 服务元素向导 **1**

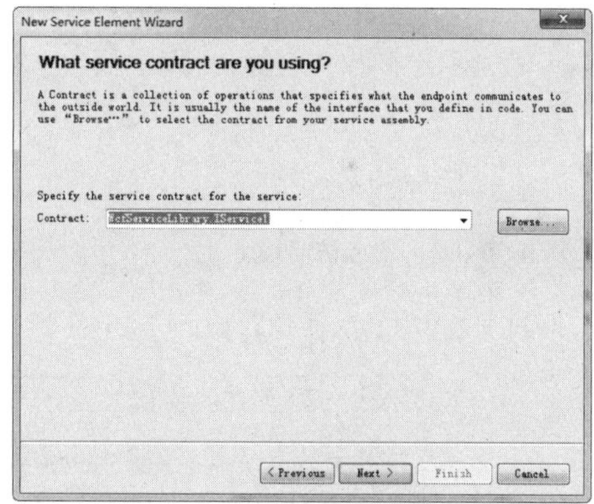

图 15-9 服务元素向导 **2**

（7）单击图 15-9 界面中的 Next 按钮，弹出如图 15-10 所示的界面，在这个界面中要选择使用的网络通信协议，选择最通用的 HTTP。

（8）单击图 15-10 中的 Next 按钮，弹出如图 15-11 所示的界面，在该界面中选择基本的 Http 服务。

（9）单击图 15-11 中的 Next 按钮，弹出如图 15-12 所示的界面，在这个界面中输入访问地址，其他程序可以通过这个地址来访问本 WCF 服务。

（10）继续单击图 15-12 中的 Next 按钮，这时弹出界面提示服务向导已经生成，如图 15-13 所示。

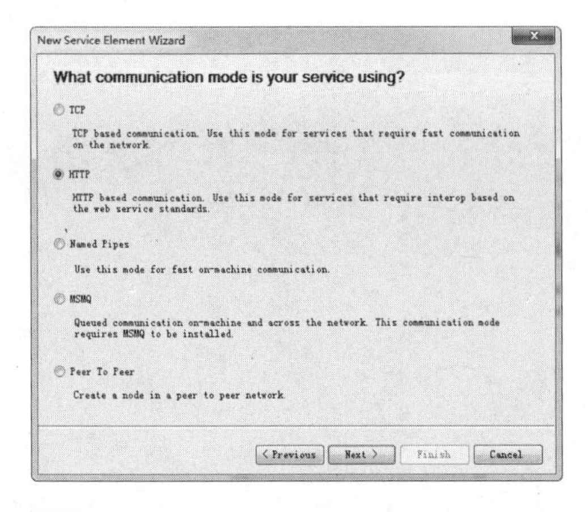

图 15-10 使用的协议

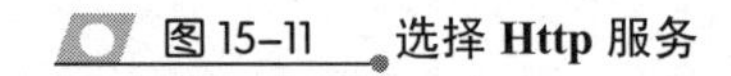

图 15-11 选择 Http 服务

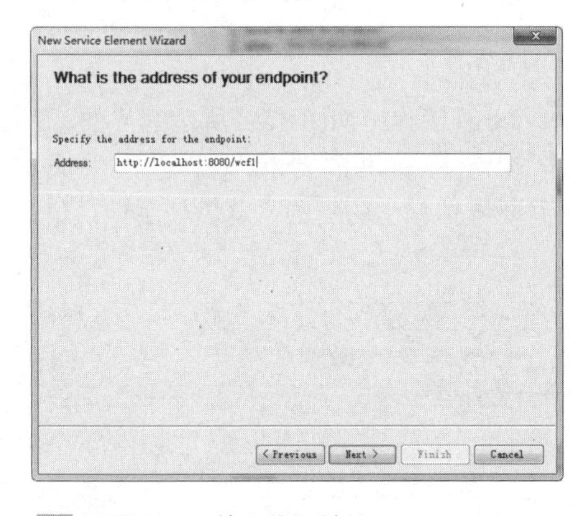

图 15-12 输入访问地址

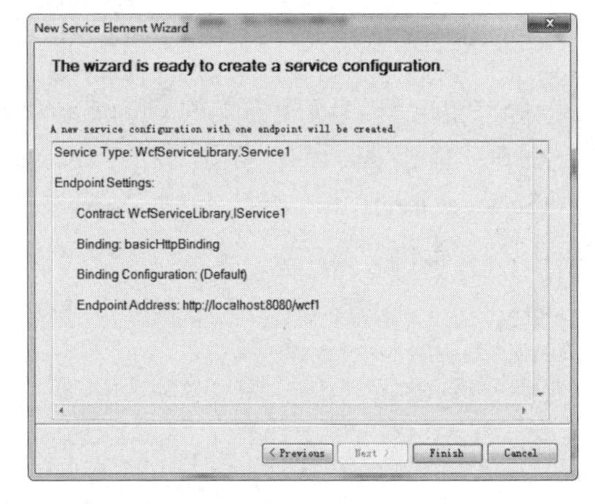

图 15-13 提示向导生成

（11）直接单击图 15-13 中的 Finsh 按钮完成配置，如图 15-14 所示。

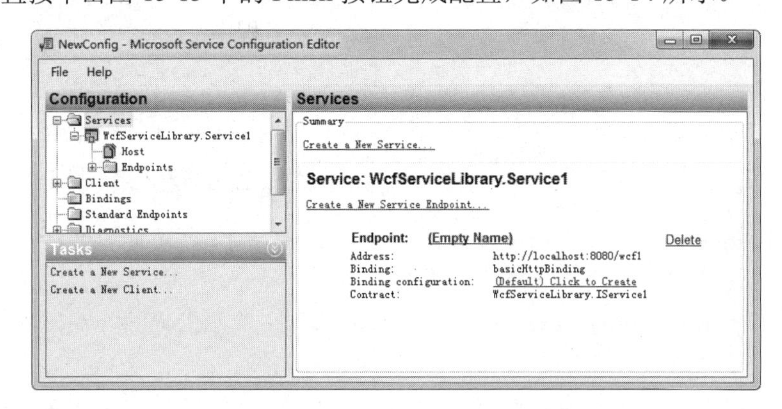

图 15-14 WCF 描述完毕

（12）根据需要配置其他的内容，所有的配置完毕后单击 File|Save 命令生成一个 App.config 文件，将该文件保存到窗体程序的目录下（与 Form1.cs 窗体在同一目录）。文

件内容如下。

```
<?xml version="1.0" encoding="utf-8"?>
<configuration>
    <system.serviceModel>
        <bindings>
            <basicHttpBinding>
                <binding name="BasicHttpBinding_IService1" />
            </basicHttpBinding>
        </bindings>
        <client>
            <endpoint address="http://localhost:8733/Design_Time_ Addresses/
            WcfServiceLibrary/Service1/"
                binding="basicHttpBinding" bindingConfiguration= "Basic
                HttpBinding_IService1"
                contract="MyTestServiceReference.IService1" name="Basic
                HttpBinding_IService1" />
        </client>
        <services>
            <service name="WcfServiceLibrary.Service1">
                <endpoint address="http://localhost:8080/wcf1" binding=
                "basicHttpBinding"
                    bindingConfiguration="" contract="WcfServiceLibrary.
                    IService1" />
            </service>
        </services>
    </system.serviceModel>
</configuration>
```

（13）在 VS 2012 中将 App.config 文件加入到工程中。向 Form1 窗体中添加一个 TextBox 控件和一个 Button 控件，并为 Button 控件添加 Click 事件。

（14）在窗体后台中添加 Button 控件的 Click 事件代码，内容如下。

```
private void button1_Click(object sender, EventArgs e)
{
    System.ServiceModel.ServiceHost host =
            new System.ServiceModel.ServiceHost (typeof(WcfService
            Library.Service1));
    host.Open();
    textBox1.Text = "opened";
}
```

（15）编译后运行 Form1 窗体，单击窗体中的 Button 控件，可将这个 WCF 服务寄宿到窗体中，关闭窗体后 WCF 服务结束，效果不再显示。

> **注意**
> 如果运行时出现 HTTP could not register URL http://+:8080/wcf1/. Your process does not have access rights to this namespace 错误，这可能是权限不足所致，需要使用管理员权限运行。

总结起来，一般有两种常见的寄宿方式：一种是为一组 WCF 服务创建一个托管的应用程序，通过手工启动程序的方式对服务进行寄宿，所有的托管应用程序均可作为 WCF 服务的宿主，例如 Console 应用、Windows Forms 应用和 ASP.NET 应用等，人们把这种方式的服务寄宿方式称为自我寄宿（Self Hosting）。另一种则是通过操作系统现有的进程激活方式为 WCF 服务宿主，Windows 下的进程激活手段包括 IIS、Windows Service 或者 WAS（Windows Process Activation Service）等。

无论采用哪种寄宿方式，在为某个服务创建 ServiceHost 的过程中，WCF 框架内部会执行一系列的操作，其中最重要的步骤就是为服务创建服务描述（Service Description）。

15.2.5 实现客户端

如果要实现客户端，Web 开发者需要知道两个信息：服务端提供了哪些服务；如何采取方式访问服务。访问服务可通过宿主程序发布的 WSDL 获取，客户端无须知道服务区的实现细节，而是直接根据 WSDL 地址即可。

例如，对于上一个范例，可以找到其服务地址是 http://localhost:8733/Design_Time_Addresses/WcfServiceLibrary/Service1/（在 App.config 文件中配置的），直接通过浏览器可以查看 WSDL 的发布地址，并获取相关信息，如图 15-15 所示。

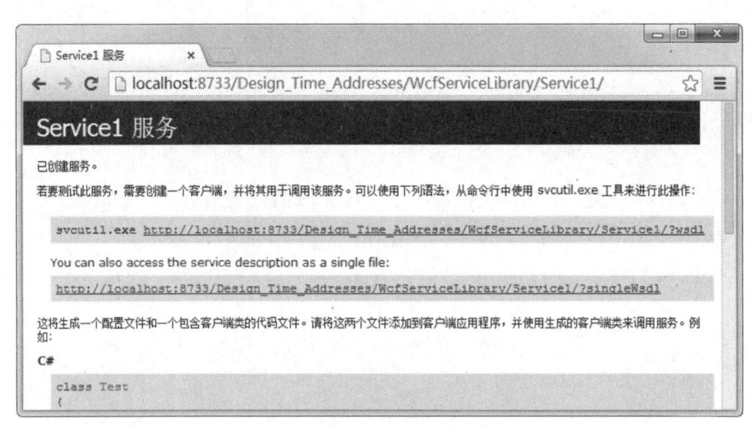

图 15-15 在浏览器中查看 WSDL 服务及其地址

【范例 4】

通过 VS 2012 的强大功能可以方便地实现客户端程序了，在前面窗体应用程序的基础上添加新的内容。首先选中当前的窗体应用程序后右击，在右键菜单中选择 Add Service Reference（添加服务引用）子项，在弹出的对话框中输入服务地址，或者通过 Discover（发现）按钮查找，如图 15-16 所示。

图 15-16 添加服务引用

单击图 15-16 中的 OK 按钮确定添加服务引用，然后在后台中调用服务引用，通过服务访问 WCF 程序中的内容，代码如下。


```
private void button1_Click(object sender, EventArgs e)
{
    /* 省略其他代码内容 */
     MyTestServiceReference.Service1Client();
     MessageBox.Show(aa.GetData(2));
}
```

15.3 应用场景

熟悉 WCF 的读者都可以感受到它的强大功能，宿主和客户端都可以通过配置文件的方式定义、更改 WCF 服务的行为。可以说，在 WCF 中，几乎什么都可以配置，很多时候都是用配置文件的方式来说明。

WCF 从发布到使用经历了多年的时间，也经历了多次的增强和改进，从最开始单纯的 SOAP Service 的方式，发展出来其他多种应用场景，说明如下。

1. SOAP Services

SOAP Services 是 WCF 一开始就支持的，也是最完整的一个。之所以支持 SOAP Services，是因为 WCF 服务是基于消息的通信机制，而它的消息是被封装为一个 SOAP Envelope 中的。

2. WebHttp Services

WebHttp Service 服务的出现，是基于一个比较熟的概念：RESTFul。可以说，这是

WCF RESTFul 的一个具体实现，从.NET Framework 3.5 开始提供。

3．Data Services

Data Service 是指数据服务。最开始的名称叫作 ADO.NET Data Service，是从.NET Framework 3.5 SP1 开始提供的功能。在.NET Framework 4.0 中已经改名为 WCF Data Service。

4．Workflow Services

这是一个很有意思的服务，它是在.NET Framework 4.0 中出现的，也就是随着 Workflow Foundation 升级到 4.0 之后，提供了一种全新的服务类型。简单来说，它是可以直接与 Workflow Foundation（工作流）相结合的一种服务。

5．RIA Services

RIA 是英文 Rich Internet Application 的缩写，在微软平台上，Silverlight 就是 RIA 战略中的核心产品。可以说，RIA Service 是为 Silverlight 服务的，这个是.NET Framework 4.0 中才有的功能，并且还需要安装 RIA Service Toolkit。

15.4 实验指导——WCF 实现购票系统的基本功能

前面介绍的内容很简单，细心的读者可以发现，在 15.2 节中介绍契约、服务、宿主程序以及客户端实现时，它们的范例代码已经构成了一个简单的例子。该例子是通过创建 WCF 服务类库项目实现的，本节实验指导不再创建 WCF 服务类库，而是直接创建 WCF 服务程序实现购票系统的基本功能，即查询票价和购买车票。主要操作步骤如下。

（1）单击菜单栏中的 File|New|Project 命令，弹出如图 15-1 界面所示的对话框，在该对话框中选择 WCF Service Application 项，而不再是 WCF Service Library 项。

（2）输入程序名称后单击 OK 按钮进行添加，如图 15-17 所示。从该图中可以看出，与创建的 WCF 服务类库不同，这里不再是生成 IService1.cs 和 Service1.cs 文件，而是 IService1.cs 和 Service1.svc 文件。

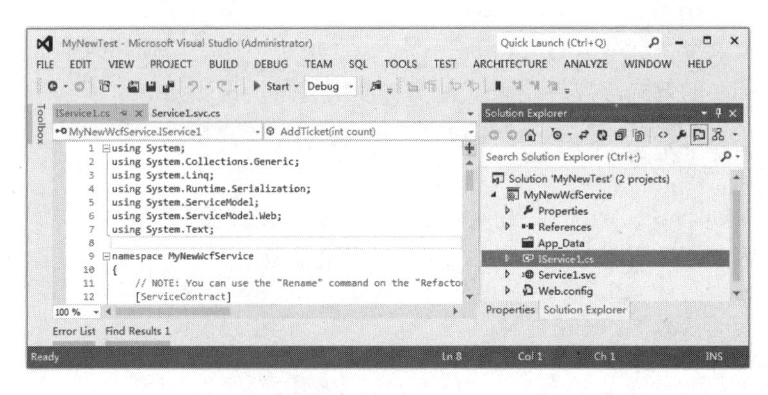

图 15-17 WCF 服务程序

（3）打开 IService1.cs 文件，向该文件中开始定义契约，它包含三个方法，内容如下。

```
[ServiceContract]
public interface IService1 {
    [OperationContract]
    void AddTicket(int count);          /* 增加车票的方法*/
    [OperationContract]
    int BuyTickets(int Num);            /*购买车票的方法*/
    [OperationContract]                 //服务契约 即提供服务的实现方法
    int GetRemainingNum();              /*查询车票的方法*/
}
```

（4）继续向 IService1.cs 文件中定义数据契约，它包含两个字段和两个属性，属性是对字段的封装，代码如下。

```
[DataContract] //数据契约
public class Ticket {
    bool boolCount = true;                  //判断是否还有车票
    int howmany = 10;                       //还有多少车票
    [DataMember]
    public bool BoolCalue {                 /* 判断是否还有票 */
        get { return boolCount; }
        set {
            if (HowMany > 0) {
                boolCount = false;
            } else {
                boolCount = true;
            }
        }
    }
    [DataMember]
    public int HowMany {                    /* 返回[illegible]/
        get { return howmany; }
        set { howmany = value; }
    }
}
```

（5）打开 Service.svc 文件，该文件实现了 IService.cs 定义的契约，代码如下。

```
public class Service1 : IService1 {
    Ticket T = new Ticket();
    public void AddTicket(int count) {          /*实现添加票数的方法*/
        T.HowMany = T.HowMany + count;
    }
    public int GetRemainingNum() {              /*实现返回票数的方法*/
        return T.HowMany;
    }
    public int BuyTickets(int Num) {            /*实现购买车票的方法*/
        if (T.BoolCalue) {
```

```
                T.HowMany = T.HowMany - Num;
                return 1;
            } else {
                return 0;
            }
        }
    }
```

注意

无论是创建 WCF 服务类库还是 WCF 服务程序，如果要更改接口名称 IService1，那么也必须更改 App.config 中对 IService1 的引用。

（6）添加宿主程序用于检测服务，在这里创建 WPF 项目并加入到解决方案中，向 WPF 自动生成的 MainWindow.xaml 窗体中添加两个 Button 控件和一个 Label 控件，并为 Button 控件指定 Click 事件，代码如下。

```
<Button Content="启动服务" HorizontalAlignment="Left" Margin="83,75,0,0"
VerticalAlignment="Top" Width="75" Click="Button_Click_1"/>
<Button Content="停止服务" HorizontalAlignment="Left" Margin="271,75,0,0"
VerticalAlignment="Top" Width = "75" Click="Button_Click_2"/>
<Label Name="lblInfo" Content="Label" HorizontalAlignment="Left" Margin
= "83,123,0,0" VerticalAlignment ="Top"/>
```


在上述代码中，两个按钮一个用于启动服务，一个用于停止服务，而 Label 控件用于显示服务相关信息。

（7）为当前的 WPF 项目添加名称是 System.ServiceModel 和 MyNewWcfService（前面创建的 WCF 服务程序）的引用。

（8）打开窗体的后台页面并向其中添加内容，通过 using 关键字引入两个命名空间，代码如下。

```
using System.ServiceModel;
using System.Windows;
```

（9）向 MainWindow.xaml.cs 文件中分别添加两个 Click 事件的代码，内容如下。

```
ServiceHost host = null;
private void Button_Click_1(object sender, RoutedEventArgs e) {
    host = new ServiceHost(typeof(MyNewWcfService.Service1));
    try {
        host.Open();                                    //启动服务
        lblInfo.Content = "服务已启动";
    } catch (Exception ex) {
        MessageBox.Show("启动过程中出现错误，错误原因在于：" + ex.Message);
    }
}
private void Button_Click_2(object sender, RoutedEventArgs e) {
```

```
    if (host.State != CommunicationState.Closed) {  //判断服务是否关闭
        host.Close();                                //关闭服务
    }
    lblInfo.Content = "服务已关闭";
}
```

(10) 手动方式配置 App.config 文件，在该文件中分别配置服务、契约接口以及行为的代码，内容如下。

```
<?xml version="1.0" encoding="utf-8" ?>
<configuration>
    <system.serviceModel>
        <services>
            <service name="MyNewWcfService.Service1" behaviorConfigura
            tion = "CalculatorServic e Behavior">
            <host>
                <baseAddresses><add baseAddress="http://localhost:8080/
                "/></baseAddresses>
            </host>
            <endpoint address=""  binding="wsHttpBinding" contract= "My
            NewWcfService.IService 1"></endpoint>
            </service>
        </services>
        <behaviors>    <!--定义 CalculatorServiceBehavior 的行为-->
            <serviceBehaviors>
                <behavior name="CalculatorServiceBehavior">
                    <serviceMetadata httpGetEnabled="true"/>
                    <serviceDebug includeExceptionDetailInFaults="false"/>
                </behavior>
            </serviceBehaviors>
        </behaviors>
    /system.serviceModel>
</configuration>
```

(11) 运行前面的代码查看效果，窗体的界面效果如图 15-18 所示。单击图中的【启动服务】按钮时，窗体中会显示提示信息，如图 15-19 所示。

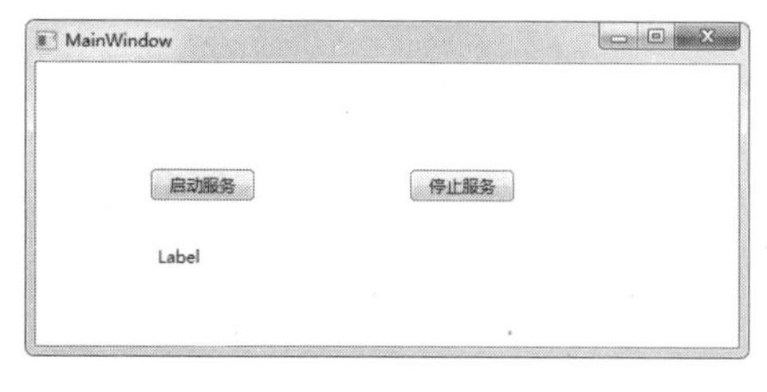

图 15-18 初始效果

图 15-19 启动服务

(12) WCF 服务启动后可以通过 App.config 文件中<baseAddress>节点中的 baseAddress 地址查看 WCF 服务，如图 15-20 所示。

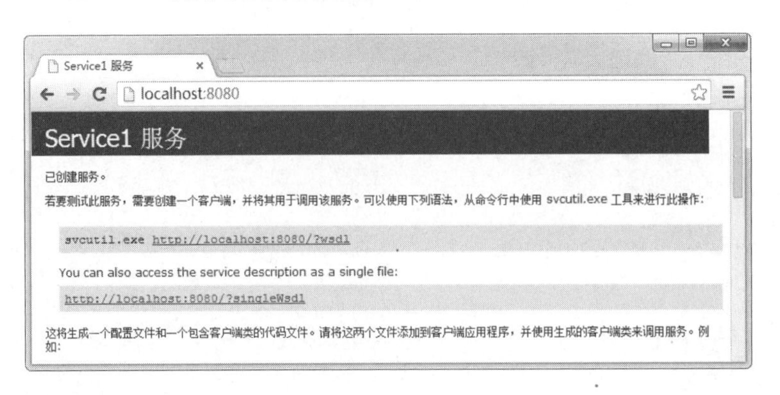

图 15-20 查看 WCF 服务

（13）截止到这里，WCF 服务及其服务主机都已经创建好了，下面可以进行客户机测试了。创建一个新的 WPF 程序（这里不与前面的 WCF 和 WPF 放在一个解决方案中），向窗体中添加两个 Button 控件和一个 Label 控件，并为 Button 控件指定 Click 事件。窗体代码如下。

```
<Button Content="查询票数" HorizontalAlignment="Left" Margin="118,43,0,0"
VerticalAlignment="Top" Width="75" Click="Button_Click_1"/>
<Button Content="购买车票" HorizontalAlignment="Left" Margin="306,43,0,0"
VerticalAlignment="Top" Width="75" Click="Button_Click_2"/>
<Label  Name="lblInfo"  Content="Label"  HorizontalAlignment="Left"
Margin="118,99,0,0" VerticalAlignment = "Top"/>
```


（14）为当前的 WPF 程序添加 WCF 的服务引用，在弹出的引用对话框中输入服务主机 App.config 中的 baseAddress 地址前往（http://localhost:8080）。这里需要注意的是，添加服务引用时，服务必须在启动状态下。

（15）向新创建的 WPF 程序的窗体后台中添加 Click 事件代码，以【查询票数】按钮的 Click 代码为例，内容如下。

```
ServiceReference1.Service1Client TClient = new Service Reference1.
Service1Client();
private void Button_Click_1(object sender, System.Windows.RoutedEvent
Args e) {   //声明客户端调用
    try {
        lblInfo.Content = "当前的剩余票数：";
        lblInfo.Content += TClient.GetRemainingNum().ToString();//调用 WCF
         中的方法
    } catch (Exception ex) {
        MessageBox.Show("原因：" + ex.Message);
    }
}
private void Button_Click_2(object sender, System.Windows.RoutedEvent
Args e) {   //声明客户端调用
    try {
        int i = TClient.BuyTickets(2); //调用 WCF 中的方法
        if (i == 1) {
            lblInfo.Content = "购买成功";
        }
        lblInfo.Content += "剩余车票还有：" + TClient.GetRemainingNum()
```

```
            .ToString() + "张";
        } catch (Exception ex) {
            MessageBox.Show("原因: " + ex.Message);
        }
    }
```

（16）在保证 WCF 服务启动的前提下运行窗体进行测试，单击【查询票数】按钮和【购买车票】按钮时的效果如图 15-21 和图 15-22 所示。

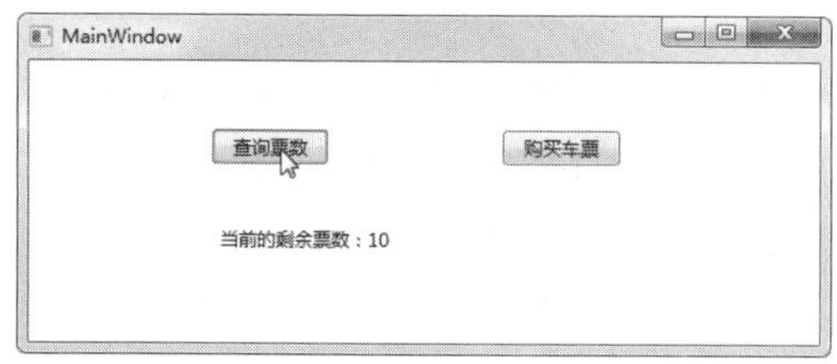

图 15-21　查询票数

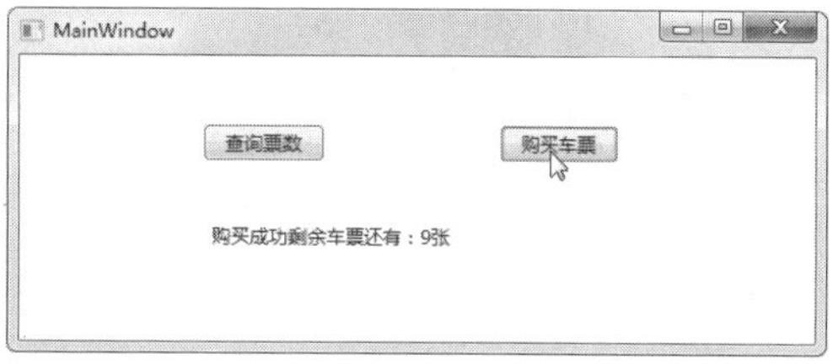

图 15-22　购买车票

思考与练习

一、填空题

1．WCF 的英文全称是__________。

2．从系统层面理解 WCF 框架时，可以分为 4 个要素，它们分别是 Contract、__________、Host 和 Client。

3．契约的 4 种类型分别是服务契约、__________、错误契约和消息契约。

4．WCF 的应用场景包括 SOAP Services、WebHttp Services、__________、Workflow Services 和 RIA Services。

5．终结点的三要素包括__________、绑定和契约。

二、选择题

1．从技术层面理解 WCF 框架时，它的三要素不包括 __________。

A．Contract（契约）

B．Binding（绑定）

C．Service（服务）

D．Address（地址）

2．开发者创建一个 WCF 服务程序时，自动生成的两个文件是__________。

A．IService.cs 和 Service.svc

B．IService1.cs 和 Service1.svc

C．IService1.cs 和 Service1.cs

D．IService.cs 和 Service.cs

3．WCF 的地址表示包含通信所使用的协议，其中常用的协议不包括__________。

A．HTTP

B．MSMQ 协议

C[illegible]P

D. [illegible]TP

4．在定义数据契约时，可以在类或者结构的属性与字段前添加__________，它表示 WCF 的该属性或者字段能够被序列化传输。

A．DataContract

B．DataMemeber

C．ServiceContract

D．OperationContract

三、简答题

1．什么是 WCF，我们为什么要使用 WCF？

2．如何创建一个完整的 WCF 程序，请简述步骤。

3．WCF 的应用场景有哪些？请对这些场景进行简单说明

第 16 章　WF 框架

Microsoft Windows Workflow Foundation（WF）是一个可扩展框架，用于在 Windows 平台上开发工作流解决方案。

WF 提供了一个编程框架和工具以开发和执行各种不同的基于工作流的应用程序，比如文档管理、线型的商业应用、贸易单据流程、IT 管理、B2B 应用以及消费者应用。本章对 WF 进行简介。

本章学习要点：

- ❑ 了解工作流的应用
- ❑ 了解工作流数据模型
- ❑ 了解 WF 中的活动库
- ❑ 掌握常用活动库中的活动
- ❑ 理解自定义活动的创建
- ❑ 理解工作流类型
- ❑ 掌握流程图工作流的使用
- ❑ 掌握状态机工作流的使用
- ❑ 掌握使用命令创建工作流

16.1 WF 基础

本节介绍 WF 中的入门识，包括一些术语的介绍、工作流的介绍和数据模型介绍等。

16.1.1 工作流简介

应用程序中通常有着状态和不间断运行的异步工作流，WF 的使用简化了这一过程。WF 管理工作流的运行，为工作流的长期运行提供保障，并能抵抗机器的重启。同时还提供了一系列的附加功能，如为错误处理提供了事务和持久化。

WF 为开发人员提供了一个工作流模型，来描述应用程序所需要的处理过程。通过使用工作流模型所提供的流程控件、状态管理、事务和同步器，开发人员可以分离应用程序逻辑和业务逻辑，构造一个高层次的抽象，达到提高开发效率的目的。

Windows Workflow Foundation 提供一个工作流引擎、一个.NET 托管 API、运行库服务以及与 Microsoft Visual Studio 2012 集成的可视化设计器和调试器。可使用 Windows Workflow Foundation 来生成并执行同时跨越客户端和服务器的工作流，以及可在所有类型的 .NET 应用程序内部执行的工作流。

工作流是以活动示意图形式定义的人力或系统过程模型。活动是一种包含工作单元的可配置逻辑结构。这种结构封装了开发者可能经常用到的一些部件。活动是工作流中的一个步骤，并且是工作流的执行、重用和创作单位。

如果遇到一些特殊的需求或场景，WF 为开发自定义的活动提供了简单的方法。通过将工作流引擎载入进程，WF 可以使任何应用程序和服务容器运行工作流。运行时服务组件被设计成可插件形式的，这可使应用程序以最合适的方式来提供它们的服务。WF 还提供了一组运行时服务的默认实现，这些服务能满足大部分类型的应用程序。

Windows Workflow Foundation 工作流通过安排活动而设计，活动示意图表达了规则、操作、状态以及它们的关系。活动示意图在设计之后被编译为.NET 程序集，在工作流运行库和公共语言运行库中执行。

16.1.2 数据模型

Windows Workflow Foundation 数据模型包含三个概念：变量、参数和表达式。变量表示数据存储区，参数表示流入和流出活动的数据。使用可引用变量的表达式来绑定参数。

WF 中，变量表示数据的存储区数据，参数表示流入和流出活动的数据。活动拥有一组参数，这些参数构成活动的签名。此外，活动可以维护一个变量列表，在工作流设计期间，开发人员可在该列表中添加或移除变量。使用可返回值的表达式可以绑定参数。对 WF 数据模型所包含的几个概念介绍如下。

1．变量

变量是数据的存储位置。变量被声明为工作流定义的一部分，在运行时获取值，并将这些值存储为工作流实例状态的一部分。变量定义指定了变量的类型及名称。

变量在运行时的生存期与声明该变量的活动的生存期相同。活动完成后，其变量将被清除，并且无法再引用。

2．参数

WF 使用参数来定义数据流入流出活动的方式。每个参数都有特定的方向：In、Out 或 InOut。

工作流运行时对数据流入流出活动的时间有以下保证。

（1）活动开始执行时，将计算其所有输入和输出参数的值。例如，不管何时调用 Get(ActivityContext)，返回值都为调用 Execute 之前运行时所计算的值。

（2）调用 Set(ActivityContext,T)时，运行时将立即设置值。

（3）参数可选择性具有其指定的 EvaluationOrder。EvaluationOrder 是指定参数计算顺序的从零开始的值。

默认情况下，参数的计算顺序未指定且等于 UnspecifiedEvaluationOrder 值。将 EvaluationOrder 设置为一个大于或等于零的值，以便为此参数指定一个计算顺序。WF 以指定的计算顺序按升序计算参数。未指定计算顺序的参数将先于指定计算顺序的参数计算。活动的参数有以下几种应用。

（1）使用强类型机制来公开活动的参数。实现方法是声明 InArgument<T>、OutArgument<T>和 InOutArgument<T>类型的属性。

（2）通过指定 InArgument<T>、OutArgument<T>和 InOutArgument<T>类型的属性来定义活动的参数。

（3）使用多个选项将数据传入活动中。除使用 InArgument 之外，还可以使用标准 CLR 属性或公共 ActivityAction 属性开发接收数据的活动。

在将数据传入活动中时，CLR 属性（即使用 Get 和 Set 例程来公开数据的公共方法）是受最多限制的选项。在编译解决方案时，必须知道传入 CLR 属性中的参数的值；此值对于每个工作流实例都是相同的。传递到 CLR 属性的值是类似代码中定义的常量。

活动的生存期内只对数据进行一次性计算时，也就是说，其值将不会在活动的生存期间更改。Condition 是一次性获取的值的示例；因此其将定义为参数。Text 是应该定义作为参数的方法的另一个示例，因为它在活动执行期间只进行一次计算，但它可以因不同的活动实例而不同。

如果需要在活动的执行生存期内多次计算数据，则应使用 ActivityAction。例如，为 While 循环的每次迭代计算 Condition 属性。如果将 InArgument 用于此目的，则循环将永不会退出，因为将不会为每个迭代重新计算该参数，并且将始终返回相同的结果。

3. 表达式

WF 表达式是返回结果的活动。间接派生的所有表达式活动 Activity<TResult>，包含属性名为 Result 的 OutArgument 作为该活动的返回值。

WF 表达式访问从简单表达式活动（如 VariableValue<T>和 VariableReference<T>）到复杂表达式活动（如 VisualBasicReference<TResult>和 VisualBasicValue<TResult>），产生结果为 Visual Basic 语言的完整宽度。可以通过从 CodeActivity<TResult>或 NativeActivity<TResult>派生来创建其他表达式活动。

工作流设计器对所有表达式都使用 Visual BasicValue<TResult>和 VisualBasicReference<TResult>。这就是必须在设计器的表达式文本框中使用 VisualBasic 语法的原因。设计器生成的工作流保存在 XAML 中，其中表达式位于方括号中。

16.2 活动

活动是工作流的基本单元，工作流发生在活动与活动的传递过程中。.NET Framework 4.5 RC 包含具有扩展功能的新活动库，如下所示：程序流活动、流程图活动、状态机活动、消息传递活动、运行时活动、基元活动、事务活动、集合活动、错误处理活动、迁移活动。

除了使用内置活动库活动，可以组合到工作流或自定义活动。内置活动库活动被密封；它们不是通过继承要用来创建新的功能。本节介绍常见的活动库，如程序流活动、流程图活动、状态机活动、消息传递活动，以及自定义活动。

16.2.1 程序流活动

.NET Framework 4.5 RC 提供用于控制工作流中执行流的多个活动。其中一些活动（如 Switch 和 If）实现与编程环境（如 Visual C#）类似的流控制结构，而另一些活动（如 Pick）对新的编程结构进行建模。

当诸如 Parallel 和 ParallelForEach 活动之类的活动的计划同时执行多个子活动时，一个工作流只能使用单个线程。这些活动的每个子活动都按顺序执行，并在前面的活动完成或变为空闲之前，不会执行后续活动。因此，这些活动对于某些应用程序来说最有用，这些应用程序中的多个可能阻止执行的活动必须采用交错的方式执行。

如果这些活动中没有任何子活动阻止或变为空闲，则 Parallel 活动执行方式就像 Sequence 活动一样，并且 ParallelForEach 活动执行方式就像 ForEach 活动一样。然而，如果使用异步活动（例如从 AsyncCodeActivity 派生的活动）或消息活动，则控件将传递给下一个分支，同时子活动等待其要接收的消息或其要完成的异步工作。程序流活动及其说明如表 16-1 所示。

表 16-1 程序流活动

活动	说明
DoWhile	执行所包含的活动一次并在条件为 true 时继续执行该操作
ForEach<T>	对集合中的每个元素按顺序执行嵌入的语句 ForEach<T>类似于关键字 foreach，但是以活动（而不是语言语句）的形式实现的
If	如果条件为 true，则执行所包含的活动，如果条件为 false，则可以执行 Else 属性中包含的活动
Parallel	并行执行所包含的活动
ParallelForEach<T>	对集合中的每个元素并行执行嵌入的语句
Pick	提供基于事件的控制流建模
PickBranch	表示 Pick 活动中的可能执行路径
Sequence	按顺序执行所包含的活动
Switch<T>	基于给定表达式的值，从要执行的多个活动中选择一个活动
While	条件为 true 时执行所包含的活动

16.2.2 流程图活动

流程图活动用于控制流程图中的执行和分支，通常用来流程图工作流中。流程图活动有三个可选的活动类型，如下所示。

（1）Flowchart：使用熟悉的流程图范例执行包含的活动。

（2）FlowDecision：一个专用的 FlowNode，提供建立有两种结果的条件节点模型的能力。

（3）FlowSwitch<T>：一个专用的 FlowNode，可建立 switch 结构的模型，该结构有一个表达式（其类型在活动的类型说明符中定义）并且每个匹配项有单一结果。

16.2.3 状态机活动

.NET Framework 4.5 RC 提供几个系统提供的活动和用于创建状态机工作流的活动设计器。其可用的活动有以下几种。

（1）StateMachine：使用熟悉的状态机范例执行包含的活动。

（2）State：表示状态机中的状态。

（3）FinalState：表示状态机中的终止状态。FinalState 是在创建预配置为终止状态的 State 时所使用的活动设计器。

（4）Transition：表示两个状态间的转换。如果没有 Transition 的“工具箱”项，转换将通过拖动和放置在两个状态间的线或拖放三角形上创建转换。

16.2.4 消息传递活动

消息传递活动使工作流能够发送和接收 WCF 消息。通过将消息传递活动添加到工作流，可以对任意复杂的消息交换模式（MEP）进行建模。

消息交换有以下三种基本消息交换模式。

（1）数据报。使用数据报 MEP 时，客户端将消息发送到服务，但服务不做出响应。有时称为“发后不理”。“发后不理”交换形式是一种要求带外确认成功送达的交换形式。消息在传输过程中可能会丢失，而永远不能到达服务。即使客户端成功发送消息，也并不保证服务已经收到消息。数据报是消息传递的基本构造块，因为可以基于数据报构建自己的 MEP。

（2）请求-响应。使用请求-响应 MEP 时，客户端将消息发送到服务，而服务执行所需的处理，然后将响应发送回客户端。此模式由请求-响应对组成。请求-响应调用的示例包括远程过程调用（RPC）和浏览器的 GET 请求。此模式也称为半双工。

（3）双工。使用双工 MEP 时，客户端和服务可以按任何顺序向对方发送消息。双工 MEP 就像电话通话，所说的每一个字都是一条消息。

使用消息传递活动能够实现这些基本 MEP 中的任何一个以及任意复杂的 MEP。.NET Framework 4.5 定义了下面的消息传递活动。

（1）Send：使用 Send 活动可发送消息。

（2）SendReply：使用 SendReply 活动可发送对接收到的消息的响应。此活动由工作流服务用来实现请求/答复 MEP。

（3）Receive：使用 Receive 活动可接收消息。

（4）ReceiveReply：使用 ReceiveReply 活动可接收答复消息。此活动由工作流服务客户端用来实现请求/答复 MEP。

数据报 MEP 涉及发送消息的客户端和接收消息的服务。如果客户端为工作流，则使用 Send 活动发送消息。若要接收工作流中的该消息，使用 Receive 活动。

Send 和 Receive 活动各自具有一个名为 Content 的属性。此属性包含要发送或接收的数据。实现请求-响应 MEP 时，客户端和服务都使用活动对。客户端使用 Send 活动发送消息并使用 ReceiveReply 活动接收来自服务的响应。这两个活动通过 Request 属性相互关联。该属性设置为发送原始消息的 Send 活动。

服务还使用一对关联的活动：Receive 和 SendReply。这两个活动通过 Request 属性关联。该属性设置为接收原始消息的 Receive 活动。ReceiveReply 和 SendReply 活动，与 Send 和 Receive 一样，可用于发送 Message 实例或消息协定类型。

由于工作流具有长时间运行的性质，因此同时支持长时间运行的对话对于双工通信模式非常重要。若要支持长时间运行的对话，启动对话的客户端必须提供适当的机会，使服务在以后数据变为可用时能够回拨客户端。

Receive 和 ReceiveReply 活动具有一个名为 Content 的属性。此属性的类型为 ReceiveContent，它表示 Receive 或 ReceiveReply 活动接收的数据。.NET Framework 定义两个名为 RecieveMessageContent 和 ReceiveParametersContent 的相关类，这两个类都派生自 ReceiveContent。将 Receive 或 ReceiveReply 活动的 Content 属性设置为其中一个类型的实例，这样可使数据接收到工作流服务。

要使用的类型取决于活动接收的数据的类型，如下所示。

（1）如果活动接收到 Message 对象或消息协定类型，则使用 ReceiveMessageContent。

（2）如果活动接收到一组数据协定或可序列化的 XML 类型，则使用 Receive Parameters Content。

（3）使用 ReceiveParametersContent 可以发送多个参数，而使用 ReceiveMessage Content 只能发送一个对象，即消息（或消息协定类型）。

还可将 ReceiveMessageContent 与单个数据协定或可序列化的 XML 类型一起使用。将 ReceiveParametersContent 和单个参数一起使用与直接将对象传递给 RecieveMessageContent 之间的区别在于联网格式。参数的内容包装在与操作名称相对应的 XML 元素中，而序列化对象则使用参数名称包装在 XML 元素中（例如 <Echo><msg>Hello,World</msg></Echo>）。消息内容不由操作名称包装。相反，序列化对象则使用 XML 限定类型名称放置在 XML 元素中（例如<string>Hello,World</string>）。

从工作流应用程序调用工作流服务时，VS 2012 会生成自定义消息传递活动，这些活动封装请求/答复 MEP 中常用的 Send 和 ReceiveReply 活动。

为使在客户端和服务上设置请求/响应 MEP 更容易，VS 2012 提供了两个消息传递活动模板。ReceiveAndSendReply 在服务上使用，SendAndReceiveReply 在客户端上使用。在两种情况下，模板都会将适当的消息传递活动添加到工作流中。在服务上，ReceiveAndSendReply 先添加 Receive 活动，再添加 SendReply 活动。Request 属性自动设置为 Receive 活动。在客户端上，SendAndReceiveReply 先添加 Send 活动，再添加 ReceiveReply 活动。Request 属性自动设置为 Send 活动。若要使用这些模板，只需将适当的模板拖放到工作流上即可。

调用工作流服务时，若希望将事务流动到服务操作中，需要将 Receive 活动放置到 TransactedReceiveScope 活动中。TransactedReceiveScope 活动包含 Receive 活动和主体。流向服务的事务在执行 TransactedReceiveScope 的主体的整个过程中保持为环境事务。事务在执行完主体后完成。

16.2.5 自定义活动

.NET Framework 4.5 通过将系统提供的活动组合成复合活动、或创建派生自 CodeActivity、AsyncCodeActivity 或 NativeActivity 的新类型来创建自定义活动。本节介绍如何使用任一方法来创建自定义活动。

自定义活动，在默认情况下的工作流设计器中显示为一个简单的矩形与活动的名称。若要在工作流设计器中提供活动的自定义可视化表示形式，还必须创建自定义设计器。有关更多信息，请参见使用自定义活动设计器和模板。

.NET Framework 4.5 提供了若干用于创建自定义活动的选项。用于创建给定活动的正确方法取决于所需的运行时功能。这些类及其功能说明如表 16-2 所示。

表 16-2 自定义活动基类及其功能说明

活动基类	功能说明
Activity	将一组系统提供的活动和一组自定义活动组成一个复合活动
CodeActivity	通过提供可以重写的 Execute(CodeActivityContext)方法实现命令性功能。还提供对跟踪、变量以及参数的访问
NativeActivity	提供 CodeActivity 的所有功能，另外还可中止活动执行、取消子活动执行、使用书签以及计划活动、活动操作和功能
DynamicActivity	提供一个类似于 DOM 的方法，使用该方法可以构造通过 IcustomTypeDescriptor 与 WF 设计器和运行时系统交互的活动，从而允许在不定义新类型的情况下创建新活动

使用表 16-2 中的基类创建活动，其具体用法如下所示。

1. 使用 Activity 创作活动

从 Activity 派生的活动通过组合其他现有活动来构成功能。这些活动可以是现有的自定义活动，也可以是来自.NET Framework 4.5 活动库的活动。组合这些活动是创建自定义功能的最基本方法。使用可视化设计环境创作工作流时这种方法最常用。

2. 使用 CodeActivity 或 AsyncCodeActivity 创作活动

从 CodeActivity 或 AsyncCodeActivity 派生的活动可以通过用自定义的命令性代码重写 Execute（CodeActivityContext）方法来实现命令性功能。尽管使用这种方法创建的活动可以访问自定义功能，但是它们无法访问运行时的所有功能，如对执行环境的完全访问、安排子活动、书签的功能或对 Cancel 或 Abort 方法的支持。

执行 CodeActivity 时，它可以访问简化版本的执行环境（通过 CodeActivityContext 或 AsyncCodeActivityContext 类）。使用 CodeActivity 创建的活动可以访问参数和变量解析、扩展以及跟踪。可以使用 AsyncCodeActivity 进行异步活动计划。

3. 使用 NativeActivity 创作活动

从 NativeActivity 派生的活动，与从 CodeActivity 派生的活动一样，可通过重写

Execute（NativeActivityContext）来创建命令性功能，除此之外还可以通过传递给 Execute（NativeActivityContext）方法的 NativeActivityContext 访问工作流运行时的所有功能。此上下文具有支持安排和取消子活动的功能，执行 ActivityAction 和 ActivityFunc 对象、将事务流入工作流、调用异步进程、取消并中止执行、访问以执行属性和扩展和书签（恢复暂停工作流的处理程序）。

4．使用 DynamicActivity 创作活动

与其他三种活动类型不同，不会通过从 DynamicActivity（该类是密封的）派生新类型来创建新功能，而是通过使用活动文档对象模型（DOM）将功能组合到 Properties 和 Implementation 属性中。

5．创作返回结果的活动

很多活动必须在其执行之后返回结果。尽管可以在活动上始终定义一个自定义 OutArgument<T> 来实现此目的，但是建议改用 Activity<TResult> 或者从 CodeActivity<TResult>或 NativeActivity<TResult>派生。这些基类中的每个类都具有一个名为 Result 的 OutArgument<T>，用户的活动可以使用它作为其返回值。返回结果的活动只能在某个结果需要时才从活动中使用，如果需要返回多个结果，则应改用单独的 OutArgument<T>成员。

16.3 创建工作流

创建合适的工作流能够帮助程序员分析应用的逻辑结构和程序流程，提高开发效率。本节介绍工作流的创建。

16.3.1 工作流类型

工作流有着多种类型：流程图工作流、程序工作流、状态机工作流等。而在 VS 的更新过程中，所能创建的工作流项目类型在各个版本中有着很大的差异。在 VS 2005 版本中有 6 种 Windows Workflow Foundation 项目类型，如表 16-3 所示。

表 16-3 VS 2005 中的 Workflow 项目类型

类型	说明
Sequential Workflow Console Application	顺序工作流控制台应用程序，创建用于生成工作流的项目，该工作流包含一个默认的顺序工作流和一个控制台测试宿主应用程序
Sequential Workflow Library	顺序工作流库，创建用于以库的形式生成顺序工作流的项目
Workflow Activity Library	工作流活动库，创建一个用来创建活动的库的项目，以后可以将其作为工作流应用程序中的构造块重用
State Machine Console Application	状态机控制台应用程序，创建用于生成状态机工作流和控制台宿主应用程序的项目
State Machine Workflow Library	状态机工作流库，创建用于以库的形式生成状态机工作流的项目
Empty Workflow	空工作流，创建可以包含工作流和活动的空项目

而在 VS 2012 中，只有 4 种 Windows Workflow Foundation 项目类型。在解决方案中添加工作流，可选择 Workflow 选项，如图 16-1 所示。

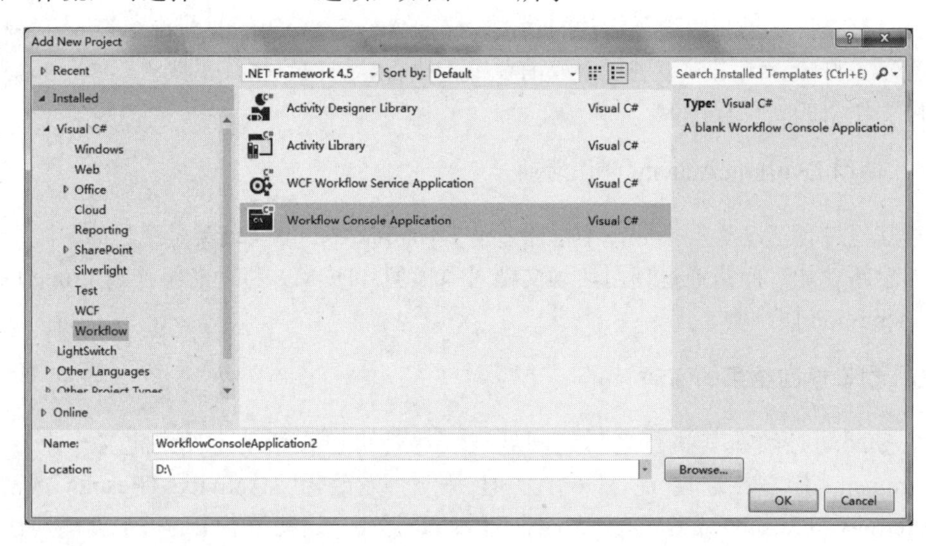

图 16-1 创建 Workflow

如图 16-1 所示，在 VS 2012 中有 4 种 Workflow 项目类型，对其说明如表 16-4 所示。

表 16-4 VS 2012 中的 Workflow 项目类型

类型	说明
Activity Designer Library	活动设计器库
Activity Library	活动库
WCF Workflow Service Application	WCF 工作流服务应用程序
Workflow Console Application	工作流控制台应用程序

Windows Workflow Foundation 支持两种基本工作流样式：顺序工作流和状态机工作流。

顺序工作流适合以下类型的操作：操作依次执行直至最后一个活动完成。但是，顺序工作流的执行并非完全是顺序的。它们仍然可以接收外部事件或者启动并行任务，在这种情况下，确切的执行顺序可能有所不同。

状态机工作流由一组状态、转换和操作组成。首先，将一个状态表示为起始状态，然后，基于事件执行向另一个状态的转换。状态机工作流可以具有确定工作流结束的最终状态。

VS 2012 已经去掉了上述两种类型 WF 的直接创建，但仍然有着对上述两种 WF 的支持。其主要绘制的是流程图工作流、程序工作流和状态机工作流，但并不是直接将这几种工作流作为 WF 的项目类型。

16.3.2 流程图工作流

流程图是用于设计程序的已知范例。流程图通常使用 Flowchart 活动实现非顺序工作流，但如果未使用 FlowDecision 节点，则也可以用于顺序工作流。

Flowchart 活动是一种活动，该活动包含要执行的活动集合。流程图还包含流控件元素，如 FlowDecision 和 FlowSwitch，该元素根据变量的值指导所包含活动间的执行。

根据执行元素时所需的流控制类型，使用不同的元素类型。流程图元素的类型包括以下几个。

（1）FlowStep：在流程图中对执行步骤进行建模。

（2）FlowDecision：基于布尔条件建立执行分支，类似于 If。

（3）FlowSwitch：基于独占 Switch 分支执行，类似于 Switch。

每个链接都具有一个 Action 属性，该属性定义可执行的子活动，以及执行元素的 Next 属性的 ActivityAction。

若要建立一个基本的顺序模型，在该模型中依次执行两个活动，要使用 FlowStep 元素，代码如下。

```
<Flowchart>
  <FlowStep>
    <!--第一个活动-->
    <FlowStep.Next>
      <FlowStep>
          <!--第二个活动-->
      </FlowStep>
    </FlowStep.Next>
  </FlowStep>
</Flowchart>
```

使用 FlowDecision 节点创建条件流程图。该节点的 Condition 属性设置为定义条件的表达式，并且，如果表达式的计算结果为 true 或 false，则 True 和 False 属性设置为要执行的 FlowNode 实例，其属性设置如图 16-2 所示。

Condition	1==2
DisplayName	Decision
FalseLabel	False
TrueLabel	True

图 16-2 FlowDecision 属性设置

将 FlowDecision 放在流程图中，其效果如图 16-3 所示。

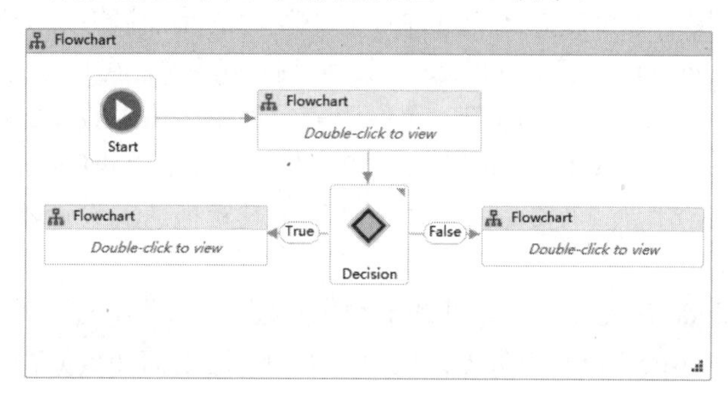

图 16-3 FlowDecision 使用效果

使用 FlowSwitch 节点创建在流程图中基于匹配的值选择了一个独占路径，其 Expression 属性设置为具有 Object 类型参数的 Activity，该属性定义要针对其匹配选项的值。

Cases 属性定义键词典和 FlowNode 对象，以匹配条件表达式和 FlowNode 对象的集，这些对象定义在给定情况与条件表达式匹配时的执行流方式。FlowSwitch<T>还定义一个 Default 属性，该属性定义没有情况与条件表达式匹配时的执行流方式。FlowSwitch 的属性设置如图 16-4 所示。

图 16-4　**FlowSwitch 的属性设置**

将 FlowSwitch 放在流程图中，其效果如图 16-5 所示。

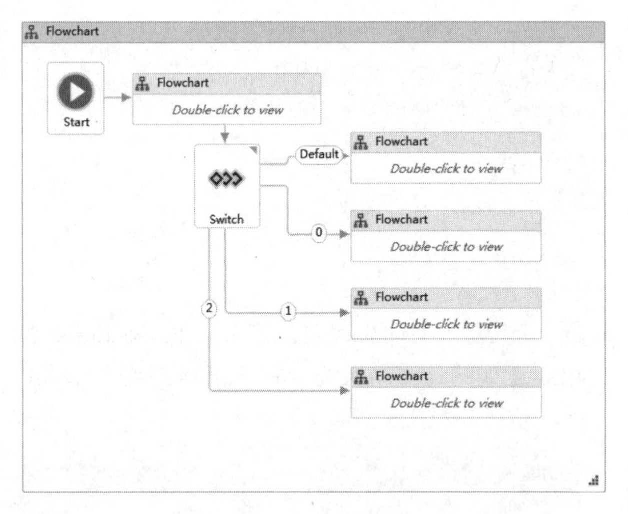

图 16-5　**FlowSwitch 使用效果**

16.3.3 程序工作流

程序工作流使用的流控制方法与程序语言中使用的流控制方法类似。这些构造包括 While 和 If。使用 Flowchart 和 Sequence 等其他流控制活动，可以随意组合这些工作流。

工作流活动库包含的活动可用于对程序语言中使用的大多数流控制方法进行建模，这些方法包括：While、DoWhile、ForEach、Parallel、ParallelForEach、If、Switch、Pick。

若要使用流控制活动，需要将其从“活动”工具箱拖放到设计器窗口内的复合活动中。可参考 16.2.2 节。

如果使用 Windows Server AppFabric 的承载功能承载网络场上的工作流，则 AppFabric 将在不同 AppFabric 服务器之间移动实例。这就需要资源在所有节点之间可以共享。

.NET 4 默认工作流活动不包含访问本地资源的任何操作。由于 AppFabric 没有提供将工作流标记为可移动的机制，所以开发人员不能在移动工作流时创建自定义活动。

16.3.4 状态机工作流

状态机是用于开发程序的已知范例。StateMachine 与 State 和 Transition 以及其他的活动均可用于生成状态机工作流程序。

状态机工作流提供建模类型，使用该类型可以对事件驱动的方式对工作流进行建模。StateMachine 活动包含状态和组成的状态机逻辑的转换，可以在活动可以使用的任何地方使用。

创建状态机工作流，只需在界面中拖进一个 StateMachine 活动，双击进入状态机工作流。在 StateMachine 中可添加状态如图 16-6 所示。

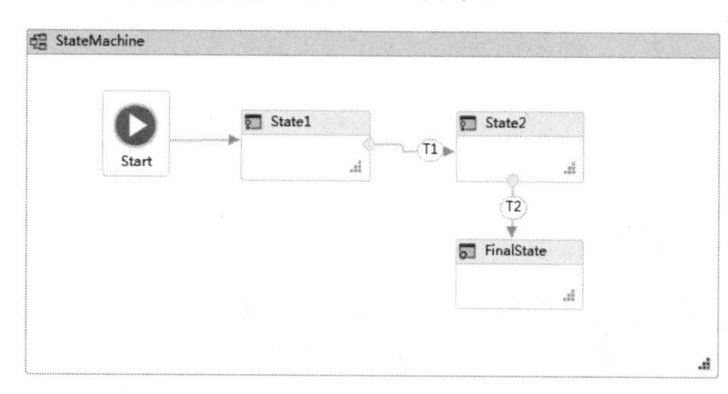

图 16-6 StateMachine 活动

如图 16-6 所示，该 StateMachine 活动可以添加三种类型的状态，一个 Start 状态是初始状态，表示工作流中的第一个状态。这是由从指定“启动”节点导致的线所指定的，在创建 StateMachine 活动后默认添加的。工作流中的最终状态被命名为 FinalState，表示工作流完成的时间点。

状态机工作流必须有且只有一个初始状态，并且至少有一个最终的状态。每个状态不是最终状态，但必须至少具有一个转换。

State 表示状态机可具有的状态。要将 State 添加到工作流，可将 State 从工具箱拖到 Windows 工作流设计器图面上的 StateMachine 活动中。

若要将状态配置为初始状态，可以右键单击状态，然后选择设置为初始状态。此外，如果无当前初始状态，初始状态可以通过将线从工作流顶部的“启动”节点拖到所需的状态的线来指定。

表示状态机中的终止状态的状态称为最终状态。最终状态是其将 IsFinal 属性集设置为 true 的状态，若要将最终状态添加到工作流，需要将 FinalState 活动设计器从工具箱拖到 Windows 工作流设计器。

状态可以有 Entry 和 Exit 操作（配置为最终状态的状态可能只有一个输入操作）。当工作流实例输入状态时，将执行输入操作中的任何活动。输入操作完成时，将安排状态转换的触发器。当向另一状态的转换完成时，即使该状态转换返回到相同状态，也将执行退出操作中的活动。退出操作完成后，执行转换操作中的活动，然后转给新的状态，并将安排其输入操作。

双击状态可进入状态的 Entry 和 Exit 操作设置，如图 16-7 所示。在 Entry 和 Exit 操作中可添加工作流，如图 16-8 所示。

图 16-7　进入 Entry 和 Exit 操作

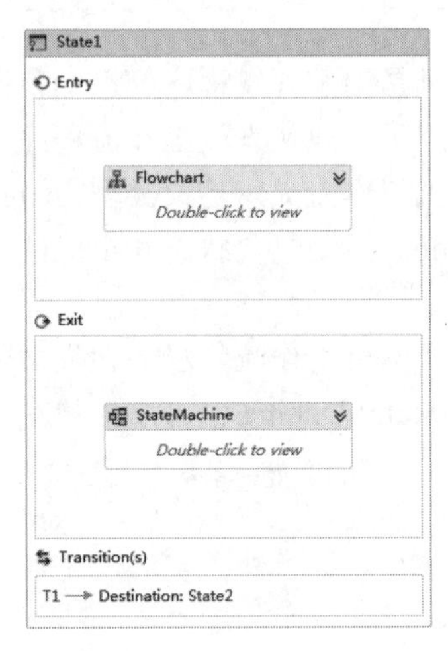

图 16-8　添加 Entry 和 Exit 操作

添加了 Entry 和 Exit 操作的状态，在 StateMachine 活动中会有显示，如图 16-9 所示为图 16-6 中 State1 添加了 Entry 和 Exit 操作后的样式。

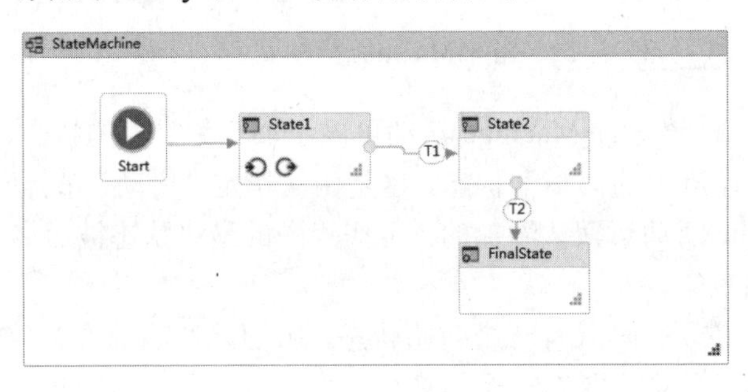

图 16-9　添加了 Entry 和 Exit 操作的状态

调试状态机工作流，可以将断点放置在根状态机活动上和状态机工作流中的状态。断点不能直接放在转换上，但它们可以放在包含在状态和转换中的任何活动上。

所有状态必须均具有至少一个转换，除了不可能具有任何转换的最终状态。状态添加到状态机工作流后可以添加转换，或者它们可以在状态放置时进行创建。由图 16-7 和图 16-8 的下方可以看到该状态的转换方向，可直接对其进行转换设置。

若要在状态添加后创建转换，有两种方法。另一种方法就是将状态从工作流设计器图面进行拖动，将鼠标悬停在现有状态并将其放置在其中一个放置点上。也可以将鼠标悬停在所需的源状态上，并将线拖到所需的目标状态。

转型期可以具有 Trigger、Condition 和 Action。在转换源状态的 Entry 操作完成时安排转换的 Trigger。通常，Trigger 是一种等待某种类型的事件发生的活动，但它可以是任何活动或没有活动。一旦 Trigger 活动完成，如果存在，将对 Condition 进行计算。如果没有 Trigger 活动，那么立即对 Condition 进行计算。如果条件计算结果为 false，取消转换，而 Trigger 所有在此状态的活动将重新安排。如果有将相同源状态作为当前转换而共享的其他转换，则那些 Trigger 操作被取消和重新安排。如果 Condition 的计算结果为 true，或没有条件，那么将执行源状态的 Exit 操作，然后执行转换的 Action。当 Action 完成后，控件将传递给“目标”状态

如果转换的 Condition 计算结果为 False（或所有的共享触发转换的计算结果为 False），转换将不发生并且此状态下的所有转换的所有触发将被重新计划。

16.3.5 使用命令性代码创作工作流

工作流定义的实质是配置活动对象的树。这种活动树有多种定义方法，包括手动编辑 XAML 或使用工作流设计器来生成 XAML。工作流的定义并非必须使用 XAML，也可以通过编程方式来创建。

通过实例化活动类型的实例以及配置活动对象的属性可创建工作流定义。对于不包含子活动的活动而言，可使用若干代码行来完成。

【范例 1】

创建名为 wf 的活动，并在工作流中添加该活动，代码如下。


```
Activity wf = new WriteLine();
WorkflowInvoker.Invoke(wf);
```

如果活动包含子活动，构造方法类似，如范例 2 所示。

【范例 2】

创建名为 wf 的活动包含两个子活动，并在工作流中添加这些活动，代码如下。

```
Activity wf = new Sequence
{
    Activities =
    {
        new WriteLine
        {
            Text = "Hello"
        },
        new WriteLine
        {
            Text = "World."
        }
    }
};
WorkflowInvoker.Invoke(wf);
```

对于用代码创建工作流定义而言，对象初始化语法非常有用，因为它为工作流中的活动提供了分层视图，可以显示活动之间的关系。通过编程方式创建工作流时，不要求

必须使用对象初始化语法。

使用命令除了可以创建工作流，还可以使用命令控制变量、文本和表达式。

16.4 实验指导——创建生成随机数的工作流

使用代码创建工作流时，一些代码是作为创建工作流定义的一部分来执行，另一些 diamante 是作为该工作流实例执行的一部分来执行。

使用代码创建工作流将生成一个随机数，并将其写入控制台，代码如下。

```
Variable<int> n = new Variable<int>
{
    Name = "n"
};
Activity wf = new Sequence
{
    Variables = { n },
    Activities =
    {
        new Assign<int>
        {
            To = n,
            Value = new Random().Next(1, 101)
        },
        new WriteLine
        {
            Text = new InArgument<string>((env) => "The number is " +
            n.Get(env))
        }
    }
};
```

执行此工作流定义代码时，将会调用 Random.Next()并将结果以文本值的形式保存在工作流定义中。可以调用此工作流的多个实例，全部实例将显示相同的数字。若要在工作流执行过程中生成随机数，必须使用一个表达式，以便在每次运行工作流时计算该表达式。

思考与练习

一、填空题

1. 数据模型包含三个概念：变量、参数和__________。

2. 流程图活动有 Flowchart、FlowDecision 和__________。

3．自定义活动的基类有 Activity、CodeActivity、NativeActivity 和__________。

4．信息交换的基本模式有数据报、请求-响应和__________。

二、选择题

1．下列不属于程序流活动的是__________。

A．DoWhile

B．ForEach

C．Pick

D．For

2．Receive 和 ReceiveReply 活动具有一个名为__________的属性表示 Receive 或 ReceiveReply 活动接收的数据。

A．Content

B．ReceiveContent

C．MessageContent

D．ParametersContent

3．下列不属于状态机活动的是__________。

A．State

B．StartState

C．FinalState

D．StateMachine

4．WF 表达式是返回__________的活动。

A．布尔值

B．整型数值

C．结果

D．数据

三、简答题

1．总结工作流的类型。

2．概述工作流的创建过程。

3．概述自定义活动的创建。

4．总结活动的类型。

第 17 章　WPF 制作文件资源管理器

在本书前面的章节中，已经详细介绍了 C# 2012 的内容，例如 C#中的类、接口、内置操作类，以及 WPF 构建程序、WCF 和 WF 等，本章将前面的知识点结合起来实现一个综合案例——文件资源管理器。本章的资源管理器通过 Visual Studio 2012 工具进行开发，以 SQL Server 2012 作为数据库，从而实现资源管理器中目录和文件的查看、搜索、复制、剪切、粘贴以及路径查看等功能。

本章学习要点：

- ❑ 了解资源管理器的构成
- ❑ 掌握如何创建 WPF 应用程序
- ❑ 熟悉 App.xaml 文件中的常用元素
- ❑ 掌握 TreeView 控件的使用
- ❑ 掌握 ListBox 控件的使用
- ❑ 掌握 Button 和 TextBox 控件的使用
- ❑ 熟悉 Popup 和 Panel 控件的使用
- ❑ 掌握 Image 和 Grid 控件的使用
- ❑ 了解 WPF 的其他常用控件

17.1　资源管理器概述

资源管理器是一项系统服务，负责管理数据库，持续消息队列或者事务性文件系统中的持久性或者持续性数据。资源管理器存储数据并执行故障恢复，最常见的资源管理器是 Windows 系统提供的资源管理工具，用户可以利用它查看计算机中的所有资源，特别是它提供的树状的文件系统结构，使用户可以更清楚、更直观地认识计算机中的文件和文件夹。在资源管理器中还可以对文件进行各种操作，例如打开、复制、移动和排序等。例如，在图 17-1 中显示了 Windows 系统的资源管理器。

从图 17-1 中可以看出，资源管理器的浏览窗口包括标题栏、菜单栏、工具栏、左窗口、右窗口和状态栏等部分。可以说资源管理器是窗口，它的组成与一般窗口大同小异，特别的是它包含文件夹窗口和内容列表窗口。左侧的文件夹窗口以树状目录的形式显示文件夹，右侧的文件夹内容窗口是左边窗口中所打开的文件中的内容。

提 示

SQL Server 和“消息队列”提供参与分布式事务的资源管理器，Oracle、Sysbase、Informix、IBM（用于 IBM DB2）和 Ingres 也提供了用于它们各种数据库产品的兼容资源管理器。

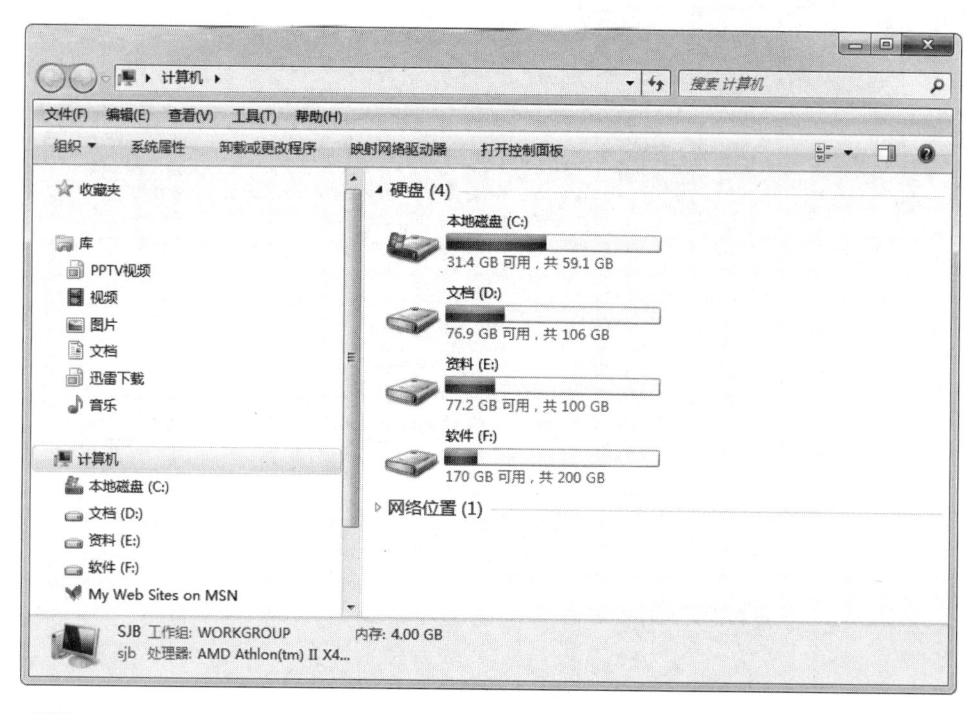

图 17-1 Windows 系统的资源管理器

17.2 数据库设计

本章通过 VS 2012 开发工具和 SQL Server 数据库模拟实现资源管理器的功能。首先需要设计数据库，首先创建名称为 FileDB 的数据库，然后向该数据库中添加一张数据库表，该表的名称是 File，表中的字段列及其说明如表 17-1 所示。

表 17-1 File 数据库表中的字段

列名	数据类型	允许 Null 值	说明
FileID	int	否	主键，文件 ID
IsDir	int	否	是否为目录或者文件夹。1=目录，即文件夹；0=文件，-1 既不是目录，也不是文件
ParentID	int	否	父级 ID，0 表示根目录
CreateDate	datetime	否	创建日期和时间
Name	varchar(50)	否	文件名称
LastAccessTime	datetime	否	最后访问的日期和时间
Size	bigint	否	文件或者目录大小
Txt	nvarchar(max)	是	文件内容（如果是文件）

创建数据库表完毕后可以向该表中添加内容，例如，如图 17-2 所示为 File 表中的所有数据。

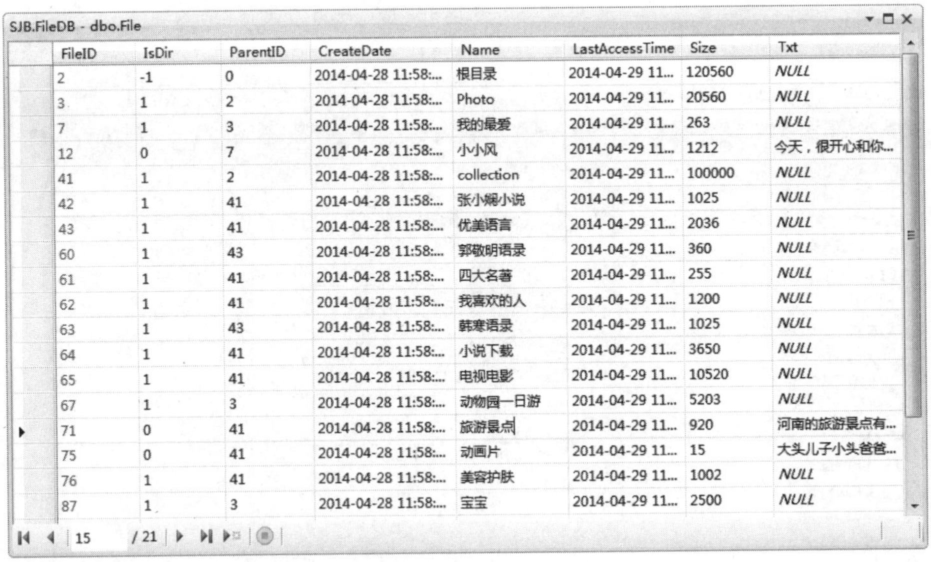

SJB.FileDB - dbo.File

FileID	IsDir	ParentID	CreateDate	Name	LastAccessTime	Size	Txt
2	-1	0	2014-04-28 11:58:...	根目录	2014-04-29 11...	120560	NULL
3	1	2	2014-04-28 11:58:...	Photo	2014-04-29 11...	20560	NULL
7	1	3	2014-04-28 11:58:...	我的最爱	2014-04-29 11...	263	NULL
12	0	7	2014-04-28 11:58:...	小小风	2014-04-29 11...	1212	今天，很开心和你...
41	1	2	2014-04-28 11:58:...	collection	2014-04-29 11...	100000	NULL
42	1	41	2014-04-28 11:58:...	张小娴小说	2014-04-29 11...	1025	NULL
43	1	41	2014-04-28 11:58:...	优美语言	2014-04-29 11...	2036	NULL
60	1	43	2014-04-28 11:58:...	郭敬明语录	2014-04-29 11...	360	NULL
61	1	41	2014-04-28 11:58:...	四大名著	2014-04-29 11...	255	NULL
62	1	41	2014-04-28 11:58:...	我喜欢的人	2014-04-29 11...	1200	NULL
63	1	43	2014-04-28 11:58:...	韩寒语录	2014-04-29 11...	1025	NULL
64	1	41	2014-04-28 11:58:...	小说下载	2014-04-29 11...	3650	NULL
65	1	41	2014-04-28 11:58:...	电视电影	2014-04-29 11...	10520	NULL
67	1	3	2014-04-28 11:58:...	动物园一日游	2014-04-29 11...	5203	NULL
71	0	41	2014-04-28 11:58:...	旅游景点	2014-04-29 11...	920	河南的旅游景点有...
75	0	41	2014-04-28 11:58:...	动画片	2014-04-29 11...	15	大头儿子小头爸爸...
76	1	41	2014-04-28 11:58:...	美容护肤	2014-04-29 11...	1002	NULL
87	1	3	2014-04-28 11:58:...	宝宝	2014-04-29 11...	2500	NULL

15 / 21

图 17-2　File 数据库表中的数据

注意

读者向 File 表中添加数据时可以通过 INSERT INTO 语句，也可以在 SQL Server 2012 的资源管理器左侧窗口中选中当前数据库表后右击，接着选择编辑操作添加或者修改数据。另外，通过 SQL 语句访问数据库表中的数据时，file 是一个关键字，因此访问时需要为表名添加中括号（[]）。

17.3 准备工作

创建数据库及其数据库表完毕后，正式编写 WPF 程序的代码之前，还需要一些专门工作。例如，需要搭建一个通用的框架，创建完毕后更改配置文件的内容，再或者创建指定的文件等。

17.3.1 搭建框架

开发者只需要创建 WPF 应用程序，然后在该程序中添加内容，如类或引用等。搭建一个 WPF 程序框架的具体步骤如下。

（1）打开 VS 2012，然后单击工具栏中的 File|New|Project 命令，弹出 New Project 对话框，在弹出的对话框中创建名称为 MyExampleTest 的解决方案。

（2）选择新添加的解决方案后右击，然后在右键菜单中选择 Add|New Project 命令，弹出如图 17-3 所示的对话框。在该对话框中找到要创建的 WPF Application 程序项，并且输入 WPF 程序的名称。

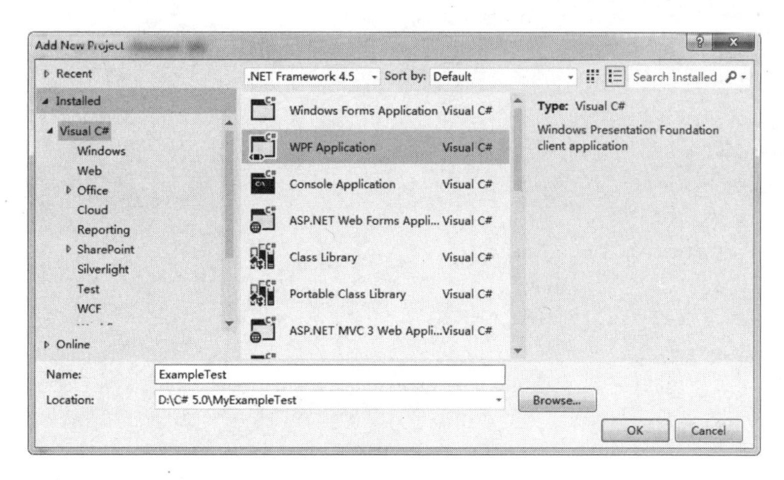

图 17-3　创建 WPF 应用程序

（3）单击 OK 按钮确定创建 WPF 应用程序，本章完整的程序结构如图 17-4 所示。

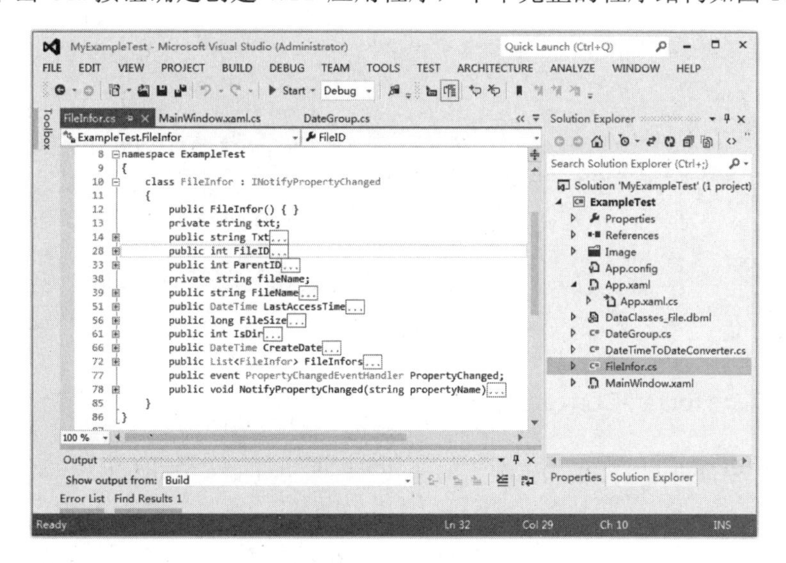

图 17-4　WPF 程序结构图

17.3.2 创建类

在创建 WPF 程序完毕后，接下来可以创建项目所需要的类。在本节中，需要将 17.2 节中设计的数据库表映射到类，也可以根据需要创建字符串、日期和时间有关的类。本章案例涉及的类如下。

1．FileInfor 类

FileInfor 类主要对应于 File 数据库表中的信息，包含 FileID、ParentID 和 FileName 等信息，这些信息多数来源于 File 表中的列。除了它们之外，还包含一个返回 List 集合对象的 FileInfors 属性。FileInfor 类的部分代码如下。

```
class FileInfor : INotifyPropertyChanged {
    public FileInfor() { }
    public int FileID {
        get;
        set;
    }
    private string fileName;
    public string FileName {
        get { return fileName; }
        set {
            fileName = value;
            NotifyPropertyChanged("FileName");
        }
    }
    /* 省略其他代码 */
    public List<FileInfor> FileInfors {
        get;
        set;
    }
    public event PropertyChangedEventHandler PropertyChanged;
    public void NotifyPropertyChanged(string propertyName) {
        if (PropertyChanged != null) {
            PropertyChanged(this, new PropertyChangedEventArgs (property
            Name));
        }
    }
}
```


2. DateTimeToDateConverter 类

DateTimeToDateConverter 是对日期和时间进行处理的类，它需要实现 IValueConverter 接口，并实现该接口中的方法，代码如下。

```
public class DateTimeToDateConverter:IValueConverter {
    public object Convert(object value, Type targetType, object parameter,
    CultureInfo culture) {
        return ((DateTime)value).ToString("yyyy年mm月dd日 hh时mm分ss秒");
    }
    public object ConvertBack(object value, Type targetType, object
    parameter, CultureInfo culture) {
        throw new NotSupportedException();
    }
}
```

3. IsDirConverter 类

IsDirConverter 用于处理目录，该类与 DateTimeToDateConverter 类一样，需要实现 IValueConverter 接口及其接口中的方法，代码如下。

```
public class IsDirConverter : IValueConverter {
    public object Convert(object value, Type targetType, object parameter,
    CultureInfo culture) {
        if ((int)value == 1) {
            return "文件夹";
        } else if ((int)value == 0) {
            return "文件";
        } else{
            return "未知类型";
        }
    }
    public object ConvertBack(object value, Type targetType, object
    parameter,CultureInfo culture) {
        throw new NotSupportedException();
    }
}
```

4．ImageConverter 类

ImageConverter 类用于对图片处理，该类实现 IValueConverter 接口。在实现的 Convert()方法中，传入的值为 1 时返回 Image 目录下的 Folder_Closed.png 图片；传入的值为 0 时返回 Image 目录下的 Generic_Document.png 图片；如果不满足 0 或 1，则返回 Image 目录下的 computer.png 图片，代码如下。

```
public class ImageConverter : IValueConverter {
    public object Convert(object value, Type targetType, object parameter,
    CultureInfo culture) {
        if ((int)value == 1) {
            return "Image/Folder_Closed.png";
        } else if ((int)value == 0) {
            return "Image/Generic_Document.png";
        } else
            return "Image/computer.png";
    }
    public object ConvertBack(object value, Type targetType, object
    parameter, CultureInfo culture) {
        throw new NotSupportedException();
    }
}
```

5．FileNameConverter 类

FileNameConverter 类表示对文件名称进行处理，该类实现 IMultiValueConverter 接口。在实现的 Convert()方法中，如果获取的内容是文件，则需要为其添加“.txt”后缀，并将结果返回，代码如下。

```
public class FileNameConverter : IMultiValueConverter {
    public object Convert(object[] values, Type targetType, object
```

```
    parameter, CultureInfo culture) {
        if ((int)values[0] == 0) {
            return values[1].ToString() + ".txt";
        } else {
            return values[1].ToString();
        }
    }
    public object[] ConvertBack(object value, Type[] targetType, object
    parameter, CultureInfo culture) {
        throw new NotSupportedException();
    }
}
```

6. DateGroup 类

DateGroup 类用来处理日期数据，该类需要继承 GroupDescription 父类，并重写 GroupNameFromItem()方法。在该方法中，通过 DateTime.Today.Day 获取当前的日期和时间，然后用当前日期减去传入文件的创建日期，并将结果保存到 day 变量中，并判断 day 变量的值，代码如下。


```
class DateGroup : GroupDescription {
    public override object GroupNameFromItem(object item, int level,
    System.Globalization.CultureInfo culture) {
        FileInfor file = item as FileInfor;
        int day = DateTime.Today.Day - file.CreateDate.Day;
        if (day == 0) {
            return "Today";
        } else if (day == 1) {
            return "Yesterday";
        } else if (day == 2) {
            return "The Day Before Yesterday";
        } else if (day <= 7) {
            return "In this Week";
        } else {
            return "Others";
        }
    }
}
```

17.3.3 App.xaml 文件

当 Web 开发者新建一个 WPF 应用程序时，会自动生成一个 App.xaml 和 MainWindow.xaml 文件。其中，App.xaml 文件用来设置应用程序（即 Application），包括应用程序的起始文件和资源及应用程序的一些属性和事件的设置。首先打开 App.xaml 文件，并向该文件的头部根元素中引用命名空间。部分代码如下。

```
<Application x:Class="ExampleTest.App"
```

```
            xmlns="http://schemas.microsoft.com/winfx/2006/xaml/presentation"
            xmlns:x="http://schemas.microsoft.com/winfx/2006/xaml"
            xmlns:ray="clr-namespace:ExampleTest"
            StartupUri="MainWindow.xaml">
    <Application.Resources>
        <!-- 其他代码 -->
    </Application.Resources>
</Application>
```

向上述代码的 Application.Resources 元素下添加新的内容，主要步骤如下。

（1）在 App.xaml 文件中定义一个 imageConverter，该类的类型是 ImageConverter，代码如下。

```
<ray:ImageConverter x:Key="imageConverter"></ray:ImageConverter>
```

（2）在 Application.Resource 中设置 Style 控制控件的外观，使其 WPF 控件外观更加美化，同时减少大量的复杂属性的设置，代码如下。

```
<Style TargetType="{x:Type TreeViewItem}">
    <Setter Property="Foreground" Value="Blue"></Setter>
    <Setter Property="Margin" Value="3"></Setter>
    <Setter Property="FontSize" Value="17"></Setter>
    <Style.Triggers>
        <DataTrigger Binding="{Binding IsDir}" Value="0">
            <Setter Property="Visibility" Value="Collapsed"></Setter>
        </DataTrigger>
        <Trigger Property="IsMouseOver" Value="True">
            <Setter Property="Background">
                <Setter.Value>
                    <LinearGradientBrush EndPoint="0.5,1" StartPoint= "0.5,0">
                        <GradientStop Color="#FF9AD6EC" Offset="0.47"></
                        GradientStop>
                        <GradientStop Color="White" Offset="1"></Gradient
                        Stop>
                        <GradientStop Color="White" Offset="0.004"></ Gra
                       dientStop>
                    </LinearGradientBrush>
                </Setter.Value>
            </Setter>
        </Trigger>
    </Style.Triggers>
</Style>
```

上述代码针对 Application 的所有的 TreeViewItem 类型（只要在 Window.Resource 或者独立的 TreeViewItem 中没有分别设置）都有效。

（3）继续添加 HierarchicalDataTemplate 模板，它是一个“层级式的数据模板”，应用于层级比较明显的数据集合，例如对 TreeView 控件进行数据绑定。部分代码如下。

```
<HierarchicalDataTemplate x:Key="itemTemplate" DataType="{x:Type ray:
FileInfor}" ItemsSource="{Binding FileInfors}">
    <Grid x:Name="grid">
```

```
<VisualStateManager.VisualStateGroups>
    <VisualStateGroup x:Name="VisualStateGroup">
        <VisualStateGroup.Transitions>
            <VisualTransition GeneratedDuration="00:00: 00.3000
            000" />
            <VisualTransition GeneratedDuration="00:00:00.300
            0000" To="IN">
                <Storyboard>
                    <DoubleAnimationUsingKeyFrames BeginTime="00:
                    00:00"Storyboard.TargetName="border"Storyboard.
                    TargetProperty= "(UIE lement.Opacity)">
                    <SplineDoubleKeyFrame KeyTime="00:00:00. 30
                    00000" Value= "1"></SplineDoubleKeyFrame>
                    </DoubleAnimationUsingKeyFrames>
                    <DoubleAnimationUsingKeyFrames BeginTime =
                    "00:00:00" Storyboard.TargetName = "grid"
                    Storyboard.TargetProperty = "(UIElement.
                    Opacity)"><SplineDoubleKeyFrame KeyTime =
                    "00:00:00.3000000" Value="1"></Spline Double
                    KeyFrame></DoubleAnimationUsingKeyFrames>
                </Storyboard>
            </VisualTransition>
            <VisualTransition GeneratedDuration="00:00:00.3000
            000" To="OUT">
                <Storyboard>
                    <DoubleAnimationUsingKeyFrames BeginTime=
                    "00: 00:00" Storyboard.TargetName="grid"
                    Storyboard. TargetProperty="(UIEle ment.
                   Opacity)"> <SplineDoubleKeyFrame KeyTime="00:
                    00:00.3000000" Value= "0.5"></SplineDouble
                    KeyFrame></DoubleAnimationUsingKeyFrames>
                    <DoubleAnimationUsingKeyFrames BeginTime=
                    "00:00:00" Storyboard.TargetName="border"
                    Storyboard. TargetProperty= "(UIE lement.
                    Opacity)"><SplineDoubleKeyFrame KeyTime=
                    "00:00:00.3000000"Value= "0"></Spline Double
                    KeyFrame></DoubleAnimationUsingKeyFrames>
                </Storyboard>
            </VisualTransition>
            </VisualStateGroup.Transitions>
                <VisualState x:Name="IN"></VisualState>
                <VisualState x:Name="OUT"></VisualState>
            </VisualStateGroup>
        </VisualStateManager.VisualStateGroups>
        <Grid.ColumnDefinitions>
            <ColumnDefinition Width="20"></ColumnDefinition>
            <ColumnDefinition Width="*"></ColumnDefinition>
        </Grid.ColumnDefinitions>
        <!--省略其他代码-->
</Grid>
<HierarchicalDataTemplate.Triggers>
    <DataTrigger Binding="{Binding IsSelected, RelativeSource =
    {RelativeSource AncestorType = {x:Type TreeViewItem}, Mode=
    FindAncestor}}" Value = "True"><Setter Property = "Source" Target
    Name = "image" Value = "Image/Folder_ Open.png"> </Setter></Data
```

```
        Trigger>
    </HierarchicalDataTemplate.Triggers>
</HierarchicalDataTemplate>
```

（4）继续在 App.xaml 文件中定义一个 ControlTemplate 模板，它指定 TargetType 类型为 Button。ControlTemplate 模板下的部分代码如下。

```
<ControlTemplate x:Key="ButtonControlTemplate_Back" TargetType="{x:Type
Button}">
    <ControlTemplate.Resources>
        <Storyboard x:Key="OnMouseEnter1">
            <ColorAnimationUsingKeyFrames BeginTime = "00:00:00"
            Storyboard. TargetName = "path" Storyboard.TargetProperty =
            "(Shape.Fill). (GradientBrush.GradientStops) [1].(Gradient
            Stop.Color)"> <SplineColorKey Frame KeyTime = "00:00:
            00.2000000" Value = "White"> </SplineColorKeyFrame> </Color
            Ani mationUsingKeyFrames>
            <ColorAnimationUsingKeyFrames BeginTime="00:00:00" Story
            board. TargetName="path" Storyboard.TargetProperty= "(Shape.
            Fill).(GradientBrush.GradientStops)[0].(GradientStop.Color)">
            <SplineColorKeyFrame KeyTime= "00:00:00.2000000" Value=
            "#FF949494"></SplineColorKeyFrame> </ColorAnima tionUsing
            KeyFrames>
           <DoubleAnimationUsingKeyFrames BeginTime="00:00:00" Storyboard.
            TargetName = "path" Storyboard.TargetProperty = "(UIElement.
            RenderTrans  form).(TransformGroup.Children)[0].(ScaleTrans
            form.ScaleX)"><Spline Double KeyFrame KeyTime = "00:00:
            00.2000000" Value = "1.2"></SplineDoubleKeyfram e></Double
            AnimationUsingKeyFrames>
            <DoubleAnimationUsingKeyFrames BeginTime = "00:00:00" Story
            board.TargetName = "path" Storyboard.TargetProperty =
            "(UIElement.Render Transform).(TransformGroup. Children)
            [0].(ScaleTransfor m.ScaleY)"> <SplineDouble KeyFrame KeyTime=
            "00:00:00.2000000" Value="1.2"></SplineDoubleKeyFra me>
            </DoubleAnimationUsingKeyFrames>
            <ColorAnimationUsingKeyFrames BeginTime="00:00:00" Storyboard.
            TargetName = "ellipse" Storyboard.Target Property=
            "(Shape.Fill). (Gradi entBrush.Gradient Stops)[1]. (Gradient
            Stop.Color)"> <SplineColorKeyFrame KeyTime = "00:00:
            00.2000000" Value = "#FF094C65"> </SplineColorKeyfram e >
            </ColorAnimationUsingKeyFrames>
        </Storyboard>
    </ControlTemplate.Resources>
    <!-- 省略其他代码 -->
</ControlTemplate>
```

提示

通过将数据表从【服务器资源管理器】或者【数据库资源管理器】窗格拖动到 OR 设计器上可以创建基于这些表的实体类，并由 OR 设计器自动生成代码。本章例子通过这种方式连接到数据库，具体的操作不再解释，这里可以参考第 9 章。

17.4 功能实现

创建 WPF 程序框架、实体类和 App.xaml 文件的内容之后，可以在 MainWindow.xaml 文件中添加控件及其相关的实现功能。其中，MainWindow.xaml 指定前台界面的实现，ManiWindow.xaml.cs 指定后台代码的实现。

17.4.1 前台界面

打开 MainWindow.xaml 文件，并在该文件中添加代码设计窗体。首先向 Window 根元素中添加对各个空间的引用，代码如下。


```
<Window x:Class="ExampleTest.MainWindow"
        xmlns="http://schemas.microsoft.com/winfx/2006/xaml/presentation"
        xmlns:x="http://schemas.microsoft.com/winfx/2006/xaml"
        xmlns:ds="cls-namespace:ExampleTest"
        xmlns:d="http://schemas.microsoft.com/expression/blend/2008"
        xmlns:ray="clr-namespace:ExampleTest"
        Icon="Image/Folder_Open.png"
        Title="资源管理器" Height="600" Width="800">
        <!-- 省略其他代码 -->
</Window>
```

在设计窗体界面之前，首先来看一下本章实例实现的界面设计效果，如图 17-5 所示。

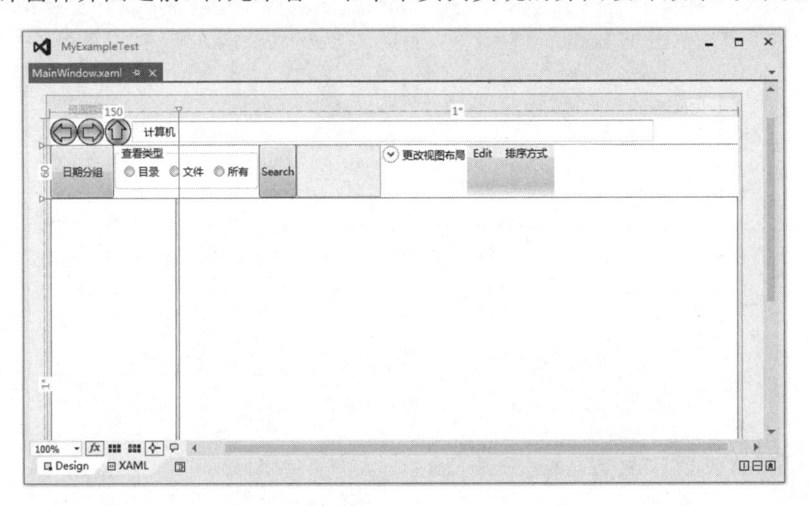

图 17-5 窗体界面设计效果图

在根元素 Window 中添加其他的内容，这些内容用于设计窗体界面，步骤如下。

（1）通过 Window.InputBindings 和 Window.CommandBindings 定义命令快捷键，代码如下。

```
<Window.InputBindings>
    <KeyBinding Command="Copy"></KeyBinding>
</Window.InputBindings>
<Window.CommandBindings>
    <CommandBinding Command = "ApplicationCommands.Cut" CanExecute = "Help
    CanExecute" Executed = "CommandBinding_Executed"></CommandBinding>
    <CommandBinding Command = "Copy" CanExecute = "HelpCanExecute"
    Executed = "copy_Execute d"></CommandBinding>
    <CommandBinding Command = "Paste" CanExecute = "HelpCanExecute"
    Executed = "paste_Execute d"></CommandBinding>
</Window.CommandBindings>
```

（2）通过 Window.Resources 定义资源，首先自定义一些资源文件，其类型分别为 DateTimeToDateConverter、IsDirConverter、ImageConverter 和 FileNameConverter，代码如下。

```
<Window.Resources>
    <ray:DateTimeToDateConverter x:Key="dateTimeToDateConverter"> </ray:
    DateTimeToDateConverte r>
    <ray:IsDirConverter x:Key="isDirConverter"></ray:IsDirConverter>
    <ray:ImageConverter x:Key="imageConverter"></ray:ImageConverter>
    <ray:FileNameConverter x:Key="fileNameConverter"></ray:FileName Converter>
    <!-- 其他代码 -->
</Window.Resources>
```

（3）向 Window.Resources 中添加新的代码，首先创建 ItemspanelTemplate 模板项，指定其 Key 值为 ItemsPanelTemplate_WrapPanel，它会在后面使用到，代码如下。

```
<ItemsPanelTemplate x:Key="ItemsPanelTemplate_WrapPanel">
    <WrapPanel />
</ItemsPanelTemplate>
```

（4）继续添加新的代码，创建 DateTemplate 数据模板项，在该模板项中添加 StackPanel、DataTemplate.Resources 和 DataTemplate.Triggers 等子项，以 StackPanel 项为例，主要代码如下。

```
<DataTemplate x:Key="DataTemplate_WrapPanel">
    <StackPanel x:Name = "stackPanel" Orientation = "Vertical" Preview
    MouseRightButtonUp = "stackPanel_PreviewMouseRightButtonUp" Mouse
    Down = "stackPanel_MouseDown" RenderTransformOrigin = "0.5,0.5">
        <StackPanel.ToolTip>
            <ToolTip Name="FileInfoToolTip" Placement="Mouse">
                <StackPanel>
                    <TextBlock Text="{Binding FileName}" />
                    <TextBlock Text="{Binding CreateDate, Converter =
                    {StaticResourcedateTimeToDateConverter}}"></TextBlock>
                </StackPanel>
            </ToolTip>
        </StackPanel.ToolTip>
```

```
        <StackPanel.RenderTransform>
            <TransformGroup>
                <ScaleTransform></ScaleTransform>
                <SkewTransform></SkewTransform>
                <RotateTransform></RotateTransform>
                <TranslateTransform></TranslateTransform>
            </TransformGroup>
        </StackPanel.RenderTransform>
        <Image x:Name="image" Width="100" Height="100" Source="{Binding
        IsDir, Mode=Default, Converter={StaticResource imageConverter},
        NotifyOn ValidationError=true,ValidatesOnExceptions=true}" Horizontal
        Alignment= "Center" VerticalAlignment="Center" RenderTransform
        Origin="0.5,0.5">
            <Image.RenderTransform>
                <TransformGroup>
                    <ScaleTransform></ScaleTransform>
                    <SkewTransform></SkewTransform>
                    <RotateTransform></RotateTransform>
                    <TranslateTransform></TranslateTransform>
                </TransformGroup>
            </Image.RenderTransform>
        </Image>
        <Button x:Name="butID" Visibility="Collapsed" Content="{Binding
        FileID}"></Button>
            <TextBox x:Name="textBoxFileName" IsReadOnly="True" Preview
            MouseDoubleClick = "textBoxFileName_ PreviewMouse Double
            Click" LostFocus= "textboxFileName_Los tFocus" Border
            Thickness = "0" TextWrapping = "Wrap" Horizontal
            Alignment="Center" VerticalAlignment = "Center">
                <TextBox.Text>
                    <MultiBinding Converter = "{StaticResource file
                    NameConverter}" Mode = "OneWay">
                        <Binding Path="IsDir" />
                        <Binding Path="FileName" /></MultiBinding>
                </TextBox.Text>
            </TextBox>
    </StackPanel>
    <!-- 省略其他代码 -->
</DataTemplate>
```


（5）继续创建一个新的 ItemTemplate 和 DateTemplate 模板项，它们的 Key 值分别为 ItemsPanelTemplate_StackPanel 和 DataTemplate_StackPanel。它们和前两个步骤中定义的内容会在更改视图布局时使用到，这里不再显示详细代码。

（6）向 Window 根元素下创建 Grid 元素，首先通过 Grid.ColumnDefinitions 和 Grid.RowDefinitions 定义列和行，代码如下。

```
<Grid>
    <Grid.ColumnDefinitions>
        <ColumnDefinition Width="150" MinWidth="50"></ColumnDefinition>
        <ColumnDefinition></ColumnDefinition>
```

```
        </Grid.ColumnDefinitions>
        <Grid.RowDefinitions>
            <RowDefinition Height="30"></RowDefinition>
            <RowDefinition Height="60"></RowDefinition>
            <RowDefinition></RowDefinition>
            <RowDefinition MaxHeight="60"></RowDefinition>
        </Grid.RowDefinitions>
        <!-- 其他代码 -->
    </Grid>
```

（7）向 Grid 控件中添加 Popup 元素，它提供一种以单独窗口中显示内容的方法，这个窗口相对于指定元素或者屏幕坐标浮动于当前应用程序窗口之上。该控件定义的完整内容如下。

```
    <Popup x:Name="popup1" Placement="MousePoint" AllowsTransparency= "True">
        <Grid>
            <Grid.RowDefinitions>
                <RowDefinition Height="*"></RowDefinition>
                <RowDefinition Height="20"></RowDefinition>
            </Grid.RowDefinitions>
            <TabControl>
                <TabItem x:Name="tabitem1" Header="常规" Width="75">
                    <Grid>
                        <Grid.ColumnDefinitions>
                            <ColumnDefinition ></ColumnDefinition>
                            <ColumnDefinition></ColumnDefinition>
                        </Grid.ColumnDefinitions>
                        <Grid.RowDefinitions>
                            <RowDefinition Height="50"></RowDefinition>
                            <RowDefinition Height="50"></RowDefinition>
                        </Grid.RowDefinitions>
                        <ImageSource="{BindingIsDir,Mode=Default, Converter
                        ={StaticResource imageConverter}, NotifyOn
                        ValidationError= true, ValidatesOnExceptions=
                        true}"></Image>
                        <TextBox x:Name="popFileName" Text="{Binding File
                        Name, Mode = OneWay}" d:LayoutOverrides = "Width,
                        Height" Grid.Column= "1"></TextBox>
                        <TextBlock Text="property" TextWrapping="Wrap"
                        Grid.Row="1" d:LayoutOverrides = "Width, Height">
                        </TextBlock>
                        <CheckBox Content="readOnly" d:LayoutOverrides=
                        "Width, Height" Grid.Column = "1" Grid.Row="1">
                        </CheckBox>
                    </Grid>
                </TabItem>
                <TabItem x:Name="tabitem2" Width="75" Header="其他">
                    <Button Height="100" Content="空的"></Button>
                </TabItem>
            </TabControl>
            <StackPanel Orientation="Horizontal" Grid.Row="1">
```

```
            <Button x:Name="butID" Visibility="Collapsed" Content=
            "{Binding FileID, Mode=OneWay}"></Button>
            <Button x:Name="ok" Width="75" Content="确认"></Button>
            <Button x:Name="cancel" Width="75" Content="取消"></Button>
        </StackPanel>
    </Grid>
</Popup>
```

（8）继续创建 Canvas 控件，该控件中包含一个 Popup 元素，该元素下又包含 Grid 子元素，代码如下。

```
<Canvas x:Name="rootCanvas">
    <Popup x:Name="richPop" Width="350" Placement="Mouse" Allows
    Transparency="True" Height = "250">
        <Grid>
            <Grid.RowDefinitions>
                <RowDefinition Height="20"></RowDefinition>
                <RowDefinition Height="200"></RowDefinition>
                <RowDefinition Height="30"></RowDefinition>
            </Grid.RowDefinitions>
            <Button x:Name="drag" Width="350" Grid.Row="0" Opacity=
            "0.2"></Button>
            <RichTextBox Grid.Row="1" x:Name="richTxt"></RichTextBox>
            <StackPanel Orientation="Horizontal" Grid.Row="2">
                <Button x:Name="okTxt" Content="确定" Width="175">
                </Button>
                <Button x:Name="cancelTxt" Content="取消" Width="175">
                </Button>
                </StackPanel>
        </Grid>
    </Popup>
</Canvas>
```


（9）创建用于显示左侧菜单列表的 TreeView 控件，并为该控件指定 Name、ItemTemplate 和 Grid.Row 等属性，代码如下。

```
<TreeView x:Name="tree1" ItemTemplate="{StaticResource itemTemplate}"
Grid.Row="2" Grid.Column = "0" Margin = "0,0,3,0" FocusVisual Style=
"{DynamicResource ControlStyle_tree1}"></TreeView>
```

（10）创建用于显示右侧文件夹内容的 ListBox 控件，并为该控件指定属性，代码如下。

```
<ListBox x:Name = "list" Grid.Column = "1" Grid.Row = "2" SelectionMode
= "Extended" ScrollViewe r.HorizontalScrollBarVisibility = "Disabled"
ItemsPanel    =    "{DynamicResource    ItemsPanelTemplate_WrapPanel}"
ItemTemplate = "{DynamicResource DataTemplate_WrapPanel}">
    <ListBox.GroupStyle>
        <GroupStyle>
```

```
            <GroupStyle.Panel>
            <ItemsPanelTemplate><WrapPanel></WrapPanel></ItemsPanelTemplate>
            </GroupStyle.Panel>
            <GroupStyle.HeaderTemplate>
                <DataTemplate>
                    <Border BorderBrush="Black" BorderThickness="1">
                        <TextBlock Text="{Binding Path=Name}" Background=
                        "DarkGray" FontWeight="Bold" FontSize="12pt">
                        </TextBlock>
                    </Border>
                </DataTemplate>
            </GroupStyle.HeaderTemplate>
        </GroupStyle>
    </ListBox.GroupStyle>
</ListBox>
```

（11）根据需要创建其他的控件，或者完善其他的内容，这里不再具体说明。

17.4.2 后台代码

所有的前台界面设计完毕后，可以在 MainWindow.xaml.cs 文件中添加后台代码。细心的读者可以发现，在 17.4.1 节设计窗体时为控件指定了不同的事件，在后台中主要完善这些事件代码。主要步骤如下.

（1）声明一些常用的变量，如 isCut 表示是否剪切，isRename 表示是否重命名文件。这些变量会在后面中使用到，定义的变量内容如下。

```
int isCut;                                                  //是否剪切
bool isRename = false;                                      //是否重命名
TextBox tb;                                                 //TextBox 对象
ListSortDirection ad = ListSortDirection.Ascending;         //排序枚举类
string propertyName = "FileName", textBoxName = "";
FileInfor currentItem, listboxItemSelectedFile, treeviewSelectedDir, copyFile;
ContextMenu menu, menuDir;
MenuItem  menuProperty,  menuDelete,  menuCreateFile,  menuCreateDir,
menuRename, menuDirProperty;
MenuItem menuSort, menuName, menuSize, menuDate, menuInc, menuDec;
DataClasses_FileDataContext db;
List<FileInfor> files, filesTree, deleteFiles, copyFiles, historyFiles;
GridViewColumnHeader _lastHeaderClicked = null;
ListSortDirection _lastDirection;
ListCollectionView collview, collviewTree, back_nextView;
StackPanel stackPanelCurrent;
List<StackPanel> sPs = new List<StackPanel>();
```

（2）在 MainWindow()中添加代码，在这段代码中指定上述变量的值，并为界面中的不同控件添加事件，例如 Click 事件、MouseDoubleClick 事件和 MouseRightButtonUp 事件等，代码如下。

```
public MainWindow() {
    InitializeComponent();
    db = new DataClasses_FileDataContext();         //为 db 赋值
    init();
    back.IsEnabled = false;
    back.Opacity = 0.2;
    _lastDirection = ListSortDirection.Ascending;
    historyFiles = new List<FileInfor>();
    addHis();
    currentItem = new FileInfor();
    tb = new TextBox();
    tree1.SelectedItemChanged +=
          new RoutedPropertyChangedEventHandler <object>(tree_Selecte
          dItemChanged);
    list.MouseRightButtonUp+=new MouseButtonEventHandler(list_Mouse Right
     ButtonUp); //右击
    list.MouseDoubleClick+=new MouseButtonEventHandler(list_Mouse Double
     Click);//双击目录或文件
    groupByDay.Click += new RoutedEventHandler(groupByDay_Click);
     //根据日期排序
    search.Click += new RoutedEventHandler(search_Click);
                                        //单击 search 按钮触发 Click 事件
    ok.Click += new RoutedEventHandler(ok_Click);
                                        //单击【确定】按钮触发 Click 事件
    cancel.Click += new RoutedEventHandler(cancel_Click);
                                        //单击【取消】按钮触发 Click 事件
    menu.AddHandler(MenuItem.ClickEvent, new RoutedEventHandler (MenuOn
     Click));
    menuDir.AddHandler(MenuItem.ClickEvent, new RoutedEventHandler(Menu
     DirOnClick));
    okTxt.Click += new RoutedEventHandler(okTxt_Click);
    cancelTxt.Click += new RoutedEventHandler(cancelTxt_Click);
    this.KeyDown += new KeyEventHandler(MainWindow_KeyDown);
    list.KeyDown += new KeyEventHandler(MainWindow_KeyDown);
    tree1.KeyDown += new KeyEventHandler(MainWindow_KeyDown);
}
```


（3）根据上个步骤的内容添加相应的方法和事件代码，其中，init()方法用于初始化操作，在这个方法中绑定窗体界面中的 TreeView 控件和 ListBox 控件，内容如下。

```
void init() {
    files = new List<FileInfor>();
    filesTree = new List<FileInfor>();
    var results = db.Pr_GetFiles().Where(p => p.ParentID == 0);
    FileInfor fileInfor = new FileInfor();
    foreach (var file in results) {
        TreeViewItem item = new TreeViewItem();
        item.Header = file.Name;
```

```
            fileInfor = new FileInfor();
            fileInfor.ParentID = int.Parse(file.ParentID.ToString());
            fileInfor.FileID = file.FileID;
            fileInfor.FileName = file.Name.ToString();
            fileInfor.FileSize = Int64.Parse(file.Size.ToString());
            fileInfor.IsDir = int.Parse(file.IsDir.ToString());
            fileInfor.CreateDate = file.CreateDate;
            fileInfor.FileInfors = new List<FileInfor>();
            files.Add(fileInfor);
            filesTree.Add(fileInfor);
            item.Tag = fileInfor;
            GreateChildNode(item, fileInfor);
        }
        list.ItemsSource = files;
        filesTree = files;
        collviewTree = new ListCollectionView(filesTree);
        tree1.ItemsSource = collviewTree;
        initMenu();
        initDirMenu();
    }
```

（4）上个步骤中的最后两行分别调用自定义的 initMenu()方法和 initDirMenu()方法，前者初始化单击目录和文件右键时的菜单项，后者初始化目录菜单，即右击空白处时的效果。以 initDirMenu()方法为例，代码如下。


```
    void initDirMenu() {
        menuDir = new ContextMenu();
        menuDirProperty = new MenuItem();
        menuDirProperty.Header = "属性";
        menuDir.Items.Add(menuDirProperty);
        menuCreateFile = new MenuItem();
        menuCreateFile.Header = "创建文件";
        menuDir.Items.Add(menuCreateFile);
        menuCreateDir = new MenuItem();
        menuCreateDir.Header = "创建文件夹";
        menuDir.Items.Add(menuCreateDir);
    }
```

（5）addHis()方法很简单，在该方法中实例化 FileInfor 类的实例，然后指定实例对象的 fileInfor 和 FileID 值，代码如下。

```
    private void addHis() {
        FileInfor fileInfor = new FileInfor();
        fileInfor.FileID = 0;
        fileInfor.ParentID = -1;
        historyFiles.Add(fileInfor);
        back.IsEnabled = false;
        next.IsEnabled = false;
        back.Opacity = 0.2;
```

```
    next.Opacity = 0.2;
}
```

（6）当用户选择更改资源管理器中的菜单项时，会触发 TreeView 控件的 SelectedItemChanged 事件。该事件的部分代码如下。

```
void tree_SelectedItemChanged(object sender, RoutedPropertyChanged Event
Args<object> e) {
    treeviewSelectedDir = e.NewValue as FileInfor;
    historyFiles.Add(treeviewSelectedDir);
    back_nextView = new ListCollectionView(historyFiles);
    back_nextView.MoveCurrentToLast();
    bottom.DataContext = treeviewSelectedDir;
    int id = treeviewSelectedDir.FileID;
    uriTextBox.Text = getUri(id);
    updateListBox(id);
    back.IsEnabled = true;
    back.Opacity = 1;
}
```

（7）上述代码中的 getUri()方法用于获取选择内容的地址，在该方法中首先创建 StringBuilder 类的实例，然后判断传入的参数 id 的值，最后返回一个字符串，代码如下。


```
string getUri(int id) {
    StringBuilder sb = new StringBuilder("");
    string s = "";
    if (id == 2)    //如果 Id 值为 2，即计算机，它表示根元素或者根节点
        return "计算机";
    while (id != 2) {               //如果不为根元素或者根节点
        var fileInfor = from f in db.File
                        where f.FileID == id
                        select new {
                            f.ParentID,
                            f.Name
                        };
        s = fileInfor.FirstOrDefault().Name;
        id = fileInfor.FirstOrDefault().ParentID;
        sb.Insert(0, "\\");                         //插入内容
        sb.Insert(0, s);                            //插入内容
    }
    sb.Replace("\\", ":\\", s.Length, 1);    //替换内容
    return sb.ToString();
}
```

（8）当用户右击文件夹内容部分的目录或文件时可以对它们进行操作，这会触发 ListBox 控件的 MouseRightButtonUp 事件，在该事件中需要将 menuDir 的 IsOpen 属性值设置为 true。

（9）当用户双击文件夹内容部分的目录或文件时会触发 ListBox 控件的

MouseDoubleClick 事件，在该事件中判断是文件还是目录，如果是文件需要调用 loadTex() 方法加载内容，代码如下。

```
    void list_MouseDoubleClick(object sender, MouseButtonEventArgs e) {
        var lists = sender as ListBox;
        treeviewSelectedDir = lists.SelectedItem as FileInfor;
        if (treeviewSelectedDir.IsDir == 0) {
            loadTex(treeviewSelectedDir.Txt); /* 调用 loadTex()方法加载文件文件
             的详细内容 */
            richPop.IsOpen = true;
        } else {
            historyFiles.Add(treeviewSelectedDir);
            back_nextView = new ListCollectionView(historyFiles);
            back_nextView.MoveCurrentToLast();
            int id = treeviewSelectedDir.FileID;
            uriTextBox.Text = getUri(id);
            updateListBox(id);
        }
    }
    void loadTex(string txt) {
        TextRange    tr    =    new    TextRange(richTxt.Document.ContentStart,
richTxt.Document.ContentEnd);
        tr.Text = txt;
    }
```

（10）当选择查看文件时，弹出的对话框中包含两个按钮，它们的文本值分别为“确定”和“取消”，单击这两个按钮触发相对应的 Click 事件，代码如下。

```
    void ok_Click(object sender, RoutedEventArgs e) {
        string name = popFileName.Text;
        chageFileName(name, listboxItemSelectedFile.FileID, listboxItem
        SelectedFile.ParentID, listboxItemSelectedFile.IsDir);
        popup1.IsOpen = false;
    }
    void cancel_Click(object sender, RoutedEventArgs e) {
        popup1.IsOpen = false;
    }
```

（11）单击窗体中的【日期分组】按钮时触发对应的 Click 事件，事件代码如下。

```
    void groupByDay_Click(object sender, RoutedEventArgs e) {
        collview = new ListCollectionView(files);
        collview.GroupDescriptions.Add(new DateGroup());
        list.ItemsSource = collview;
    }
```

（12）用户可以对文件进行复制、剪切和粘贴操作。以复制操作为例，相关代码如下。

```
private void copy_Executed(object sender, ExecutedRoutedEventArgs e) {
copyFiles = new List<FileInfor>();
    isCut = -1;
    foreach (FileInfor f in list.SelectedItems) {
        copyFiles.Add(f);
    }
    copyFile = listboxItemSelectedFile;
}
```

（13）为第（2）步骤中的其他控件事件添加代码，如窗体的 KeyDown 事件代码（MainWindow_KeyDown）。

（14）在前面的步骤中，有些事件代码中需要调用其他的方法，或者在某些方法中需要调用其他的方法，开发者可以进行完善。

提示

无论是本节介绍的后台代码实现，还是前面介绍的界面设计代码和 App.xaml 文件，这里都没有给出完整的内容。实际上，本章列出的只是实现时的主要代码，如果有需要，可以参考源代码。

17.5 功能测试

截止到这里，已经将文件资源管理器的实现代码介绍完毕，本节通过以下几个步骤对实现的资源管理器功能进行测试。步骤如下。

（1）按 Ctrl+F5 键运行 MainWindow.xaml 窗体查看初始效果，如图 17-6 所示。

（2）单击图 17-6 中资源管理器左侧文件夹窗口中的【根目录】选项查看目录列表，如图 17-7 所示。

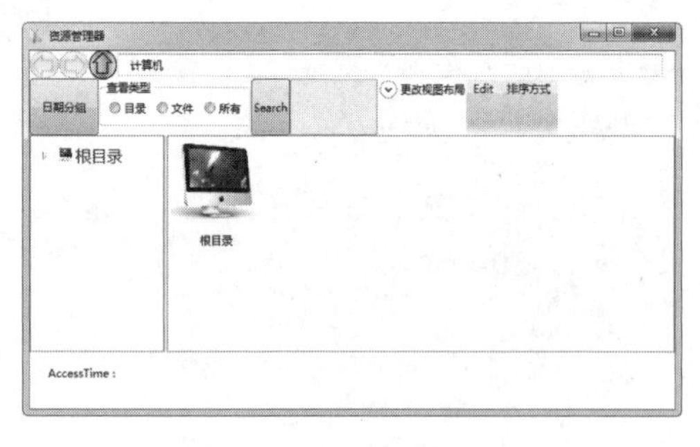

图 17-6 初始界面效果

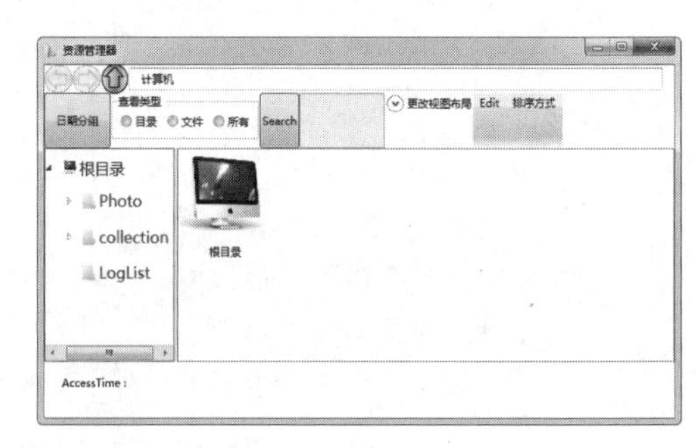

图 17-7 查看目录列表

（3）在资源管理器右侧的空白处右击显示快捷菜单，如图 17-8 所示。

（4）选择资源管理器右侧文件窗口中的【根目录】选项后右击查看可执行的操作，如图 17-9 所示。

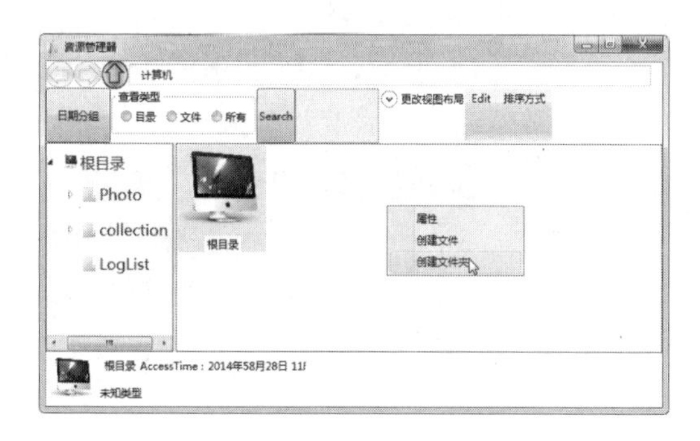

图 17-8　右击空白处时的操作

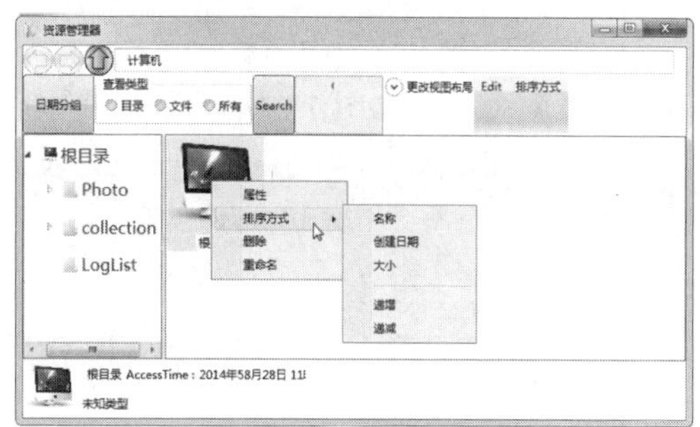

图 17-9　目录和文件操作菜单

（5）在图 17-9 中双击【根目录】进入列表，然后双击列表中的 collection 目录，如图 17-10 所示。

（6）选择图 17-10 中名称为“旅游景点”的文件进行操作，直接双击打开查看文件内容，如图 17-11 所示。

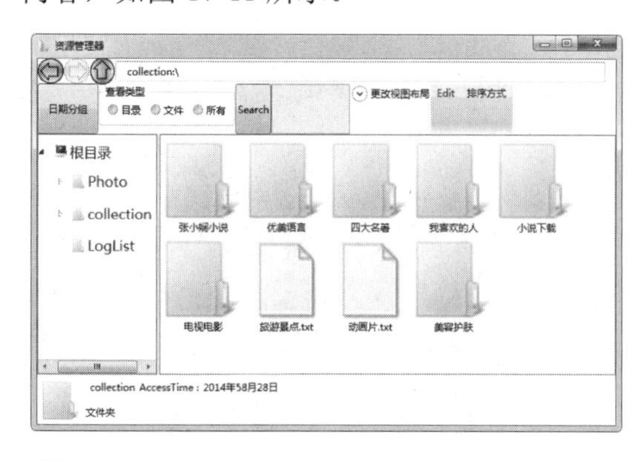

图 17-10　collection 下的子目录

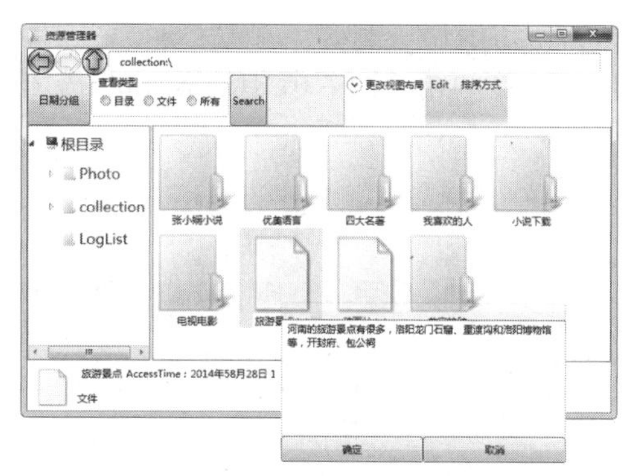

图 17-11　查看文件的内容

（7）展开资源管理器中的【更改视图布局】选项，然后单击【详细列表】按钮查看效果，如图 17-12 所示。

（8）单击资源管理器中的【文件】单选按钮，这时只显示 collection 目录下的子文件（不包括文件夹），如图 17-13 所示。

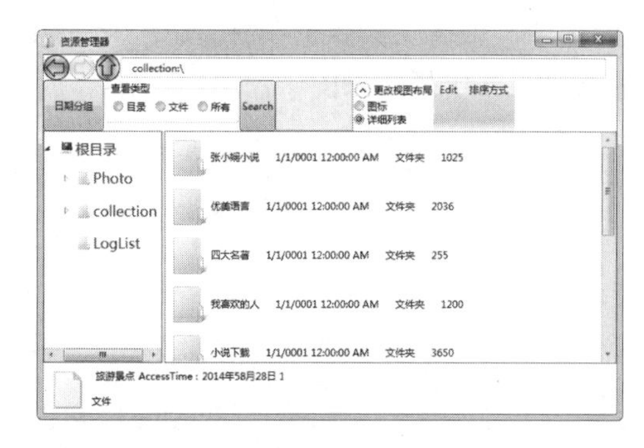

图 17-12　详细列表

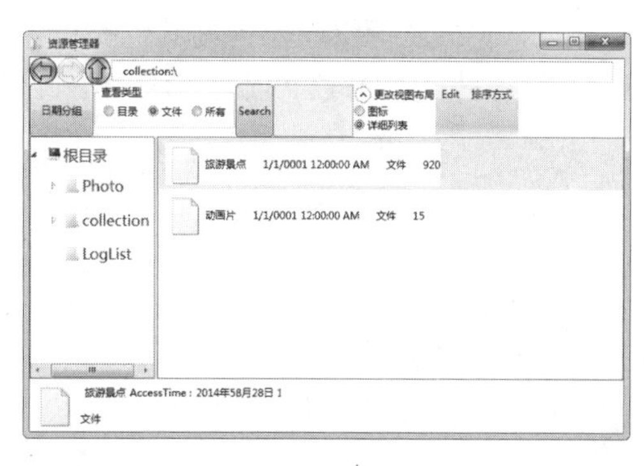

图 17-13　查看文件

（9）选中图 17-13 中名称为“动画片”的文件，然后分别选择 Edit 项下的【复制】和【粘贴】命令。如图 17-14 所示为选中时的效果，图 17-15 显示了复制成功后的效果。

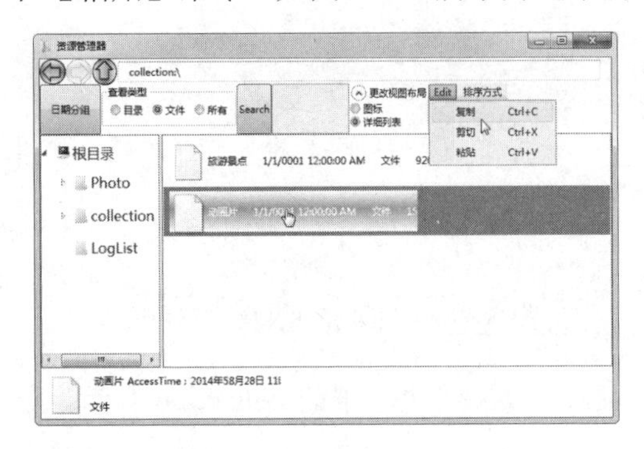

图 17–14 复制和粘贴效果图

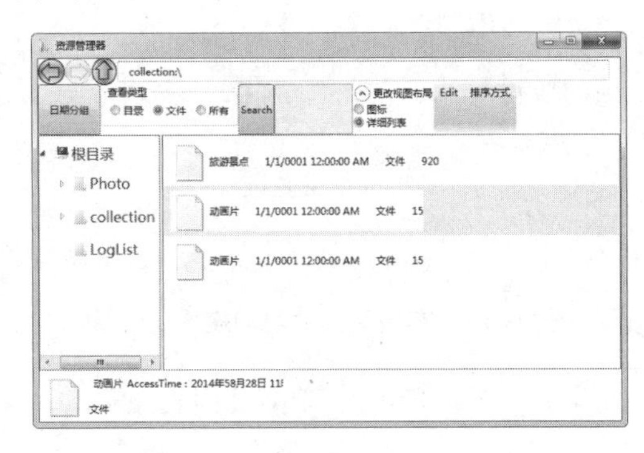

图 17–15 复制成功时的效果

（10）查看 collection 目录下的所有子目录和子文件的简单图标，然后单击【日期分组】按钮根据日期进行分组，如图 17-16 所示。

（11）单击图 17-16 中的 Search 按钮使搜索框可用，在搜索框中输入内容“小”，如图 17-17 所示。

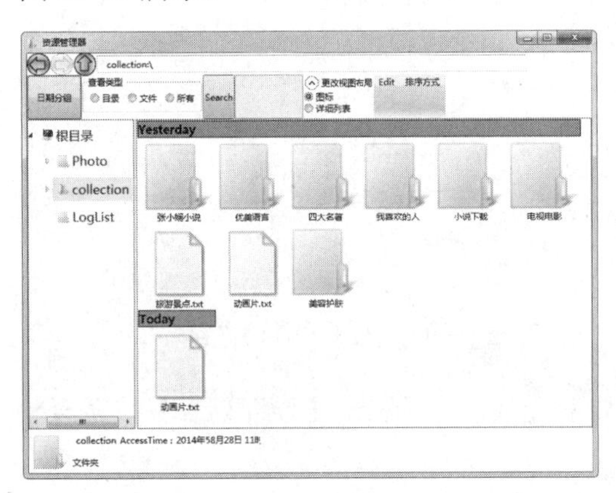

图 17–16 日期分组

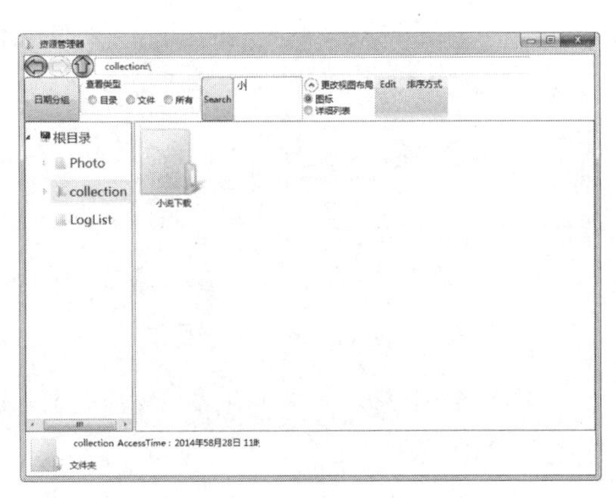

图 17–17 搜索内容

（12）单击资源管理器中的其他操作按钮或选项，如【上一步】图标、【下一步】图标、排序方式下的子菜单项等，这里不再显示其他的操作和效果图。

附录　思考与练习答案

第 1 章　搭建 C# 2012 的开发框架

一、填空题

1．公共语言运行时
2．通用类型系统
3．System
4．using

二、选择题

1．B
2．C
3．D
4．D

第 2 章　C#入门语法

一、填空题

1．ToDouble()
2．const
3．拆箱
4．if…else if 语句

二、选择题

1．B
2．C
3．D
4．B
5．B

第 3 章　C#面向对象基础

一、填空题

1．private
2．static
3．const
4．封装

二、选择题

1．C
2．A
3．B
4．D
5．B

第 4 章　C#面向对象的其他知识

一、填空题

1．struct
2．enum
3．4
4．interface
5．索引器

二、选择题

1．C
2．B
3．A
4．C

第 5 章　数组、集合和泛型

一、填空题

1．逗号
2．Clear()
3．IEnumerable
4．字典
5．堆栈

6．从小到大

二、选择题

1．C
2．B
3．A
4．D
5．C
6．B
7．A

第 6 章　C#中常用的处理类

一、填空题

1．String
2．Split()
3．Replace()
4．MaxValue
5．PI
6．NextBytes()

二、选择题

1．C
2．D
3．B
4．A
5．C

第 7 章　委托和异常

一、填空题

1．delegate
2．事件发送者
3．错误处理程序
4．Message
5．ApplicationException

二、选择题

1．B
2．B
3．C
4．A
5．D

第 8 章　LINQ 简单查询

一、填空题

1．System.Linq
2．Querable
3．7
4．(from n in numbers where n%2==1 select n).Sum()
5．from
6．Colors.Where(c => c.Contains("G"))

二、选择题

1．A
2．C
3．D
4．C
5．A

第 9 章　LINQ to SQL

一、填空题

1．DataContext dc=new DataContext ("server=kl;database=mast;uid=sa;pwd=sa")
2．DatabaseExists()
3．隐式事务
4．Connection
5．OrderDetails

二、选择题

1．D
2．B
3．A

第 10 章　WPF 基础入门

一、填空题

1．子集

2. PresentationFramework.dll
3. milcore.dll
4. Visual
5. Shape
6. Application
7. Panel
8. http://schemas.microsoft.com/winfx/2006/xaml/presentation
9. Startup
10. MainWindow

二、选择题

1. A
2. D
3. C
4. A
5. B
6. D
7. A
8. A
9. D

第 11 章　WPF 控件布局

一、填空题

1. Grid
2. Canvas
3. Control
4. HeaderedItemsControl
5. Decorator

二、选择题

1. A
2. C
3. C
4. B
5. D

第 12 章　WPF 的属性和事件

一、填空题

1. GetValue()
2. 附加属性
3. DependencyProperty
4. 冒泡策略

二、选择题

1. B
2. C
3. D
4. A
5. C

第 13 章　WPF 图形和多媒体

一、填空题

1. Ellipse
2. AnimationBase
3. Stretch
4. 时钟模式
5. MediaPlayer

二、选择题

1. C
2. B
3. D
4. C
5. D

第 14 章　WPF 数据绑定技术

一、填空题

1. System.Windows.Data.Binding
2. ElementName= TextBox1,Path=Text
3. BindingOperations.ClearAllBindings(lblResult)

4．INotifyPropertyChanged

5．SystemColors.DesktopColor

二、选择题

1．C

2．A

3．B

4．C

5．D

6．A

第 15 章　WCF 概述

一、填空题

1．Windows Communication Foundation

2．Service

3．数据契约

4．Data Services

5．地址

二、选择题

1．C

2．B

3．D

4．B

第 16 章　WF 框架

一、填空题

1．表达式

2．FlowSwitch

3．DynamicActivity

4．双工

二、选择题

1．D

2．A

3．B

4．C